U0303790

科学
新视野

地图的文明史

〔美〕诺曼·思罗尔 著
陈丹阳 张佳静 译

Norman J.W. Thrower

MAPS AND CIVILIZATION:

Cartography in Culture and Society

献给佩奇、安妮和玛丽

我常见人喜好端详地图，却不明了地理学的技巧，他们不知自己追踪的线条是何种类型，也不知这些线条表达何意，对地图的真正用处亦无所知。

——托马斯·布伦德维尔

《关于普通地图和海图及其使用方法的简要说明》

（伦敦，1589）

目录

序

本书是《地图与人》的修订版，最初应我的学生们的要求而写，这些学生选修了我的“地图学、环境遥感及地理大发现”课程。该书被设想为一本自然科学、社会科学和人文科学课程的补充读物，受到了学术界的欢迎。它所涵盖的主题包含了众多专业和非专业人士的兴趣点。该书的篇幅总共不足 200 页，这是为了符合它所属的丛书的规格。

《地图与人》于 1972 年出版以来，地图学领域一如既往地发生了意义深远的革命。其中之一便是计算机在地图学领域中的应用，其中包括动画地图的制作。与此类似，利用安装在卫星上的设备对地球进行连续监测所拍摄的影像，强调了影像和地图是一个连续统一体。在早先的版本中已经对这些进步的潜力进行了讨论，但是迄今为止它们已经发展了20年，这就需要这样一个对地图学发展进行考察的新版本。最近关于土著居民的地图——在前一个版本中已经对这个主题进行过讨论——和早期西方地图学的研究同样进步显著，理应受到更多的重视。

幸运的是，委托我修订此书的芝加哥大学出版社允许我使用比原版多得多的页数和插图。然而，为了保证广大学生能买得起这本书，我们再次只在封面使用彩色印刷。当然，在这一篇幅适中的书里，有大量的主题依然无法详尽讨论。但是如从前一样，书中的注释部分涉及丰富的地图学文献和相关主题，可以将读者带入许多有益且有趣的路径。一般情况下，只有出自多卷本期刊文献的重要文章才会被引用，而其他文章则可以在参考文献中列出的专业书籍目录中找到。基于对原著的彻底修正、扩充和更新，新的书名反应了关于这一主题的更广阔的视野。

相对而言，这是一本关于地图自身而不是地图制作的书。尽管本书必需谈及绘图法，但也仅限于向读者阐明那些采用特殊方法绘制的地图。本书不是任何意义上的关于大量已经存在的良好范例的“做法讲解”类作品。当然，那些希望制作地图的人必需通过实际制作它们来学习。然而，一个人可以通过研究地图发现大量与其相关的东西，因此本书中的插图是最为重要的。对大多数人（甚至地理学家）来说，更需要关于地图的知识而非制图原理。本书提供了关于地图的性质和发展历程的信息，以及有关地图学的诱惑与传说。正如英国自然哲学家和天文学家，本身也是一位杰出地图学家的埃德蒙·哈雷，在1683年所注意到的，通过使用地图，某些现象“……可能比任何文字叙述都更易于理解”。

在呈现这项研究的同时，我希望能借此机会感谢我的那些在不同中心的同事们的帮助。他们的特殊贡献都在文中或最后的注释中具名，而其他人——无论具名与否——也让我十分感激。这些人包括我从前的博士生，尤其是帕特里夏·考德威尔、安妮·坎赖特、约翰·埃斯蒂斯、约翰·詹森、莱斯莉·森杰、朱迪思·泰纳和罗纳德·翁索夫斯基，以及硕士生杰拉尔德·格林伯格和罗德里克·麦肯齐（两个人后来都成为了博士），托尼·奇莫里诺、马修·麦格拉思和罗伯特·马伦斯。我的许多其他已毕业和在校的学生也都做出了贡献，恕不一一具名。加利福尼亚大学，特别是其洛杉矶分校，为我提供了学术氛围，使这本书的出版成为可能。这一版本中的某些图表由蔡斯·兰福德绘制，他是加利福尼亚大学洛杉矶分校地理系的绘图员。本书利用了许多机构的资源，尤其是加利福尼亚大学洛杉矶分校图书馆的几个分馆：学术分馆、威廉·安德鲁斯·克拉克纪念分馆、鲍威尔分馆、地图分馆以及特色馆藏分馆。在该校的地图分馆，卡洛斯·哈根主任，乔恩·哈吉斯、波尔蒂亚·钱布利斯和埃里克·斯科特均给予我特别的帮助。这一项目的研究助理贝齐·赫德伯格，理应得到特殊的称赞。需要特别感谢的还有芝加哥大学出版社副总监佩内洛普·凯泽里安，她是这次修订的倡议者。我的妻子贝蒂给予我必要的鼓励，使我能够坚持下来，把我关于这一占据了我大部分职业生涯的研究主题的想法写成书。

从前的那本《地图与人》的特点是首次对地图学的发展做了社会和文化角度的审视。希望这次的扩充版本《地图的文明史》能够增进这一美誉。

第二版说明

第二版的《地图的文明史》做了一些更新，并且使我有机会感谢对此书做出特别贡献的两个人。首先是约翰·P. 斯奈德，他热情地评价了此书并提出了许多建议，尤其是在地图投影方面，他是此方面的杰出专家。他最近的去世让世界失去了20世纪的一位真正伟大的地图学家。第二位是玛丽亚·R. 施勒特尔，在我把《地图的文明史》原稿提交给芝加哥大学出版社之前，她和我一起做了校对。在书出版以后，她再次独自阅读了本书，并在形式上提出了有益的修正，这些修正已经包含在了这本书中。本书还编入了一些已出版的评论文章的观点和同行们的点评。本书中仍然存在的错误，当然应由作者一人负责。

我同样要向我在印度测量局和（英国）海外测量局的老师们致敬。在这两个机构里，我第一次学到了科学绘图的基本知识，我在此前受到的艺术训练则使其更加充实。我受惠于英国的罗利·A. 斯凯尔顿、H. 德里克·豪斯、海伦·M. 沃利斯以及埃利亚·M. J. 坎贝尔，尤其是在出版领域。在美国我的主要导师是两位顶尖的理论地图学家埃尔温·J. 劳伊斯和亚瑟·H. 罗宾逊。约翰·卡纳迪的美术史课程，以及马歇尔·克拉格特的科学史博士辅修课程，对这本书都非常有帮助。本书的匿名评论者增进了本书的主旨，芝加哥大学出版社的编辑人员对本书做了格式上的改进。

第三版说明

这一版改变和增加的内容反映了21世纪的思想和研究。按字母顺序排列的参考文献是本书的一个新特色，这是根据评论者和读者的要求增加的，它也出现在本书的西班牙文和日文版本中。

第一章　引言：文字出现之前的地图

作为人类活动的一个分支，地图学拥有悠久而妙趣横生的历史。这 1
种历史很好地反映了不同时期的人类文化活动状态，以及人们对世界的理解。那些产生于早期伟大文明的地图，都曾试图以图画的形式描绘大地的分布状况，以便更加形象地展现它们；就像那些所谓的“原始人”所做的一样，这些地图满足了他们特别的需求。纵观地图的发展历程，它详尽展示了人类不断改变的思想，而其中少数作品似乎可以当作文化和文明的上佳标志。在现代世界，地图承担了许多重要功能：它是一种理解空间现象的必要工具；一种存储信息（包括三维数据）的最有效装置；还是研究活动的基本助手，向人们提供对那些未知或未被完全理解的事物的分布状况及关系的认知。人们无法自动获得关于地图和图上所绘内容的知识，这需要经过学习才能实现，于是教会人们认识地图就显得非常重要，虽然他们可能并不需要亲自制作地图。地图是传播媒介中的一个特定组成部分，如果没有它们，情况就会如麦克卢汉所说，“现代科学和技术的世界将难以存在”。[1]

从技术上看，地图学就像建筑学一样，同时具有科学与美学两方面的追求，但是这两方面并不是在每次表达时都能令人满意地相互调和。有些地图在展示其资料上非常成功，却在科学性上很空洞，另外一些地图则因为缺乏表现力，可能令重要的信息模糊不清。类型异常多样的地图为满足各种不同的目的而存在，而本书的功能之一就是使读者熟悉这些类型中的一部分。当然，以这本小书的容量，仅能给出纷繁复杂的地图类型中精选出的一些例子，但这些被选出的部分却包括许多在地图学
2 的故事中具有里程碑意义的地图。详尽分析数量有限的地图，比起提供大量面面俱到的地图却不做深度讨论，似乎更好一些。本书中特定的地图样本可以展现其所涉及的特定地图特征，这些样本的绘制年代从古代一直延续至今。这本书不是关于地图制作方法的著作，它所针对的是如何欣赏和领会地图。[2]

本书也可以看作是一本地图学资料大全，或者地图、海图及平面图的选集，它像所有选集一样，反映着选集制作者的个人品味和偏好。本书同样可以视为一本汇集艺术品复制图的图册，严格来讲，它的插图——即使附有相关文字说明——并不能真正公正地展现原作。就这方面而言，这些插图是黑白印刷的，其中许多图缩小了尺寸，还有一些仅仅是残片或复原图，以及局部细节。但如果人们鼓起勇气仔细以钻研的眼光阅读本书中的地图，领会它们的优点和不足，能够更加明智地使用地图，甚至可能去收集它们，这些地图就能够很好地实现它们的价值。尽管本书并不能替代地图资料库，它却能够理想地引导人们更好地使用这种工具。[3] 本书同样不能替代关于地图绘制的丰富的专业地图学文献，

但它可以指引认真的读者去查阅其他相关资料。[4]

地图学跨越了许多专业边界，比大部分学科的研究范围更加广泛。没有哪个人或者哪个部分的成就能代表整个地图学。和其他领域的工作者一样，地图学家也变得越来越专业化，这也不可避免地造成了一些益处和弊端。“然而”，哈特向声称，“其他领域的工作者一般会认为，地理学家毫无疑问也是地图方面的专家……这（地图）也是他们经常向地理学家求助的一类技术问题。”[5] 因此所有的地理学家都有责任了解一些地图学知识，就像他们所专门从事的地理学分支一样。尽管某些地理学家在地图学上有着显著的贡献，但是同样有很多地理学家没有掌握足够的地图学知识，以便为那些来自其他领域的潜在咨询者提供建议。本书不但试图满足这一需求，还期望能促进人们对地图的使用，并享受其带来的乐趣。[6] 本书尤其为那些希望或需要了解一些地图知识的非专业人士而作。

作为本书的主题之一，现代地图可能经过精心设计，甚至表现得漂亮而美观，在这一方面，它延续了早期地图的特点。不仅如此，本书作者认为（与一些人的观点相左），在最近一个半世纪，地图学研究由于现代技术的应用而变得越来越令人激动。近些年来，地图作为一种交流 3
媒介为新的数据所丰富，并且变得能以越来越多引人入胜的方式来传递信息。与此同时，随着新技术、新材料和新工艺的发展，地图的视觉效果也大大提升了。但是，在我们这本书中，当代地图学的一些具有重要价值的方面被做了简略处理，这是因为专门针对此领域的著作要涵盖诸如地图转换、计算机制图、重力模型等各种主题。本书的重点则会放在地理制图发展的里程碑上。

当然，地图制作方法不仅可以用来描绘地球，其他事物例如人脑也可以像地图一样来描绘。地图学的原理和方法具有普遍性，它可以应用于对地外天体进行绘图，就像其适用于地球以及人体一样。特别是月面图，它的绘制并不是一种新近才出现的行为，本书也会对这方面加以介绍。但是本书的重点将是所谓的“地理制图”，当我们接收和处理地球之外的实体的更多细节信息时，这一术语将会得到重要应用。随着太空技术的发展，也许有必要对地外天体和地球的地图绘制加以区分，就如同我们现在对天文学和地理学进行区分一样。

从前，人们对“地图”这一地理名词的含义有个通行的观念，但是由于对从属于这一概念的图像的界定很宽泛，介于图画与地图之间的界限如今已经变得模糊不清。这一点在随后涉及现代影像问题时将会指出。根据早期人们使用的定义——如今仍为纯粹主义者所使用——地图是对整个或部分地球的按比例的再现，它通常绘制在平面上。[7]各种各样的材料都被用于地图制作，包括石头、木头、金属、羊皮纸、布料、纸张和胶片。“map（地图）”和“chart（海图）”两个英文单词来源于它们的材质：在拉丁语中，单词“carta”表示一种写在羊皮纸上或纸张上的正式文件，而“mappa”表示布料。在今天的地理学中，“chart”主要用来指代关于海洋和海岸地图，或者至少是由水手和飞行员所使用的地图。“map”在当代的用法中则是一个广义词汇，其涉及最多的是对大地的专门表现，而“plan（平面图）”则是针对小区域的俯视图。

为了解释上文提及的一些观点，让我们来看一些史前时期的人们，以及处于前文字时代——即所谓“原始的”、“原生的”以及土著（非西方）的——的晚近社会的作品。[8]这些族群从事地图制作证明了地图学对人类有着基本的重要性。目前所知的最古老的聚落平面图是出自意大利北
4 部的巴都里纳地图，它大约制作于公元前2000—前1500年[9]（图1.1）。分析这幅岩画可知，它先后“镌刻”于几个不同的时期，某些绘画特

征——人类形象，动物，以及房屋的侧视图——是后添上去的，可能平面图本身在青铜时代就已存在，而这些特征是在铁器时代添加的。目前仍然有争议的是其中更为抽象的符号的意义：被规则分布的点填满的矩形（用石墙围起来的田地？）；不规则的、连接在一起的单线条（溪流和灌溉水渠？）；以及中心画了一个点的小圆圈（井？）等。无论采用何种解释，这幅原始的岩画都是关于一个真实区域的详细平面图，并且表现了从象征符号向图像形式的“渐进”。世界上其他地区众多刻在岩石上的大地和天体“地图”，无论是否已被发现，都值得考古学家、人类学家、人种学家、历史学家和地理学家来认真研究。

离我们的时代稍近一些，在欧洲人到达太平洋之前，这个第一大洋

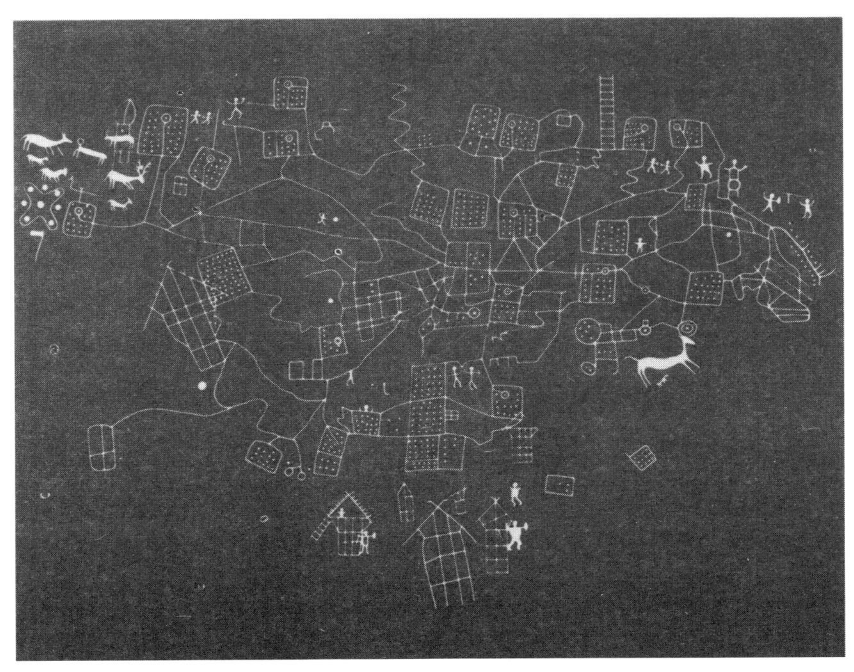

图 1.1　巴都里纳岩画，史前地图之一例。

上的岛民就在很大的范围内逐个测绘岛屿之间的路线。为了揭开这个故事，我们需要再一次用到历史学和地理学之外的科目。这些岛屿之间的
5 航海者选用的导航物种类繁多，包括天上的星星、海中的标志、可以表明陆地位置的鸟类以及“海图”。马绍尔群岛的木条海图，如果用更好的术语来形容的话，展示了一种可以叫做“土著”地图学的学问。这些海图通常由棕榈叶中间的主脉做成的细条制作，再用本地生长的纤维植物做成的绳子捆绑在一起。这些木条的排布方式指明了风浪的状况，而不是像人们从前认为的那样用来展现海流状况。岛屿的位置则用贝壳（通常用梭螺）或者珊瑚大致地标示出来。这些海图有各种尺寸，但通常会在 18 至 24 英寸见方之间。[10]

人们用了繁琐的手段才从这些岛上的土著居民那里获得了这些海图的使用方法，因为他们的航海方式是需要严格保守的秘密。马绍尔群岛中许许多多的岛屿相互之间的距离并不远，但是因为它们都是低矮的环礁，使得人们要到几英里之内才能在有舷外支架的独木舟上看到这些岛屿。为了定位一个无法看见的岛屿，土著航海者会观察由信风驱动的主波与由于海岛的存在而产生的次波（反射波或融合波）之间的关系。如果这两种波浪之间存在着特定的角度，就会产生波浪起伏的干涉图样。当人们到达一个这样的区域，就会将独木舟置于与这种图样平行的方向，船头朝向波的有较大振幅的一侧，它指向了陆地的方向。这种往往十分复杂的波形可以用木条海图来阐明，它可以被带上独木舟。此外，航海者还会平躺在他们的船上，以此来感受海波的作用。

6 人们在马绍尔群岛发现的海图主要有三种，分别叫做“雷布里”、“麦多”和“玛唐”。“雷布里”（图 1.2）是马绍尔群岛的大区域海图，它包括大约 30 个环礁以及其他单独的岛屿，从西北到东南大约 600 海

里，东北到西南则超过 300 海里。尽管这些海岛之间的空间关系仅仅被大致地表示在木条海图上，它们的位置却可以参照这一地区的现代航海图得到确认。“麦多”是群岛的分区海图，它可能是一系列海图中的一幅，这种海图的大小使它能够比“雷布里”展现更为详尽的信息。第三种马绍尔木条海图“玛唐”和前两种不同，它不是在独木舟上使用，而是应用于教学目的。“玛唐”是高度定型化的海图，图面通常是对称的。这种海图并不必然反映一个真实的地理位置。它提供了关于可能被广泛 7

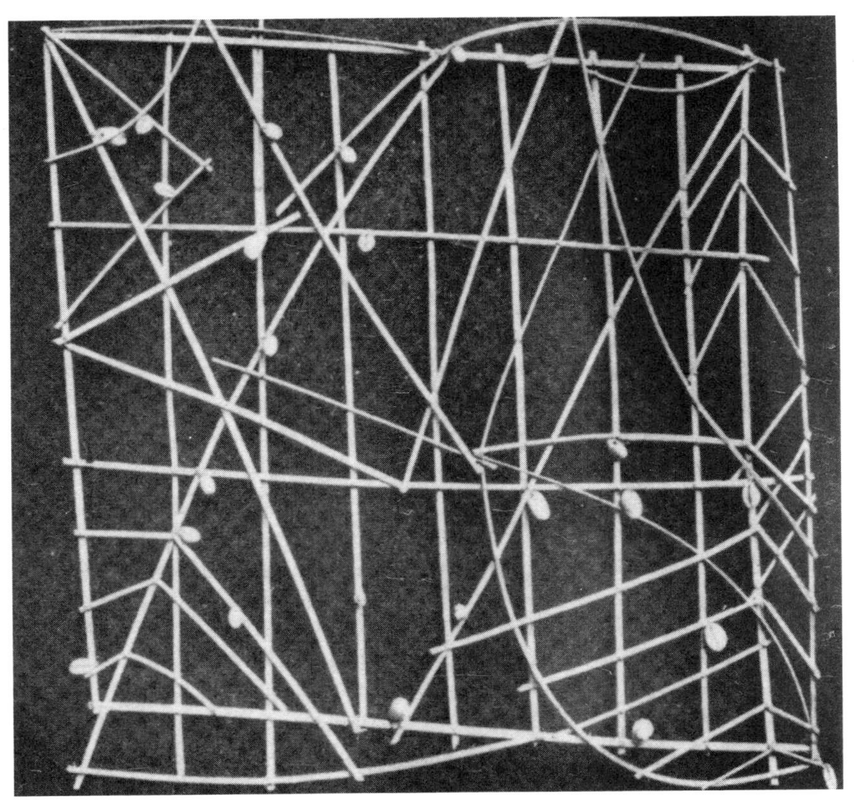

图 1.2　“雷布里”，即普通海图，来自马绍尔群岛。

应用的波形的概括信息，尽管可能只有其制作者才能完全理解它的特点。

在马绍尔木条海图中，我们可以看到原创的、独立发明的和自发产生的解决各种地图学问题的方法。岛民制作地图的材质（棕榈叶、贝壳等）充分利用了当地有限的原材料，这提醒我们，并不是所有的地图都是印在纸张上的文档。木条海图说明，空间现象对当地岛屿之间的航海者来说有着无穷大的重要性，而这对其他人中的绝大部分则几乎没有意义。“雷布里”和“麦多”海图表明他们对不同比例尺海图的需求：“雷布里”表现广阔的地区，使用小比例尺，而“麦多”则用大比例尺表现更为有限的地点。从“玛唐”海图的使用中，我们可以认识到，学习如何阅读地图或海图，以理解地图学惯例和实体之间关系的重要性。此外还有隐藏地理信息及其地图表达方式的欲望，例如马绍尔岛民不愿意分享他们的技术，这在地图制作史上是一个持续不断的主题。

马绍尔岛民绝不是独一无二的。当欧洲人到达其他对其而言的新地区时，他们也经常遇到对当地状况了如指掌的原著民。1492 年 10 月，当克里斯托弗·哥伦布到达巴哈马群岛的瓜纳哈尼岛（他将其重新命名为圣萨尔瓦多岛），他从当地居民的手势中得知在该岛的南方有一个更大的岛屿：古巴。随后，当西班牙人遭遇中美洲的阿兹特克文明时，他们发现了关于这一地区的高度发达的地图学。据埃尔南·科尔特斯
8 记录，他在 1520 年从蒙特苏马收到了一张海图，它描绘了墨西哥海岸的一大部分，画出了河口、河流和海湾。有时候，这样的地图会被带回欧洲，它上面的信息会被用于编绘出版地图。例如，一张 1524 年德意志出版的带有墨西哥海岸套印小地图的墨西哥城地图，显然大大得益于这一地区的大量土著地图。[11] 此类地图与欧洲人曾见过的任何地图都相去甚远，但其中绝大多数都已失传，它们的贡献也鲜有人提起。

然而，一幅出自墨西哥的地图却显示其几乎不受欧洲的影响。这幅现存于牛津大学博德莱安图书馆的地图，是《门多萨法典》的卷首插图。这幅作品大约在 1547 年在总督安东尼奥·德·门多萨的指派下完成，尽管“门多萨法典”这个名字仅仅从 18 世纪晚期才开始使用。门多萨对收集新西班牙的本土文化信息，以便将其传播到欧洲很有兴趣。在欧洲理查德·哈克卢特从安德烈·泰韦那里获得了法典。泰韦的名字与其他较晚的注释一起出现在原稿中。这幅图的细节从 17 世纪就开始出版。使用了现代彩色复制方法制作的版本则出现在 1938 年，并在 1992 年出了一个新版（图 1.3）。[12]

这幅地图描绘了墨西哥城（特诺奇蒂特兰）的修建。在阿兹特克符号中用来代表太阳的鹰，栖息在一棵位于图中央的仙人掌上，仙人掌下面则是代表城市的图章。带对角线的矩形是这一聚落及其水系的风格化平面图，在其被征服时它是 15 万人的居所。有人尝试对平面图和四个部分的形象化符号进行解释，但是这些解释大都流于臆测。在四个象限内的人物形象被认为是城市的十位建造者，而位于顶端中间 100 英尺高的庙宇则给征服者留下了极深的印象。图中间偏右处是一个用于堆放献祭头骨的祭祀台。在矩形下面是阿兹特克人征战的理想场景，地图四周附有延续五十一年的历法纪年图，每一个方格表示一年，以十三为一组重复出现。阿兹特克人设计了非常精密的历法，这幅地图并不是对某 9
一时间段的快照，而是对若干年间发生的事件的展现，可以解释“西半球前哥伦布时代最伟大的城市之一曾经如何走向繁荣。”[13] 对于阿兹特克人来说，他们的首都就是宇宙的中心，而周围环绕的运河代表了四个基本方向。其他的阿兹特克地图涉及更多农村地区——例如台伯特劳兹特克地区——描绘了山脉、道路、溪流、森林和用象形文字标出名字的

图 1.3 《门多萨法典》的卷首插图，这是一张由阿兹特克人构想的墨西哥城手绘地图，图上的文字注释是后来添加的。

金字塔，因此它们是地图学从前文字时代向文字时代过渡期的作品。

一些研究着眼于土著墨西哥人和北方的因纽特（爱斯基摩）人的地图。但直到最近，位于现在美国境内的印第安人（美洲印第安人）的地图还没有得到广泛关注。随着一些关于印第安人制图研究项目的制定，关于此主题开展的一系列著名讲座，以及对许多地图样品进行的一

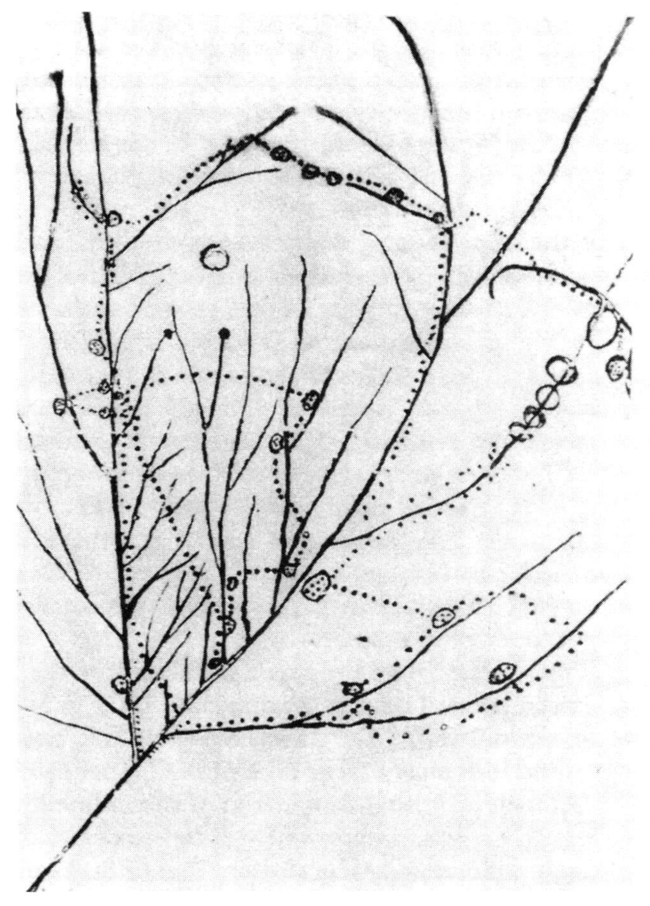

图 1.4　一幅印第安手绘地图，展现了密西西比—密苏里水系的一部分。

图 1.5　澳大利亚东北部阿纳姆地雍古部落的一幅树皮画，展现了比拉尼比拉尼地区。

次展览，这种情况正发生着改变。[14] 对这些非欧洲居民提供的空间信息进行分析是存在问题的，因为其中使用了漫画和夸张的手法，以及人们并不清楚当地族群对地图重要性的认知程度。

然而，在 1837 年华盛顿的一次会议上，艾奥瓦族酋长诺奇宁加提供的一幅纸质手绘地图被认为颇具代表性（图 1.4）。[15] 这幅地图可能是用木棍或手指蘸着墨水绘制的，描绘了包括密西西比河上游和密苏里河在内的大片水系。通过将它的轮廓线与现代地图上对应的水道相比照，表明它具有显著的可读性，尽管比较抽象。现在的圣路易斯城位于地图底部的两大河流交汇处，主要的支流例如普拉特河、威斯康星河也可以识别出来。

可以理解，河流是印第安人地图的一个共同特征，而道路和聚落也都被表现了出来。此外出现的还有宇宙观念和天体，就像其他土著居民的地图那样。土著居民使用岩石、树皮和动物皮毛等材料制作地图，将地图用天然颜料绘制或刻画在这些材料表面。许多此类作品，例如澳大利亚土著居民制作的地图，具有非常高的艺术水准，且对其制作者具有文化和宗教方面的重大意义。图 1.5 是后者的一个例子，它来自澳大利亚阿纳姆地东北方的雍古部落。这张树皮画可以解读为一幅地图，它展现了比拉尼比拉尼这一特定的海岸地区。咸水鳄这一祖先形象，脚踩在 10
没有特定陆地边界的地面上。雍古部落经常迁徙，因此对地理景观非常熟悉；河口在咸水鳄尾巴连接身体的地方。为了读懂这幅地图，就需要了解关于他们的祖先及其亲族创作的歌舞。咸水鳄身体的各个部分都被命名，而孩子们还可以从这幅树皮地图中学习陆地的形状。

因此，依赖于对特定区域的知识才得以生存的众多前文字时代族群都会制作地图，[16] 但是，正如我们所见，它们没有被限制在世俗性主题内。[17] 这些孤立群体各自独立出现的地图制作活动，证明了地图制作具有普遍性。

图 2.1　绘于一副木棺上的早期古埃及地图。

第二章　古典时代的地图

我们已经关注过早期前文字时代的人们，以及和我们同时代，或者 13
比我们稍早的无文字族群。他们广泛使用各种不同的手段，以地图学的方式来进行自我表达，他们制作的地图拥有多种多样的目的、符号、比例尺和材质。与此类似，古典时代使用文字的人们的地图在形式和功能上也表现出显著的多样性。早期年代的地图只有极少数保留到了现在，但是在某些情况下我们可以通过文字记载来了解那些失传的作品。许多早期地图、海图、平面图和地球仪失传的原因，在于制作它们的材料往往限制了它们的留存。比如贵金属会被熔化掉，羊皮纸也会被刮净以另作它用。与此相反，那些并不耐用的材料则很快地就会毁坏，尤其当它们被置于迥异的气候条件里，或者毁于战争、火灾及其他原因。地图的损毁是一个持续性的问题，特别是因为它们包含的信息也许会迅速过时，导致其被弃之如敝履（尤其是在计算机时代），或者因为它们包含战略价值的信息而不允许被传播。

地图、海图和平面图——无论其内容关于天体还是大地——以及宇宙模式图，都是对早期文明的记录的一部分。例如，在古埃及的“地图遗存”中，包括一块公元前1500年左右用石膏绘制在木版上的花园详细平面图；一幅约公元前350年的石刻古埃及宇宙哲学图；约公元前100年的另一幅石刻黄道带图；以及一幅新王国时期努比亚地区的金矿图——它是所谓都灵纸草的一部分。[1]

除了以上这些地图，还有一些使用各种材质的陵墓建筑平面图，以
14 及绘于棺木上的地图。几幅在中埃及的达艾尔博沙搜集到的此类地图，其制作年代要早于那张金矿图几个世纪。正如在图2.1的例子中与图画对应的铭文“两条道路之书”所指出的那样，它们是去往另一个世界的“通行证”。[2]“两条道路”的意思是：浅色代表白天的旅途，深色代表夜晚的旅途。绘制者使用蓝灰色来表示水域（尼罗河以及四周围的海洋），黄色的背景表示沙漠，实际上也就是大陆地块。这个高度程式化的作品可以看做“理想化地图”的非常早期例子或者模型，尽管有些人认为地理学家应该只专注于表现真实的世界，但是这种地图形式依然存在。古埃及人在他们的地图中也使用现实主义的绘画形式，而不只是图2.1中概略的符号。值得一提的是，它应该归因于尼罗河泛滥导致的土地界标消失，需要周期性地籍测量而催生的几何学的创立。[3]同时人们也认为他们还制作地籍或产权图。这种形式的地图目前所知的遗存只有许多建筑平面图和努比亚的金矿图。此类地图的一种合乎逻辑的发展是绘制超出地区范围的地籍图——它对管理者来说在税收和其他用途上有很大的价值。但是由于缺乏古埃及地图遗存，我们需要看看其他文明中此类地图的例子。

一些我们已知最早的出自文明社会的地图来自美索不达米亚。我们将给出三个例子，以阐明这一地区的地图制作在比例尺及制图目的上的多样性。尽管这些地图在某些细节上存在差异，但它们都是用楔形文字和程式化的符号在泥板上按压或刮擦出来的。这种方法对地图制作者

图 2.2　一块泥板上的早期美索不达米亚城市平面图。

有极大的限制，因为它频繁地使用一系列直线段来近似表示曲线。这样制作的早期地图让人不可思议地联想到一些早期的计算机制作的地图，在这种地图中，因为机器的限制，往往会被迫使用直线段来近似地表示曲线（见第九章图 9.12）。我们将根据比例尺的不同来考察这三幅美索不达米亚地图，第一幅是比例尺最大的地图，它描绘了尼普尔地区的一片小区域。[4] 在这幅地图的残片上绘制有一些宽度不断变化的水道、一座有城门和壕沟的城墙、一些有缺口的房屋、一个公园等等。我们可以通过这幅平面图上标注的名称来辨认这些特征，这幅图的绘制年代大约在公元前 1500 年，图上还标注了它使用了准确比例尺的说明。

一幅美索不达米亚中比例尺地图——尽管它的尺寸小到可以被握于掌中——是发现于努济的著名的阿卡德地图，大约制作于公元前 2300 年。有时候，它被描述为世界上最古老的地图。这幅地图以东方为上，
15 图上描绘的一些特征很容易辨认。这些特征包括道路、聚落和山脉。山脉用鳞状符号表示，绘制在图的顶部和底部，相对于其他美索不达米亚平面图通常使用的模式，这种表现手法并不典型。

这个系列中的第三幅地图是一幅表现了亚述中心观的世界地图，它
16 的比例尺自然要小于前面两幅。这幅地图呈现了以巴比伦为中心的圆形大地——尽管据推测它仍将大地视为平面。幼发拉底河发源于亚美尼亚山高原（位于北方），流向波斯湾，在那里流入环形海洋。实际上，这幅地图的目的像是要展示描绘成环形的“尘世之海”，与描绘成三角形的“七岛”（荒远之地）之间的关系。这些三角形只有一个仍然完整地保留在泥板上。除巴比伦之外的其他几个城市用圆圈表示，其中有些城市与位于图左下方的沼泽一样标注了名称。泥板上的铭文指出了这张地图在星占学和宗教上的意义。关于这一点，我们只能说其他文明同样拥有

图 2.3　一块泥板上的早期美索不达米亚地图。 17

自我中心的世界观是合情合理的。长期存在的地心说可能是这种观念应用在宇宙问题上的终极表现。在此后的年代里，我们可能会注意到，地球和天球的分离是中世纪欧洲的一个重要的主题，就像大洋环流概念一
样。大洋环流的观念也在某些古希腊哲学家中流行。就地图学中的圆形 18
而言，我们应该想到，至今仍是地图绘制中常用方法的圆形六十进位系统，是从巴比伦经由古希腊流传下来的。

一些已经毁坏或散佚的地图，仅能通过文献中的描述或引用才为人所知，这对地图学史家来说是个难题。在某些情况下，在这方面通常的作品包括在正确的年代顺序下制作的原图的晚期复原图，当其探讨的主

图 2.4　一块泥板上的早期美索不达米亚世界地图。

要依据是一个特殊区域或者文明形式时，这种做法就可以获得充分的修正。[5]然而，在这本书中，首先要强调的是地图的表现，所以很难使用这个方法。所有的复原图或多或少都是编绘者和他所在的时代技术水平的产物。因此在这里，与说明性示意图不同，复原地图将仅仅被应用于解释特定地图的制作时代的地图学。然而，目前已知存在的复原地图，以及其制作年代晚于佚失的原件很久的复原地图，对学者们来说可能具有巨大的趣味和实用价值。这种可能性包括那些可能为编绘者利用的特定信息，甚至有些只在文献中被描述或仅仅涉及过。另外一些相当晚近的复原地图基于同样的兴趣和不同目的被制作出来，即在没有已知地图存在的情况下，阐明过去某个特殊的人或团体的地理思想。[6]现代学者经常使用复原地图来解释古典时代的地图学。尽管这一节中并未使用复原地图做解释，古希腊和古罗马地图的复原作品，或者至少受它们的灵感启发的地图会在第 4 章和第 5 章中使用，以对这些地图真实制作的那段时期进行探讨。

2003 年，在意大利南部出土了一幅制作于约公元前 500 年的地图，被命名为“索莱托地图”，它绘制在一个黑釉陶瓶的碎片上，描绘了阿普利亚的部分海岸线。图中标出了 13 个城镇，并用梅萨比语（一种当地方言）命名；塔拉斯——塔兰托湾——则用古希腊语命名。所有的地名均用古希腊文书写。在此之前已知最早的古希腊地图，是关于一块临近以弗所的地区的俯视地形图，于公元前 330 年绘制在一枚爱奥尼亚四德拉克马银币上。[7]它相对于用侧面轮廓来表示地貌（以原书第 16 页图 2.3 为例）是一个进步。早期的古希腊人更像是哲学家而非实验者，那个时代的学者之间对彼此的假说有着持续不断的讨论；我们将简要分析其中一些涉及到地图学和地理学的问题。在古典时代很难对地图学和地理学

19 两个学科的区分划一个清晰的界线，且相当多被认为是地理学家的人其实是地图学家。然而，在古希腊大地测量家和哲学家有着非常鲜明的区别。大地测量家（即几何学家）主要对小区域进行描绘，而哲学家则对整个地球的本质和形态做出推测。最终，大地是个平板的观点让位于大地是鼓形或圆柱形的观点，随后又被大地是球形结构的观点所取代。早在公元前 550 年左右，爱奥尼亚学者米利都的阿那克西曼德绘制了一幅世界地图，这幅地图在 50 年后被同样来自米利都的赫卡泰做了改进。他把大地分为两个部分：欧洲，和包含了非洲（利比亚）的亚洲。地中海位于与其毗邻的世界岛的中心，所有这些又为大洋环流所环绕。人们猜测早期的爱奥尼亚哲学家（可能是泰勒斯）发明了日晷投影（见附录），但在当时它仅仅被用于天文学目的。古人对大地的主要组成部分有很多讨论，最终形成旧世界的三大陆概念。尽管希罗多德（其盛年为公元前 460 至前 425 年）并不被看作一位地理学家，但是他的游记大大丰富了当时的人们对亚洲的认识。亚历山大大帝（逝于公元前 323 年）向印度北部的远征中使用了测量组，也就是从事步测的人，可以估算行进的距离，这进一步扩大了古希腊人对世界的认识。德谟克利特（逝于约公元前 370 年）认为，“有人居住的世界”东西长为南北宽的 1.5 倍，这个比例为狄凯阿科斯（逝于公元前 296 年）所接受。

与此同时，一个对随后的地图学进步有根本价值的概念，即大地为球形结构（最早似乎产生于毕达哥拉斯学派），通过柏拉图（逝于约公元前 347 年）及其包括亚里士多德（逝于公元前 322 年）在内的支持者的工作得到了普及。尽管亚里士多德支持地心宇宙体系，但他仍然把地球分为五个气候带，有人居住的地区夹在北部的北极圈和南部的热带圈中间。这两条线后来分别固定在北纬 66.5 度和北纬 23.5 度。人们进一

步推测在南半球存在同样适于居住（如果尚无人居住）的地区，也位于
南极圈和热带圈（南纬 66.5 度和南纬 23.5 度）之间。最终，这些二至
线以较小的纬线圈形式与赤道大圆（尽管古希腊人认为这个中心地带因
为炎热导致人类无法生存）一起表现了出来，直到现在仍然是地球仪和
世界地图的重要特征。当然，比他们更早的文明人也能够理解这些圈层
之间的某些关系，就像现代族群中的爱斯基摩人一样，对于他们来说这 20
些知识具有无穷的重要性。但是许多证据都表明，是古希腊人将这一知
识体系系统化。亚里士多德学派也在相当程度上扩大了有人居住的世界
理论上的范围，使其长度变成宽度的 2 倍。

由一位具有足够宽广视野的学者来将这些信息纳入一个逻辑框架是很有必要的，这发生在埃拉托色尼（公元前 276—前 196 年）身上。从公元前 240 年担任亚历山大图书馆馆长直到去世，埃拉托色尼以同时代人中的“贝塔”而著称。这是因为，人们认为在埃拉托色尼所从事的多种多样的全部学术工作中，他都可以在古希腊学者中名列第二。对这些成就的更多批评来自于斯特拉波（约公元前 63—公元 24 年），我们的大量关于古典时代地理学的知识受惠于他，其中包括埃拉托色尼的工作。后来的学者给予埃拉托色尼很高的评价，并把他尊为“科学地理学之父”[8]，或者说至少在这个领域他“配得上‘阿尔法’”，尤其是对于他对地球周长的非凡测量工作。[9] 一旦球形大地的概念被人们接受，逻辑上的下一步就是对其进行测量。埃拉托色尼不是第一个计算地球周长的人。这一荣誉要授予尼多斯的欧多克斯（逝世于约公元前 355 年），他估算的数值为 400000 希腊里。欧多克斯还制作了一个天球仪，但没有保存下来。[10] 亚里士多德的学生狄凯阿科斯得出的数值是 300000 希腊里。萨摩斯的阿利斯塔克（逝于公元前 230 年）也给出了相似的数值，

他因为信奉最早的日心说而非地心说宇宙体系，被尊称为“古典时代的哥白尼”。或者更确切地说，哥白尼应该被称为“文艺复兴时期的阿利斯塔克”。

埃拉托色尼著名的地球测量以其方法与精确性博得了后世学者的钦佩，并且这一计算结果被认为是古希腊科学最伟大的成就之一。据埃拉托色尼观测，在夏至日的正午，太阳直射赛伊尼（阿斯旺），日晷的竖立杆（指时针）没有投射出阴影。埃拉托色尼测量到，在同一年的同一天，赛伊尼以北的亚历山大港的日晷指时针影长是圆周的 1/50。埃拉托色尼假设赛伊尼（S）和亚历山大港（A）位于同一条经线上，来自太阳

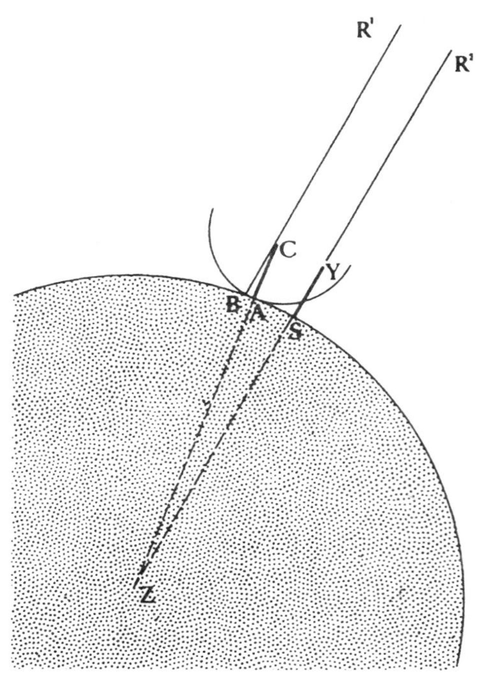

图 2.5 埃拉托色尼地球周长测量示意图。

的光线（R^1 和 R^2）是平行的；直线与平行线相交产生的内错角相等，而相等的角对应的弧相似（∠ ACB 与∠ SZA 相等）。他所接受的从赛伊尼到亚历山大港的距离为 5000 希腊里，通过他先前的推理，这个数字即为地球周长的 50 分之一。假设地球是完美的球形，那么 5000 希腊里乘
以 50 的结果 250000 希腊里即为地球的周长。人们对希腊里的长度有 21
很多争论，并且我们知道赛伊尼在亚历山大港以东约 3 度的地方，离北回归线大约 37 英里。尽管如此，如今人们认为埃拉托色尼测量的地球周长与实际值之差在两百英里以内。为使大圆测量在六十进位系统内可分，埃拉托色尼随后将这一数值从 250000 扩大到 252000 希腊里。

和他的古希腊前辈一样，埃拉托色尼也试图以有意义的方式划分地球。在这一点上他也追随狄凯阿科斯。狄凯阿科斯把已知有人居住的世界分为东、南、西、北四个部分，其中有一条分隔线（隔板）穿过海格力斯之柱（直布罗陀海峡），向东到达现在的伊朗，而另一条与它垂直的分隔线穿过罗得岛。埃拉托色尼接受了这一经纬线模式的划分原型，但他更进一步，将有人居住的世界划分为以直线边围成的不等同的几何图
形，以此与不同国家的形状相匹配。尽管这种划分并不成功，但有些人 22
将其视为产生真正的地图投影的先驱。埃拉托色尼在地理学领域的其他成就，包括他对地球表面许多距离的测量，例如地中海的长度（这是其后 13 个世纪中最好的数值），以及他为世界地图增加的大量内容，特别是在南亚和北欧部分，这可能是他根据旅行者提供的信息作出的。埃拉托色尼还主张地球主要由水覆盖，在这一点上他和其他学者（例如克拉特斯）不同，他们认为地球表面的主体是陆地。

马鲁斯的克拉特斯（盛年在公元前 2 世纪）制作了一个大地球仪，在它上面描绘了四个近似对称的洲：两个在北半球，两个在南半球，分

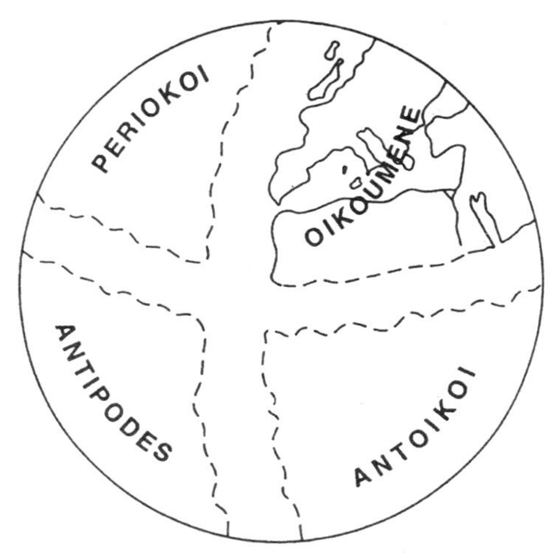

图 2.6　克拉特斯的地球仪（右上：有人居住的世界；右下：对向世界；左下：对跖世界；左上：反世界）。

别被相对狭窄的环流水体（后来的环形海洋）所分开。根据这个设计，一共存在四块大陆，包括已知的有人居住的世界以及另外三块。正如我们将要看到的，此后这一观念持续了很多个世纪。和克拉特斯同时代的著名天文学家尼西亚的喜帕恰斯，被认为是地图投影的真正创造者。他设计了一个系统的、虚构的网格，由等间隔的纬线（纬度带）和经线构成，二者彼此呈直角相交。尽管有一些点是通过天文学固定的，地球上各个地方的位置却是估算的，这主要因为经度测量的困难。喜帕恰斯将
23 地球周长 360 度中的 1 度定为 700 希腊里，并且坚持通过天文观测确定经度和纬度，从而确定各个地点的精确方位。一旦地球上有了有规则的网格，对地图投影的认真研究便有了可能。实际上，此后在地球图中非常流行的立体投影和正射投影的发明应归功于喜帕恰斯，但在他的年代这些投影方法还仅仅应用于天文学。喜帕恰斯同样被认为是星盘（星体测量仪）的发明者。在公元 1 世纪，提尔的马里诺斯，像他之前的埃拉托色尼和喜帕恰斯一样，试图通过增加新来源的信息来丰富世界地图。

马里诺斯还根据罗德岛的纬度设计了一个简单的矩形（平面）海图。这些成就都影响了托勒密这个随后批评马里诺斯的人，使他成为地图学领域中的集大成者。

盛年在公元2世纪的克劳迪乌斯·托勒密是亚历山大图书馆馆长，这个职位是约4个世纪前的埃拉托色尼设立的。和他的这位前辈一样，托勒密也在许多方面大大推动了地图学的进步，并且这些成果在他去世后的许多个世纪中都没有再发生实质性进展。托勒密没有采用埃拉托色尼测量的地球周长数值，而是采用了古希腊天文学家波塞多尼奥斯（公元前186—前135年）的较小的数值。这个“修正后”的地球周长值约为180000希腊里，或者说约为地球实际周长的四分之三，这个数值也为马里诺斯等人所采用。由于托勒密在天文学和地理学中的权威性，他采用的这个错误数值在随后的14个世纪中都没有受到过严肃挑战，于是该数值得以保留下来。即便如此，托勒密在地图学中的特殊贡献仍然极为重要。这些贡献包括：托勒密指导人们制作地图，连同其他学者提供的材料，制作出了目前被称为《地理学》的作品，它也被简称为《地理》。[11] 托勒密的《地理学》包括制作世界地图投影的说明（经线为放射状直线和纬线的类圆锥投影；以及一种经纬线都为曲线的投影）；将世界地图分界为大比例尺分幅地图的建议（在一些版本中，亚洲分为12幅，欧洲分为10幅，非洲分为4幅，总计26幅；而其他版本区域地图分幅计划的数量远多于此）；还有一个拥有约8000个地点坐标的列表。这个列表采用了两种不同的系统，用度数表示的经纬度系统，另一种则用某地一年中白昼最长的一天的日长来表示纬度，并用该地与本初子午线间的时间差来表示经度（1小时等于15度）。最终，托勒密的本初子午
线（0度经线）从幸运（加那利）群岛穿过，他的地图向东扩展180度 24

到达中国（见第五章的图 5.2 和图 5.3）。尽管和喜帕恰斯一样，托勒密赞同用天文方法确定地理位置，但实际上《地理学》中所包含的大部分地理位置数据来自旅行者，或者基于航位推算（通过航行的路线和每段路线的距离推算位置）。而且，如同那位常常被奉为古典时代最伟大天文学家的喜帕恰斯一样，托勒密也支持地心说宇宙理论。这两位学者的影响使这一错误一直持续到 1543 年哥白尼的（近乎于）遗作的出版。

我们不能确定托勒密是否真正绘制过地图，但无论如何，在概念和数据方面，包括埃拉托色尼和马里诺斯的一些人都对他产生过很大影响。托勒密的作品是通过保存在拜占庭帝国的晚期抄本流传至今的。这些手稿中的一部分包含了地图，它们可能被学者用来对耶稣诞生后的几个世纪中的世界知识进行重建。就像我们随后会看到的，在欧洲文艺复兴时期的海外地理大发现开始时，托勒密被奉为地图学（和天文学）的终极权威。或许把所有这些进步都归功于托勒密是不正确的，我们更应该认为许多学者都对托勒密体系——就像医学中的希波克拉底传统一样——有所贡献。

亚历山大城的托勒密受到凯撒大帝控制，和他之前的斯特拉波以及晚期的古希腊学者一样，他也为古罗马统治者服务。通过这样的方式，古罗马人成为了古希腊地理知识的继承者。正如我们已经看到的，这些知识包括：大地球形的概念；地球周长的测量；规则和不规则的球面划分（坐标系统）；地图投影；不同比例尺的地图；以及一幅包括欧洲、非洲和亚洲大部分的世界地图，可以理解地是，这幅地图上与地中海之间的距离越远的地方精确度也就越低。从可利用的证据中能够看出，古罗马人在他们自己的地图学工作中突出实用性，这涉及到用地图辅助帝国的军事、行政和其他方面活动。学者们或许过分强调了这种实用主义方针，但是它看上去却得到了证据的支持。我们关于古罗马地图学的知识很少来自现存的实物，而是通过公开展示的记录了相关内容的文献资料，以及写在织物、石材和金属材料上的档案复本得到的。一幅此类地图由奥古斯都·恺撒（公元前 27 年至公元 14 年）授意，由他的女婿马库斯·维普撒尼乌斯·阿格里帕等人共同完成。对这幅图有很多争论，但它被认为是第一幅真正把有人居住的世界分为欧洲、亚洲和非洲（利 25
比亚）三大洲的地图。它清晰表现出了教诲的目的，因此这幅地图是人们熟悉的教室挂图的先驱。

我们只能通过相关文献了解阿格里帕的地图，但是当我们探讨古罗马地籍（产权）测量问题时则拥有更为坚实的基础，在这方面有更多有形证据留存。它是美国公共土地测量在将近两千年之前的先声，具有编号系统的直线测量在古罗马帝国广袤的国土上展开，从北非一直延伸到不列颠。它所使用的方法被称为“百亩法”，将土地划分为以百亩为单位的区块，区块间的直角相交处用一种叫做“格罗玛”的仪器划定。[12] 人们在一块公元前 1 世纪的墓碑上发现了一幅有关这种古罗马的测量仪器的图像。我们还有一幅刻在大理石上的“表格”地图残片，表现了法国南部奥朗日（阿劳西奥）附近某个进行了百亩划分的区域。[13] 这块残片展现了网格状的产权边界，并刻有土地所有权信息。这种制图方式始于罗马外围的坎帕尼亚所开垦的土地，一个档案馆于公元前 170 年左右在那里建立。不是所有的古罗马百亩法分区的方向都保持一致，例如后来（约公元 500 年）编纂的古罗马测量员手册《土地测量书》中的图画所展示的那样，从如今的欧洲和北非陆地景观中也可以找到证据。

阿格里帕的小比例尺世界地图和大比例尺地籍测量图形成鲜明对 26

图 2.7　刻于大理石上的奥朗日土地清册的一部分。

比。古罗马（或者受古罗马启发的）地图学的其他现存实物，包括一些市镇平面图，一个具有水文要素的中比例尺镶嵌地图，以及一些旅行路线图。这些旅行路线图中的一幅绘制在一张覆盖在某个古罗马士兵的盾上的羊皮纸上（约公元 260 年），展现了一条沿着黑海海岸的道路，并标注了地名和里程。然而，这类地图最为世人所知的例子是波伊廷格地图，其制作年代可追溯到四世纪，但是现存的地图仅仅是制作于 12 或者 13 世纪早期的复制品（见第四章图 4.1）。因此，这幅地图将会与中世纪的地图学放在一起讨论，就像马代巴镶嵌地图那样，它是 6 世纪的一幅早期基督教地图。

从公元前 2500 年到古罗马帝国灭亡的公元 400 年这段时期内，我们可以分辨出各种不同的地图类型，其中一些在地中海和中东地区的社会中普遍存在。古埃及将来世作为重点，金字塔中石棺底部的地图是这种观念的不朽证据。古埃及文明在地图制作方面的其他贡献，例如建筑平面图，也存在于早期美索不达米亚的大比例尺地图制作中。这一文明也在小比例尺地图制作上取得了进步，用以记录他们文化源地内的河流、地势、聚落以及更大的世界。他们也许从印度那里接受了圆形六十进位制的思想，就像他们接受零的概念一样。古希腊的探险者从希腊本土经过中东抵达美索不达米亚，并与埃及相联系。这一活动推动古希腊人对这两个地区的认识，在一定程度上导致了古希腊“奇迹”的产生。我们通过文字作品了解古希腊地图学，其中包括对地球的形状的讨论，对地球大小的测量，对地球实体的划分以及地图投影。在古罗马的统治下，某些古希腊思想得以传播，并伴随着古罗马人自己做出的实际贡献。这些贡献包括地籍图制作，这可能是一项古埃及的遗产（在那里几何学因地籍测量活动而兴起），以及旅行路线图。晚期的古希腊人，部分依靠在地中海内外广泛活动的腓尼基人，为随后许多世代中的地图学打下了基础。

虽然很少有实物保留至今，文献遗存也多寡不均，但我们能看到古典时代地图学的发达，并在用途、主题、比例尺和材质方面呈现出多元化。这些进步中的大部分在西方或被丢失，或被遗忘，只能在晚些时候被重新发现或重新引入。现在我们可以转向东方，在那里也发生了对地图学发展有重大影响的事件。

第三章　东亚与南亚的早期地图

27　和西方的情况一样，在东方的很多地方早期地图学记录也是断断续续的，且这种情况在其中大部分地区尤甚。从很早的时候起，印度和美索不达米亚之间就有接触，在数学、宇宙哲学等方面相互影响。公元前326年，亚历山大大帝跨过印度河，在塔克西拉等地区找寻到了伟大的文明。[1] 在更早的时候，随着公元前6世纪佛教在印度的兴起，印度和中国在宗教、科学和其他文化方面都有着相互交流。后来，这种交流也在相反的方向上进行，尤其是在来自中国的佛教朝圣者前往恒河流域取经（其中可能包括地图）之后，这至少可以追溯到公元4世纪。随后我们将会回过头来讨论南亚地图学。

在这里简要回顾中国人在地理学和地图学方面的早期贡献很恰当，不仅因为这对他们自己非常重要，而且对东方的其他地区也产生了深远影响。[2] 在中国的文献中，很早就有地理学和地图学活动的证据，它们的年代大大早于中国现存最古老的实物地图。最早的关于中国的调查（《禹贡》）大约与古希腊的最早记录，即阿那克西曼德（公元前6世纪）的地图制作活动同时代。在随后的几个世纪中，中国和古希腊以及拉丁西方（尤其是后来的古罗马作家）在地理学著作方面的贡献同样卓著，这表明这几种文化间的联系不仅仅是偶然的。和西方一样，在中国也存在着人类地理学，对家乡和异域的描述，关于海岸和水道的著作，对城市和乡土地志的研究以及地理学百科全书。

据推测，最早期的这些地理作品附有地图、海图与平面图。中国的
一部著作中特别提到公元前3世纪的一幅绘制在丝绸上的地图。这种材 28
料自身的经线和纬线实际上可能构成了地图的网格。另外，我们也获悉在汉代（公元前207—公元220年），各类统治者、军官以及学者都非常重视地图，并将其应用于军事与行政目的。最近在汉代古墓（约公元前168年）中出土的两幅地图是现存最古老的关于中国部分区域的地图。* 它们绘制在帛上，保存在一个漆盒里。其中一幅是区域地图，描绘了如今河南省的大部分地区，包括地形特征、河流、聚落的形象及其名称；另一幅地图描绘了一个军镇及其附近地区，甚至还指明了其临近村落的忠诚度。[3]

显然，在中国，这个矩形网格（由相等的正方形构成的坐标系）是
许多科学性地图的基础，它是由与托勒密同时代的天文学家张衡正式引 29
入的。这个网格细分了平坦的大地表面。尽管它是为地图制作的目的而假定的，但不能假设所有的中国学者都认为这就是大地的形状。事实上，我们知道中国人使用日晷，并且注意到日晷的影长在他们国家绵长

* 即长沙马王堆汉墓出土的《地形图》与《驻军图》。——译者注

的南北方向内持续不断的变化——这种知识向他们暗示了大地表面是弯曲的，如果不是一个球体的话。中国人的日月食和彗星（包括哈雷彗
30 星）记录可以列入最古老的一批记录之中，并且是某些时期中这些天文现象仅有的记录。[4] 早期中国在天文图方面的贡献包括一幅星图（公元310年）、第一个天球仪（公元440年）、现存的最早的手绘星图（公元940年）以及一幅平面天球图（公元1193年）。有人甚至认为他们在天文图制作中使用了"墨卡托"投影，但这更可能是一种简单的圆柱投影。

我们获悉，在公元3世纪有一位丞相的妹妹绣了一幅地图，以便上面的信息能保存更久。[5] 在同一个世纪，晋朝（公元265—420年）的一位大臣裴秀概括了官方地图制作的标准。这个标准包括前面提及的用来确定比例尺和参照位置的矩形网格、方向、三角测量以及高度测量。[*] 很不幸，没有一幅裴秀制作的地图得以保存下来，但是与古希腊地图一样，现代学者正试图通过文字描述来复原这些地图作品。

随着几个世纪间中华帝国的版图不断扩大，各种比例尺的地图被制作出来，以展现这个扩张的疆域。这些作品为之后的地图成就奠定了基础，例如一幅制作于公元1137年或者更早的中国全图。这幅地图拥有规则的矩形网格，其比例尺为图上每一个正方形表示实际的一百里（大约36英里）。在它上面标注了居民点，勾勒出了海岸线和中国最主要的河流——黄河和长江，以及它们的支流，其形象清晰可辨。图3.2是一幅用来作比较的关于这个大区域的略图，上面的信息来自一幅现代地图。这幅大约三英尺见方的地图，被一位不知道姓名的宋代地图学家刻画在石头上，它的目的是阐明更早的以前面提及的《禹贡》为基础的地

---

* 即制图六体：分率、准望、道里、高下、方邪、迂直。——译者注

理学。李约瑟和王玲曾恰当地评价这幅地图是“它那个时代中任何文化里最杰出的地图作品”。[6]这幅地图对中国海岸线和水系的描绘，与现代地图上这一区域的轮廓相比具有令人惊叹的相似性，从这种意义上来说它优于欧洲和东方的其他任何地图，这种情况一直持续到现代系统测量技术出现的年代。和我们在第二章里讨论过的公开展示的马库斯·维普撒尼乌斯·阿格里帕的古罗马世界地图以及许多现代世界地图一样，

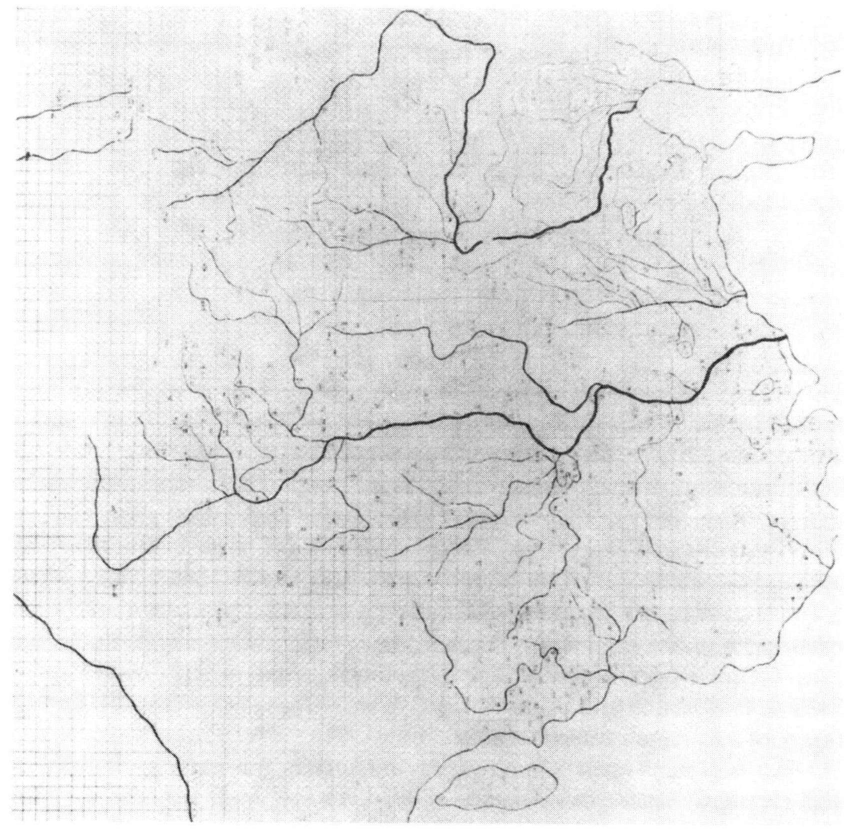

图 3.1　有矩形网格的中国早期石刻地图。

这幅中国地图也具有教诲功能。

另一个中国地图学的里程碑事件，是同时期出现的最早的印刷地图。据推测它大约制作于公元 1155 年，比第一幅欧洲印刷地图早出现 300 多年。自从公元 8 世纪中国人发明印刷术以来，这项技术就在之后

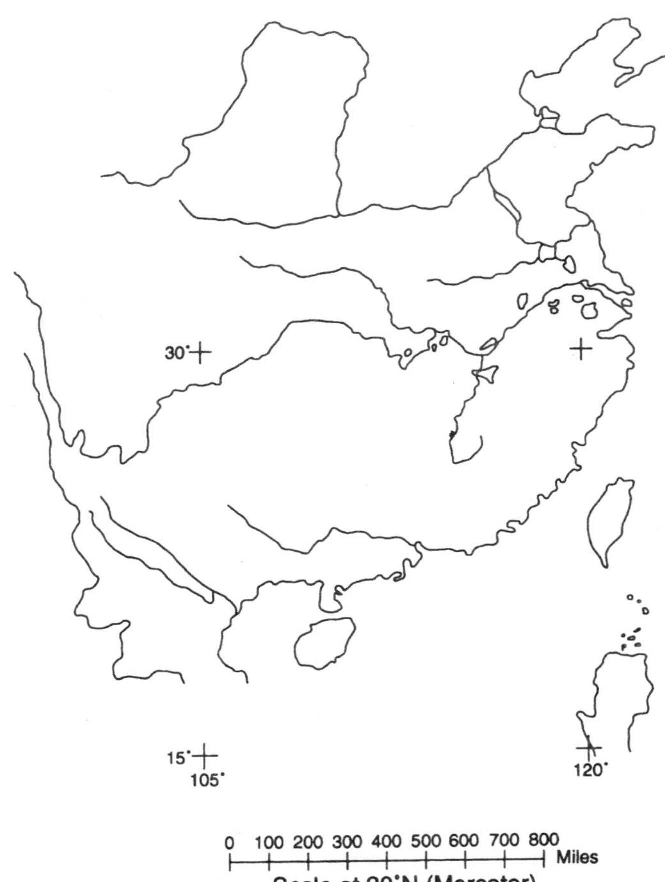

图 3.2　现代地图中的中国轮廓，可与图 3.1 进行比较（miles：英里；scale at 30° N：比例尺适用于北纬 30 度线；mercator：墨卡托投影）。

的一个世纪里被应用到科学著作中，但是有可能更早的印刷地图实物没能流传下来。这幅早期地图是一本百科全书中的插图，用黑墨印在纸张上（这是中国人在公元 2 世纪发明的），图中表现了中国西部的部分地区，除了居民点和河流，还包括北方长城的一部分。这幅地图和前面提及的那张（图 3.1）都是上北下南——换言之，北向在地图的上方—— 31
这是现在西方所惯用的。有时候中国人使用不同的方位朝向，就像与他们来往的不同民族所做的那样。（例如阿拉伯人，他们在公元 750 年以前停靠在中国的海岸，制作的地图特征是上南下北）在 13 世纪一个中

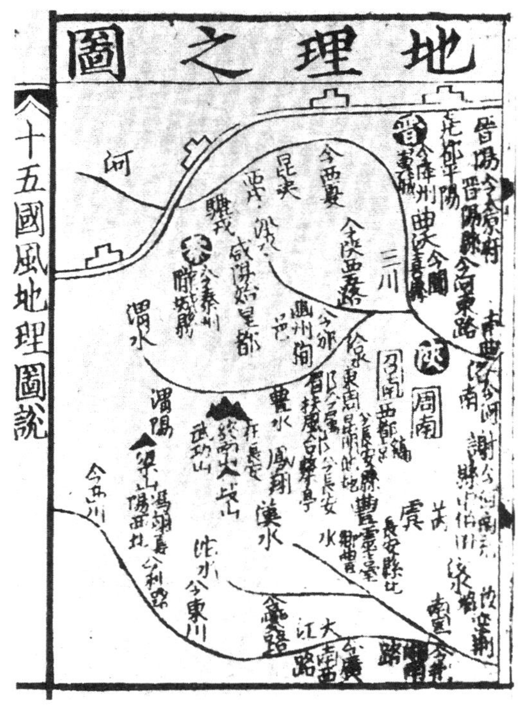

图 3.3　现存最早的印刷地图，出自中国，描绘了中国西部的一部分，表现出了河流、山脉、聚落以及一部分长城。

国天文台的清单中，一个地球仪被列在其内，但这可能是因为受到波斯人贾迈勒丁·伊本·默罕默德·纳查里（扎马鲁丁）的影响。

32 朱思本（公元 1273—1337 年）及其后继者的贡献达到了中国本土地图学的高峰，他们建立的制图传统一直延续到 19 世纪。朱思本继承和发扬了张衡和裴秀的科学地图学传统。和他的前辈们一样，他也制作了一幅带有网格的手绘中国地图。朱思本地图信息的可信度基于他严谨

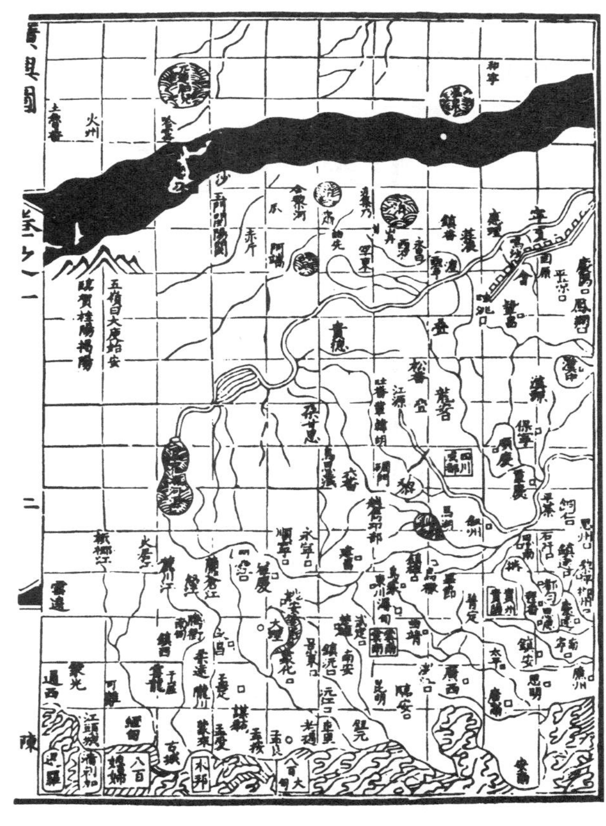

的态度，在这方面他的思想非常现代。这幅地图此后得到不断修订，最
终在朱思本去世 200 年后被放大、分割，以地图册的形式出版。在东方
的地图学中，往往使用狂乱的线条来处理海洋，这可能暗示在人们的观 33
念中将海洋视为一种恶劣环境。然而，明代早期的航海家郑和的事例说
明，并非所有的中国人都这么看待海洋。1405 至 1435 年间，在航海图
的帮助下，他带领由巨大的帆船组成的舰队访问过许多国家，从越南一

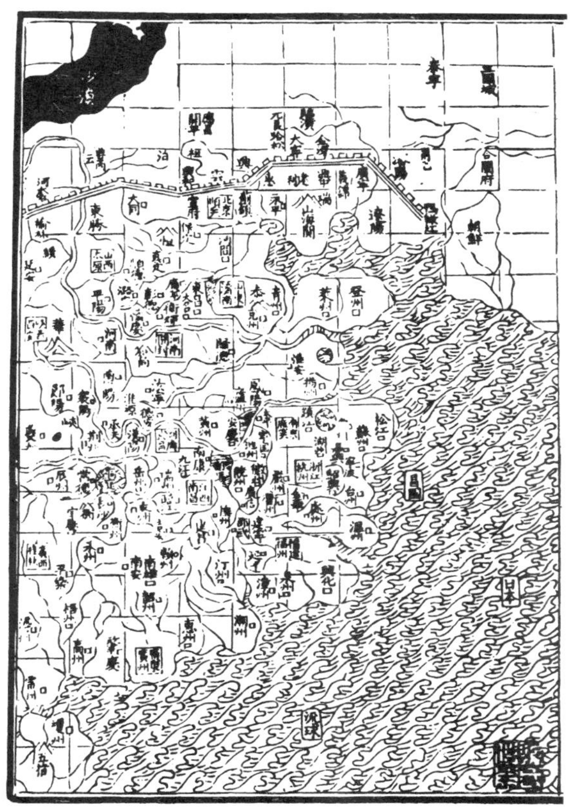

图 3.4　地图册中的中国东部地图，展现了戈壁的一部分（涂黑的区域）、长城以及中国海。

直到东非。这份航海图目前还有一套副本存世。中国人本可能创造更壮观的航海发现，但这样的探险活动在郑和死后被官方所禁止。

尽管这本书更加关注地图本身，而不是制作地图的方法，但值得一提的是，至少在朱思本的时代，中国的地图学家已懂得几何学的原理，
34 并且拥有可以给他们的地图绘制工作提供极大帮助的仪器。这些仪器包括前面提及的日晷，以及一种类似古罗马人的“格罗玛”的带有铅垂线的装置。中国人也使用窥管和一种类似欧洲的直角器的装置来估测高度，也使用标杆进行水准测量，使用测链和测绳进行大地测量。

根据轮子的转数来测量距离的测距仪或移动度量工具，在中国出现的时间至少和欧洲一样早。在公元 11 世纪，中国人已经开始使用指南针测量罗盘方位；人们推测此后不久指南针被向西传播到欧洲。[7] 实际上，一份文献指出指南车和指南针的出现可追溯到曹魏时期（公元 3 世纪），但是我们无法确定这种仪器首次用于地图绘制的时间。

中国人也制作关于自己边境之外的大区域地图，但是由于那些地区对他们来说并不重要，以及中国人持有的华夏中心观念（这一点可以理解），域外的国家因为离中华帝国的文化中心距离遥远而遭到轻视。[8] 我们曾经提到中国地图学影响了东亚的其他地区，尤其是朝鲜，尽管这些地区的地图学并非全无创新。在最近一个世纪，几份文献指出，朝鲜在建立于 14 世纪晚期的李朝之前已经有地图存在。这个时期的手绘本“世界”地图表明，当时东方人对西方的认识比西方人对东方的认识更加丰富，这主要归功于阿拉伯人、波斯人和土耳其人的连接作用。就朝鲜人自己的疆域范围而言，他们制作出越来越详细的地图，表现出山脉的方位、城镇到都城的距离以及政治单元的边界等等，主要用于行政管理目的。[9] 看起来中国的印刷术传播到朝鲜的时间相当晚，即便如此一

幅出自朝鲜的印刷地图也比任何欧洲的印刷地图都要早。 35

尽管中国直接影响了朝鲜的地图学，而通过行基菩萨（约公元 668—749 年）这位祖籍朝鲜的佛教徒的努力，日本的地图学才有了更立竿见影的进步。[10] 他是道路、桥梁与运河的建造者，并在地图制作方面为日本统治者提供了建议。我们只能通过后来的手绘和印刷本了解所谓的行基式样的地图，它们展现了被分为 68 国 * 的整个日本，描绘了从这些国到古都京都的主要道路。与这些小比例尺地图相比，城市图则表现的更为详细，例如一幅约公元 1199—1288 年的京都地图，汇编于 18 世纪 36
（图 3.5）。这幅图使用等角投影绘制除了这个城市的网格状布局，图中清楚地标示了庙宇、神祠和宫殿。这种城市地图绘制传统在日本一直延续到相当晚近的时期。

我们开始讨论东亚和南亚的早期地图时，涉及了印度河流域文明，并且注意到这一地区的地图证据遗憾地缺失了。人们对前殖民时代的南亚地图学产生了越来越浓的兴趣，包括巴基斯坦、印度、斯里兰卡，以及从喜马拉雅国家到东南亚半岛和岛屿的整个区域。尽管雷金纳德 · H. 菲利莫尔、苏珊 · 戈莱、R. T. 费尔、约瑟夫 · E. 施瓦茨贝里等人已经做了很好的工作，但是南亚这一古老的人类居住区的早期地图学研究还处于萌芽阶段。[11] 在这个广大的区域内，没有像李约瑟和王玲对中国或者优素福 · 卡迈勒对埃及和非洲那样的研究存在。对于西方学者来说，一个主要的问题在于理解这些亚洲半岛和岛屿复杂文化的难度，而更紧迫的问题正在被当地的专家着手解决。那些还没有被学者们查阅——更缺乏研究——的文献中可能保存着原始的材料。南亚地图学是一块知识的宝库，和西方地图学一样恢宏和复杂，涉及众多学科，迫

* 日本古代一级行政单位，相当于省。——译者注

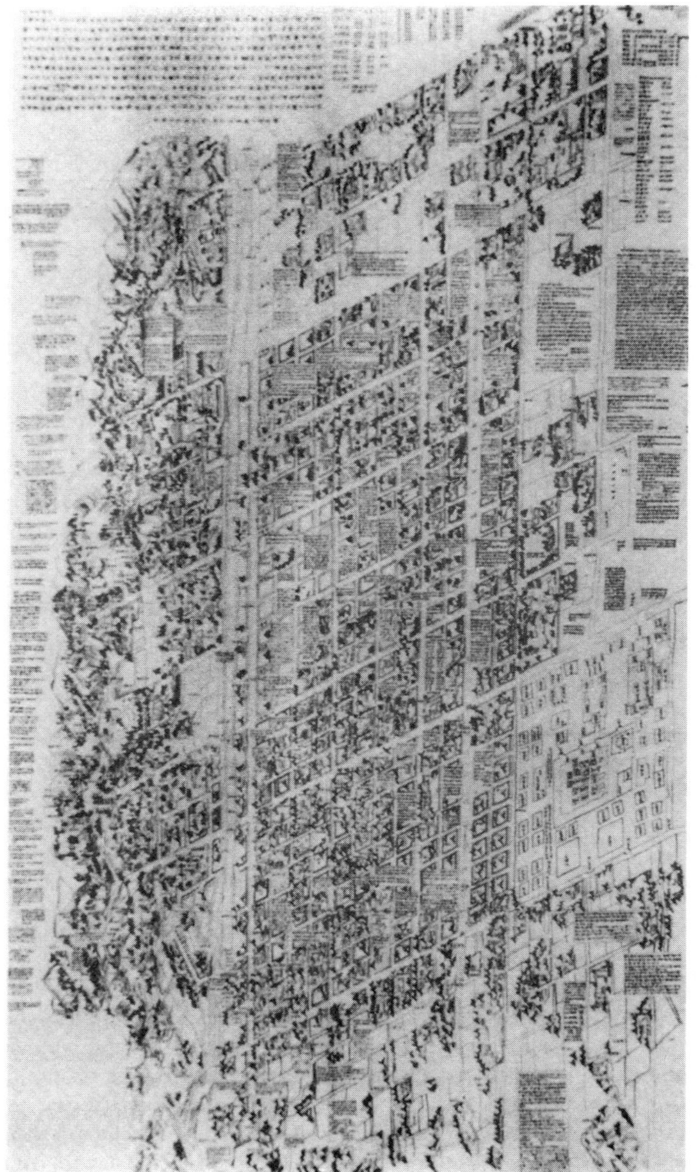

图 3.5　1199 年日本京都地图，使用等角投影，展现了庙宇、神祠、宫殿以及水系特征。

切需要人们来探究。 37

在此类基础研究缺失的状况下，我们只能从贫乏的证据中推测南亚早期地图学的性质。像其他地区一样，一些绘制在洞穴中的岩画——这有许多实例遗存——被解释为地图。这些地图也展现出，生活在“伟大”的印度的人们（特别是耆那教徒）从远古时起就创造了具有超凡价值的宇宙图景，与其他文明相类似（尤其是巴比伦和玛雅）。同样地，南亚次大陆以及受其影响的地区最虔诚的宗教人士创作了寺庙、圣坛和其他建筑的平面图。这些地图中的少部分保存至今，它们绘制在非耐用的材质上（如棕榈叶），由此可知大量此类地图已经不复存在了。大部分此类地图以及城市平面图，是通过很晚近的实例或者复原图才被我们所知。

图 3.6 是一幅莫卧儿王朝晚期地图的复原图，它展现了包括今天的印度西北部、巴基斯坦和阿富汗在内的大片地区，地图的上方为东北方向。靠近图中间的一个缺损的方块，是因为虫害或天气原因造成的。从图中缺失的部分延伸开去是印度河，它的支流位于地图左边的空白处。图中绘出了印度北部的大城市，这些大城市的名称标注在矩形的方框内（德里-沙贾汗纳巴德、阿格拉-阿克巴拉巴德等），位于页下空白处。环
绕阿杰梅尔的丘陵轮廓是根据它们从城市望去的不同景象所描绘的。图 38
中也标注出了道路以及重要地点之间的距离。印度河在旁遮普地区（有五条河流之地）的三条主要支流也被表现了出来——比阿斯河、拉维河和杰赫勒姆河。但其他两条河流萨特莱杰河和杰纳布河在图中缺失，可能是由那块缺损的区域所致。恒河位于图的下方。接近图上方的俾路支斯坦、阿富汗以及克什米尔都是多山的地区，所以图中的城市如奎达、喀布尔和克什米尔的斯利那加都被山地环绕（图中黑色阴影部分）。在

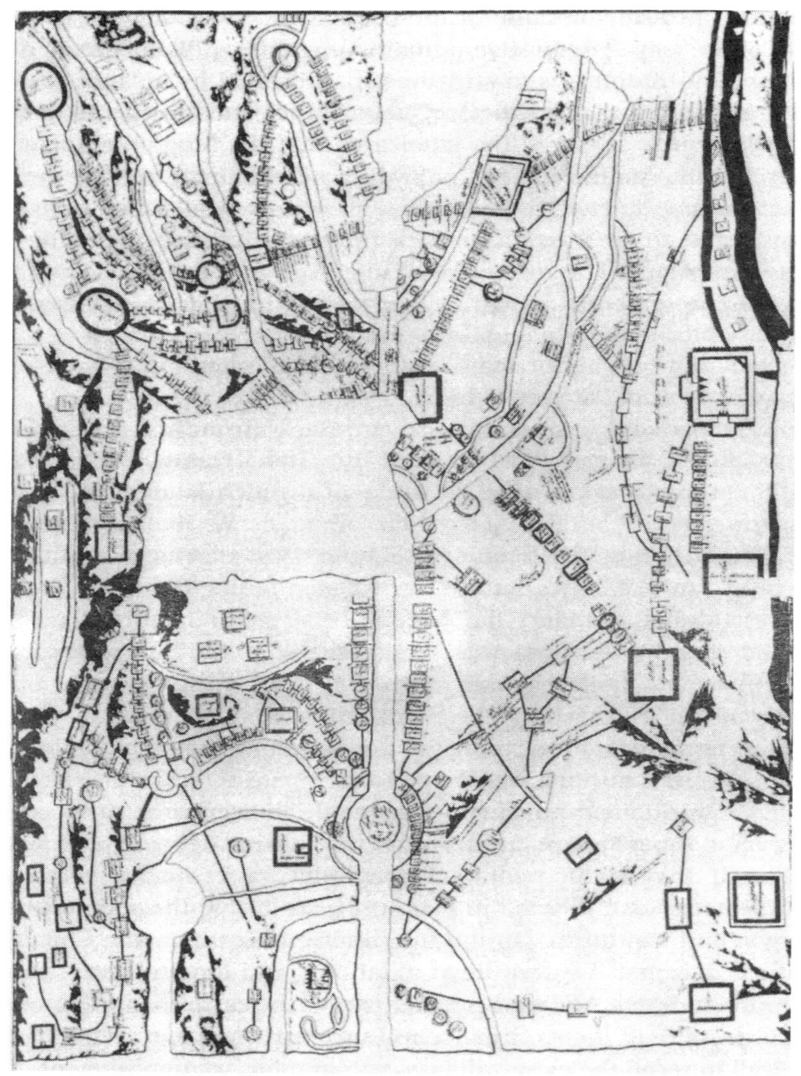

图3.6 描绘了莫卧儿王朝一部分区域的地图，即今天的巴基斯坦、阿富汗和印度西北部。

夏季，莫卧儿的皇帝们会到斯利那加旅行，以享受那里凉爽的气候，观赏他们在那里建造的巨大花园。类似这样的地图在旅游享乐或者军事活动方面对莫卧儿时代的人们有巨大的价值。在18世纪，当英国人开始他们不朽的印度地形测量活动时，也对此类地图产生了兴趣。这幅地图保存在印度测量局的档案中，并且图中的波斯文地名旁边标注有英文的音译。

一些出自亚洲的“地图珍玩”被保存了下来，例如中国汉代的香炉，它们是最早的三维地形模型，以及年代要晚许多的日本的盘子、镜子和扇子，也都用地图作为装饰。现在我们将再次回到西方，包括伊斯兰世界在内，它们对南亚和东亚的影响极大。但是前文未提及的是，直到16世纪，当耶稣会士们在中国建立了居留点之后，这个地区的地图学记录才可能为欧洲人所利用，并融入了他们的区域和世界地图。尽管从那时起，亚洲的地图制作开始受到欧洲方法和地理学思想的巨大影响，但是其本土地图学也和新的思想共同繁荣。这一点在地方的和区域地图上尤其如此。甚至世界地图也保留着出人意料的中国中心观念，非洲和美洲这样的区域好像是附属品一样被嫁接到已存在的地图轮廓上。在这样的条件下，当经过了过滤的新知识于17、18世纪传入，传统地图学对其采取了兼容的态度。在19世纪，中国和其他国家已经接受了西方的经纬度和地图投影思想，并且知道了亚洲只是地球的一部分，小于他们从前的想法。尽管他们对欧洲思想和技术有些抵触，我们还是很好地回顾了东方的卓越地图学成就，特别是关于早期中国制图者所做工作的那些例证。

第四章　中世纪欧洲和伊斯兰的地图学

39　我们在这一章使用“中世纪”这个概念是出于方便的考虑。但显然，这个概念与欧洲而不是伊斯兰的关系更为密切。中世纪的早期部分——即所谓的黑暗时代，大约从 450 年到 1000 年——虽然并不像人们之前认为的那么黑暗，但是在这五百年间的西方地图学极少流传下来。然而，一幅大约制作于公元 590 年的马代巴镶嵌地图得以传世，人们于 1889 年在约旦的城镇马代巴发现了它，它的名字即来源于此。[1]有时候这幅地图被称作第一幅基督教地图，在它被修复前它是一座教堂地板的一部分。尽管这幅地图并不完整，它的残存部分显示其表现的重点在西亚，但也包括其周边的尼罗河三角洲和黑海。它是由拜占庭的镶嵌画师制作的，图中非常翔实地展现了耶路撒冷。

另一幅地图也源自这个时期，也许更早一些，即波伊廷格地图，这幅图涉及了第二章所提及的古罗马地图学，它的名字来源于这幅地图在

16世纪的一位拥有者，人文主义者奥格斯堡的康拉德·波伊廷格。[2]这是一幅绘制在羊皮纸上的大型地图，大约一英尺宽，总长度则超过20英尺。它最初是一个卷轴，但后来被分成了12张，其中的第一张已经遗失。第一张地图被认为描绘了不列颠的大部分地区（其中的一小部分仍保存在第二张中）、伊比利亚半岛以及相邻的北非地区。现存的其他11张地图都以高度概略的风格绘制，其描绘的地区从英格兰的最东端起，穿过地中海直到印度。据推测，这幅地图中的信息来源于1世纪的古罗马人的旅行路线图。这幅流传至今的地图展现的主要内容来自4世纪，还有一些是直到16世纪它第一次出版之前才添加上去的。

图4.1展示的是波伊廷格地图的一小部分，即第6张和第7张的连接处，主要描绘了西西里岛和意大利的“靴子状”部分。从这个例子中 41
可以看出，图上地区在东西方向上被拉得很长。它没有使用系统的投影法，但是图上聚落之间的大致距离都被标了出来。图上道路用直线做了显著的绘制，这些直线常常会有奇特的转折。道路以红色描绘，而海洋则用蓝绿色描绘。这幅地图内容丰富，绘有山脉的轮廓以及建筑物，在某些情况下，在重要的中心地区还绘有人物形象，例如在罗马城的位置，有一个人拿着一个圆球、一面盾和一支矛坐在王位上。帝国的主要道路都从这座“永恒之城”向四面八方发散。

编绘波伊廷格地图这样的作品，跟绘制早期的中国地图一样，都不需要大地球形的观念。对于小区域地图则更是如此，例如罗马和君士坦丁堡的城市平面图，它们曾经是查理曼大帝（724—814年）图书馆的藏品。这些地图，以及一幅同样属于查理曼大帝的世界地图，都铭刻在银盘上，但是我们仅能通过相关的文献来了解它们。总而言之，没有证据可以证明中世纪的人们认为大地是平坦的。事实上，我们明确知道这个

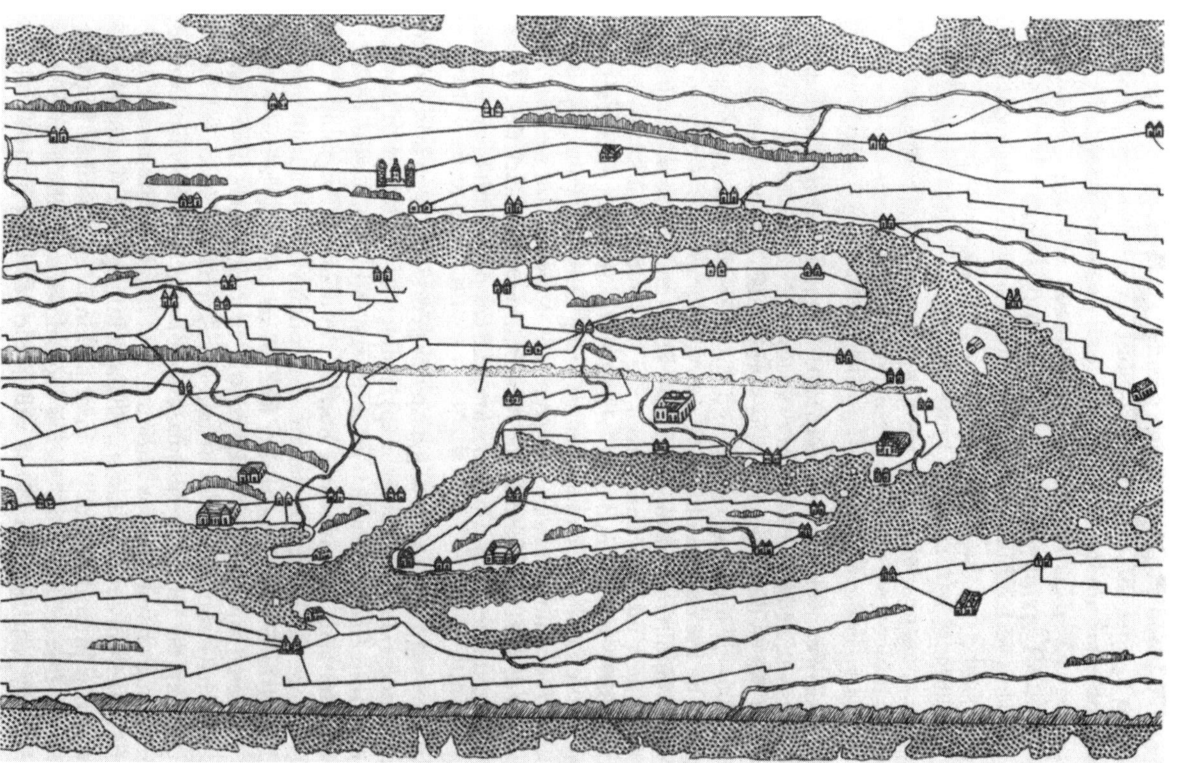

图 4.1　波伊廷格地图中一小部分的简化表现，内容包括意大利的“靴子状”部分以及西西里岛，由诺埃尔·迪亚兹重绘。由于这张图的比例尺比原图缩小了很多，作为原图重要特征的文字注记被略去。

时期许多有影响力的学者接受了大地球形的观念。然而，也有人对这一观念，以及有人生活在对跖世界的相关概念提出异议。[3] 在中世纪，表现在地图上的大地有各种各样的形状：不规则形状、卵形、矩形、斗篷形和圆形。最普遍的形状莫过于圆形、圆盘形或者车轮形。这是希腊-罗马地图学的遗产，其中可以分辨出两种明显的类型：T-O 型地图和气候带地图（图 4.2 和图 4.3）。它们涉及到马克罗比乌斯（约 400 年）、奥罗修斯（5 世纪早期）和塞尔维亚的伊西多尔（约 600 年）的地理学思想，他们起到了古典时代与随后的中世纪之间的纽带作用。伊西多尔制作的 42
一幅简单的圆形地图后来于 1472 年成为了欧洲的第一张印刷地图（见图 5.1 和第五章）。

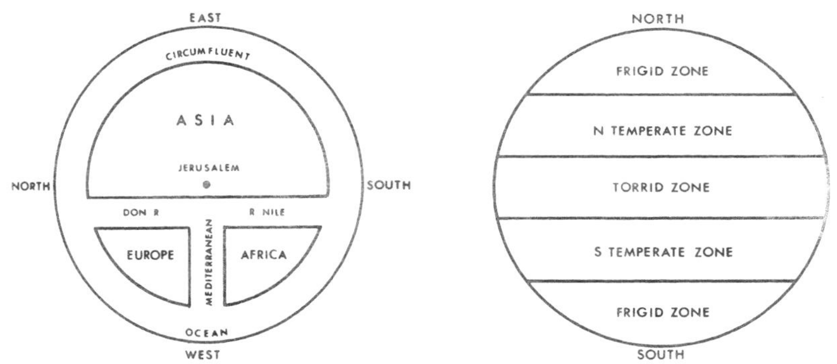

图 4.2 和 4.3　T-O 概念示意图（左）和地球气候带概念示意图（右）。图右：北、寒带、北温带、热带、南温带、寒带、南。

在 T-O（拉丁语为 orbis terrarum，意为“世界”）型地图中，东方（英文中另一种写法为 orient）通常位于上方（因此方向一词在英文中叫做 orientation），亚洲占据了地图的上半部分。亚洲和非洲被尼罗河分隔开，和欧洲被顿河（塔那斯河）分隔开，这两条河流连在一起构成了 T 字上面的一横，而地中海则分隔了欧洲和非洲，构成了 T 字下面的一竖。所有这些被大洋环流所包围——它构成了O字。此种地图模式体现了古典时代的地理学观念。这一观念包括地球上存在三块大陆——这是一个被广泛接受的观点，地球上大部分为陆地所覆盖，再加上分割陆地的海洋与大洋环流，其例证为克拉特斯的观念。通过将耶路撒冷放在世界的中心位置，T-O地图同样与基督教神学相符合。[4]挪亚的三个儿子被假定为已知的三块大陆上的人类的祖先，他们分别是雅弗（欧洲），闪（亚洲）和含（非洲，特别是利比亚地区），他们的名字（有时候也包括肖像）出现在许多此类地图中恰当的位置。

在气候带地图中，希腊科学的贡献更加明确，而且很多例子都有不同的方位朝向，而不只是东方朝上。古人非常关注有人居住的世界的扩张，他们试图以纬度来划定其界限（纬度带），所以中世纪的学者也对人类所占据的区域产生兴趣，但却是出于神学上的原因。T-O地图和气候带图两种圆形世界地图经常存在于中世纪的著作手稿中，在伊斯兰的地图学中也可以发现它们。在某些例子中，这两种（以及其他）概念共存于一幅基督教或穆斯林地图中。

中世纪圆形世界地图的终极表现存在于德意志的埃布斯托夫和英国的赫里福德地图中。这两幅地图都是13世纪晚期的作品，尽管它们在细节上有很大差别，但在观念上却十分相似。这两幅世界地图看起来像是德意志埃布斯托夫修道院和英国赫里福德大教堂中的祭坛画（也可能悬挂在祭坛后面）。不幸的是，埃布斯托夫地图在第二次世界大战中被毁掉了，但是这幅巨大手绘地图的良好彩色复制品却保存了下来，它的直径大约有11英尺半。[5]赫里福德地图绘制在牛皮纸上——有可能是一头小公牛的皮，它同样非常巨大，大约有5英尺3英寸高，4英尺6英
43 寸宽。它在最近奇迹般的躲过了拍卖商的小木槌，仍然是赫里福德大教

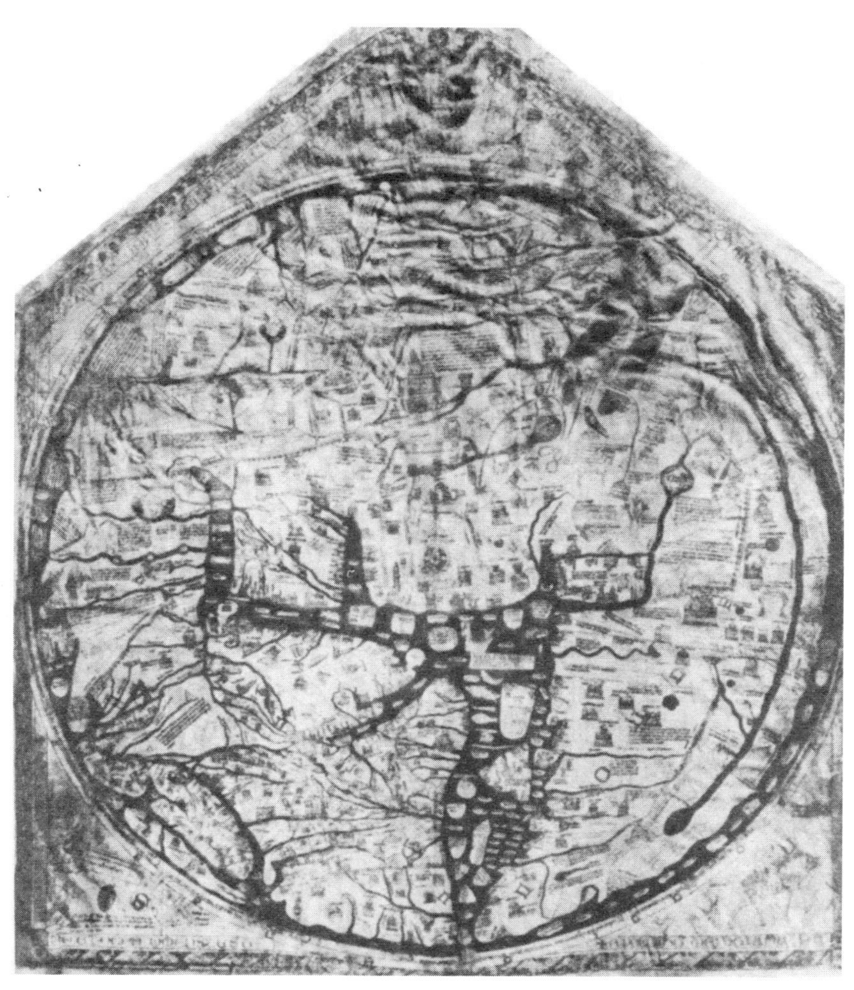

图 4.4　赫里福德手绘世界地图原件的照片。

堂保留的珍品之一。在中世纪，有可能有很多这种类型的地图存在于欧洲的各大修道院内。

赫里福德地图曾被认为是个奇怪的东西，在地理学上毫无价值，但

是后来的研究结果对这一观点作了修正。[6] 通过这幅地图上一处请求阅
览者为图作者祈祷的题词，可以看出它的作者是哈丁汉和拉福德的理查
德（又名理查德·德贝罗）。当他在 13 世纪末从林肯来到赫里福德之
44 时，可能携带着这幅地图。但也有人认为该地图是由蒂尔伯里的热尔韦
在赫里福德制作的，他同时也是埃布斯托夫地图的作者。这两幅地图所
表现的都是 T-O 地图的改良版，和包括马克罗比乌斯、奥罗修斯、伊西
多尔和美因茨的亨利（1100 年）等人先前的范例具有密切关系。赫里
福德地图是在古典时代的旅行路线图以及晚近资料的基础上制作的，可
以认为它是中世纪世俗和宗教地理学知识的总结概括。它描绘了来自寓
言故事中的虚构生物和怪异的人，但是也包涵了源自中世纪商业旅行、
45 朝圣或十字军东征的新信息，特别是在其欧洲部分。与它的大地观念一
样，赫里福德世界地图在着色和书法方面漂亮地表现了中世纪晚期人们
的感觉，它们在哥特式教堂中达到了其在建筑学成就上的高峰。实际
上，这两种形式中使用的象征符号关系非常密切。例如，在赫里福德地
图中，在大洋环流上方的基督审判的表现手法，是同时代宗教建筑中楣
饰的再现，它的原型通常经过了着色。完美的天上的世界远离不完美的
人间世界，并位于其上方。尽管中世纪的一些学者（例如尊者比德和罗
吉尔·培根）研究物理现象，但它却是一个排斥地理探险（包括测量海
洋深度）的时代。

对赫里福德世界地图这样的作品，人们曾经争论它的作用是为旅行者提供指导，或者仅仅是一种鼓舞人精神的图画，就像大教堂里的彩色镶嵌玻璃窗一样。毫无疑问它们同时具备以上两种功能，而且一些观看此类地图的朝圣者可能会根据他们自己的旅行经历为其提供修改意见。[7] 然而，也有一些中世纪地图是更加专门为旅行者提供帮助而设计的。因

图 4.5　赫里福德世界地图上部细节。

此，在圣奥尔本斯的藏经楼中，13 世纪的修道士马修・帕里斯不仅制作了一幅世界地图、一幅大不列颠地图，还制作了一幅描绘英格兰内部朝圣路线的带状地图，另外一幅地图则展现了从伦敦到意大利南部的路线。这些路线图类似于波伊廷格地图，是现代带状道路图的雏形。图中从一地到另一地的线路都用直线来表示，而没有特别注重方位。帕里斯对不列颠的表现同样可以看作是一幅旅行路线图，尽管图中并未明确描绘路线。帕里斯的不列颠地图被认为是最古老的针对某个欧洲国家的地图，它表现了被压缩了的威尔士和苏格兰（在罗马长城外面），河流和筑有防御工事的城市（标注了名字）。另一幅与此类似并在空间上更加可辨的不列颠地图出现在一个世纪以后，在这幅图中，主要的道路都被描绘出来。这幅图被称为高夫地图，其名字来自于它的一位晚期拥有者，18 世纪的古董收藏家理查德·高夫。高夫地图可能是出于行政管理目的而绘制的。

在中世纪欧洲，地图的进步不仅发生在修道院和宫廷中，也同时出
现在其他地方。我们已经讨论过同时期远东地区的地图制作活动，而中
东的学者也对这一时期的地图学做出了卓越的贡献。[8] 在巴比伦衰落以
后，西南亚干旱地区的科学明显地受到印度的影响。这一点在阿拉伯字
46 母革新，以及托勒密的作品《至大论》（关于天文学）和《地理学》（关
于地图学）在 9 世纪被翻译成阿拉伯文以前是尤为正确的。在此后的一
个世纪中，托勒密地图（很可能是根据《地理学》中的内容重新绘制的，
并非原件）在阿拉伯地区广为流传。紧接着，两个显著的进步从根本上
影响了伊斯兰地图学的进程：一、对地球表面地点经纬度的确定，这是
47 对天文学越来越重视的表现之一；二、由于军事征服、行政管理以及贸
易活动而造成的疆域扩张和海上旅行，导致描述地理学的兴起。然而，
第一个进步不总是像第二个一样拥有立竿见影的效果。

尽管最初阿拉伯学者看上去已经接受了托勒密的天文学成就，但他们及时地对其进行了批评和改进。托勒密给出的地中海长度为 62 度，

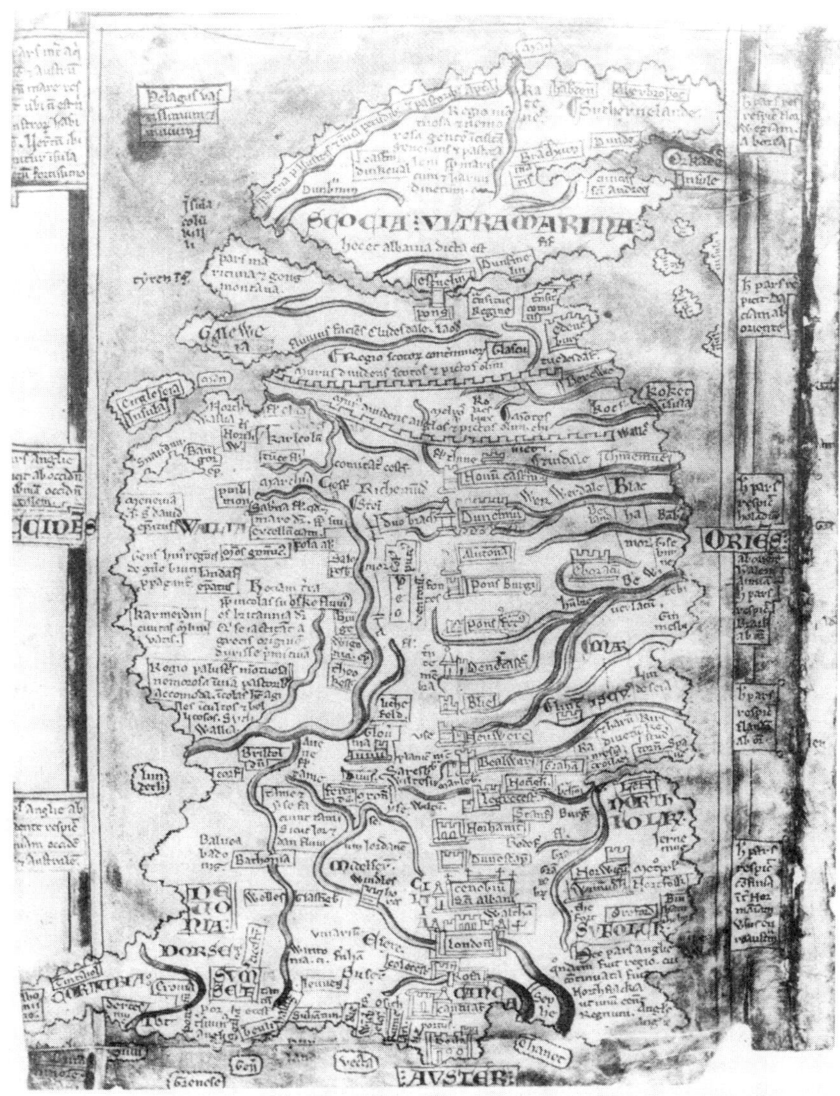

图 4.6　马修·帕里斯的不列颠地图手稿（13 世纪）。

这个数据被花拉子密（9 世纪）减小到 52 度。此后查尔卡利（12 世纪）通过观测，又将其减小到正确的 42 度。我们已经提到伊斯兰（包括波斯）科学对中国和印度（零的概念起源于那里）的影响。但这种借鉴不是单向的，中东也受益于源自中国的造纸术和印刷术等成就。对于印刷术，在这两个地区，很长一段时期内人们倾向于用手写字体（书法）来印刷书籍。在中国、古希腊和古罗马的引导下，伊斯兰人特别受益于这些文明，他们可以声称其天体图在其宗教信仰建立（7 世纪）之后的第一个世纪便开始生产。基于系统或正式的投影来制作平面天球图或天体图是伊斯兰强大的传统。它涉及的工具是星盘或者天体观测仪，其中一些设计的目的是用来寻找麦加的方位。星盘通常用金属制成，是天球的立体投影，能精确地展现天球的大圆。操作它的可移动部件可以测量太阳和星星的高度。[9] 尽管星盘最早是由古希腊人发明的，但是阿拉伯星盘从 9 世纪到 19 世纪的制品都有留存。同样地，宇宙示意图（通常以地球为中心）、黄道十二宫以及关于四元素及纬度带的球体模型，都是伊斯兰从古希腊和古罗马那里继承且在之后改造的传统的一部分。现存最古老的地球仪和天球仪也都来自伊斯兰，由波斯人默罕默德·伊本·穆艾亚德·乌尔迪制作，根据其内部的证据可知其制作年份为 1279 年。

有人曾说（或许这样说不公平），阿拉伯人是更出色的天文学家和地理学家，而非地图学家。现存的证据展现了这一文化中丰富的地图学，从伊斯兰早期开始就存在多种类型的地理图：类似于其他地区（比如中世纪欧洲）的宗教地志图、世界地图（典型的此类地图为圆形，往往是程式化的并绘有大洋环流）、区域地图（比如尼罗河流域一部分和较小的区域）、包括作战计划的军事地图、城市图（有平面图和鸟瞰图两种模式）以及旅行路线图。

某些伊斯兰地图学家的名字及其成就为我们所熟知，包括伊斯塔赫 48
里和伊本·豪卡勒（两人都来自10世纪伊朗的巴里希学派），伊本·瓦尔迪、花拉子密以及伊德里西。他们制作的许多地图都朝向南方，并且有高度程式化的符号。后辈地图学家通常非常信赖他们的前辈。这些地图学家当中有些是旅行家，有些是理论家，也有些二者兼具。后者的例子有阿布·阿卜杜拉·穆罕默德·谢里夫·伊德里西（约1100—1165或1166年），他在经历了从故乡摩洛哥到小亚细亚的广泛游历后，被开明的诺曼国王罗吉尔二世邀请，去往西西里岛。在西西里，伊德里西从事地理学著作撰写以及地图编绘工作。他制作了一幅纬线为曲线的圆形世界地图，这幅地图在许多方面优于同时期欧洲的同类地图。然而他最主要的工作是一幅由70张图幅组成的大型矩形世界地图，被称作《罗吉尔之书》。图4.8是伊德里西地图集中的一页的复制件，描绘了爱琴海诸岛，而图4.9是1154年伊德里西世界海图中很大的一部分的重绘，这两类早期的地图能品相完好地保存至今，归根结底是抄写员的功劳。把伊德里西的上南下北的地图和大约同时期的赫里福德地图（图4.4）相对比是有意义的。显然地，《罗吉尔之书》地图程式化的内容较少，并且它包含了一些伊德里西本人以及其他人在旅行中发现的新信息。一些地图作品在西西里的诺曼宫廷中开始使用，包括一幅刻在银碑上的地图，尽管这块碑已经不存在了，但是现存的文献资料展现了伊德里西的独创性贡献，这一点在他去世后几个世纪里在阿拉伯世界中仍然非常重要。有推测认为，托勒密对伊德里西（他也利用了巴里希学派的地图）产生了直接影响，但这却并没有让后者的成就减色。

图 4.7 阿拉伯带状世界地图，上南下北，伊德里西制作。

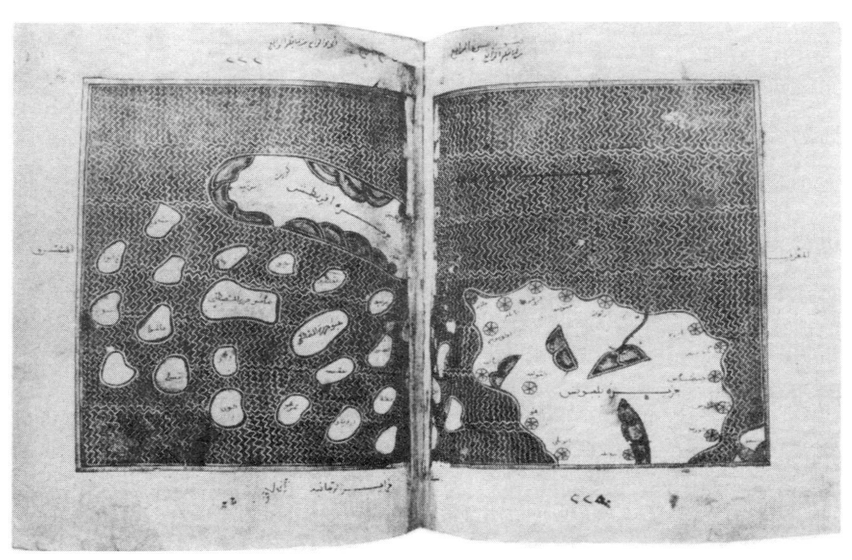

图 4.8 地图集形式的伊德里西世界地图的一小部分，包括伯罗奔尼撒半岛、基克拉泽斯群岛以及克里特岛，上南下北。

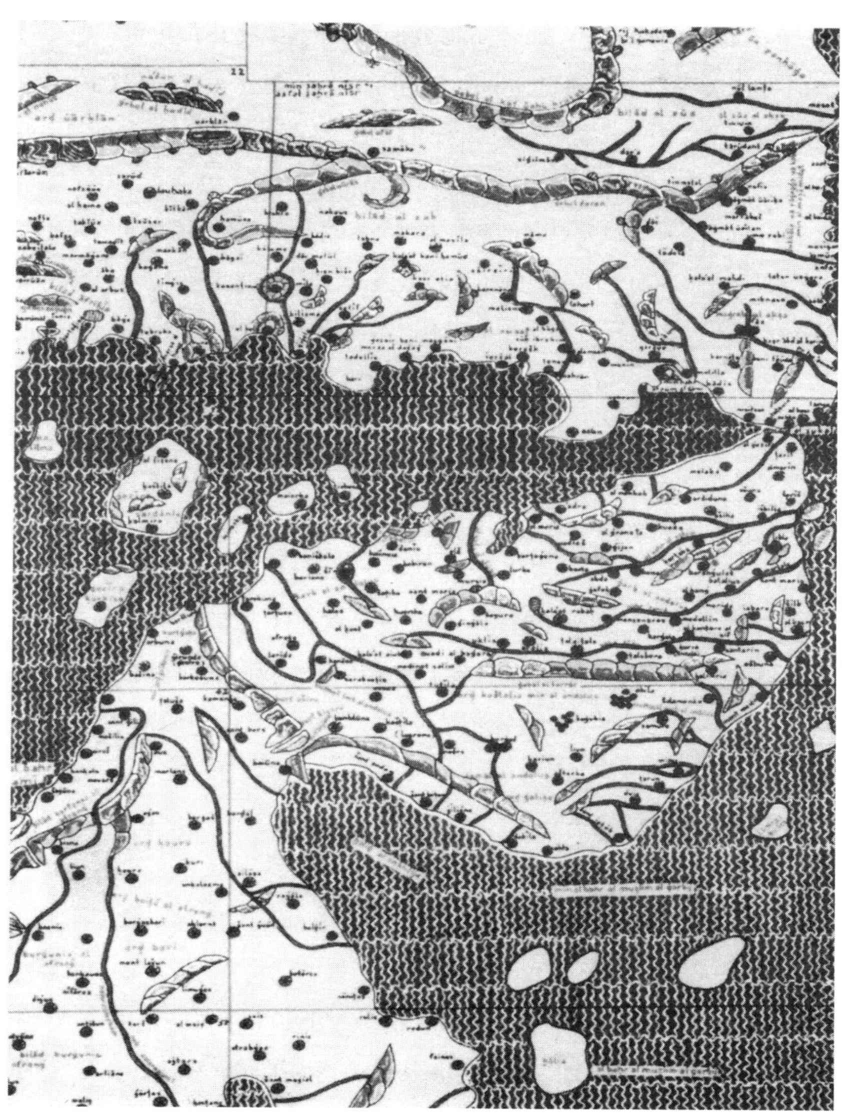

图 4.9 伊德里西世界地图细部，包括伊比利亚半岛、法国的一部分和北非海岸，上南下北。

一些穆斯林是伟大的陆地和海洋旅行家，辛巴达的传说就起源于他们史诗般的航海壮举，这是他们利用配备了斜挂大三角帆的单桅缝板帆船完成的。借助这些船只或通过陆地，他们从北非和中东的故乡出发，去往印度、东南亚和中国，进行贸易、传教或者在那里定居。相比之下，同时代的中国人更愿意随着他们的航行回到自己的国家。不必惊讶，穆斯林们发明了精致的航海技术，这些技术后来被证明对欧洲人很有价值，这一点随后会有说明。最伟大的穆斯林旅行家是阿布・阿卜杜拉・穆罕默德・伊本・白图泰，他比同时代最著名的欧洲旅行家马可波罗（1254—1324 年）年轻一些。他们二人的旅行都跨越了从欧洲到
51 中国的某些相同的地区，二人都为地图提供了数据，且二人都是从地中海出发，在那里伊斯兰教、犹太教和基督教的学问相互融合，其中也包括地图学。

我们在对中国地图学的讨论中涉及了指南针，并推测中国人将其使用于地图制作中。我们还提到这个非常有用的仪器由阿拉伯人通过海路，或通过丝绸之路穿过中亚传入欧洲。在中世纪晚期，欧洲人对天然磁石的性质产生了巨大的兴趣，在罗吉尔・培根（1219—1292 年）的实验中就有磁学的知识，他还设计了一种球形地图投影。为了能令人满意地安置指南针，人们使用了各种各样的方法，显然这个工作最终在 13 世纪末由意大利的阿马尔菲完成。在地中海地区，罗盘为水手们所使用。这种罗盘是一个盒子，里面有一个可以转动的指南针，安装在一个标有 16 个（后来增加到 32 个）方位的卡片上。由于风向是由方位命名的，依照古典时代的实践，此类几何构件被称为风向（罗盘）玫瑰。[10] 在磁罗盘的帮助下，地图制作和航海的巨大进步才成为可能。一个可能与这一进步相关的新的地图模式在 13 世纪末期出现：波尔托兰海图。我

们知道在此年代之前，磁罗盘已经在地中海地区普遍使用了。 52

波尔托兰海图的起源模糊不清，但是它显然是领航书（波尔托兰尼）说明的扩展。现存最早的波尔托兰海图已经非常成熟，这意味着很可能更早的波尔托兰海图已经失传了。它们通常被画在一整张羊皮上，方位朝向北磁极，尽管也存在其他的朝向方式。因为这些航海图的主要功能是辅助航海，所以海岸线被着重表现出来了，在早期的实例中几乎没有描绘陆地上的地理信息。典型的波尔托兰海图对地中海和黑海海岸表现得相当精确，尽管其使用了奇怪的程式化符号，尤其是在海角。图上的地名都与海岸线垂直标注，非常重要的地方使用红色标注，其他则使用黑色。这些地图的显著特征包括对罗盘或风向玫瑰的表现，它们都有放射状的等角航线，这些等角航线在图中相互交叉。使用这些图时，领航员首先要用尺子指示一条从启程港口到目的地港口的航线，然后找出与尺子最接近平行的航线，并追溯到这条航线的罗盘玫瑰“母圈”，以
确定要沿着哪一条等角航线航行。我们可以从 1318 年的彼得罗 · 威斯 53
康提（他曾经在威尼斯和热那亚工作过）地图集的示意图中了解到波尔托兰海图的制作方式，它展示了围成一圈的 16 个等距的风向玫瑰。对风向玫瑰放射线的着色方案几乎成为了惯例：八个主方位用黑色，八个半方位用绿色，16 个四分之一方位用红色。[11]

为了说明这种地图学模式，我们选取了众多保存下来的波尔托兰海图中的一幅，即著名的比萨海图。这幅最古老的波尔托兰海图（约 1290 年），就像其名字显示的一样来自意大利（比萨或热那亚），像大多数出自意大利的航海图一样，它仅仅描绘了地中海和黑海地区。它是第一幅拥有图示比例尺的地图（在图上的东方，羊皮纸“脖颈”部位的一个圆环），它被细分为 50、10 和 5 等份。乔瓦尼 · 达卡里尼亚诺于 1310 年

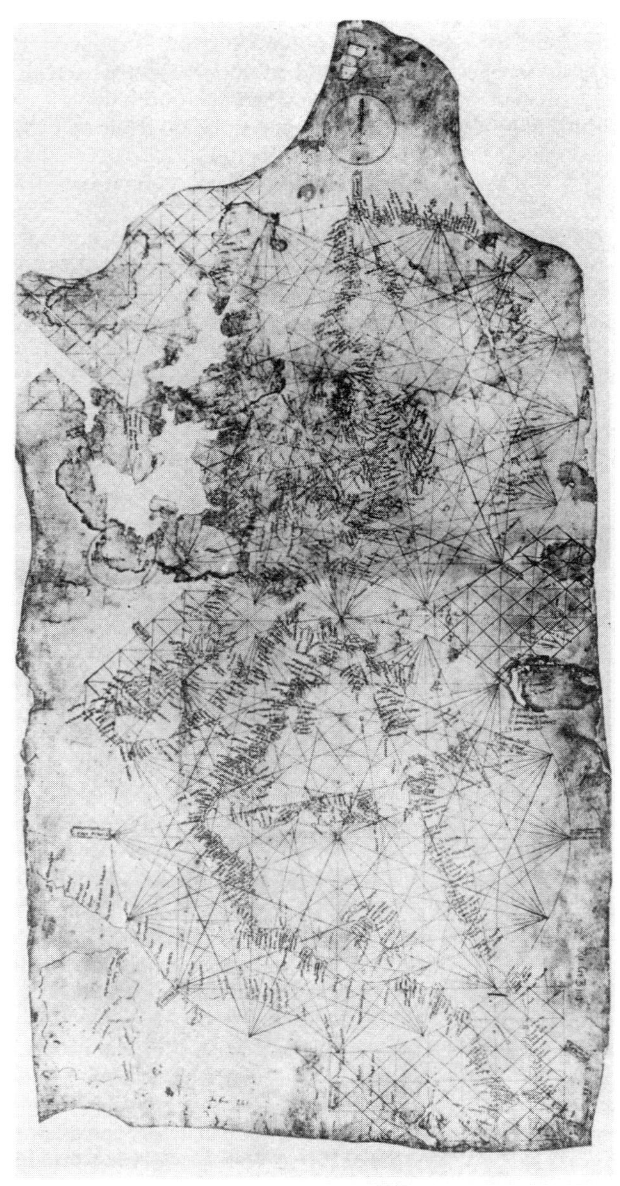

图 4.10 比萨海图，波尔托兰海图之一例。

图 4.11　南意大利和西西里岛海岸线（以实线表示），根据比萨海图重绘，虚线表示现代地图上的同一海岸线。

在热那亚绘制的波尔托兰海图是目前标有年代的最古老的一幅。然而，热那亚这个意大利海滨城市并不是那个时代航海图绘制的唯一中心。地中海地区、北欧和世界其他一些地方的波尔托兰海图由加泰罗尼亚（包括犹太）制图家制作，其中包括服务于阿拉贡国王的马略卡岛和巴塞罗那的制图家。[12] 一些学者断言，加泰罗尼亚是波尔托兰海图的发源地，但无论如何，在这一海岸线绵延的地图，从阿拉伯或其他来源获得的信息不断增加，因此波尔托兰类型的世界地图最终获得了发展。由亚伯拉 56
罕·克莱斯克斯所作的著名的加泰罗尼亚地图（1375 年）内容丰富，是这一进步的一个例证。根据肖像学，这幅图上的人像是普雷斯特·约翰，他是伊斯兰控制范围另一边的基督教祭司王，欧洲人认为如果能与

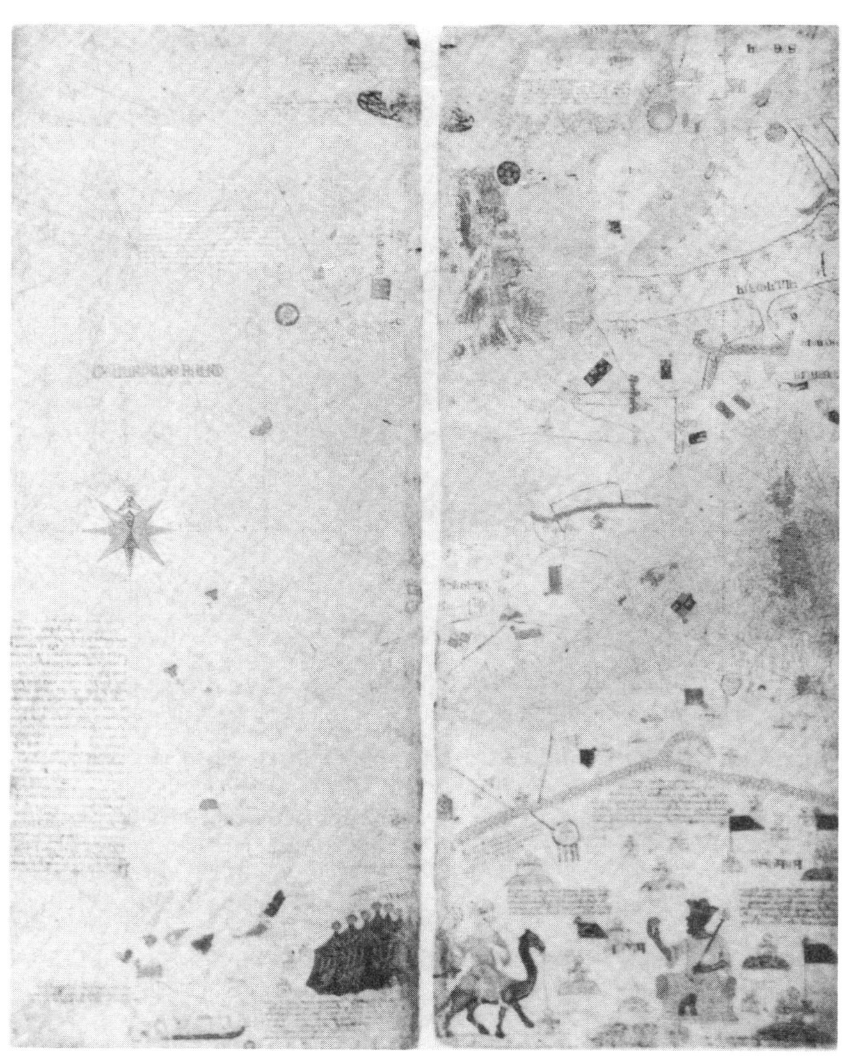

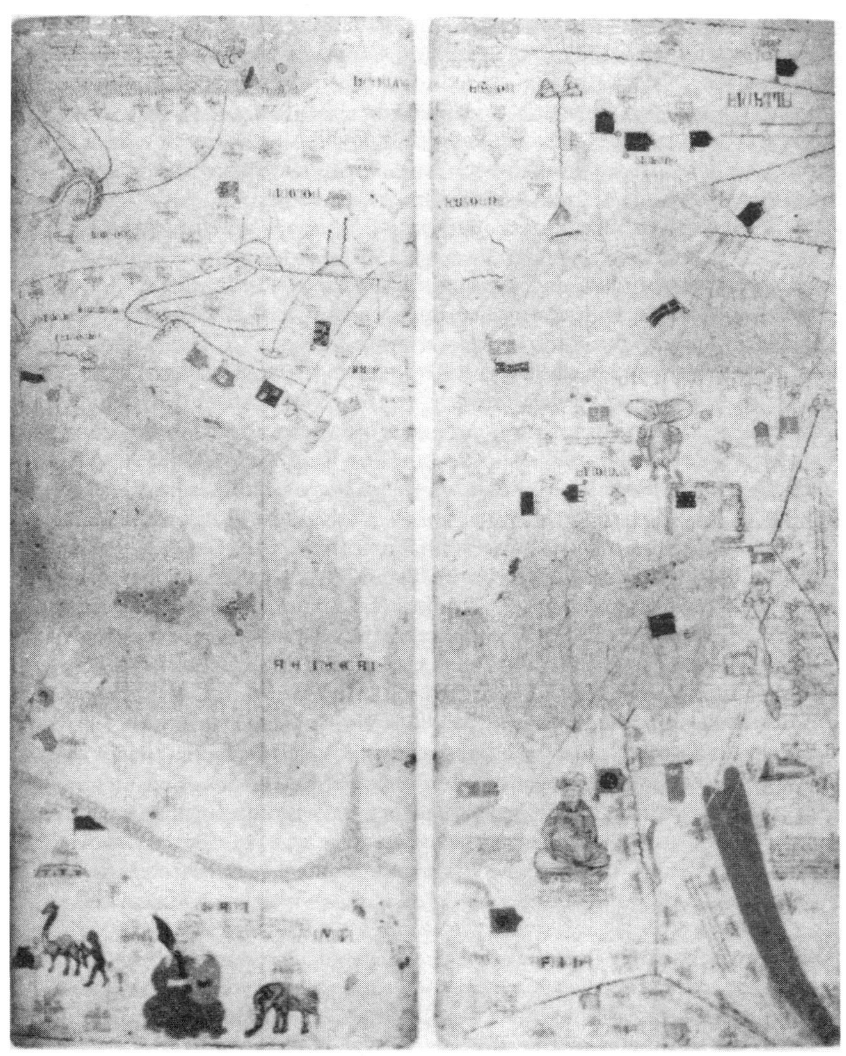

图 4.12　四块波尔托兰风格的加泰罗尼亚地图版，由亚伯拉罕·克莱斯克斯于 1375 年所作，描绘了大西洋岛屿，爱尔兰和不列颠，西欧以及北非（普雷斯特·约翰坐于其上），直到红海和中亚。

其接触，他将会帮助他们战胜自己的敌人。在几个世纪里，人们先是传说普雷斯特·约翰的领地位于中亚，后来则称其在埃塞俄比亚。

在穆斯林占领伊比利亚半岛的700年间，对西班牙及其周边近海岛屿的逐步光复，使得许多犹太学者和工匠留在了这一地区的基督教群体中。其中有些是数学家、天文学家、仪器制作家和海图制图家。在海图制作家中就有居住在马略卡岛的亚伯拉罕·克莱斯克斯（1325—1387年）和他的儿子杰费达。老克莱斯克斯制作了波尔托兰式样的世界地图，描绘了从大西洋到中国的旧世界，其中包括从旅行者（如马可波罗）那里获得的信息。这幅地图于1381年被阿拉贡国王佩德罗四世送给法国国王查理六世，它现在是位于巴黎的法国国家博物馆的珍藏之一。

正如随后我们将看到的，欧洲和伊斯兰之间也有其他关于航海知识的联系。但很明确的是，波尔托兰传统是通过一位医师易卜拉欣·穆尔西在1461年（伊斯兰教历法865年）的手绘海图传入伊斯兰世界的。尽管这幅图与同时代的热那亚和威尼斯的波尔托兰海图非常类似，但穆尔西医师在图中增加了相当大的伊斯兰版图，尤其是北非和黎凡特地区。那个时期穆斯林正在攻打的多瑙河流域的要塞（比如埃斯泰尔戈姆）都被重点标注出来。穆尔西最初来自西班牙南部的穆尔西亚，随后到的黎波里行医，在那里他绘制了自己的航海图。这幅图被绘制在一张小羚羊皮上，在脖颈部位画上了回历。穆尔西用阿拉伯式花纹装饰此图，还署名并标注了年代。[13]

几幅15世纪绘制的圆形或其他形状的世界地图也受到波尔托兰海图的影响：《莱亚尔多世界地图》（1448年）、《热那亚世界地图》（1457年），以及被誉为此类制图史上巅峰之作的《弗拉·毛罗地图》（1459年）。由于大洋环流出现在某些中世纪晚期地图中，从欧洲经由非洲南端到达印度洋的航线显现出是可行的，而这在从前托勒密的描述中曾被否定。这条航线在古典时代可能已被发现，它在希罗多德（约公元前430年）的书中有记载。但这是在假定非洲比实际情况要小得多的前提下，而且还需要航行好几年，以至于在旅途中可以有时间栽种和收割作物。除了世界地图，如今还有许多中世纪晚期的城市鸟瞰图留存，例如克里斯托 57
福罗·彭代尔蒙泰（约1420年）绘制的君士坦丁堡地图，以及贝尔纳德·冯·布赖登巴赫（约1480年）绘制的耶路撒冷图。这种地图类型在后来得到了极大的丰富，并延续至今。现存的关于局部地区、城市和教堂的平面图中，包括一幅圣加尔修道院的平面图（约830年），它因为比例上的一致性、正射视角和年代久远而闻名。[14]

总之，可以说在欧洲中世纪时期，古典时代的思想在基督教和伊斯兰教中同时延续。如上文指出的，大地球形的观念从没有彻底消失，将其按气候带划分的思想也保留在两种文化中。

然而，在拉丁西方，人们也设计出了以圣经和人种学为根源的其他划分地球的方式。他们将陆地占多数的大地（有时被认为是一个平面）分成三部分，上面分别居住着挪亚的儿子和他们的后代，以及各种各样古怪的人和动物。基督教会统治的一个很明显的特点是将耶路撒冷放在世界地图的中心，并且会在局部绘有许多表现朝圣和十字军东征的图画。

穆斯林同样依赖古典思想，为地图制作做出了他们自己的贡献。伊斯兰教和基督教的旅行者们贡献了丰富的数据，他们穿行于从地中海到中国的陆路和海路，这一活动促进了地图和海图的制作。在其中某些点上，作为基督教徒、穆斯林和犹太教徒的学者们通力合作，引导了一种有价值的思想交流。这三种文明交织下所创造的杰出贡献是波尔托兰海图（或者叫寻港海图）。这或许要归功于磁罗盘的发明，它使这一成就成为可能。磁罗盘被证明在地中海和黑海的海图制作中有特殊的价值。在这个时期，除了可能在教堂中看到地图之外，下层民众几乎没有机会接触地图学知识。中世纪欧洲人在战争与和平时期制作的地图只有手绘地图，一般只有学者和统治者，或者由于特殊需求而使用它们的人（例如航海者）才有机会接触地图。

现在，我们将会进入大多数人可能更为熟知的领域：欧洲文艺复兴时期的地图。

第五章　托勒密再发现与欧洲文艺复兴时期的地图学

随着波尔托兰海图的发展，以及穆斯林、犹太人及其他民族对地中 58
海地区和大西洋沿岸地区影响的增强，欧洲的地图学从中世纪晚期开始占据优势。在文艺复兴时期，这些地区的地图学持续发展，并扩展到内陆地区以及阿尔卑斯山以北，导致了地图专业知识的极大繁荣，其主要关注点是直到那时之前的地图学史。[1]在中世纪的欧洲，人们对地图学的确有非常大的兴趣，就像我们在第四章看到的那样，但是这些都在紧随其后发生的事件面前显得黯然失色，这些事件包括托勒密的《地理学》的传播和翻译、印刷术在欧洲的发明以及欧洲人的海外远航。

克劳迪乌斯·托勒密的地图学著作在第二章讨论古典时代的贡献中已提到过，第四章则分析了他对伊斯兰科学的影响。在 14 世纪，当土耳其人向西扩张到达拜占庭（即君士坦丁堡，现在的伊斯坦布尔）时，难民们携带着各式各样的珍宝从这座城市逃离，其中就包括托勒密的《地理学》的希腊文版本。这些书稿被带到意大利，并于1410年在当时地理学、数学以及艺术的重要研究中心佛罗伦萨翻译成拉丁文。[2] 由此一来，《地理学》的手抄拉丁文译本——最开始并未附有地图，随后增加了区域地图，最终又增加了世界地图——变得非常常见。托勒密的作品对西方地图学的影响是很难被夸大的。我们仅仅需要将最好的中世纪世界地图和托勒密地图做一下对比，就可以看出后者总体上的优越性，至少是在地理特征的描绘上。但这并不能阻止欧洲的地图学家对托勒密地图中某些地区和特征的表现进行修订。例如，丹麦人克劳迪乌斯·克拉
59 夫斯于1427年所作的斯堪的纳维亚地图，被用于对1486年在乌尔姆出版的托勒密世界地图进行更新（随后会有讨论）。事实上，托勒密地图既是地理大发现的起点，但成为教条，对地理学发现的进程起到了阻碍作用。

印刷术对地图的重要性不仅体现在降低地图成本方面（事实上，在某些情况下印刷可能比手绘更加昂贵），更重要的是它使人们有能力生产在本质上完全一样的印本，“可精确复制的图像（图形）叙述”。[3] 我们已经考察过之前印刷术在东方的发明，它最早于公元1155年应用到地图学领域。但是显然，在欧洲人们独立发明了一种不同的印刷方法，与东方的实践并无关系。欧洲的第一批印刷地图是在15世纪最后的三个十年中制作的。这些初级印本包括简易木版印刷的各种T-O地图和带状世界地图、铜版印刷的托勒密世界地图以及意大利和德意志的分幅地图。[4] 欧洲地图印刷史的里程碑包括欧洲最早的印刷地图——一幅简易木版印刷的圣伊西多尔T-O地图，于1472年在奥格斯堡印刷；以及最早的托勒密地图集印本，其中包括26幅铜板印刷的地图，于1477年

图 5.1　T-O 世界地图，出自塞维利亚的伊西多尔的《词源》，是欧洲第一幅印刷地图（1472 年）。

在博洛尼亚出版。事实上，在欧洲地图印刷史的最初几年中，木版印刷 60
地图的数量要超过铜版印刷，占据了大部分份额。但是渐渐地铜版印刷超越了木版印刷，直到 19 世纪前一直是地图印刷的最普遍方法。其他里程碑包括第一幅双色套印地图的出现，即 1511 年威尼斯版本的托勒密世界地图，使用红黑两色印刷不同类型的地理名词。还有一幅 1513 年木版三色套印的洛塔林基亚版本的托勒密地图，这张图由马蒂亚斯・林曼编辑，在斯特拉斯堡出版。木版印刷的弃用对铜版印刷有利，但当时它尚不能方便地进行彩色印刷，这导致套色印刷的地图事实上消失了约 3 个世纪。[5] 在这一时期，对黑白铜版印刷进行手工上色在欧洲地图制作机构里成为一项重要活动，女性在其中扮演了主要角色。 61

在这种背景下，让我们看看 1486 年木版印刷的乌尔姆版本托勒密世界地图（图 5.2 和图 5.6b）。这幅地图采用斗篷状类圆锥投影，独创性地解决了把球面上的所有侧面弯曲的形象（或者说至少地球上的一大片地区）表现在平面上的问题。这是托勒密设计的三种投影中最复杂的

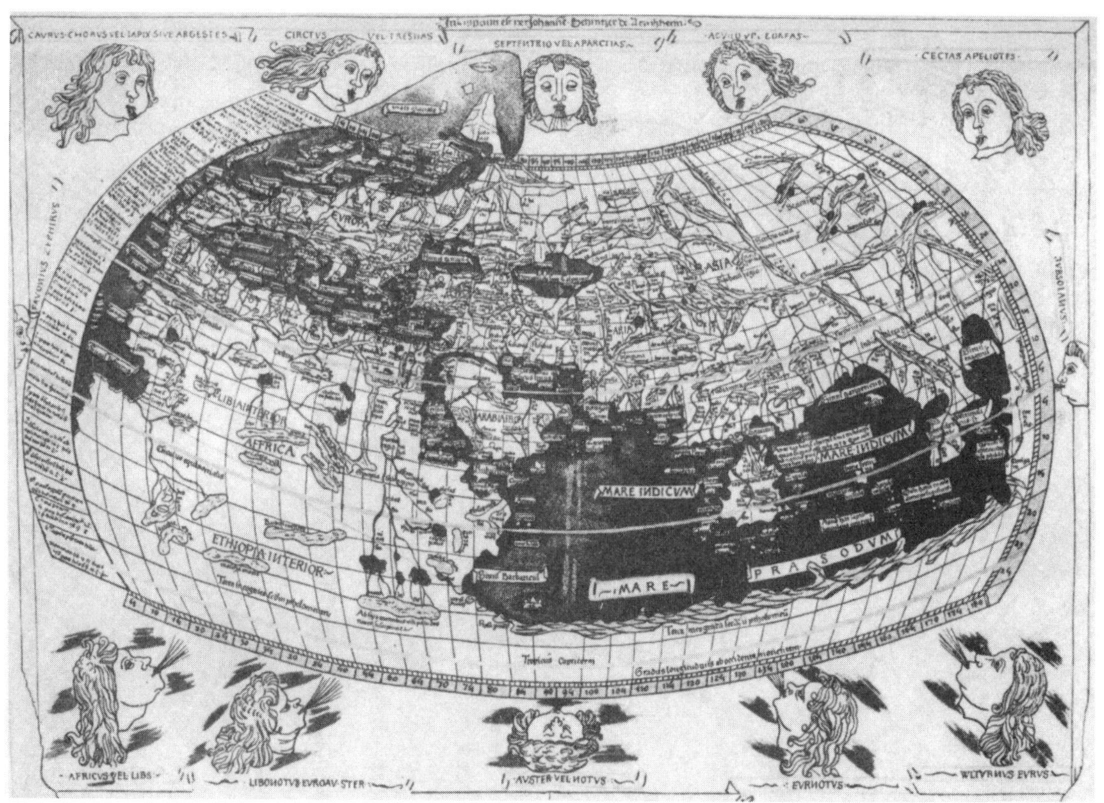

图 5.2 拉丁文版托勒密《地理学》中的木版世界地图，出版于乌尔姆（1486 年）。

一个，托勒密同样用简单的类圆锥形式来制作世界地图和区域地图。这幅地图拥有规则的网格，由带编号的经线和纬线组成，这是一个新的特征。而且在图上西方的边缘，纬度按照一年中白昼最长的一天的日长来表达（纬度带）。在乌尔姆地图的边缘（内图廓线）之外，绘有 12 个吹风者来指明方向。这是古典时代 4 个风向方位概念的细化，这一数字由 4 个先后增加到 8 个（曾经用在早期的磁罗盘上来划分地平圈）、16 个，最终达到 32 个。乌尔姆地图的其他特征包括河流、湖泊以及山脉。 62

在没有深入研究托勒密世界地图中水陆关系的情况下，我们就会注意到欧洲人所知的有人居住的世界（旧世界）东西向已经扩展到 180 度，达到北半球中纬度地区的一半，实际上，它仅仅占据了这一跨度的八分之三。其他特征包括封闭的印度洋，没有明显的从非洲南端到印度的海道。还有对马来半岛出色的描绘、被缩短的印度以及被夸大的锡兰（斯里兰卡）和缺失的东亚海岸。对地中海的描绘和既有的波尔托兰海图相比不分伯仲。托勒密地图对这一地区和北欧的表现都很贫乏，但这种状况此后不久就得到了改进。随着欧洲人不断扩展他们在海外的影响，托勒密世界的概念也立即发生了彻底的改变。同以上提及的相类似 63
的特征可以在另一幅世界地图上找到，这张地图使用了托勒密的第一种较为简单的投影。图 5.3 和图 5.6a 是一个 15 世纪晚期意大利的基于铜版雕刻的例子，而另一幅 13 世纪拜占庭的手绘地图也保存了下来，它同样使用了这种投影来展现有人居住的世界。这类地图的一个版本出现在哈特曼·舍德尔（1493 年）的《纽伦堡编年史》中，这本书堪称 15 世纪插图最为精美的书。在这个木版地图上绘有诺亚的三个儿子的肖像，其边缘空白处绘有一些普林尼、索利努斯等人著作中的奇异的怪物形象。因此，从拟人化的角度讲，这些作品是向中世纪的倒退，但是从技

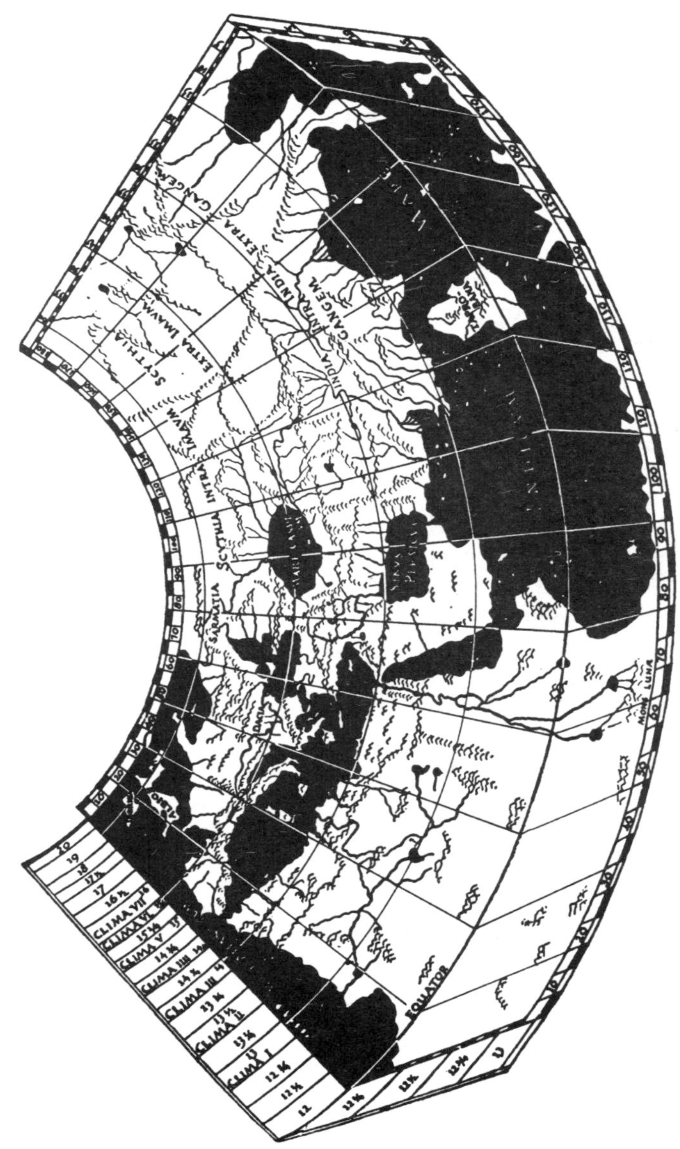

图 5.3　根据 15 世纪晚期意大利雕版地图重绘的托勒密类圆锥投影世界地图

术上讲它们又是印刷地图册时代的先驱。

西方对托勒密著作的重新发现和欧洲海外大发现时代的来临“不期而遇”，实际上，这两个事件是相互联系的。这种探险活动正式开创于葡萄牙的亨利王子（生于 1394 年），后来他被尊称为领航者。[6] 1419 年后，当亨利定居在欧洲最西南的省阿尔加维之后，他征召了所有可能对他的事业有帮助的人——水手、造船工程师、仪器制造师和地图学家。最后一种人中包括一位“航海图大师”，据推测是杰费达 · 克莱斯克斯，他是马卡略岛的亚伯拉罕 · 克莱斯克斯之子，亚伯罕拉 · 克莱斯克斯把加泰罗尼亚—犹太的波尔托兰传统带到了葡萄牙。此外，亨利王子的一个哥哥佩德罗王子，曾经访问过意大利（包括 1428 年访问佛罗伦萨），其目的就是为了收集地图和新的地理信息。[7] 在这个时期，来自伊斯兰的新科技包括阿拉伯数字系统，以及比欧洲古典时代以来使用的方帆更利于船只顶风航行的斜挂大三角帆。在早期的探险活动中，斜挂大三角帆更适合葡萄牙的轻快帆船。

与此同时，在亨利的赞助下，多支探险队重新发现了亚速尔群岛，该群岛也出现在亨利收集到的地图上。这些探险队沿着非洲西海岸一直向南探索。在 1460 年亨利王子去世的时候，探险者已经到达佛得角群岛，从侧翼包围了伊斯兰人。在 15 世纪末期，欧洲人发现了美洲，也寻找到了到达印度的航线。在接下来的三百年间，来自葡萄牙、西班牙、意大利、荷兰、法国和英格兰（英国）的探险者抵达了世界上的大部分海岸线，并至少粗略地将这些海岸线描绘在地图上。通过对海外领地的开发，欧洲从一个在中世纪还很贫穷的欧亚大陆的半岛，成长为在 17、18、19 世纪对世界产生最大影响的地区。[8] 探险活动产生了海量的信息，这些信息迟早都会增加到编绘的地图中。大量地图学史的内容都涉及世 64

界地图的“铺展”，还有许多针对欧洲人的地理探险及地图绘制的著作。[9] 事实上，这两个方面联系紧密，可以说一个地方并没有被真正发现，直到它被描绘在地图上，这样人们就可以再次到达这个地方。尽管有其他记载地理信息的途径，但地图无疑是最为有效和直观的方式。

近年来，一幅地图引发了很多争议，这就是文兰地图，据说它绘制于“1440 年代”。据推测，最开始它描绘了赫鲁兰、马克兰和文兰（北美东海岸的一部分），后者是由比亚德尼·艾尔乔福森（约 985 年）和莱夫·埃里克森（约 1000 年）发现的，作为题名出现在地图上。[10] 基于对其使用的化学墨水的分析，现在大部分人断定文兰地图是一个精心制作的赝品，实际上是早期传说中的航海记述在 20 世纪的汇编，但仍有人坚持认为这幅地图是一件珍品。还有人认为，与同时代的挪威人相比，爱斯基摩人（因纽特人）拥有更好的地图制作技能，他们的某些数据可能记录在欧洲人的地图中。[11] 然而，我们在这里对欧洲人的地理大发现的关注，仅能帮助我们更好地领会文艺复兴时期地图学。15 世纪最后四分之一和 16 世纪前四分之三这一百年中，欧洲人对世界陆地和水体关系的认知发生了比其他任何时代都剧烈的变化。在这一时期，少数几幅由探险家保存下来的地图都是典型的小区域略图，而对我们用地图来描绘日益增长的世界知识的目的来说，那些将大发现的成果编入其地图的著名地图学家的作品会更有帮助。[12] 通常情况下，与探险家本人的作品相比，这些更普通的地图也更好地展现了发展中的地图学方法论。

例如，当时葡萄牙的最新发现，特别是巴尔托洛梅乌·迪亚士在非洲南岬角的发现，出现在一幅托勒密式样的手绘地图中，由德意志地图学家亨里克斯·马尔泰卢斯·格尔马努斯于 1489 年绘制于佛罗伦萨。为了容纳新的数据，这幅图向南做了延长。迪亚士的发现促使葡萄牙探险家瓦斯科·达伽马于1497年发现了通往印度的海路。这是他在穆斯林领航员艾哈迈德·伊本·马吉德的帮助下完成的，达伽马在非洲东海岸的马林迪遇到了他。马吉德向达伽马展示了他的海图，这些图帮助他指引欧洲人抵达马拉巴尔海岸。达伽马从那里返航，于1499年回到了里斯本。在这个年份之前，克里斯托弗·哥伦布已经两次航行到新大陆，且正在他的第三次航行期间。但如果有人询问这个时期“见多识 65
广”的欧洲人：西班牙人和葡萄牙人的航海活动，哪一个更重要？他们的答案可能是后者，因为葡萄牙人提供了更直接的收益。

然而，哥伦布的四次航行使人类的想象力到达了一个显著的高度。在伊比利亚人发现美洲的前夜，欧洲人对世界的认识表现在图5.4中，这些地球仪贴面条带是一幅被称为“马铃薯”的手绘地球仪的复制品，由纽伦堡的马丁·贝海姆绘制。贝海姆在葡萄牙待过一段时间，他显然也参与过沿非洲海岸的探险活动。[13] 这个欧洲现存最古老的地球仪于1492年制作于纽伦堡，恰好表现出了哥伦布从他的第一次穿越大西洋之行返航前的世界。托勒密的贡献在图中表现得非常明显，并且得到了确认。但贝海姆拥有关于东亚部分地区的新信息，此类信息尤其重要的来源是马可波罗对这些地区的描述。在托勒密和贝海姆的作品中，非洲南端半岛的特征有着最为明显差异。与早期托勒密时代相比，印度和锡兰的轮廓未发生明显改变，但是随着葡萄牙人往返于印度以及更远的东方的一些地点，并将他们的发现制作成海图，印度和锡兰很快表现出了更“现代”的外观。

贝海姆的地球仪由熟练的工匠制造和描绘，从地图学的角度看非常有趣。当然，地球仪是最精确地表现地球的工具，但是因为球面测量和

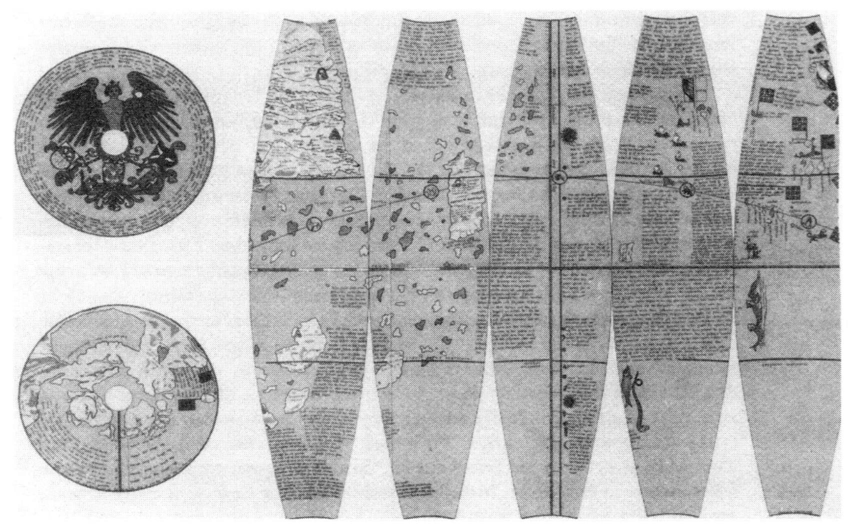

图 5.4　马丁·贝海姆的“马铃薯”，包括地球仪贴面条带以及极地圆盖。手绘于纽伦堡（1492 年）。

地理关系探知的困难，使它无法成为对所有目的都最为有用的装置。即使当我们铺开一系列地球仪贴面条带，使整个世界可以一眼望尽时，分瓣（在这种情况下是由沿极点方向聚拢的纬线造成的切口引起）也会造成地图阅读的困难。贝海姆的地球仪直径为 20 英寸，被分为 12 个 30 度的贴面条带；这些贴面条带在赤道处连接在一起，在赤道圈上所有 360 个纬度都做了标记。两条回归线和北极、南极圈也都被标示了出来，但是从南极到北极之间只画出了一条经度为 80 度的子午线。位于北半球中纬度的欧亚大陆，大约覆盖了这一部分地球仪的四分之三。这导致跨越大西洋的欧洲和亚洲之间的距离非常近。贝海姆地球仪的原型可能鼓舞了作为海图制作者和航海家的哥伦布，成为他满怀希望向西航行寻找亚洲海岸的证据之一，尽管哥伦布看到的可能不是这件作品本身。
66 贝海姆的“马铃薯”色彩丰富，海洋部分用蓝色绘制，只有红海像同时

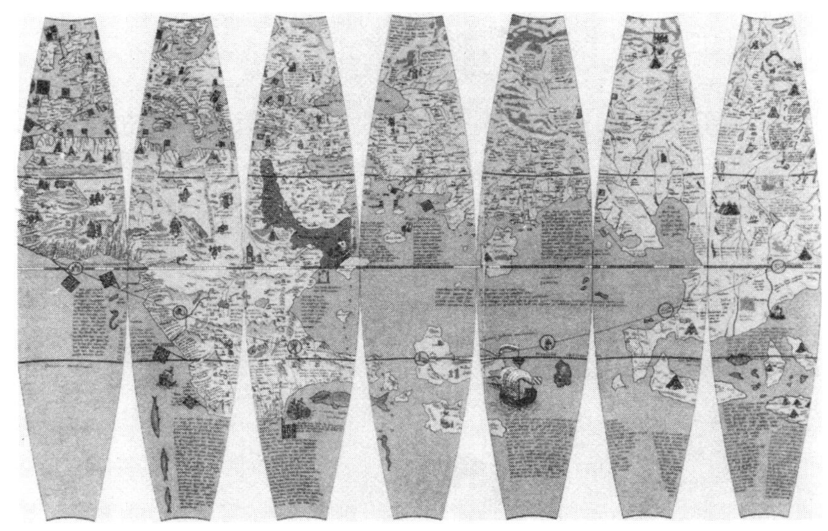

期的许多地图一样使用朱红色；陆地使用浅黄色或赭色绘制，并且有固定的程式；以侧视图形式出现的山脉使用了灰色；森林则使用绿色。船舶、海洋生物、黄道十二宫以及波尔托兰风格的旗帜也都用彩色表现。本书作者曾评价道，这个地球仪“作为纽伦堡平民的荣誉和乐趣”而流传下来，这是专制时代的一个相当民主的观念。 67

尽管印刷地图（以及地球仪贴面条带）最终取代了手绘地图，但这之间有一个相当长的并存时期。一些极其重要的通往印度或新世界的航线图都是手绘的。然而，威尼斯制图家祖阿内·皮齐加诺最早于1424年绘制了一幅波尔托兰海图，图中绘出了葡萄牙人沿非洲西海岸的发现，以及一些神秘的大西洋岛屿（例如安提利亚岛）。后来的资料显示，哥伦布认为它们是通向亚洲大陆的跳板。一幅现已失传的手绘地图立即影响了哥伦布，它由佛罗伦萨的数学家和医师保罗·达尔波佐·托斯卡内利绘制，使用等距圆柱投影。托斯卡内利将这幅地图的两个手绘本送给葡萄牙，而后者在 1480 年左右直接交给了哥伦布。[14]

68 关于可能由哥伦布亲自制作的海图的讨论很多，例如现在藏于巴黎的（法国）国家图书馆，绘制于 1490 年前后的一幅波尔托兰海图，表现了以地球为中心的宇宙观。另外一幅手绘图描绘了伊斯帕尼奥拉岛海岸的一小部分，从前被列到哥伦布名下，被认为是他在第一次穿越大西洋的航行中所绘，但直到现在仍然没有定论。然而，在 1493 年返航途中，哥伦布给他的赞助人写了一封信，这封信在巴塞罗那和罗马等地被翻译成多国文字出版。这封信的一个含有地图插画的拉丁文版本于 1493 年在巴塞尔出版。其中一幅表现了哥伦布独自驶过被他重新命名的巴哈马群岛。这是欧洲通过地图命名法“获取”领土的早期例子，这种行为后来成为普遍的做法。然而，欧洲真正最早的新大陆普通地图由胡安·德拉科萨在 1500 年绘制，是一幅波尔托兰风格的海图，这幅图现在是马德里航海博物馆最珍贵的地图藏品。德拉科萨被认为曾经是圣玛利亚号的拥有者、船长以及大副。他也被认为跟随哥伦布参加了他的第一次和第
69 二次新大陆航行，但是自从人们发现可能有两个（或者更多）与哥伦布有联系的人都叫德拉科萨之后，这一说法也就成了问题。关于这幅地图的制作年代也有一个疑问：一些人认为 1500 年比其实际制作年代早了 4 年，因为这幅地图中所描绘出的南美洲地区在这一年还没有被欧洲人发现。德拉科萨地图中新大陆采用的比例尺与旧大陆（位于地图中的东方）不同，要更大一些，这种情况说明了用一个规则的地图投影，而不是采用无投影的波尔托兰海图系统来表现如此广阔的地区的必要性。文艺复兴时期的地图投影将会在谈到 16 世纪绘制的几幅地图时讨论。[15]然而，除了哥伦布的发现外，胡安·德拉科萨的地图还展现了服务于英

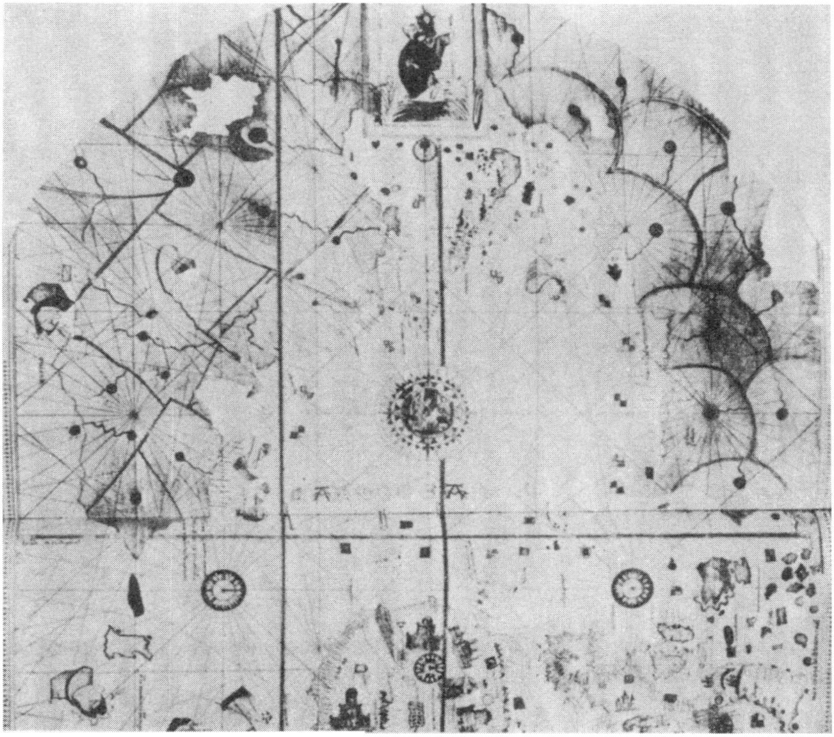

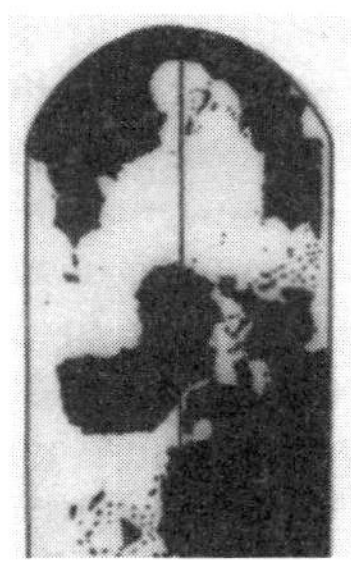

图 5.5　上西下东的胡安·德拉科萨手绘地图细节，展现了克里斯托弗·哥伦布及其他航海家发现的新世界（约 1500 年），下方的示意图显示了整张地图的覆盖范围。

国的航海家约翰·卡伯特于1497年顺着亚洲北角（如他自己所认为的）或纽芬兰的航行。在地图中，位于哥伦布和卡伯特的地理大发现之间的部分，是一个背负耶稣的圣克里斯托弗的插图，一些人猜测这个形象以哥伦布为原型，如果真是这样，那么这将是现存的唯一一幅哥伦布的生活肖像图。

在哥伦布的第一次新大陆航行后，葡萄牙和西班牙关于最新发现的海外土地发生了冲突，促使教皇颁布了一系列诏书，尤其以1494年颁布的托德西利亚斯条约为顶峰。这个条约以佛得角群岛以西960海里为分界线，以西为西班牙领土，以东为葡萄牙领土，展示在波尔托兰风格的坎蒂诺地图上（1502年）。佩德罗·阿尔瓦斯·卡布拉尔于1500年“发现”的巴西，以及由科尔特雷亚尔兄弟加斯帕尔和米格尔在1500到1502年勘察的“亚洲北角”，由于位于分界线的东边，所以都属于葡萄牙。1500年之前，在哥伦布的第三次远航和其他航海家（包括亚美利哥·韦斯普奇）的远航中发现的南美洲北部海岸和加勒比海群岛，则由西班牙拥有主权。这条分界线随后向更西移动，使葡萄牙拥有了巴西的大部分。坎蒂诺地图的来源非常有趣，它由一位不知名的葡萄牙地图学家所绘，被阿尔贝托·坎蒂诺偷了出来，送给费拉拉公爵（埃尔科莱·德斯特），以向其汇报最新的发现。这幅图现在位于意大利摩德纳的埃斯滕泽图书馆。

胡安·德拉科萨地图和坎蒂诺地图都是波尔托兰风格的手绘海图。而第一幅展现新大陆的发现的普通印刷地图是由乔瓦尼·孔塔里尼和他的雕刻工弗朗切斯科·罗塞利于1506年制作而成。不同于德拉科萨
70 地图和坎蒂诺地图，孔塔里尼地图拥有规范的投影——系统而有规律的经线和纬线。就像前面所指出的，托勒密被认为是出于地理目的投影的创造者，但是文艺复兴时期的地图学家发明了许多原创性的方案，用以

表现当时因探险家们的发现而迅速扩大的世界。

因此，在一张扇形投影的地图（图 5.6c）中，孔塔里尼画出了大部
分旧大陆，以及由卡伯特和科尔特雷亚尔兄弟发现的“亚洲北角”，如前
面提及的那样紧邻北欧的西部。在这幅图中，哥伦布和韦斯普奇在中美 71
洲和南美洲的发现都已经有很好的表现，但是日本被绘在古巴的西部，

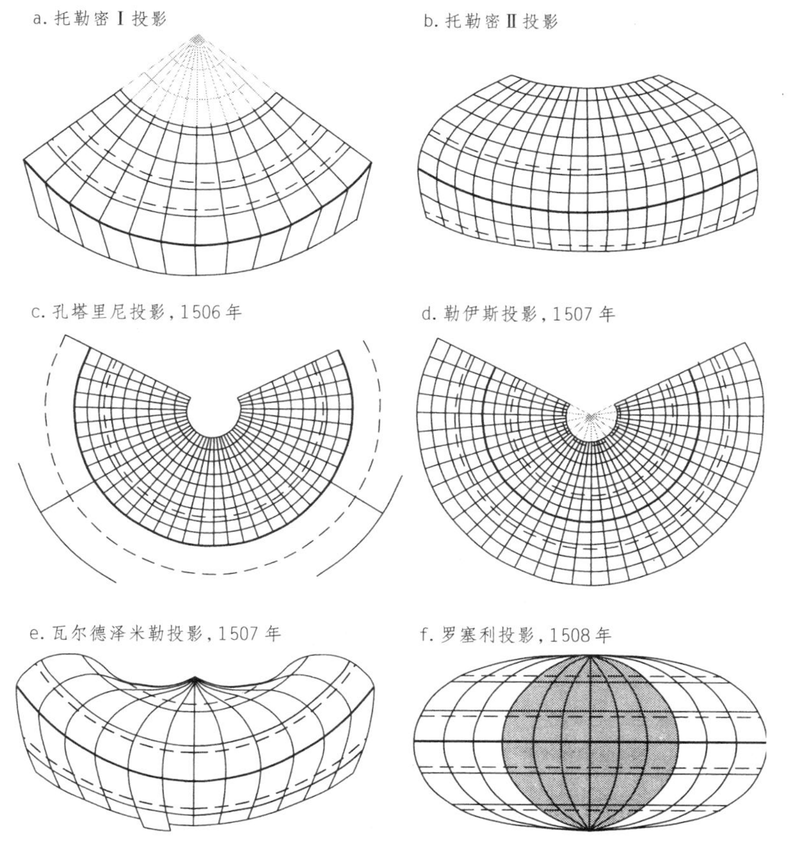

图 5.6　欧洲人在 1510 年以前使用或设计的世界地图投影。有的例子中对特定的网格做了简化处理，灰色线和阴影部分用来展示投影的构造方式。

这反映了当时人们的地理观念。孔塔里尼地图只有一个印本存世，发现于 1922 年，如今保存在大英图书馆里。

72 有一幅和孔塔里尼地图类似的雕版地图，被认为受到了孔塔里尼地图的启发，由居住在德意志的荷兰人约翰内斯·勒伊斯（图 5.6d）制作。在孔塔里尼地图被发现之前，勒伊斯地图被认为是关于新大陆的最早的印刷地图。勒伊斯地图出现在 1507 年罗马版本的托勒密地图中，并且广泛流传。孔塔里尼和勒伊斯地图在投影和地图数据上都有差异，其中一个最显著的差异是北极的表示方法，前者是一条曲线，而后者是一个点，并且有选择地绘出了由北纬 70 度汇聚到极点的一些经线。日本在勒伊斯的地图中被忽略掉了。[16]

73 对新大陆——而非印度和中国——的发现是一个逐渐实现的过程。这一点在马丁·瓦尔德泽米勒制作的托勒密式印刷地图（1507 年）中有戏剧性的展示，他工作于莱茵兰的圣迪耶。在这幅图中，作者表现了新大陆分开的两部分，北方和南方（图 5.7 和图 5.6e）。这幅地图是地图学史中最为重要的地图之一，它非常巨大（53x94 英寸，分割为 12 张）并且很难复制。[17] 这幅木版地图仅有一个印本存世，保存于德国符腾堡的沃尔夫埃格城堡中。这是第一幅标出美洲的名字且标注了年代的地图，这个名字标注在南美大陆，以向亚美利哥·韦斯普奇致敬。瓦尔德泽米勒受到了韦斯普奇 1499 年对南美洲北海岸航行记录（包括所谓的索代里尼信件）中“新大陆”概念的影响。韦斯普奇理应受到人们的赞赏，因为他达到了哥伦布从未企及的成就，为欧洲、亚洲和非洲增加了第四块大陆。不过不久之后，瓦尔德泽米勒就意识到自己对韦斯普奇在发现新大陆过程中的贡献评价过高。他试图在一幅制作于 1513 年的地图中进行修正，但为时已晚——亚美利加洲的名字已经固定了下来。在

1513 年的地图中，南美洲附近镌刻的铭文可以翻译为“这块陆地和附近的岛屿是由服务于卡斯蒂利亚统治者的热那亚人哥伦布所发现”。在瓦尔德泽米勒的世界地图中，美洲在东西方向上的宽度被描绘得非常有限，这是为了适应修正后的托勒密框架，也因为当时美洲西海岸还没有被发现。在这幅地图的顶端有两个球形半球投影，它们两旁描绘了作为旧世界地图学家的托勒密，以及作为新世界地图学家的韦斯普奇。

在瓦尔德泽米勒 1507 年的世界地图中，我们可以看到心形投影的 74
演变（图 5.8b），随后这种投影在伯纳德·西尔韦纳斯（1511 年）、约
翰内斯·维尔纳（1514 年）和奥龙斯·菲内（1521 年）那里得到了
进一步改进。[18] 另外一种欧洲人表现不断扩展的世界的别出心裁的方
法是弗朗切斯科·罗塞利（1508 年）的一张使用椭圆形投影的印刷地
图，现藏于英国格林尼治国家海事博物馆（图 5.6f）。它描绘出了包括
南极圈和南极点在内的整个地球。工作在那不勒斯的热那亚人威斯康
特·德马焦利制作于 1511 年的一幅手绘地图，采用了一种新的极方位 75
投影（图 5.8a），在图上新旧大陆在北极点处相连（西伯利亚和“亚洲
北角”）。随后其他文明也吸收了欧洲人的发现，美洲立即出现在伊斯
兰地图（例如 1513 年由土耳其海盗绘制并以其名字命名的皮里·赖斯
地图）中，晚些时候在中国的地图中也出现了美洲。[19] 在全球化的快速
进程里，新的发现和新的投影方法随之出现。

天球仪和地球仪的制作成为文艺复兴时期欧洲仪器制造师们在作坊中的一项重要活动，就像早些时候在亚洲那样，一些地球仪甚至能在高纬度地区的航行中使用。欧洲第一个“专业”的地球仪制作师是约翰·舍纳，他在 1520 年制作的一个地球仪异常精确地描绘了南美洲和非洲，尽管南亚地区没有被正确地表现出来。

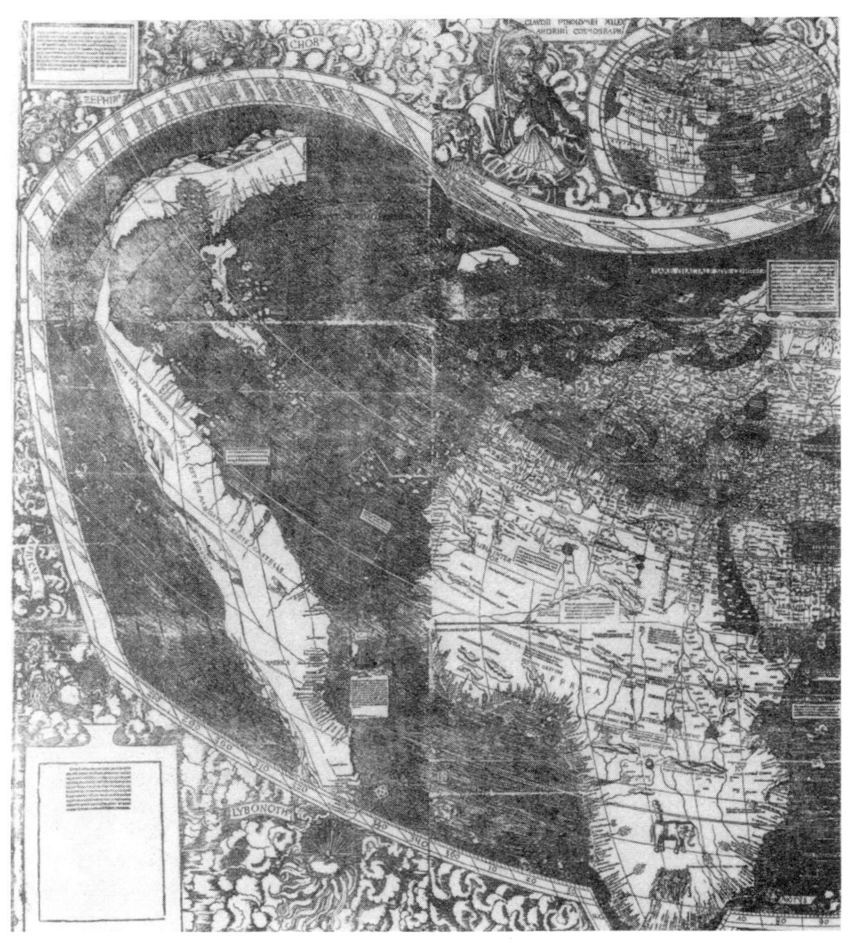
CHOR
LYBONOTH

图 5.7　瓦尔德泽米勒世界地图（1507 年），图上描绘的美洲是一个南北分离的陆块，其东西方向上的宽度十分有限，并且美洲的名字（写在南美洲上）第一次出现在印刷地图中。这张图被认定为“美洲的出生证”，被美国国会图书馆于 2003 年收藏。

a. 马焦利方位投影，1511 年

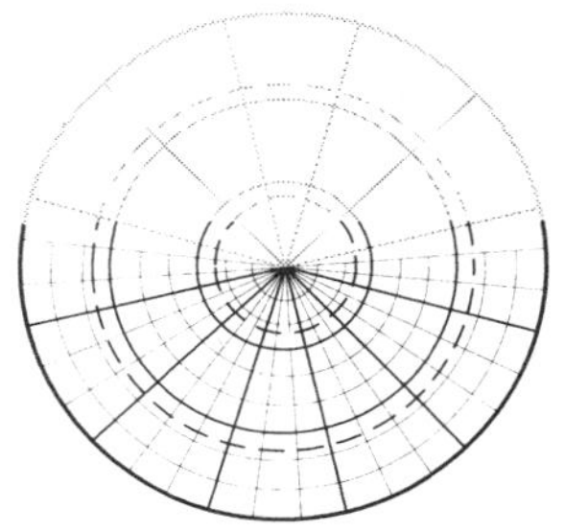

b. 心形（维尔纳）投影，1514 年

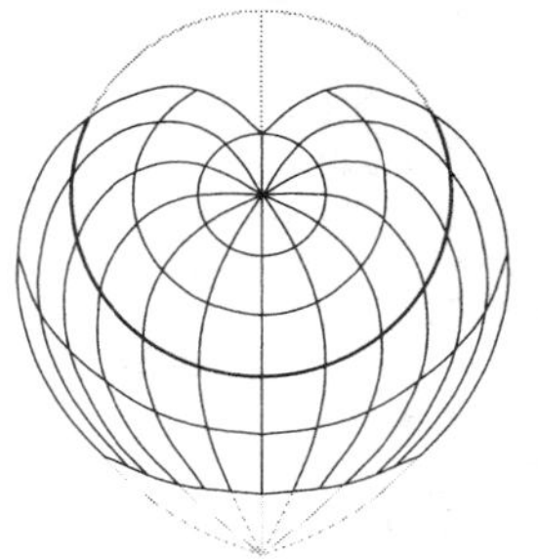

c. 胡安 · 韦斯普奇投影，1524 年

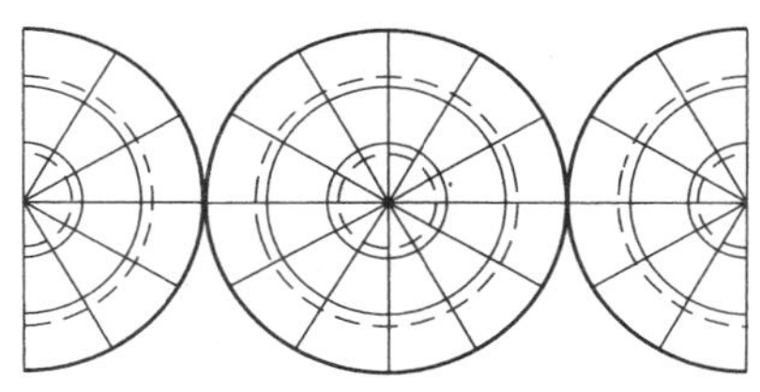

d. 阿格内塞投影，1542 年

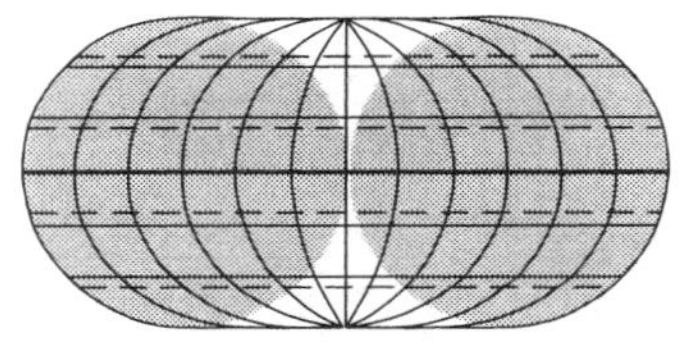

e. 墨卡托双心投影，1538 年

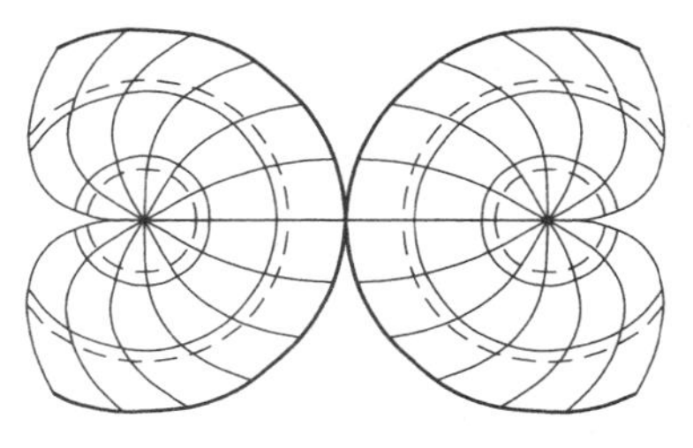

f. 墨卡托投影，1569 年

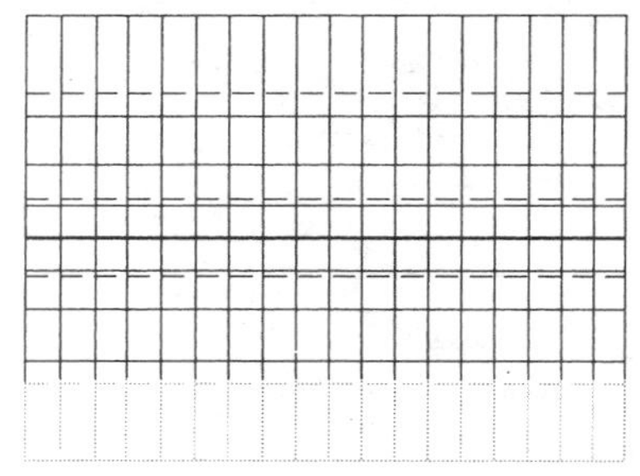

图 5.8 欧洲人在 1511—1569 年设计的投影，有的例子中对特定的网格做了简化处理，灰色线和阴影部分用来展示投影的构造方式。

在 1508 年，韦斯普奇成为位于塞维利亚的西班牙西印度群岛通商院的第一任总领航员，或者叫做地图与海图主管，这一机构的职责包括在一幅原始资料图（普通调查图，或官方发现记录）中加入新的信息；监管海员们携带的海图和仪器；以及对领航员进行审查。尽管这张资料图已经失传了，但人们认为它和迭戈·里韦罗的世界海图（1529年）很接近。在里韦罗的地图中，依靠哥伦布、卡伯特、乔瓦尼·达韦拉扎诺等人的探险活动，南北美洲的东海岸已经被很好地描绘出来。[20]由于它们的西海岸仍未得到勘察，因此均未绘出，只有瓦斯科·努涅斯·德巴尔沃亚（1513年）及其后继者在中美洲西海岸的发现是个例外。里韦罗是一个葡萄牙人，他为神圣罗马帝国皇帝查理五世（即西班牙国王卡洛斯一世）工作。

在费迪南德·麦哲伦和胡安·塞巴斯蒂安·德埃尔卡诺于1519至1522年的环球航行中，绘制了很多原创性的地图。大量此类地图的内容是关于远东地区，以及葡萄牙和西班牙领土主权分界线在东印度群岛的延伸状况。一幅此类地图是对马焦利的极方位投影的细化，即胡安·韦斯普奇的双半球投影。胡安·韦斯普奇是亚美利哥的侄子和继承人，像他的叔叔一样，胡安也是一位为西班牙服务的地图学家和领航员审查者。这幅地图绘制于1524年，其目的在于解决西班牙和葡萄牙在马鲁古群岛（东南亚的香料群岛）的争议。这种投影很新颖（图5.8c），展现了分开的南北半球，并且标出了赤道、回归线、北极圈和南极圈，还标记了它们的名称。

查理五世命令人们为他的儿子，即后来的西班牙国王菲利普二世制 76
作一幅地图，以表现麦哲伦和德埃尔卡诺环球航行的轨迹。它运用了一种椭圆形投影，在这种投影中，两极点被描绘成长度为赤道一半的线段（图5.8d），让人联想到现代的埃克特III投影。这幅绘制于1542年的地图的特殊价值，在于它绘出了包括麦哲伦海峡，科罗拉多河以及下加利福尼亚半岛在内的美洲轮廓。这幅地图的作者是威尼斯地图学家巴蒂斯塔·阿格内塞，他得到了埃尔南·科尔特斯及其副官在1530年之后在墨西哥西海岸探险获取的信息。然而，正如前面所指出，麦哲伦率领船队穿越太平洋（1519—1521年）到达菲律宾（他在那里被杀害），随后维多利亚号在德埃尔卡诺（1521—1522年）的率领下取道好望角返航，对这一轨迹的描绘才是这幅图的主要目的。

全能之才是文艺复兴的特征，而且我们发现，许多主要从事其他相关事业的人也都参与地图制作，例如绘制了城市和工程平面图的莱奥纳尔多·达芬奇。[21]在地图学家中，更明确以其艺术家身份而受人尊敬的是阿尔布雷希特·丢勒，他是蚀刻版画的发明者（这种方法在地图复制中不常使用），以及小汉斯·霍尔拜因，他于1532年在巴塞尔绘制了一幅椭圆形投影的世界地图。[22]更明确和地图制作有关的人还包括：乔瓦尼·孔塔里尼，他绘制的世界地图在前面已经讨论过；彼得·比内维茨（彼得·阿皮安）以及杰玛·弗里修斯。弗里修斯是一位天文学家、数学家（他提出了三角测量法）和地图学家，他也是赫拉尔杜斯·墨卡托（格哈德·克雷默）的老师。1512年，墨卡托出生在佛兰德，随后他在鲁汶大学时成为弗里修斯的学生，并曾经为其制作了一个地球仪（约1536年）。他在1538年出版了一幅双心投影地图，这是他从菲内那里获得的理念。在这张地图上，他将亚美利加这个名字用在加勒比海北面的陆块上，而在当时这个名字已经在这片海域南面的陆块上用了三十多年（图5.8e）。在弗里修斯的指引下，墨卡托也参与了大地测量，并于1541年和1554年分别制作了非常精确的欧洲地图，1554年的地图使用了有两条标准纬线的圆锥投影。墨卡托是一位雕刻大师，他还把斜体字引入北欧。[23]墨卡托使用了能够利用的最好的旅行路线图和海图作为资料来源，减小了地中海在地图中的长度，使其从托勒密的62度缩减到52度。前一章中提到，比托勒密更早的穆斯林天文学家有许多针对这一

主题的工作，但墨卡托对它们并无了解。尽管墨卡托给出的数字仍比实
际情况长 10 度，但这仍是地图学的一个伟大的进步。从古典时代起，人 77
们已经相当精确地测量了纬度，但是经度（尤其在海上）在可靠的便携式
时钟（精密航海计时仪）于 18 世纪下半叶发明之前，是很难测定的。[24]

墨卡托以往的所有成就，都被他居住在莱茵兰的杜伊斯堡时，于 1569 年出版的一幅采用了以其名字命名的投影的大型世界地图（图 5.8f 和 5.9）的光芒所掩盖。这里需要指出，有迹象表明，在墨卡托之前波尔托兰海图和伊比利亚平面海图的制作者都曾致力于解决恒向线（等角航线）的表达方法。实际上，纽伦堡的仪器制作家埃哈德 · 埃茨劳布曾经预料到墨卡托的投影方式。埃茨劳布的贡献包括于 1511 和 1513 年分别在两个罗盘盒的盖子上刻画的两幅地图。在这两幅地图中，用渐变的纬线从小到大依次标出了从赤道（零纬度）到北纬 64 度的各个纬度。这两幅地图东西方向覆盖了大约 65 个经度，但经线没有标示出来。这两张图展现了从北非到北欧的海岸线。与作者流传下来的所有其他作品一样，这两张地图也都朝向南方。埃茨劳布的投影仅仅包含了地球表面约十分之一的地区，而它所运用的正是墨卡托绘制世界地图时的原则。

墨卡托投影是一个极佳的例子，可以展现在某个特殊目的上地图如何优于地球仪。和其他几种投影方式一样，墨卡托投影也是等角的（周围一点的形状保持不变），但是它也有个独特的性质：等角航线或恒向线（恒定的罗盘方位）都呈直线。这个特性使得这种投影对领航员来说具有重要价值，它是通过从赤道到两级以特定数量增加各条纬线之间的距离而实现的。尽管墨卡托是第一位制造出有经纬网的真正的世界航海图的地图学家，在他的图中，罗盘线和所有的经线以恒定的角度相交，但他没有留下如何制作和使用这种投影的说明。显然，墨卡托是依靠自

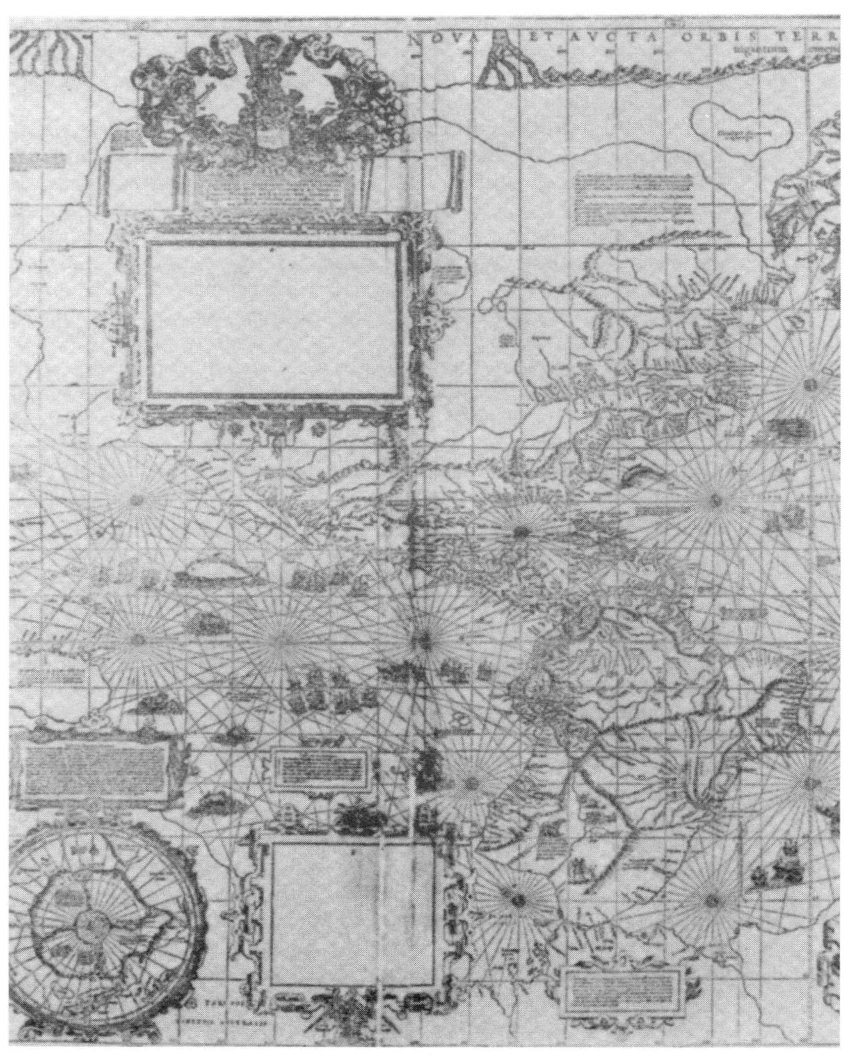
NOVA ET AVCTA ORBIS TERR

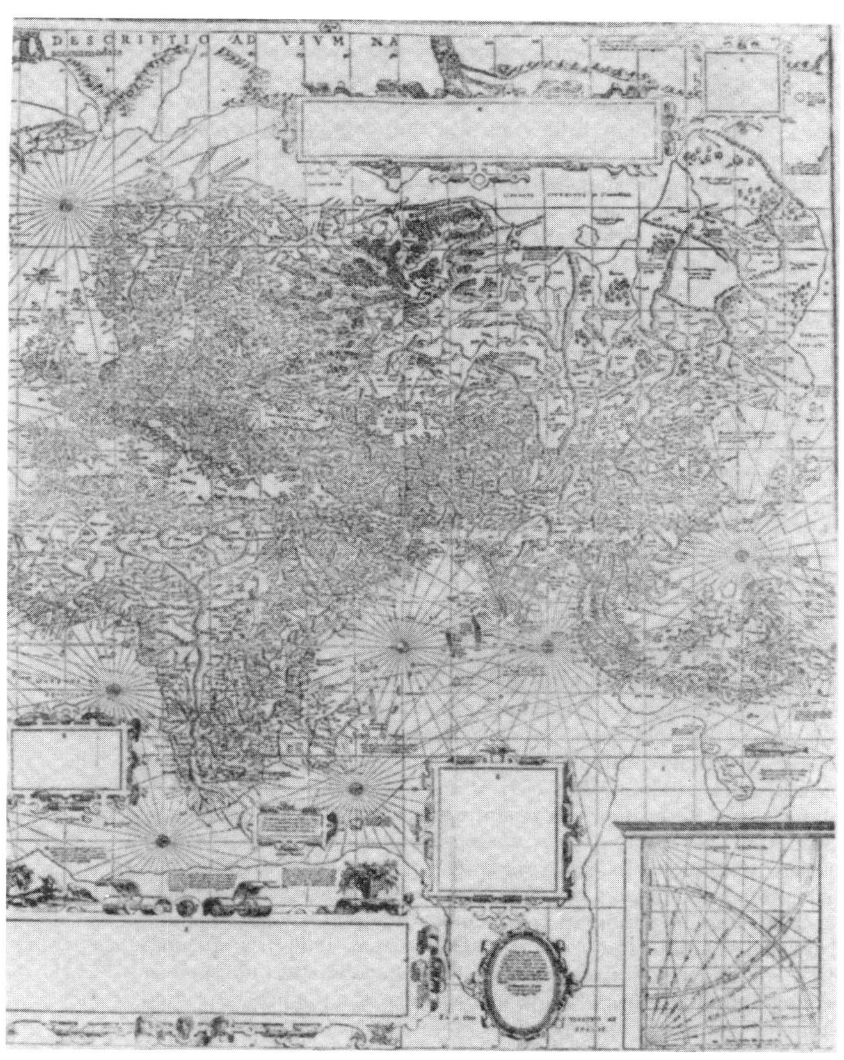

图 5.9　墨卡托的雕版世界地图，使用了以他的名字命名的投影（1569 年）。

己的经验才设计出这种投影的，而英国数学家爱德华・赖特则对这种投影的特性进行了分析，发表在他的《航海差错种种》（1599年）里。在同一年中，赖特和埃默里・莫利纽克斯根据理查德・哈克卢特的作品《航海全书》（1599年）制作了一幅基于墨卡托投影的英文版世界地图。这幅图表现了弗朗西斯・德雷克（1578—1580年）环球航行的结果，它曾被莎士比亚在《第十二夜》第三幕第二场中提及：“他笑容满面，脸
80 上的皱纹比增添了东印度群岛的新地图上的线纹还多。”[25] 遗憾的是，多年以来墨卡托投影被用于表现地球的分布状况，这是完全不恰当的，因为这种投影在中高纬度地区的失真极其严重。不仅如此，最高纬度地区在正轴形式的墨卡托投影中完全无法表现出来。

我们已经分析了墨卡托在1569年制作的地图中使用的投影，现在我们简要地谈谈这幅航海图的地理内容。在1507年瓦尔德泽米勒地图出版到墨卡托地图出版的这60多年间，欧洲人对世界海岸线的探索取得了巨大进步。如前所述，1513年巴尔沃亚在达连山的一个山峰上俯视了“大南海”。七年后，麦哲伦扬帆驶入太平洋，在1569年墨卡托地图出现前，有十多个伊比利亚探险队紧随麦哲伦的身影。这幅航海图反映了描绘南美洲和中美洲西海岸方面的巨大进步。尽管在这幅图上北美洲只是一个装饰性的椭圆形区块，但这块大陆在东西方向上广阔的宽度已经在图中有所显示。下加利福尼亚半岛在图中清晰地和美洲大陆连接在一起，尽管在随后它被错误地绘制成一个海岛。[26] 作为葡萄牙探险家们在南亚和东南亚50多年间探险的成果，这两个地区都更令人信服地展现在墨卡托的地图中。在图中的南太平洋也出现一块大陆的轮廓，即“南方大陆”，这是克拉特斯的观念的回响。但直到18世纪下半叶库克船长的发现将其证伪之前，它始终是人们心中的幻境。

在其世界地图于1569年出版后的四分之一个世纪里，墨卡托一直从事着制图活动。在1594年去世之前，墨卡托制作了一个大地图集。在随后的一年中，这部作品的第一版在墨卡托的儿子鲁莫尔德的指导下出版，名为《地图集，或关于世界的创造和被创造的世界的宇宙沉思录》。[27]墨卡托家族继续出版这本地图集，直到它的刻版于1604年被约多库斯·洪第乌斯购得。在此之前洪第乌斯生活在英国，他在那里为莫利纽克斯地球仪制作了地球仪贴面条带，这是它在英国的首次出版。洪第乌斯回到阿姆斯特丹后，于1597年出版了赖特关于墨卡托投影的说明，用这种方式对赖特作了“独家报道”。在获得墨卡托地图集的刻版后，洪第乌斯于1606年出版了一个增加了新地图的版本，并且先后翻译出版了法文版（1607年）、德文版（1609年）以及荷兰文版（1621年）。在洪第乌斯于1612年去世之后，这个地图集被他的遗孀和儿子们继续出版。出版商约翰内斯·扬松娶了洪第乌斯的女儿伊丽莎白后进入了这个家族产业。因此在1636年的英文版本中，该地图集就有了冗长的三个名字：墨卡托-洪第乌斯-扬松。洪第乌斯和他的继承者也出版单页地图，包括1593年的一张宽幅地图，这张图展现了德雷克环游世界的路 81
线，使用双半球立体投影，并附有嵌入图。[28]

在第一版墨卡托地图集出版前的25年，安特卫普的亚伯拉罕·奥特柳斯（厄特尔）在《寰宇概观》中预见到了这一成就。奥特柳斯既是墨卡托的朋友，也是他的竞争对手，他被认为是第一个现代意义的具有一致性的装订地图集的制作者，其中的印刷地图都是专门为这种出版类型而设计的。在此之前，单张地图会被组合成地图集形式，例如在各种版本的托勒密《地理学》一书中，将各种各样由安东尼奥·拉弗雷利等意大利人收集的地图混杂在一起。拉弗雷利（安托万·迪佩拉奇·拉弗雷利）是一位法国雕刻家，他在16世纪中期居住在罗马，在那里将各种来源的地图编纂成装订地图集（人造地图集）出售。在拉弗雷利的地图集中，他在书的扉页上使用了阿特拉斯背负地球的形象。但毋庸置疑，是墨卡托随后使用了阿特拉斯（atlas）这个词作为他的地图集的名称，并沿用至今。奥特柳斯《寰宇概观》的第一版包括70幅地图，出版于1570年5月，立刻获得了成功，并且紧接着在同一年中又出版了两个版本。奥特柳斯汇编了许多地图学家的成果（往往是每个国家选取一位地图学家并注明来源），但是将这些地图以统一的版式刻印。

为了说明这种地图形式，我们重绘了奥特柳斯《寰宇概观》中的威尔士和英格兰地图（图5.10）。原图占据两页，大小为15×18.25英寸，是一幅中比例尺地图。在这方面，它介于小比例尺即地理尺度地图（例如图5.9），和随后将要探讨的大比例尺即地形尺度地图之间。在图5.10中所使用的几种基本元素，都是文艺复兴时期地图学的代表。地图作者名叫汉弗莱·吕伊特，他是一位在伦敦工作的威尔士医生。地图的名称和吕伊特的名字都被写在一个华丽的椭圆形轮廓（插图框）中。这一形象，及其外围的铭牌、支架等，都是那个时代地图中非常典型的特征。在图中的另一个小椭圆形轮廓中有一条直线比例尺，或者叫做图示比例尺。在海洋里有不同种类的那个时代的船只，以及两只海洋生物。图中的字体——尤其是写在海面上的龙飞凤舞的斜体字——具有装饰性，并且与地图的风格很相称。在陆地上有几种显眼的符号："鼠丘"或"塔糖"状轮廓用来表示山脉和丘陵，但没有真正区分出高山和低山，除了山地和平原外也未表现出其他地貌类型。同样以轮廓形式描绘的散乱的建筑物成群出现，用来表现城市聚落，但也没有对其大小进行区分。河
84 流从源头到河口逐渐增宽，河口处往往会被夸大。尽管在《寰宇概观》

中小比例尺地图都绘有经纬网，但这幅图中没有关于经度和纬度的指示物出现。对图 5.10 的色调质量而言，由于此后对该图印本进行了手工上色，这样就使它看起来更加精美，但是这种做法也往往会降低它的质量。在此图的原始刻版中使用了点刻法来表现海洋，而海岸线则为这个国家创造出可以辨认的轮廓，但可以理解的是，它无法像现代控制测量图那样精确。图中的海岸线均使用水平阴影加粗，但是图中非主要地区（在这个例子中是爱尔兰、苏格兰和法国的一部分）通常只绘有重要城市和地标标识，关于这些地区的详尽描绘分散在地图集的多幅地图中。在地图的四边标注了四个主要方向的名称。整幅地图被边框包围，制造出一种模塑或画框的效果。实际上，如今许多此类地图被从地图集中取出，作为图画或者装饰性元素用在灯罩上或咖啡桌上，这导致了它们原来所属的地图集的毁坏。在地图页的背面是对地图所绘区域的描述，这些与地图一同出现的说明也是它的典型特征之一。

在《寰宇概观》1570 年第一次出版和 1612 年最后一次出版之间，它共发行了 40 多个版本，并被翻译成荷兰文、德文、法文、西班牙文、意大利文和英文。在地图学史上，这段时期被称为地图集时代，因为奥特柳斯和墨卡托的工作激发了更多的人投入到这项有利可图的事业中，其中洪第乌斯、扬松（此二人如前所述）、布劳和菲斯海尔是其中最著名的几位。[29] 许多此类地图学家也是其他地图学产品（地球仪、挂图和航海图）的制作者和出版者。第一个真正意义上的印刷海图集是卢卡斯・扬松・瓦赫纳尔的《航海宝鉴》（莱顿，1584 年）。[30] 这本图集继承了手绘航海图的许多传统，特别是意大利、迪耶普和早期荷兰地图学家的重要工作。除了以英寻和传统符号表示的水深外，《航海宝鉴》中的航海图还囊括了其他水道测量信息，例如海岸视图。这本图集流传很

ANGLIAE REGNI FLORENTISSIMI NOVA DESCRIPTIO. AVCTORE HVMFREDO LHVYD DENBYGIENSE
1573
Cum Priuilegio
SEPTENTRIO
Scotiæ pars.
MARE HIBERNICUM
OCCIDENS.
Hiberniæ pars.
WALLIS.
CORNWA
Sorlinges insulæ
OCEANVS BRITANNICVS
MERIDIES.

图 5.10　亚伯拉罕·奥特柳斯《寰宇概观》的刻版（1570 年），展现了英格兰和威尔士，利用汉弗莱·吕伊特提供的信息，原版为手工上色。

广，在它的拉丁文版于1586年出版后，安东尼·阿什利爵士于1588年制作了它的英文版，这一年正是英国海军击溃西班牙无敌舰队的年份。
85 图5.11是这套图集英文首版中一张瓦赫纳尔所作航海图的复制图，它描绘了西欧的海岸，它可以用来说明这种地图类型。源于波尔托兰海图的传统，例如罗盘玫瑰和等角航线，在图中非常明显。这些航海图最初往往只详尽描绘了欧洲的海岸线，但是逐渐地整个世界都被覆盖了进去。例如罗伯特·达德利的《海洋的秘密》，于1664年在意大利编辑出版，这是第一部全部使用墨卡托投影的海图集。手绘海图与印刷海图产业同时繁荣起来，一些从业者在这两方面都有参与，这种情况一直持续到18世纪早期。荷兰的水道测量图制作在这个时期首屈一指，以至于海图集在许多其他语言中被写作“瓦戈纳”（waggoner，源于瓦赫纳尔的名字）或其变体。

在文艺复兴时期，地图学也在其他方向上有所发展。奥特柳斯的1579年版《寰宇概观》中包含了“附图”，即包含了宗教与世俗内容的历史地图分卷，它是由著名的普朗坦出版社出版的第一个版本。在1572至1618年间，名为《全球城市图》的城市地图集在科隆出版，它的两位作者是格奥尔格·布劳恩（约里斯·布鲁因）与弗兰斯·霍根伯格。[31]霍根伯格曾经被奥特柳斯雇为雕刻师，但是《全球城市图》在观念而非主题上与《寰宇概观》相类似。图5.12是布劳恩和霍根伯格作品内容的展现。这张图描绘的是以斜四分之三（鸟瞰）视角所见的布鲁日，表现出这座城市在形态学上自从16世纪该地图刻印以来并未发生改变。但其他一些城市则已变得面目全非了（例如被毁于1666年大火的伦敦）。这种地图形式也一直被模仿，但经年累月中并未获得实质性改进。在当今时代，出于对城市事物的重视，人们对《全球城市图》这种包含了墨西哥城、库斯科以及亚非欧众多城市视图的资料源产生了特别的兴趣。

15 世纪后期和 16 世纪欧洲生产的地图表现方式多样，其重镇分布在莱茵河谷底及其支流地区：从圣迪耶的瓦尔德泽米勒到杜伊斯堡的墨卡托（他于 1552 年从荷兰迁居至此），从安特卫普的奥特柳斯到阿姆斯特丹的洪第乌斯、扬松、布劳、菲斯海尔和范科伊伦等人。另外一个重要的莱茵兰地图学家是巴塞尔的塞巴斯蒂安 · 蒙斯特，他制作了第一套关于各个大洲的分幅地图，其中包括美洲（1540 年）。但其他地区也都囊括在这个泛欧洲的事业中。我们在分析关于早期汇编和印刷地图时已经探讨了意大利的重要性，尤其是佛罗伦萨和威尼斯。贾科莫 · 加斯塔尔迪（1500—1566 年）是文艺复兴时期威尼斯的一位杰出地图学家，在他 1546 年绘制的世界地图中，许多美洲地名第一次出现。前文提到的纽伦堡的仪器制造师、医生和地图学家埃茨劳布和他的原型墨卡托投影海图。他也制作过一幅世界地图（已佚），这幅图同样覆盖了横跨欧洲的长条状区域，从丹麦延伸罗马以及他家乡的周边地区。在这两幅图中均绘出了道路，并用德制的里为单位标出了距离。[32] 大约在这一时期（15 世纪晚期）在苏黎世工作的瑞士医生康拉德 · 图尔斯特绘制了一幅朝向南方的地图。图上绘出了其家乡的湖泊、山脉和城市，其中的城市绘制成缩微状素描图形式，表现出作者作为一个艺术家的修养。[33] 86

法国北部的海港城市迪耶普有一所培养绘图员的优秀学校。16 世纪中叶，让 · 罗兹从那里叛逃到英格兰，并把他随身携带的自制手绘海图集献给了英王亨利八世。[34] 亨利八世邀请意大利工程师帮助他设计和建造海岸防御工事，但是在都铎王朝时期，英国人却在这项事业中做出了突出的贡献，包括平面图的绘制。为了劝说英国人找寻通往香料群岛的东北或西北航路，罗伯特 · 索恩在 1527 年设计了一幅世界地图（于

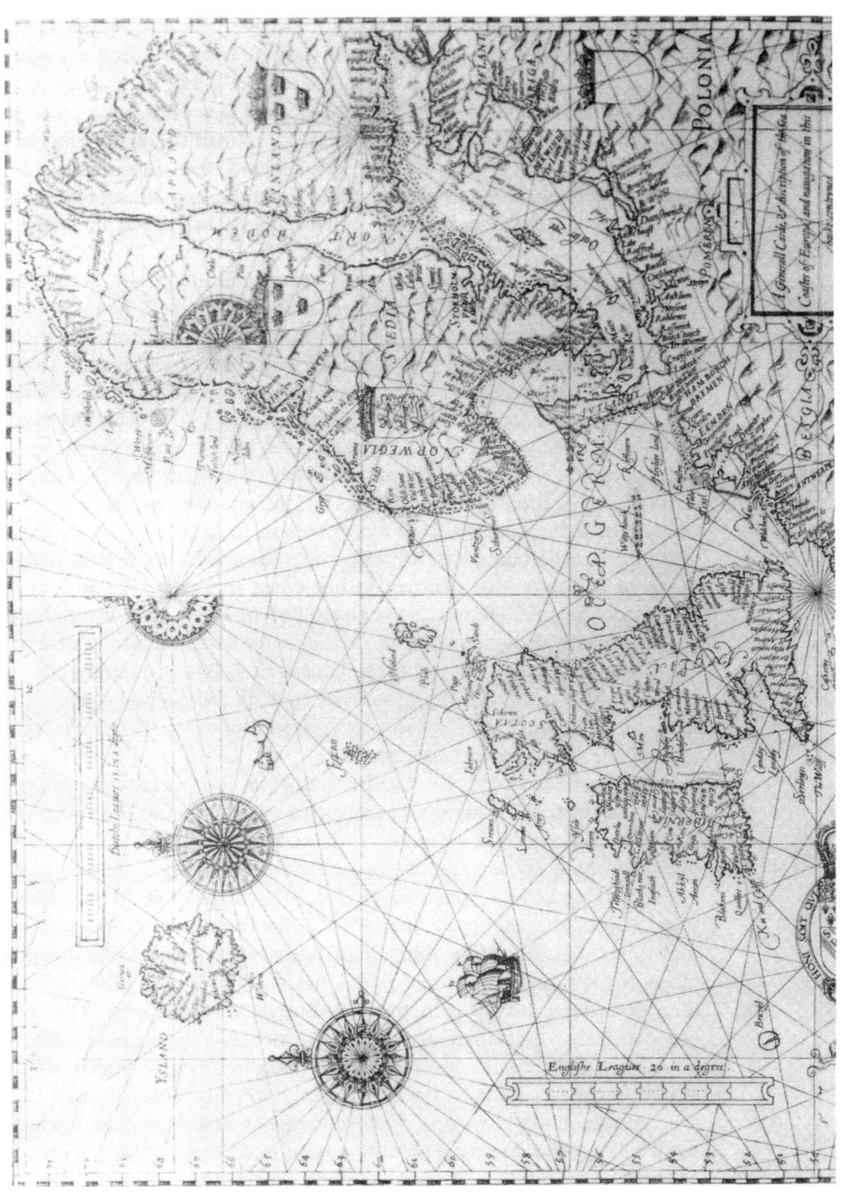
POLONIA
English Leagues · 20 in a degree
NORWEGIA
SVEDIA
YSLAND

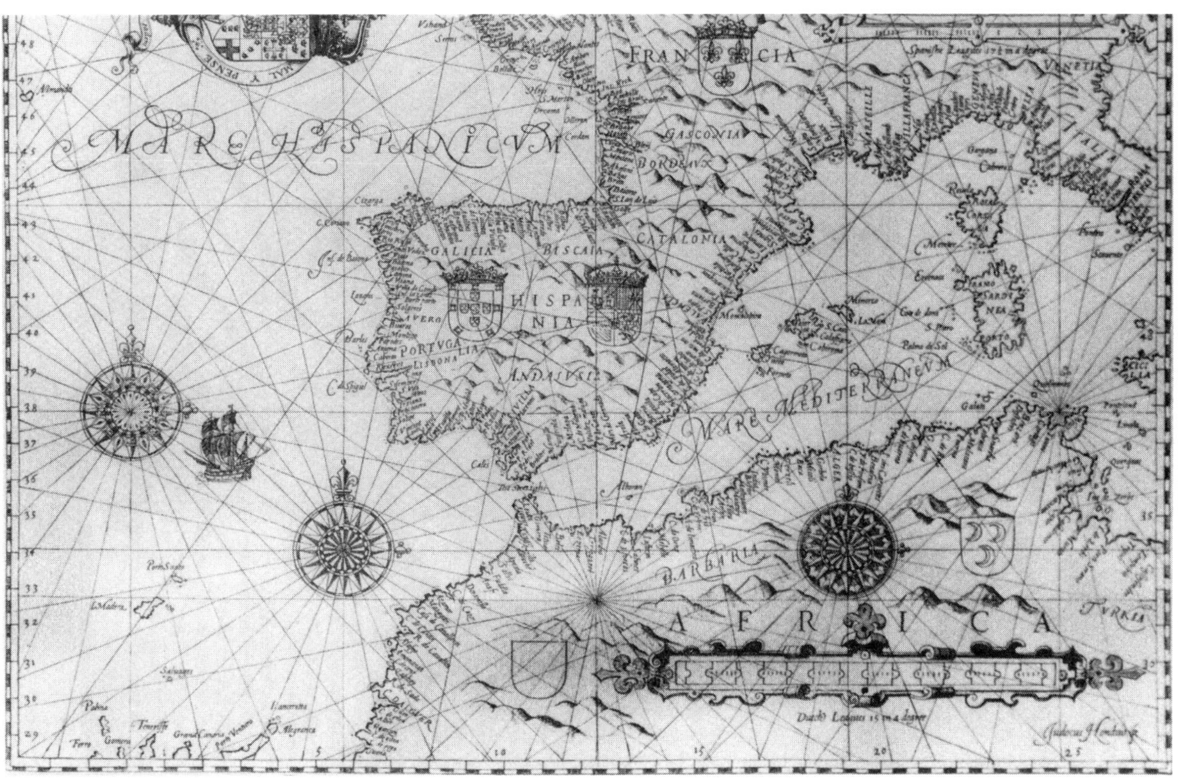

图 5.11　英文版《航海宝鉴》中的西欧航海图（伦敦，1588 年），这是卢卡斯·扬松·瓦赫纳尔著作（1584 年）的译本，由安东尼·阿什利爵士编辑。

BRVGÆ, FL
VRBIUM O
BRVGÆ, vulgo Brugk: Teuto-
niæ Flandriæ vrbs omnium
pulcherrima, nitidissimaque, publi-
carum siquidem, priuatarumque
ædium in hac vrbe splendor et
magnificentia, omnem ratio-
nem, omnem dicendi faculta-
tem superat. Optimam vrbi-
um formam, hoc est, orbicula-
rem, situ obtinet, aquis pro-
bè instructa, duplici fossa
ambitur; florentissimum quo-
dam emporium fuit

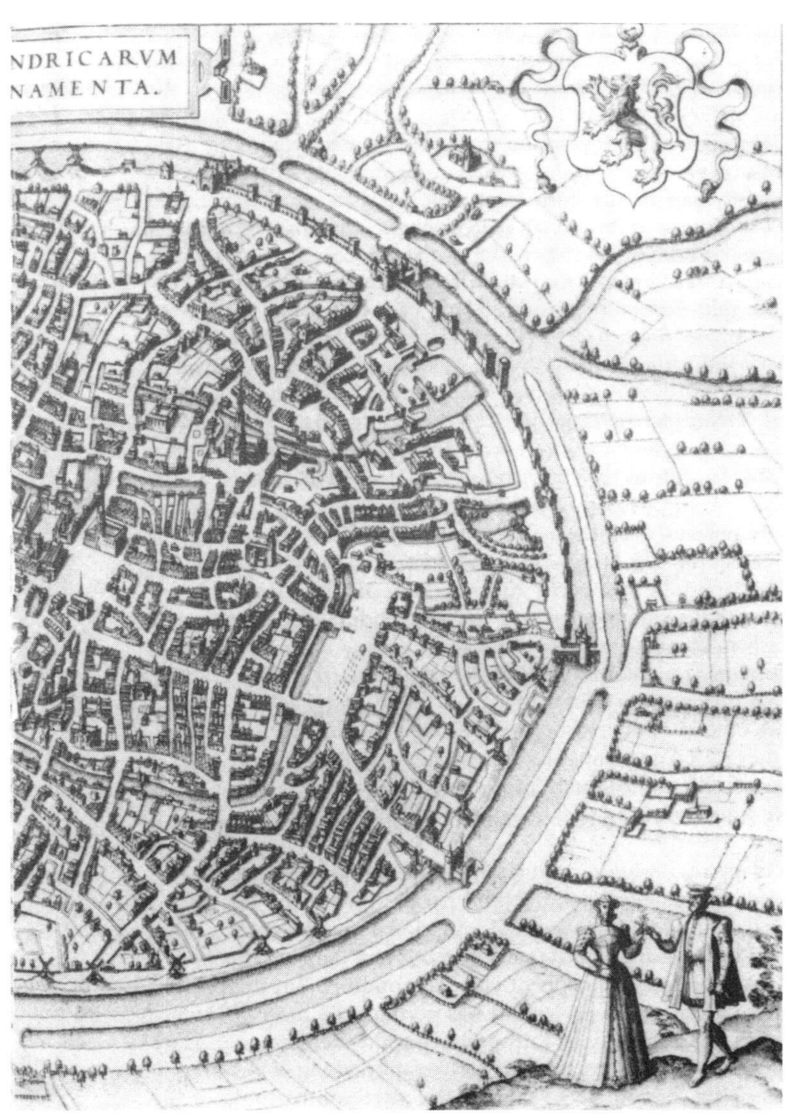

图 5.12　布劳恩与霍根伯格的《全球城市图》中的布鲁日地图（1572 年）。

1582年第一次印刷）。在这幅地图中，对政治分区进行了划界并标注了名称。尤其重要的还有克里斯托弗·萨克斯顿（1542—1606）绘制的关于英格兰各县的地图，以及关于整个王国的巨幅地图。[35]萨克斯顿的工作脱胎于地产测量传统，这种传统可上溯到中世纪，它导致在英国地图的概念等同于地籍册。萨克斯顿的县域地图来自仪器测量，不久就被效仿，并成为此后150年中此类地图的基础。但是所有这些种类的地图开阔了越来越多受过教育的民众的视野。在观念层面上，它们提出了关于地球和它的居民、结构、动植物等方面问题，此类问题被绘制在某些地图上。在更实用的层面上，它们从各个方面促进了世界贸易的发展。

局部地图的制作——无论是使用相对精密的仪器和材料，还是由欧洲人遇到的土著居民提供的草图——可以纳入到世界地图投影中。这些投影是在欧洲文艺复兴时期创造的，但是它们起源于古典时代的宇宙哲学和测地学概念。而欧洲在文艺复兴时期对地图学最与众不同的贡献，或许就是带有系统投影的印刷世界地图。接下来我们将看到投影（地图的构架）与地图制作的其他方面一起，在随后的世纪中继续吸引一些最伟大思想者的注意力。与此同时，地图学中的新方向（例如具有科学性的专题地图）将成为这个领域的开拓者。

第六章　科学革命与启蒙时代的地图学

在15世纪的最后几十年中，印刷术的发明为知识的广泛传播创造 91
了条件，它成为了此后科学活动显著增多的重要因素。随着《天体运行论》在1543年的出版，尼古拉·哥白尼，这位认识到地球是一颗行星的人，让阿利斯塔克在许多个世纪前提出的日心说宇宙体系得以重生。哥白尼（1473—1543）不仅是一位天文学家，同时也是一位地图学家，他制作的普鲁士地图（1529）与立陶宛地图如今都已失传。[1]

尽管哥白尼主要是一位理论家而非观测者，他却引领了这样一个时代：实验与观察比从前更紧密地结合在一起。[2]新工具的发明与旧工具的改进是相辅相成的。这不仅导致了观测精度的提高，也扩大了观测的范围。许多前沿领域都获得了进展，其中一些直接或间接地影响到了地图学。

如前所述，本书更加侧重于地图成品而非制作方法。但仍会讨论少数在地图制作中具有里程碑意义的重要技术。三角测量法，也就是用交叉线来确定位置的方法，由杰玛·弗里修斯于 1533 年提出。平板仪，即安装了照准仪的绘图板，能在画出角度的同时绘制地图，由伦纳德·迪格于 1571 年做了记录。人们编制了种类繁多的图表，其中包括由雷吉奥蒙塔努斯，即约翰内斯·米勒（1436—1476）和他的学生兼保护人伯恩哈德·瓦尔特（1430—1504）编制的星历表，以及约翰·纳皮尔（1550—1617）和亨利·布里格斯（1561—1630）发明的对数表。伽利略所推崇的，能在定点观测中更精确测定经度的摆钟，由克里斯蒂
92 安·惠更斯（1629—1695）在 1657 年制造出来。另外，17、18 世纪甚至更早期的测量员，就能利用里程计和磁罗盘。后一种仪器的一种衍生品，即经纬仪，在接近这一时期末尾的时候得到了改良，使其能同时测量水平和竖直的角度（地平经纬仪）。

尽管伽利略·加利莱伊（1564—1642）主要以其在物理学和天文学上的贡献彪炳史册，但他同时也制作地图。伽利略了解到望远镜镜片在荷兰的发展状况，随后在 1609 年亲手制造了望远镜。他是第一个将望远镜用于科研目的的人，他用放大倍数为 3 到 33 倍的望远镜，制作了据推测是第一张应用此种方法的月面图。伽利略制作的地图原件已经与他的其他许多成果一起损毁了，但他的几张月面图刻印件却在其《星际信使》（1610）一书中被发现。[3] 尽管图 6.1 这张月面素描图很粗糙，却是第一张展现了环形山（伽利略曾尝试对其进行测量），以及“海”（月海）的地图，伽利略随后意识到它们并非水体。伽利略揭示出了像月球这样的天体并非理想形态的事实，这具有重要的理论意义。通过某种“遥感”装置，伽利略率先将一个人类在此后 350 多年里都无法直接探查的表面绘制在地图上。伽利略还发现月球的两次天平动，并通过他的地图和著述创立了严肃的月面学研究。

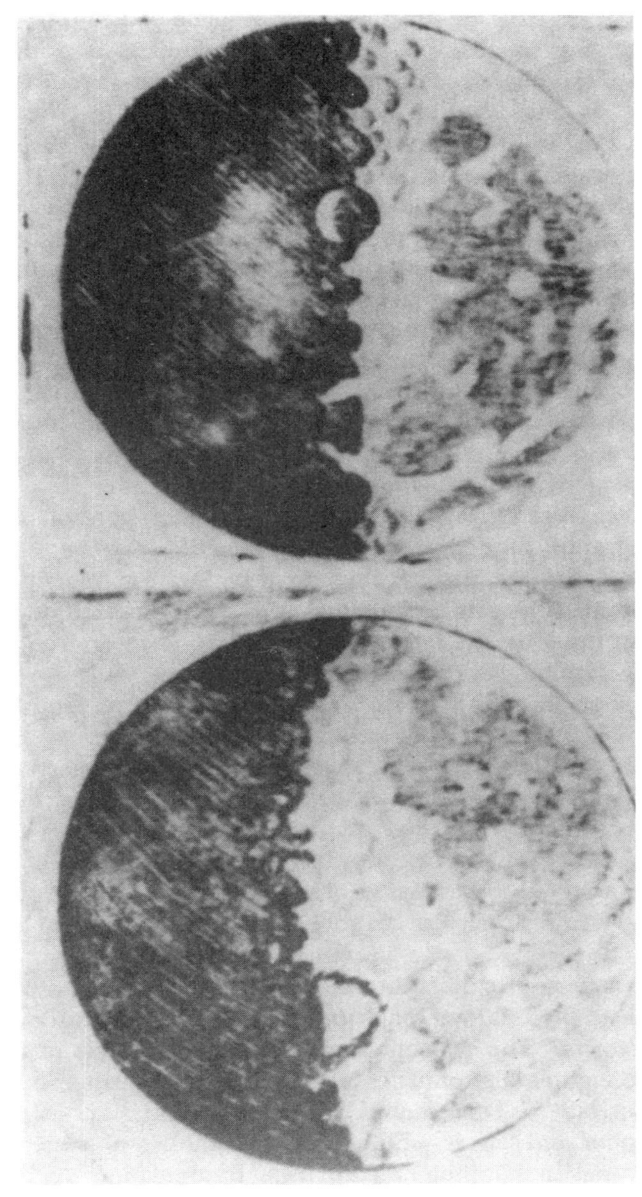

图 6.1 伽利略《星际信使》中的月面素描图刻印件（1610）。

伽利略的事业和人生最为戏剧性地展现了科学革命的精神，但是之后的科学家对地图学有更加明确的贡献。伽利略之后，在欧洲普遍存在着一种更为有利的对待科学的态度，特别是在阿尔卑斯山以北的地方。紧随意大利的先导，法国（皇家科学院）和英格兰（伦敦皇家学会）在17世纪中叶怀着促进科学探索的目的建立了各自的科学团体。我们能辨认出地图学在17和18世纪在其推动下以及独立发展出的几个方向。包括地籍图、交通图、专题图、水道图以及地形图的制作。所有这些传统在此之前都已存在，而且在随后的几世纪中都获得了发展，我们将在后面的章节中进行探讨。但是就我们正在讨论的这一时期而言，伴随着人们对自然科学的浓厚兴趣，地图制作与其他相关活动一起经历着深刻的变革，其影响持续扩展至今。

随着17世纪和18世纪民族主义与殖民主义的兴起，地籍图制作就成为了达到经济和政治目的一种工具。我们可以给出许多这样的例子，
94 但是爱尔兰的情况最具代表性。英国人按计划管理爱尔兰乡村居民点的一个较早的尝试是在芒斯特种植园（1585—1586），为此英国人为这个适于他们“移植”（或者称为殖民地化）的国家制作了地图。一个更加重要和持久的地籍图制作活动是“制图调查”，它由政治经济学家威廉·配第（1623—1687）博士（后来称爵士）所指导，他担任了摄政时期的爱尔兰测绘局长（1655—1656）。在英国内战之后，爱尔兰被完全吞并，配第测量了罚没的土地，标示在教区地图上，其比例尺为图上三或六英寸相当于实地一英里。除疆界之外，可耕地、森林、沼泽、山脉以及（在某些情形下）道路都被表现出来。这成为很久之后的土地利用地图的渊源。随后的测量活动组织制作了一系列县域或区域地图，它们于1685年在阿姆斯特丹刻版印刷。配第于两年之后去世。作为一位医生，

以及皇家学会的创始人之一，配第把握住了当时科学活动的脉搏，为统计学研究做出了卓越的贡献，这是他至今为人铭记的首要一点。[4]

我们已经注意到，交通图从古罗马时代的旅行路线图开始就是制图工作的重要部分，尽管时断时续。在古罗马帝国灭亡之后，连接整个帝国的公路系统陷入无人维护的境地，因为不再有一个中央集权组织来管理它们。在中世纪晚期，交通线由于军事行动和朝圣的原因被重新开辟。如前所述，它偶尔会成为地图涉及的内容，例如马修·帕里斯的从伦敦到意大利南部的地图，以及埃哈德·埃茨劳布的《罗马通衢》。此后，道路却常常为地图所忽略，例如萨克斯顿的县域地图，但是交通干道却出现在其继承人约翰·诺登（1548—1625）所绘的同一地区的地图上，他也是制备三角里程表的先驱。更具创新性的是苏格兰人约翰·奥格尔比（1600—1676）的工作，他是“国王的狂欢”演艺公司主管、书商、翻译家、印刷工以及地图学家。在生命行将终止之时，他运用其最后两项能力，出版了《不列颠地图集》（伦敦，1675），其中包含一系列关于这个王国的带状地图。他以英里为单位，为从伦敦到各主要省级城镇的邮路干线标明了距离。[5]在17和18世纪以及更晚些时候，这一工作为其他人以带状地图和“面状”地图的形式延续了下来。它的一个衍生物是约翰·亚当斯的里程图，他是一位地志学者，也是一位律师。亚当斯于1681年加入皇家学会，他提议用建立在天文观测基础上的三角测量来制作英国地图。这一建议没有获得资助，但是，正如我们即将看到的，它在同时代的法国（英国在科学、政治和殖民霸权上的最大对手）实现了。与此同时，荷兰仍然支配着地图和海图的出版，但却 95
往往满足于在极少甚至全无修正的前提下重印旧版地图。这个低地国家过时的刻版被摩西·皮特带往牛津，用来印刷最终流产的《英国地图集》(1680—1683)。[6]我们现在再转向专题地图，这一类型或许直到最近之前一直被地图学史家所忽视。

专题地图是为实现某些特殊目的或描绘某种特殊主题而设计的，这与普通地图形成了对比。在普通地图中，许多种现象(地形、交通线、聚落、政治疆界等)都标绘在一起。普通地图与专题地图的区别总的来说并不大，但后一种类型仅仅把海岸线、疆界和地点(基本数据)当作图上所绘现象(地图数据或地图主题)的参照物，而不是为了展现其本身。专题地图制作最伟大的贡献者之一是英国天文学家埃德蒙·哈雷(1656—1742)，他最为人所知的贡献是预测了以其名字命名的那颗彗星的回归周期。当然，哈雷并不是第一个制作专题地图的人。[7]我们已经提到了奥特柳斯的《寰宇概观》中的宗教地图和历史地图。我们知道奥龙斯·菲内，这位著名的法国地图学家，在16世纪中叶制作了宗教地图(已佚)。我们还能举出其他一些例子。但是这些都与哈雷的专题地图非常不同，他用地图学方法阐明了许多他自己的科学理论。

96 埃德蒙·哈雷的地图制作活动是科学革命时期地图学的很好例证。他是初创的伦敦皇家学会的成员，并一度担任其两位秘书的书记员。通过这种关系，他与当时许多伟大的科学家彼此熟悉，其中包括17世纪最顶尖的月面图专家，但泽的约翰内斯·赫维留(1611—1687)；乔瓦尼·多梅尼科(后来改叫让-多米尼克)·卡西尼(1625—1712)，他监督制作了一幅刻在巴黎天文台地板上的地图(平面天球图式地图)，还开创了法国的地形图制作活动；还有艾萨克·牛顿爵士，他对地图学和大地测量学的具体贡献在于，他在未获证明之前就宣称地球是一个扁平(两极方向略扁)椭球体，而不是像当时法国科学界所支持的那样是个扁长(赤道方向略扁)椭球体或是标准的圆球体。[8]

哈雷在地图学上的第一个重大成就是一幅关于南天星座的平面星图，这是他在圣赫勒拿岛停留大约一年的时间里制作的，于 1678 年出版。许多年之后，哈雷成为《哲学汇刊》的编辑，他于 1686 年在该刊物中刊登了自己的第一幅重要陆地图（图 6.2）。这幅地图附有哈雷关于 97
信风的一篇论文，被称为第一幅气象图。[9] 它出色地展现了地图制作的一种新趋势，就像他所做的那样，聚焦于一个单独的自然主题——低纬地区盛行风的风向。哈雷选择了一种合适的投影方式（墨卡托投影）来展现图上所绘的现象（地图数据）。[10] 其经纬网包括以 10 度为间隔的纬线和以 15 度为间隔的经线（以伦敦的本初子午线为基准），每一条经线代表地球转动的一个小时。除此之外图上没有其他修饰。盛行风用逐渐变细的笔画来表示，其尾部表示风通常吹来的方向。哈雷只在佛得角地区使用了现今表示这种现象常用的箭头符号。为了将主题的分布状况展现在地图上，需要保证一个最小的基础数据量；在没有标题和明确比例尺的情况下，甚至某些地图的主题都可能难以辨别。这张世界地图上澳洲北部和西部海岸的增加主要归功于 16 和 17 世纪葡萄牙人、西班牙人和荷兰人在此区域的探险活动。图 6.2 中位于哈雷信风海图之下的地图，是利用现在的资源以同样的投影方式描绘出的海岸线状况，以作对照之用。

哈雷于 1698 年获得了一项临时任命，以船长身份率领皇家海军精确测量某些地点的经度，并调查地球的磁场。他指挥一艘名为帕拉莫尔号的小船，由皇家学会资助扬帆起航，这次航行被称为“第一次以纯粹科学为目的的海上之旅”。[11] 在这次——确切地说是两次——航行中，哈雷在大西洋上做了约 150 个关于磁偏角的监测报告，其范围遍及北纬 50 度至南纬 50 度之间的地区，它们是在极为恶劣的环境下获得的，这成为哈雷的研究基础。哈雷回到英国后不久，于 1700 年出版了一幅

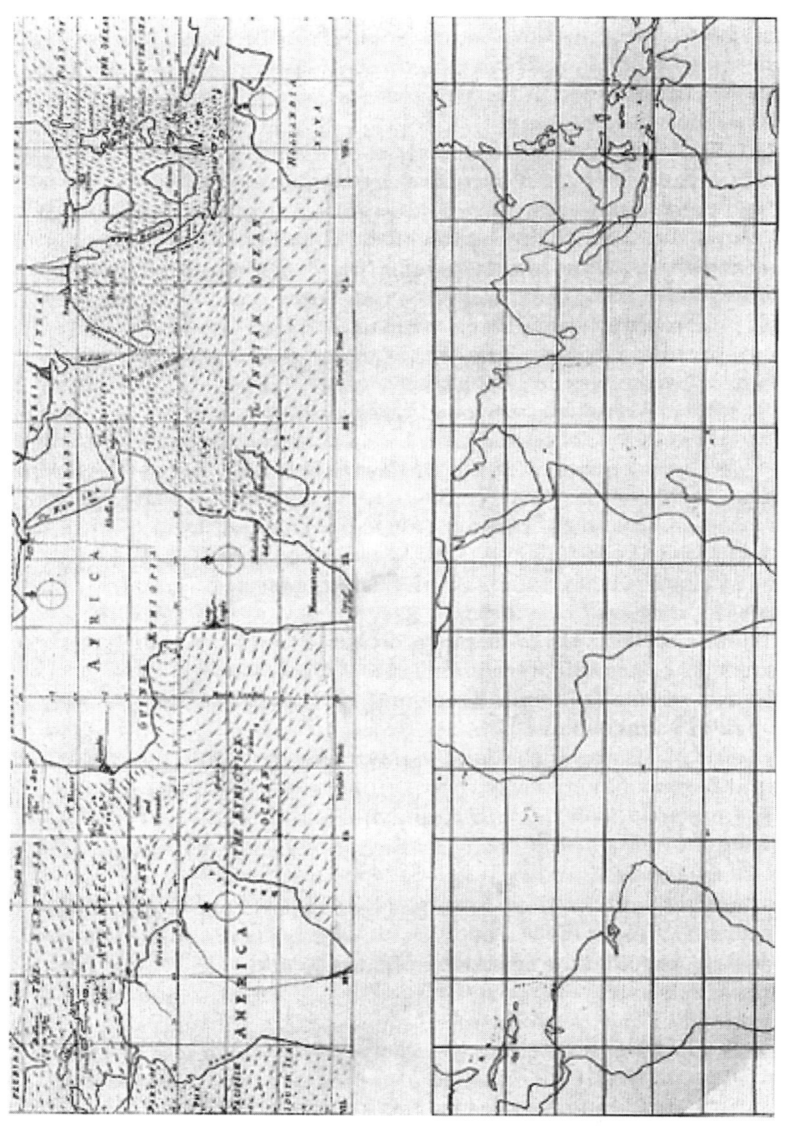

图 6.2　上图：埃德蒙·哈雷的信风海图（1686），出自《哲学汇刊》；下图：用来与上图对照的相同比例尺和投影的地图，展现了现代地图对世界海岸线的描绘。

地图，他将其命名为《西部及南部大洋之最新精确罗经磁差图》。这幅图使用了等偏线（用曲线表示与地理北极之间度数相同的磁偏角或磁差），是现存的第一份此类印刷地图，同时也是已出版的各种类型的等值线地图中最早的一个。[12] 在专题定量地图中，等值线就是将某种强度不断变化的现象中拥有相同强度的点串在一起的曲线。由于海岸线通常且理论上描绘的强度总是相同的，从这个意义上讲不被视为等值线（当然，一个例外是当高潮线和低潮线被描绘在同一幅地图上的时候）。我 100
们将在这一工作随后的成果中再次遇到这一基本的地图表示方法（附录）。[13] 在 1702 年，哈雷出版了一幅更大的地图，将等偏线延长至印度洋（基于其他人的监测结果，其中包括威廉·丹皮尔和东印度公司的领航员们），但仍没有涉及太平洋，因为那时尚未获得足够的数据。哈雷的大西洋和世界等偏线图都采用洛可可风格的椭圆形轮廓，但是对它们的装饰比当时的惯例要少一些。

哈雷制作的第三幅地图的主题涉及水道测量传统。它再次展现了这位科学家（如今他被认为是英国自然哲学家中仅次于牛顿的一位）在地图学工作上的兴趣。在详细讨论这幅地图之前，让我们先简短回顾一下航海地图学到此时为止的发展状况。海岸线轮廓（将陆地和水体两种地理实体分隔开）的描绘显然是古典时代以来地图学的一部分，在中世纪晚期的波尔托兰海图中，我们已经看到一种明确为领航员所作的地图学设计。我们知道，这种海图形式建立在早期伊比利亚的地图制作基础之上，但随着欧洲人的世界观因地理大发现而扩展，海图的特点亦随之改变。为了给海员提供帮助，人们出版了各种导航手册，其中一些包含海岸线特征图，随后演变为海图。我们已经讨论过 16 世纪北欧人（特别是德意志与低地国家的地图学家）在地图制作上的贡献，其顶峰是一

THE

Deſcription

AND

USES

Of a New and Correct

SEA-CHART

Of the Western and Southern

OCEAN.

Shewing the Variations of the *COMPASS.*

THE Projection of this *Chart* is what is commonly called *Mercator's*; but from its particular Use in *Navigation*, ought rather to be named the *Nautical*; as being the only true and sufficient *CHART* for the *Sea*. It is supposed, that all such as take Charge of Ships in long Voyages, are so far acquainted with its Use, as not to need any Directions here. I shall only take the Liberty to assure the Reader, that having taken all possible Care, as well from Astronomical Observations, as Journals, to ascertain the Scituation and Form of this *Chart*, as to its principal Parts, and the Dimensions of the several Oceans; he is not to expect that we should descend to all the Particularities necessary for the Coaster, our Scale not permitting it. What is here properly New, is the *Curve-Lines* drawn over the several Seas, to shew the Degrees of the *Variation* of the *Magnetical Needle*, or *Sea Compass*; which are design'd according to what I my self found in the *Western* and *Southern* Oceans, in a Voyage I purposely made at the Publick Charge in the Year of our Lord 1700.

That this may be the better understood, the curious Mariner is desired to observe, that in this *Chart* the Double Line passing near *Bermudas*, the Cape *Verde Isles*, and Saint *Helena* every where divides the *East* and *West Variation* in this Ocean, and that on the whole Coast of *Europe* and *Africa* the *Variation* is Westerly, as on the more Northerly Coasts of *America*, but on the more Southerly Parts of *America* 'tis Easterly. The Degrees of *Variation*, or how much the Compass declines from the true North on either Side is reckoned by the Number of the Lines on each side the double Curve, which I call the *Line of No Variation*; on each fifth and tenth is distinguished in its Breadth, and numbered accordingly, so that in what Place soever your Ship is, you find the *Variation* by Inspection.

That this may be the fuller understood, take these Examples. At *Madera* the *Variation* is 5 and ½d. West; at *Barbadoes* 5½d. East; at *Annabon* 9d. West; at Cape *Race* in *Newfoundland* 14d. West; at the Mouth of *Rio de Plata* 18d. East, &c. And this may suffice by way of Description.

As to the Uses of this *Chart*, they will easily be understood, especially by such as are acquainted with the Azimuth Compass, to be, to correct the Course of Ships at Sea: For if the Variation of the Compass be not allowed, all Reckonings must be so far erroneous: And in continued Cloudy Weather, or where the Mariner is not provided to observe this Variation duly, the *Chart* will readily shew him what Allowance

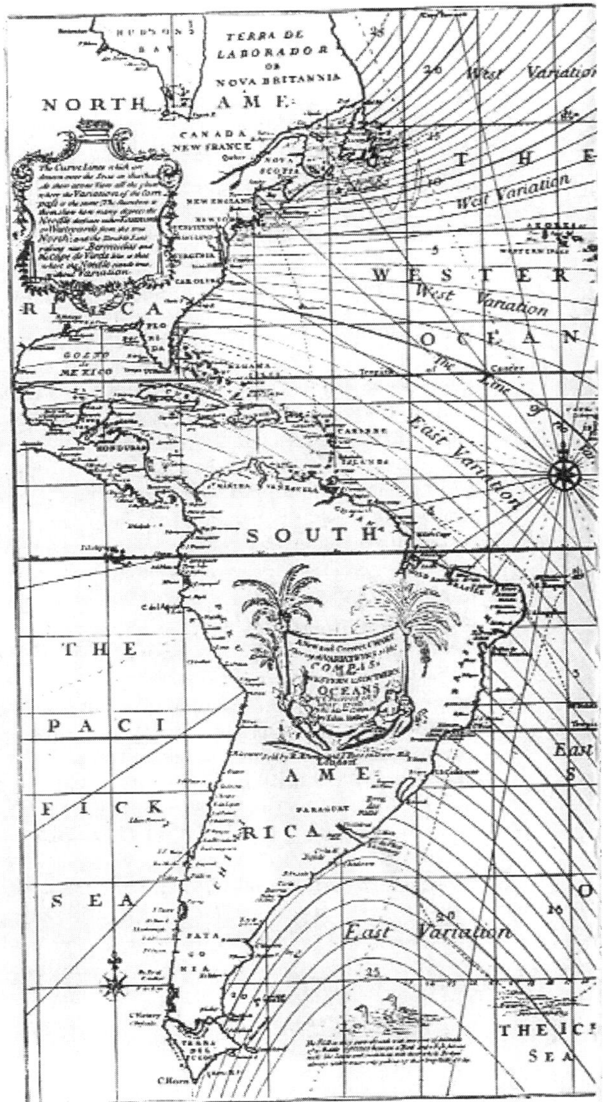

he must make for this Default of his Compass, and thereby rectify his Journal.

But the Correction of the Course is in no case so necessary as in running down on a Parallel *East* or *West* to hit a *Port*. For if being in your Latitude at the Distance of 70 or 80 Leagues, you allow not the Variation, but steer East or West by Compass, you shall fall to the Northwards or Southwards of your Port on each 19 Leagues of Distance, one Mile for each Degree of Variation, which may produce very dangerous Errors, where the Variation is considerable; for Instance, having a good Observation in Latitude 49d. 40m. about 80 Leag. without *Scilly*, and not considering that there is 8 Degrees West Variation, I steer away *East* by Compass for the Channel; but making my way truly *E. 8d. N.* when I come up with *Scilly*, instead of being 3 or 4 Leagues to the South thereof, I shall find my self as much to the Northward: And this Evil will be more or less according to the Distance you sail in the Parallel. The Rule to apply it is, That to keep your Parallel truly, you go so many Degrees to the Southward of the *East*, and Northward of the *West*, as in the *West Variation*; but contrariwise, so many Degrees to the Northwards of the *East*, and Southwards of the *West*, as there is East *Variation*.

A further Use is in many Cases to estimate the Longitude at Sea thereby; for where the *Curves* run nearly *North* and *South*, and are thick together, as about Cape *Bona Esperance*, it gives a very good Indication of the Distance of the Land to Ships come from far; for there the Variation alters a Degree to each two Degrees of Longitude nearly; as may be seen in the *Chart*. But in this Western *Ocean*, between *Europe* and the *North America*, the Curves lying nearly East and West, cannot be Serviceable for this Purpose.

This Chart, as I said, was made by Observation of the Year 1700, but it must be noted, that there is a perpetual tho' slow Change in the *Variation* almost every where, which will make it necessary in time to alter the whole System: at present it may suffice to advertise that about *C. Bona Esperance*, the West Variation encreases at the Rate of about a Degree in 9 Years. In our Channel it encreases a Degree in seven Years, but slower the nearer the Equinoctial Line; as on the *Guinea* Coast a Degree in 11 or 12 Years. On the *American side* the *West Variation* alters but little; and the *East Variation* on the *Southern America* decreases, the more Southerly the faster; the *Line of No Variation* moving gradually towards it.

I shall need to say no more about it, but let it commend it self, and all knowing Mariners are desired to lend their Assistance and Information, towards the perfecting of this useful Work. And if by undoubted Observations it be found in any Part defective, the Notice of it will be received with all grateful Acknowledgment, and the Chart corrected accordingly.

E. HALLEY.

This CHART is to be sold by *William Mount*, and *Thomas Page* on *Tower-Hill*.

图 6.3　埃德蒙·哈雷的大西洋等偏线图（1701），见注释 18、276 页。

种为导航员量身定做的海图——墨卡托海图——于 1569 年发明。

约六十年之后，约翰内斯·开普勒（1571—1630），这位令牛顿和所有后世天文学家都受惠于他对行星椭圆轨道的发现（而不是之前所认为的完美圆形轨道）的人，出版了他关于行星和恒星位置的《鲁道夫星表》，这是在第谷·布拉厄（1546—1601）的观测资料基础上编制的。通过观测月球边缘与已知恒星的关系，或者一次月食，计算该现象发生的地方时，并将其与开普勒星表中给出的时间进行比较，就能计算出观测者所在地点的经度。在此基础上，菲利普·埃克布雷希特制作的一幅世界地图于 1630 年在纽伦堡出版，它的本初子午线穿过第古·布拉厄于丹麦的汶岛（现属瑞典）上建立的天文台。这是首张利用天象观测通过时间差来确定经度（一小时相当于 15 个经度）的地图。随着这类地图在经度位置上的长足进步，更深远的进展成为可能。

101 哈雷，这位兼具实践和理论才能的人，在执掌帕拉莫尔号之前十年就已经开始从事海洋测量工作了。[14] 他制作了一张泰晤士河口图，五年之后又制作了另一幅萨塞克斯海岸图。在其大西洋之旅的返航途中，哈雷获得了使用帕拉莫尔号进行英吉利海峡测量工作的许可。随后他于 1702 年出版了一幅基于这一测量活动的地图（图 6.4）。从表面上看，这幅图是当时其他海图的汇总，并标示出了海岸线（比一个世纪前奥特柳斯或是瓦赫纳尔对同一地区的描绘显然要进步许多）、浅滩、下锚地、水深（以英寻为单位标注）等等。图上有放射线的罗盘玫瑰甚至是早期航海图的回响。但是哈雷的地图至少有两个特别之处。其一，哈雷提供了估算特定位置潮高的公式，它在地图上用罗马数字来表示（海潮的方向用箭头表示）。其二，哈雷发明了海岸线测量的后方交会法。这种方法在航行的船只上就能完成，而且用太阳做角度测量比当时通行的用磁罗盘测量要精确得多。哈雷大约在他的潮汐图出版时辞去了自己在海军中的职位，但仍然着迷于地图学，直至去世。1715 年，他利用日全食的机会制作了一幅月球在英格兰投下的阴影图，同时注明了月球阴影扫过的时间。这幅地图优雅地展现了哈雷关于整个宇宙的观念——他于 1720 年接替约翰・弗拉姆斯蒂德（1646—1719）成为格林尼治天文台的皇家天文学家。由于这幅地图制作于它所描绘的事件发生之前，因此它展现了科学的最高特质：进行精确预测的能力。就像哈雷的其他主要专题地图一样，这是一件展现了伟大创造力的成果。[15]

我们已经讨论了哈雷的等偏线地图，并指出据推测其 1701 年的大西洋航海图是最早出版的等值线地图。然而哈雷不大可能知道，两幅有等深线（表示相同水深的线）的手绘地图要早于哈雷的地图。它们分别由彼得・布鲁因斯（1584）和皮埃尔・安瑟兰（1697）制作。显然，在这两个年代之间没有地图学家想到过将各个等深点连接起来。沿着海岸线分布的深度值是文艺复兴时期地图学家所作地图的一个特点，它们可能是用古老的测量工具测锤和测绳测得的。然而，在 1729 年出版了一幅拥有等深线的雕版地图（图 6.5），其制作者为荷兰工程师尼古拉
斯・萨穆埃尔・克鲁奎厄斯（1678—1754），它展现了莱茵河支流梅尔 105
韦德河的水深。[16] 图中在干流上标注了深度值，但是较小的支流和其他水体则仍然以常用的不定量轮廓线来描绘（比较一下图 6.5 和图 6.9）；在后一种情况下，离岸的波状水线是无法量化的。

在此之前，在法国皇家科学院的支持下，让・皮卡尔（1620—1682）和加布里埃勒・菲利普・德拉海尔（1640—1718）使用巴黎天文台的天文学家提供的观测点，测量了法国的海岸线。这一新的法国海洋测量活动制作了详尽的海图，采用墨卡托投影并标出了经纬度，不久之后

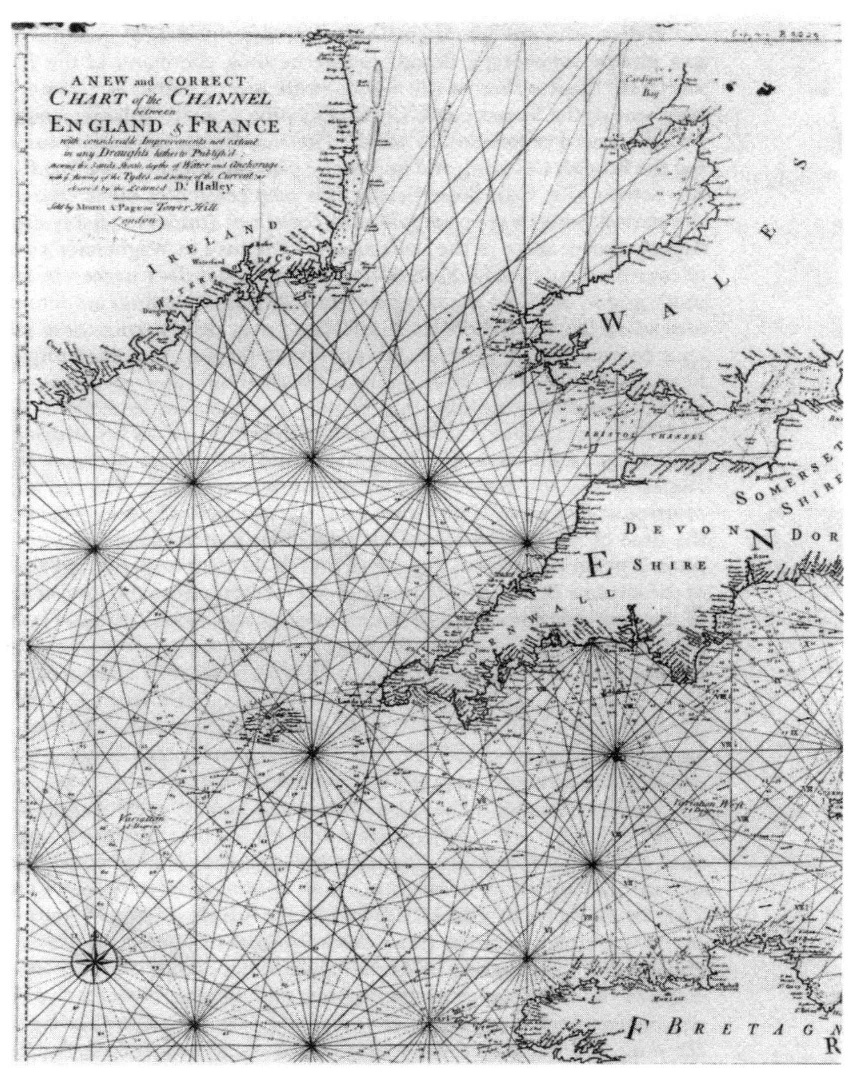

A NEW and CORRECT
CHART of the CHANNEL
between
ENGLAND & FRANCE
with considerable Improvements not extant
in any Draughts hitherto Publish'd
Dr. Halley
London
IRELAND
Waterford
Cardigan Bay
WALES
BRISTOL CHANNEL
SOMERSET SHIRE
DEVON SHIRE
CORNWALL

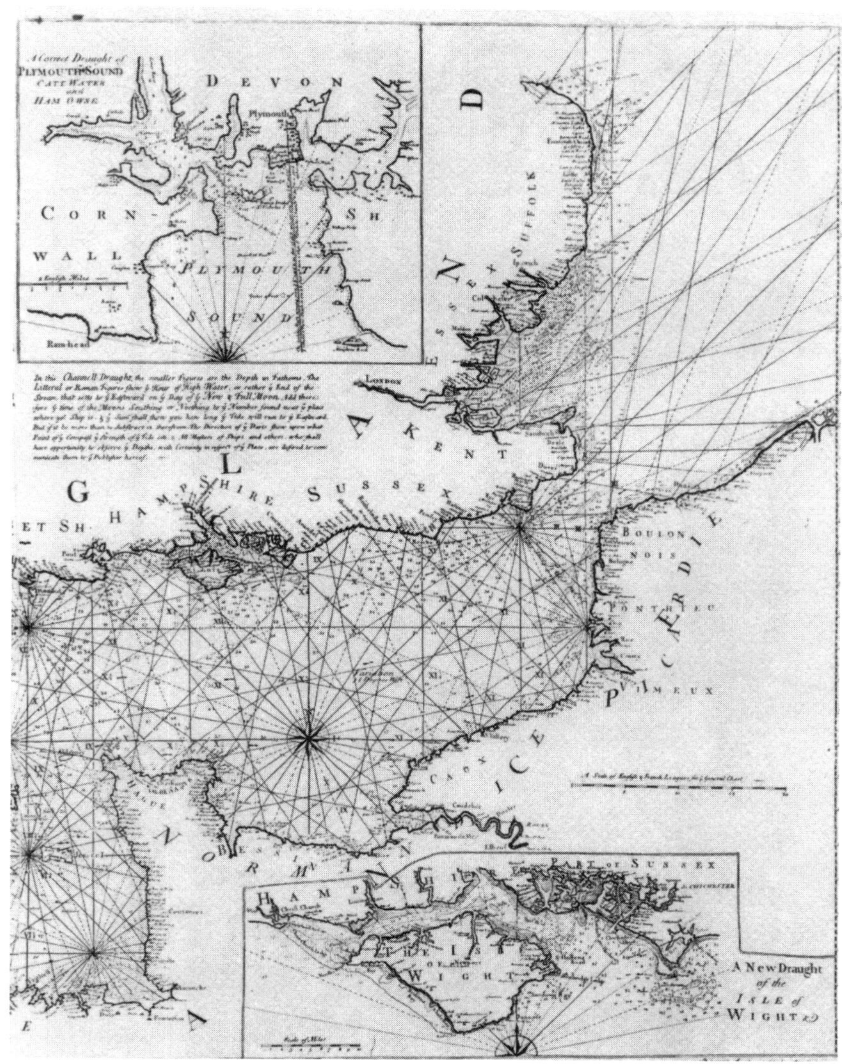

图 6.4　埃德蒙·哈雷的英吉利海峡潮汐图（1702）。

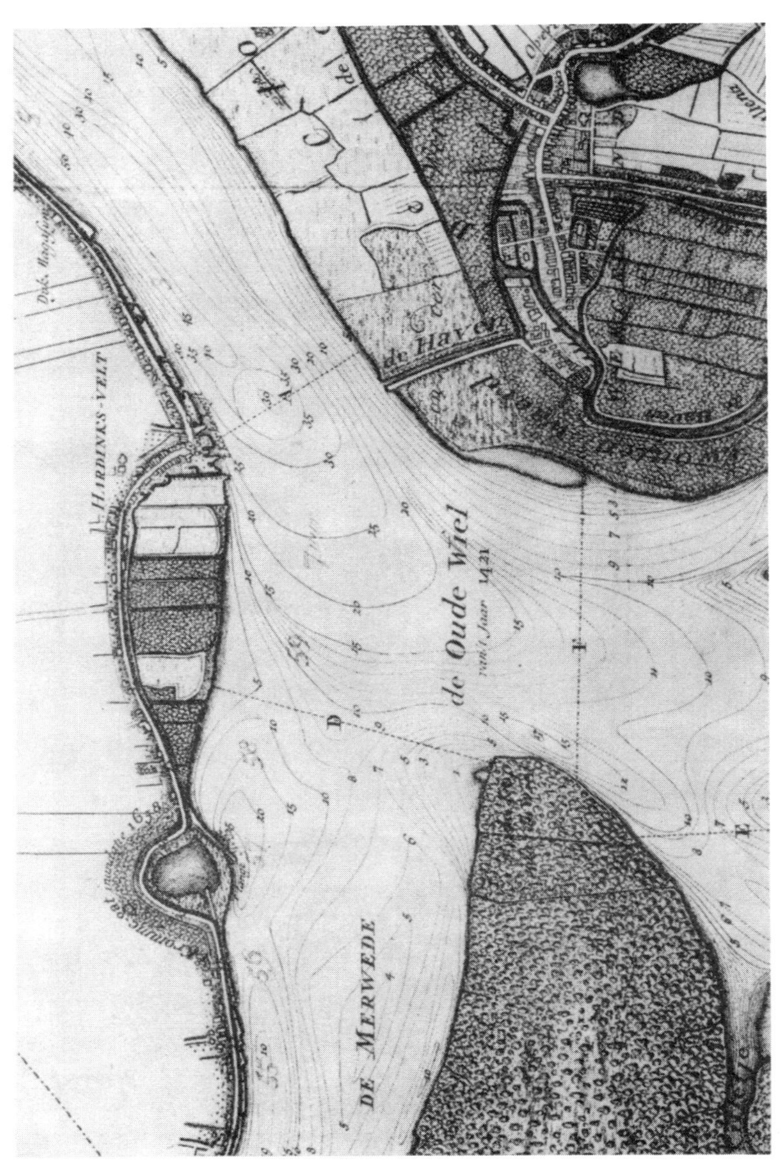

图 6.5　尼古拉斯·萨穆埃尔·克鲁奎厄斯的一幅梅尔韦德河等深线图的一部分（1729）。

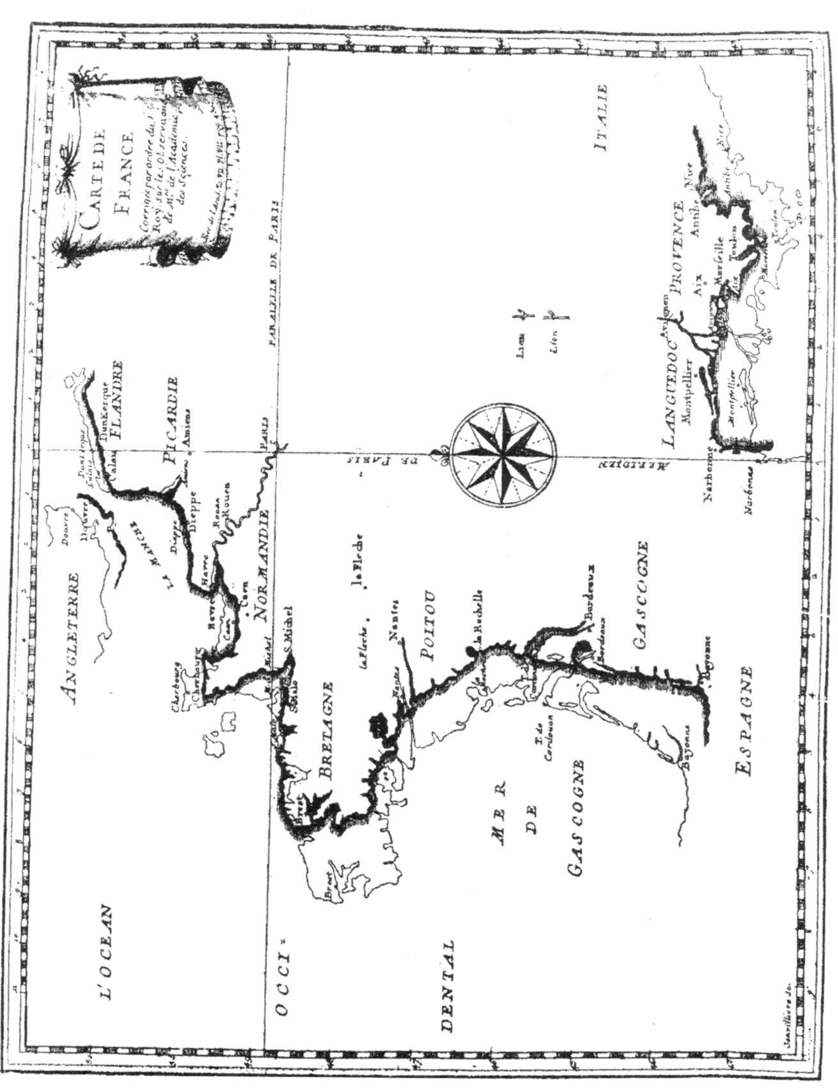

图 6.6　这幅图表现了法国皇家科学院于 1693 年对法国海岸线进行科学测量的成果（阴影线），叠加在 1679 年桑逊所绘的海岸线轮廓上（实线）。

以《弗朗索瓦海图集，或最新海图集》的名字出版（1693）。这次海洋测量得出的海岸线与之前法国最好的地图，即桑逊家族制作的地图之间有着巨大的差异，如图 6.6 所示。[17] 法国是第一个将冗余的罗盘玫瑰从海图上删掉的国家，法国还于 1720 年建立了独立的官方水道测量机构，海军航海图与平面图资料室。此后不久，菲利普·布歇（1700—1773）于 1737 年制作了一幅关于英吉利（法国称拉芒什）海峡的等深线图。[18] 正当法国官方水道测量活动蓬勃开展之时，英国人却在整个 17 世纪和大半个 18 世纪中仍然依靠私人或半官方制图。因此，泰晤士学校的成员——威廉·哈克（盛年为 1650—1701），约翰·塞勒（盛年为 1669—1697）、约翰·桑顿（盛年为 1650—1700）等等——制作有关世界海岸线的地图和图集，与此同时格林威尔·柯林斯（盛年为 1669—1698）测量了英国的海岸线，并刻印了关于这一区域的海图，以及《大不列颠海岸导航》一书（1693），这是英格兰出版的第一本此类地图集。[19] 这一时期一个有趣的手绘地图集是《南海海图集》，包含超过 100 幅关于美洲太平洋沿岸的海图，是由英国海盗在一次海战中从西班牙人那里抢来的。当他们回到英国后，其中一个名叫巴兹尔·林格罗塞（约 1653—1686）的人对其进行了编辑。[20] 成立于 1600 年的东印度公司拥有自己的水道测量员，其中最为著名的是亚历山大·达尔林普尔（1737—1808）。这些活动因芒特和佩奇公司出版的海洋书籍而获得了有力支持，该公司由威廉·费希尔（1622—1692）创建，一直延续到 18 世纪末。[21] 1788 年在瑞典出版了一幅等斜线世界地图。

在 18 世纪下半叶，人们对制作世界海岸线地图的兴趣持续增长，尤其是那些新近才被欧洲人发现的地方。詹姆斯·库克船长制作了关于新西兰、澳大利亚和北美洲的一部分，以及塔西提岛、夏威夷和许多

其他太平洋岛屿的出色的航海图。[22] 库克作为一名海事测量员在加拿大 107
东部的圣劳伦斯河地区接受了训练，而这一地区的测量成果于1758—1759年出版，帮助詹姆斯·沃尔夫将军在魁北克战争中击败了法国人。但直到他的第一次太平洋航行（1768—1771）期间，库克才获得了展示其天赋的大好机会，对从未被测绘的海岸进行测量。库克航行的首要目标是观测金星的运行，它在未来将要发生的情况都明明白白地写在哈雷于1716年出版的一套星表中。[23] 当这项观测工作圆满完成之后，库克于1769年制作了《一张关于乔治王岛或塔西提岛的平面图》（图6.7），并协助完成了另一幅展现社会群岛全貌的地图，该项工作主要由库克雇佣的波利尼西亚领航员图帕伊埃完成。当库克到达新西兰，他对这些荷兰人阿贝尔·塔斯曼曾于1644年到达过的岛屿进行了海岸线测量。塔斯曼曾绘制过新西兰西岸的局部地图。比库克对所有这些岛屿海岸线的测量更为重要的工作，是他对澳大利亚东海岸的测绘（1770），这块被库克称为新南威尔士的地方在那之前还从未被欧洲人测绘过。在库克从1772至1775年的第二次太平洋航行中，他沿着南半球中纬度地区进行了环球航行，并证明了这一地区并没有大陆存在，与古典时代以来人们的猜测相一致。就像之前的太平洋航行那样，库克在这次航行中制作了更实用的海图，这是依靠船上的精密航海计时仪提供的帮助。它们是约翰·哈里森（1693—1776）制作的一块钟表的复制品，他通过制作足够精确的计时仪器来在大海上“保留”经度，并因此从英国政府那里获得了两万英镑的大奖。[24] 库克的第三次太平洋航行是致命的，他于1778年发现并逗留在夏威夷。很显然这些岛屿被每年定期往来于墨西哥阿卡普尔科到菲律宾马尼拉之间的西班牙大帆船所忽略，这条航线于1565年由安德烈斯·德乌达内塔首航。库克第三次环球航行的计划是从太

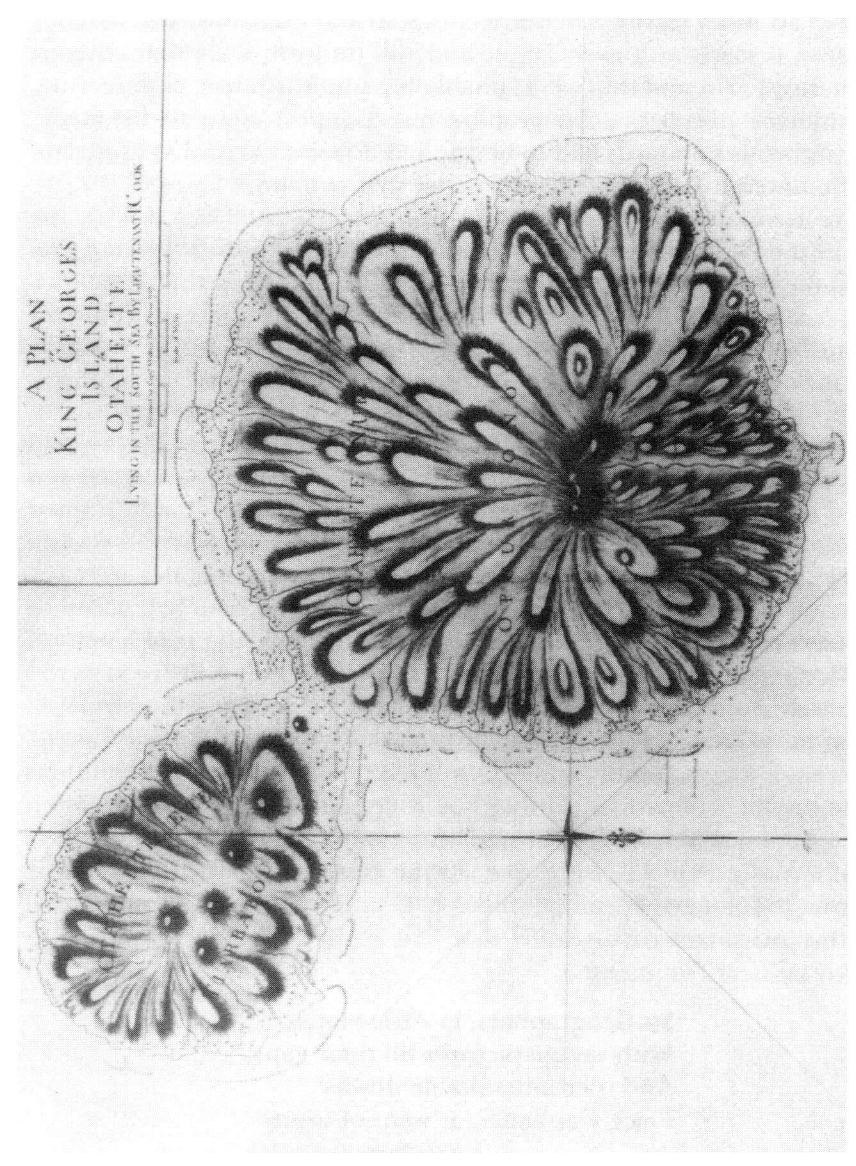

图 6.7　詹姆斯·库克的塔希提岛海图（1769）。

平洋一侧寻找难以捉摸的西北航路。对北美洲西北海岸的一部分进行了勘测绘图，却仍未发现西北航路之后，库克回到了夏威夷，在那里他于1779年被杀。测绘美洲西北海岸的工作从1792到1795年被乔治·温哥华继承了下来。他曾参与库克的第二次和第三次航行，而测绘澳大利亚海岸的工作则由马修·弗林德斯（177？—1814）于1798到1803年着手进行。[25]

尽管很早就已开始筹备，但官方的英国水道测量局却直到1795年才建立起来。达尔林普尔，这位曾拒绝指挥后来由库克率领的远航的人，被任命为第一位水道测量家。[26] 与此同时，法国在路易-安托万·德 108
布干维尔（1729—1811）和让-弗朗索瓦·德加洛，即彼鲁兹伯爵（1741—约1788）等人的领导下，在太平洋测绘方面做出了卓越的贡献。西班牙在18世纪组建了科学测绘探险队，例如亚历杭德罗·马拉斯皮纳（1754—1810）从1789到1794年的探险活动，就像早些时候彼得大帝及其继任者赞助丹麦人维图斯·白令的旅程一样（1728—1741）。在18世纪，俄国越来越多地从事海岸线测绘领域，对其控制的广袤地区进行绘图，这些活动最初常常是在外国人的帮助下进行的。[27]

可以理解的是，能展现某个表面结构的等深线（在克鲁奎厄斯地图这个例子为河岸，这是一个与等偏线差别明显的概念），应该是第一种用来描绘岩石圈任意部分的等高线形式。水的表面塑造了方便和自然的基准面（测量工作就以其为基准），尽管在不同的时间里它的高度在一定范围内会有变化。而在浅水区域，用测锤和测绳就能轻松测出所需的水深信息。它的出现比等高线原理在干燥陆地表面上的重大应用要早几十年，这一方面是因为进行必须的测量工作的难度，另一方面则由于地图学家和地图使用者倾向于用晕滃法来表现陆地景观，这一点随后将会讨论。[28]

在 17 和 18 世纪中，法国在地形测绘方面处于领先地位，其创造的方法成为该领域的标准，随后被世界各地广泛采用。这发生在博洛尼亚教授、天文学家乔瓦尼・多梅尼科（后来改叫让-多米尼克）・卡西尼（1625—1712）接受巴黎皇家科学院邀请之后。如前所述，它和伦敦的皇家学会都成立于 17 世纪中叶，并都对科学问题有着广泛关注，其中就包括地图和海图制作。

当然，针对国家和小块地区的制图工作在此之前早已开始。我们曾以奥特柳斯的《寰宇概观》中汉弗莱・吕伊特的英格兰和威尔士地图（见第五章图 5.10）为例作过说明。我们还谈到过更多关于此地区的详细地图，包括克里斯多夫・萨克斯顿和约翰・诺登的县域地图，以及许多地图学家制作的地产图或地籍册。我们还可以在许多欧洲国家找到实例，它们制作了越来越多比例尺更大、内容更详尽的地图。因此到了 16 世纪末，区域地图（其中有些由多幅地图组成）已经存在了相当长的时间。在某些实例中，先进的技术和经过改良的工具使得测量精度获得了
110 实质提高。例如维勒布罗德・斯内尔（斯内利厄斯）（1580—1626）的作品，他应用了三角测量法测距。但是，如果要制作比例尺更大且统一的地图（地形图梯形图幅）以覆盖广大的区域，并适用于管理、工程和军事等目的，就要应用更严格的标准。卡西尼于 1669 年来到法国，开启了这个国家的地形测量事业。[29]

我们曾经简要提及被卡西尼安放在巴黎天文台地板上的平面天球图式地图，有趣的是，当哈雷于 1682 年到巴黎天文台拜访卡西尼的时候，他正专心于这项工作。卡西尼的这幅原始资料世界地图（使用以北极点为中心的方位投影）让人联想到西班牙通商院的《普通调查图》，

或是在托勒密地图中对所有当时的地理数据进行核对的尝试。但在这些工作中，图上地点的大致方位依赖于陆上旅行者的口头信息，或是海员通过航位推算进行的估测，而卡西尼的地图与它们不同，除非某地的位置经过天文学确认，否则就不能将其描绘到这张图上。这些信息被卡西尼于1696年以地图的形式出版。但是它同样由于纪尧姆·德利勒（1675—1726）和其他有权使用巴黎天文台原始资料图的地图学家的汇编而闻名。通过这种方法，地中海的确切长度——约42个经度，我们已经知道在12世纪被阿拉伯天文学家精确测得——据我们所知第一次准确地记录在了印刷地图上。卡西尼遵循了伽利略的一项建议，同样制备了记录木星卫星运转状况的图表，这样就可以用它们来推断地理经纬度。通过这种方法，增进了人们关于很多地方位置的知识。与此同时，许多从前臆测（特别是在大陆内部）的信息都被消除了。这种具有虚构内容的地图曾激起乔纳森·斯威夫特著名的讽刺性评论：

> 因此地理学家，在非洲地图中，
> 将空白处用野人的图像来填充；
> 而在不易居住的丘陵上
> 找不到城镇就绘以大象。
>
> ——《关于诗歌》，第117行

现实需要一套详尽而精确、并采用统一的标准和符号分幅法国地图。在路易十四的财政大臣让-巴普蒂斯特·科尔贝的要求以及皇室的 111
支持下，皇家科学院在卡西尼领导下尝试迎接这一挑战。第一步是要测量巴黎所在的经线弧，从而确定一个纬度的长度。阿贝·皮卡尔用三角测量法承担了这项工作，这是他极力推荐的方法。皮卡尔使用了一个自己发明的带有望远镜瞄准器和游丝测微计的象限仪。这项工作完成于1670年，是达维德·迪维维耶制作一套九张的巴黎地区地形图的基础。皮卡尔于1682年去世，但随后巴黎的经线测量工作的范围扩展为从英吉利海峡到比利牛斯山。这样做的一个现实结果是，随着范围的扩展，三角测量成为更加精确的全国地形图的基础，超越了以往任何成果。

在更具理论性的领域，在一段南北向的长线上进行纬度测量引起了人们的质疑，讽刺的是，皮卡尔认为地球是完美的球体，而卡西尼之子雅克等人则接受地球是扁长椭球体的理论。然而，科学院资助的位于基多附近的进一步测量工作——由路易·戈丹（1704—1760）、皮埃尔·布盖（1698—1758）和查尔斯·马里耶·德拉孔达米纳（1701—1774）指导，以及由亚历克西-克洛德·克莱罗（1713—1765）、皮埃尔-路易·莫罗·德莫佩尔蒂（1701—1774）等人在拉普兰的测量工作证明，牛顿关于地球是扁平椭球体的猜想是正确的。有趣的是，由法国人让·里歇尔（1630—1696）在南美洲赤道附近测量的钟摆长度，与巴黎和其他地区测量结果的比较，成为牛顿猜想的基础。

在其父去世之后，雅克·卡西尼（1677—1756）继续从事法国的测量工作，并继承了其父在巴黎天文台的领导位置。在改进了方法，并东西向扩展三角网之后，重新对经线进行了测量。图6.8展示了由让-多米尼克·卡西尼、雅克-菲利普·马拉尔迪（1709—1788）以及雅克·卡西尼于1744年制作的法国三角网地图的一小部分。整项工作由大约4万个三角构成。雅克受到了其子塞萨尔-弗朗索瓦，即蒂里的卡西尼（1714—1784）的帮助，他在没有官方资金支持的情况下，仅靠捐款就使填充了细节的法国地形图成为现实。当他于1784年去世时仅有

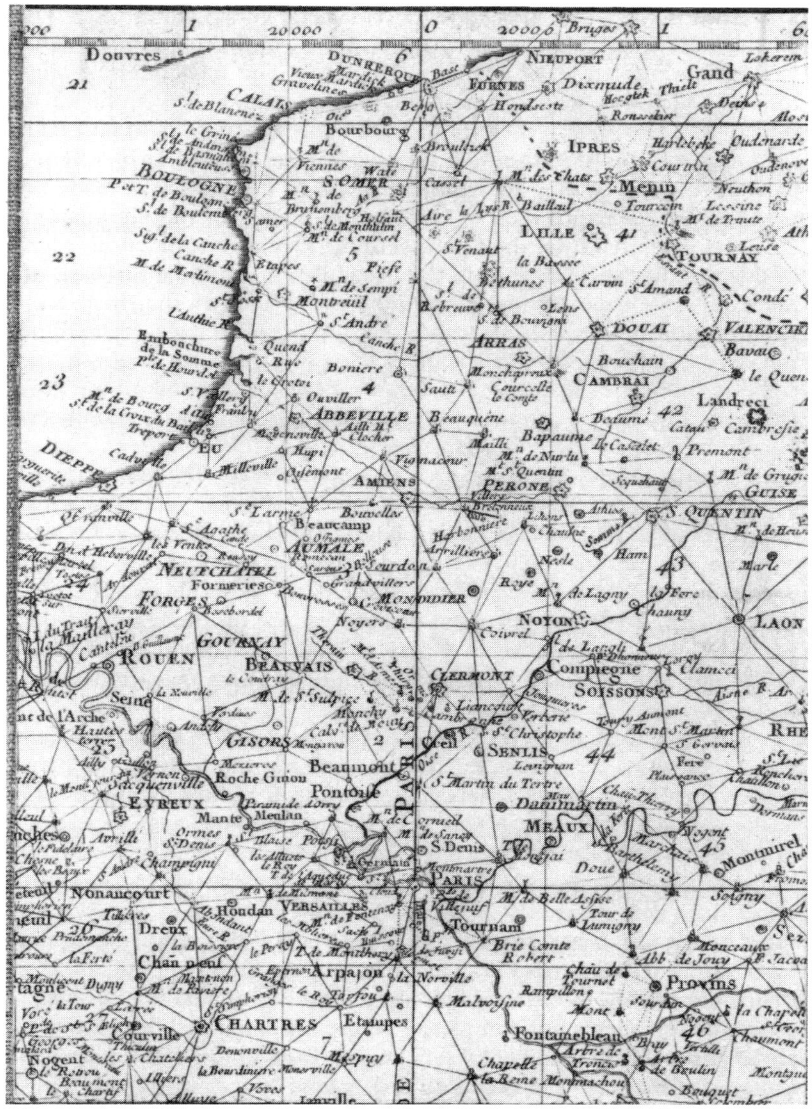

图 6.8　法国三角测量地图的一部分，由让–多米尼克·卡西尼、雅克–菲利普·马拉尔迪以及雅克·卡西尼制作（1744）。

少量分幅地图尚未完成，继而在其子雅克·多米尼克的指导下制作。这套法国地形图——包括 182 张分幅地图，比例尺为“图上 1 莱尼相当于实地 100 突阿斯”（1：86400）——最终于 1793 年全部完成。因此，卡西尼家族的四代人，在超过一百年的时间里参与了首次真正意义上对
113 一个完整国家的地形测量工作。在这项工作中，应用了先为全部测量工作提供一个严格的框架再填充细节的原则。当全部分幅地图拼到一起时，整幅地图的大小约为 36 平方英尺。

图 6.9 是这些刻印精良的地形图的一小块样本，描绘了法国东北海岸的一部分。它所用的符号与一百多年前巴黎分幅地图所用的基本相同。在这张图中尤其不令人满意的地方，是它对地势的描绘只展现出了两个或至多三个水准面。作者用晕滃线（用其厚度来表示斜坡陡峭程度的短线）来描绘这些板状的地表。萨克森地形测量工程师约翰·莱曼（1765—1811）于 1799 年将晕滃法系统化，但就展现地形而言它本质上仍然是一种定性的方法，仅仅通过晕滃线并不能读出绝对高程。晕滃线顺着斜坡而不是像等高线那样绕着地貌景观绘制。在纪尧姆-亨利·迪富尔（1787—1875）制作的瑞士地图中，通过着重表现南面和东面斜坡上的晕滃线，制造了一种从东北方向照射的模拟三维效果。在最佳状况下，这一技术的使用具有表现力；但在最差状况下，晕滃线就变得像“毛毛虫”一般。《卡西尼地图》上除晕滃线以外，还有出现了许多倾斜视角的地貌，例如图 6.9 中的海岸沙丘。它们以及表示小型聚落和树林的符号都没有采用俯视视角，与大型聚落和道路、河流、海岸线等的表现形式构成了反差。

描绘连续三维形态的陆地一向是地图学最具挑战性的问题之一。

图 6.9 卡西尼测量的法国地形图刻印本的一部分。

就像我们已经看到的，从最早的所谓“鱼鳞”、“鼠丘”或者“塔糖”轮廓，到最佳的用倾斜视角来表现地势的方法，这些形式都运用了二维形态的平面位置。它造成的平面位移在小比例尺地图上显然是可以接受的，但在大比例尺或地形尺度的地图上则无法接受。隐藏在地貌中的特征当然只能通过破坏地图的精确性而重组。人们所需的是用一种能保持平面准确性的定量方法来表现地势，而这种方法实际上在这一时期之前已经产生，即哈雷与克鲁奎厄斯所使用的等值线。

或许在创立三角学和发明地平经纬仪之类仪器的时候，对地物高程的测量就已经出现了。然而，用这种仪器对陆地表面大量的点进行测量，以满足一张精确的等值线（等高线）地图的需要，却是一项繁重的工作。埃万杰利斯塔·托里拆利（1608—1647）于1643年发明的气压计，一度看上去可能会为获得人们所需的数据提供较简便的方法，就像测锤和测绳之于流域等深线地图。布莱兹·帕斯卡（1623—1662）携带一个气压计登上了法国中央高原的多姆山，通过这种方法演示了大气压力随海拔升高而减小的现象。他还做了一个著名论断：我们生活在大气之海的海底。这一原理被英国医生克里斯托弗·帕克（1686—1749）应用在地图学中。在帕克编绘出版于1743年的肯特哲学方志图中，他将气压计的读数转换成高程值标注出来，并将英吉利海峡的高潮线作为基准面。[30] 然而，尽管他小心翼翼地只在白天且在相似的天气状况下获取读数，气压的瞬息万变还是使得这种方法远不能令人满意。在《卡西尼地图》上出现了一些高程点。在18世纪下半叶，军事工程师为绘制等高线（将具有相同海拔高度的点连成的线）做了许多温和的尝试。在地图上使用等高线的一个有趣的早期尝试出现在一张牛津地势图上。在这幅图上等高线从城市的最高点（卡尔法克斯）向下标注，就像等深线那样，而不是从海平面之类的基准面向上标注。在地形图上用等高线覆盖大片区域的最早尝试，要归功于法国工程师让・路易・迪潘-特里尔（1722—1805）。[31] 此项工作始于1791年，尽管此后他在某些等高线之间上色，生成了一幅分层设色地形图。但直到19世纪中叶，在许多重大国土测量中等高线法才取代晕滃法来表现地形。在某些实例中，等高线是作为晕滃线的基础画上去的，当晕滃线完成后就将其从最终成图上擦去。

管理者很快就发现了内容详尽的全国地形图的价值。就在《卡西尼地图》出版后不久，它就被法国政府接管。随后，在十分欣赏地理学的拿破仑・波拿巴手中，地图成为了管理和征服的主要工具之一。与此同时，在英国，曾长期主张对全国进行详尽测绘的威廉・罗伊将军（1726—1790），于1783年开始从事一项三角测量工作。由此开始建立了官方的半军事机构地形测量局。[32] 英国和法国的三角测量网于1787年跨越英吉利海峡连接在了一起。距此四分之一世纪之前，法国与斯内尔（前文已提及）所作的荷兰三角测量网在陆上连接在了一起。

不久之后，一些最有趣的地图学进步发生在那些受约束较少、远离 116
西北欧人口中心的地方。例如在爱尔兰，英国地形测量局不像之前法国所做的那样只采用一条经线，而是采用多条经线来进一步减少制图中的误差。在这一地区的测量中也包括水准测量，由此就能更加精确和方便地绘制等高线。在印度，由詹姆斯・伦内尔（1742—1830）主持的欧式测量于1765年始于孟加拉。三角测量于1802年始于马德拉斯，它引发了印度的大规模三角测量活动，这一活动由威廉・兰布顿发起，于1843年由乔治・埃佛勒斯爵士（1790—1866）完成，它已经超出了我们这一章的时代范围。然而，经过了极为艰苦的努力，印度的国土测量工作最终制作出了实质上覆盖整个次大陆的地形图，所以在此之后可以说印度是世界上被测量得最好的大国。[33] 通过这一测量活动，人们最终知晓了更多关于地球形状和地磁的知识。

法国大革命的产物之一是度量衡改革。巴黎科学院（即从前的皇家科学院）于 1791 年将米定义为四分之一地球子午线长度的 1/10000000，许多国家将它们的标准长度单位转化为米制系统。这涉及到地图学的“自然比例尺”概念，也就是用地图上的一单位长度来表示地球上给定数量的相同单位。这种所谓的数字比例尺（R.F.）的首次应用是在 1806 年的法国。相对于“图上一英寸相当于实地一英里”这种文字上的等价形式，数字比例尺——例如 1∶63360——是一种更为普通的比例尺表达方式。比例尺的这两种表达方式，再加上图示比例尺，如今共同为人们所使用，与此同时，人们有时也会使用面积比例尺。

在北美洲的殖民地，从最早的欧洲人定居点开始，制作地图就是一项重要的工作。[34] 1585 年，约翰·怀特（盛年为 1585—1593）在沃尔特·罗利爵士资助的第二次罗阿诺克探险中绘制了一幅哈特勒斯角地区的地图。怀特用精美的水彩画描绘印第安人，他们的定居点随后成为了弗吉尼亚的一部分。他在绘制地图时最有可能得到过托马斯·哈里奥特（1566—1621）这位优秀的数学家和博物学家的帮助。这张地图刊登在哈里奥特的《关于弗吉尼亚新发现土地的简短真实报道》中，它
117 是西奥多·德布里（1528—1598）刻印的《伟大的航行》的第一部分，这本书为许多欧洲人了解美洲提供了一个窗口。一位与怀特和哈里奥特同时代的宇宙志学者，佛兰德人安德烈·泰韦（1502—1590），以自己的旅行为基础绘制了关于美洲部分地区的地图。[35]

多年以后（1608—1609），约翰·史密斯船长对切萨皮克湾进行了勘察，并制作了一幅关于该地的极有影响力的地图，这幅地图在 17 世纪

中被反复重印。史密斯在地图上承认了土著居民对他的帮助，他在地图上绘制了一系列十字，用它们将他到访过的区域与那些依靠印第安人描述的区域分隔开。这是地图“可靠性”的一个早期例子。1670 年波西米亚人奥古斯丁 · 赫尔曼为卡尔弗特勋爵的马里兰属地以及远处的一大块区域所作的地图，是美国在殖民时期最重要的地图之一。[36] 1751 年，约书亚 · 弗里和彼得 · 杰弗逊制作了一幅覆盖了从弗吉尼亚到五大湖的更大范围的地图。在法国和印第安人的战争中，乔治 · 华盛顿曾是弗里的下属，而彼得则是托马斯 · 杰弗逊的父亲。[37] 无论是乔治 · 华盛顿还是托马斯 · 杰弗逊，都和当时的很多美国人一样参与测量工作，并热衷于地图制作和地理探险活动。我们已经关注了弗吉尼亚和中部殖民地的情况，但长期以来，对地图制作同样高涨的热情也出现在包括北部殖民地在内的其他地区。约翰 · 史密斯绘制的一幅新英格兰地图出版于 1614 年，随后威廉 · 伍德（1635）和约翰 · 福斯特（1677）也绘制了关于这一地区的地图。福斯特的地图为木刻本，它葆有英属美洲第一张印刷地图的荣誉。法国人同样活跃在“新法兰西”，马克 · 莱斯卡波（1609）制作了最早的魁北克地图，而萨米埃尔 · 德尚普兰以自己在五大湖地区的探险活动为基础，制作了关于同一区域的地图（1632）。更多对这片广阔内陆水体的描绘，包括《耶稣会通讯》中的地图（1670—1671），以及由路易 · 若利耶（1645—1700）所作的一张新法兰西地图，描绘了他和雅克 · 马凯特（1637—1675）在 1673 至 1674 年间的探险活动。

1755 年，约翰 · 米切尔制作了殖民时期的美国的最具野心的地图（图 6.10）。米切尔（逝世于 1768 年）是一位生于弗吉尼亚的医生，在爱丁堡接受了医学教育。随后他返回弗吉尼亚，但又于 1746 年移民到了英格兰，在那里他被指派制作一幅地图，以明确英国在北美洲的领土

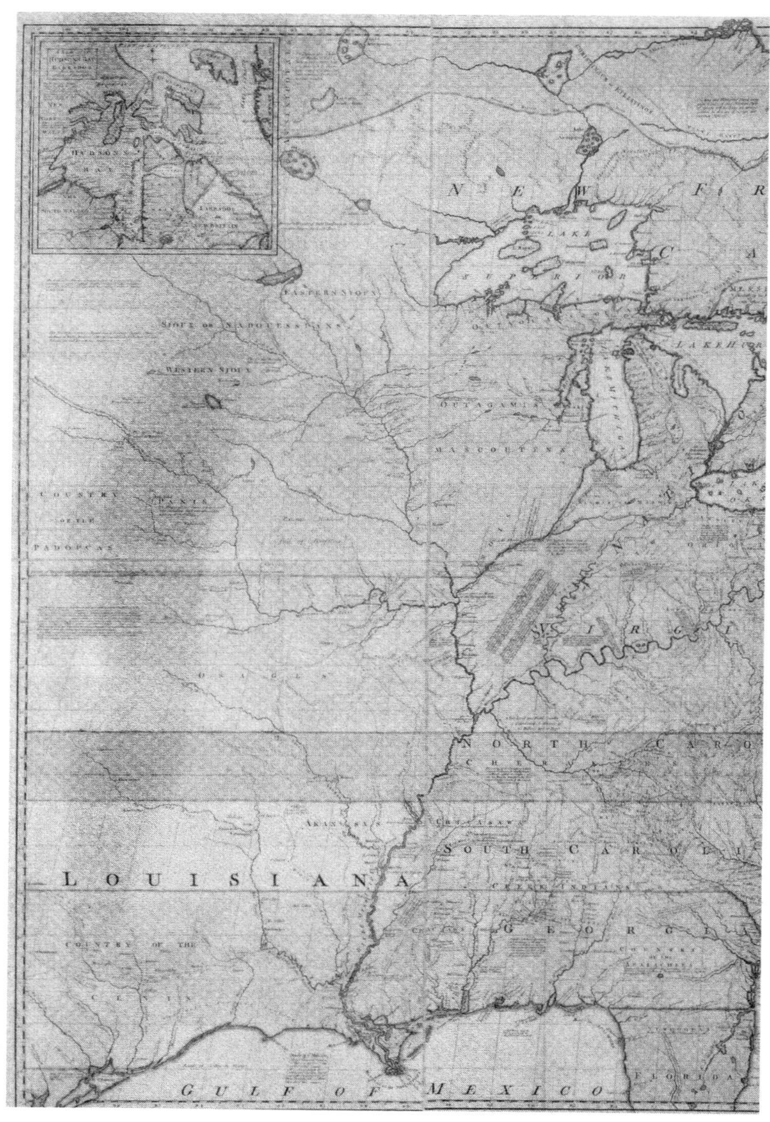

LAKE SUPERIOR
WESTERN SIOUX
LOUISIANA
NORTH CARO
SOUTH CAROLI
GEORGIA
GULF OF MEXICO

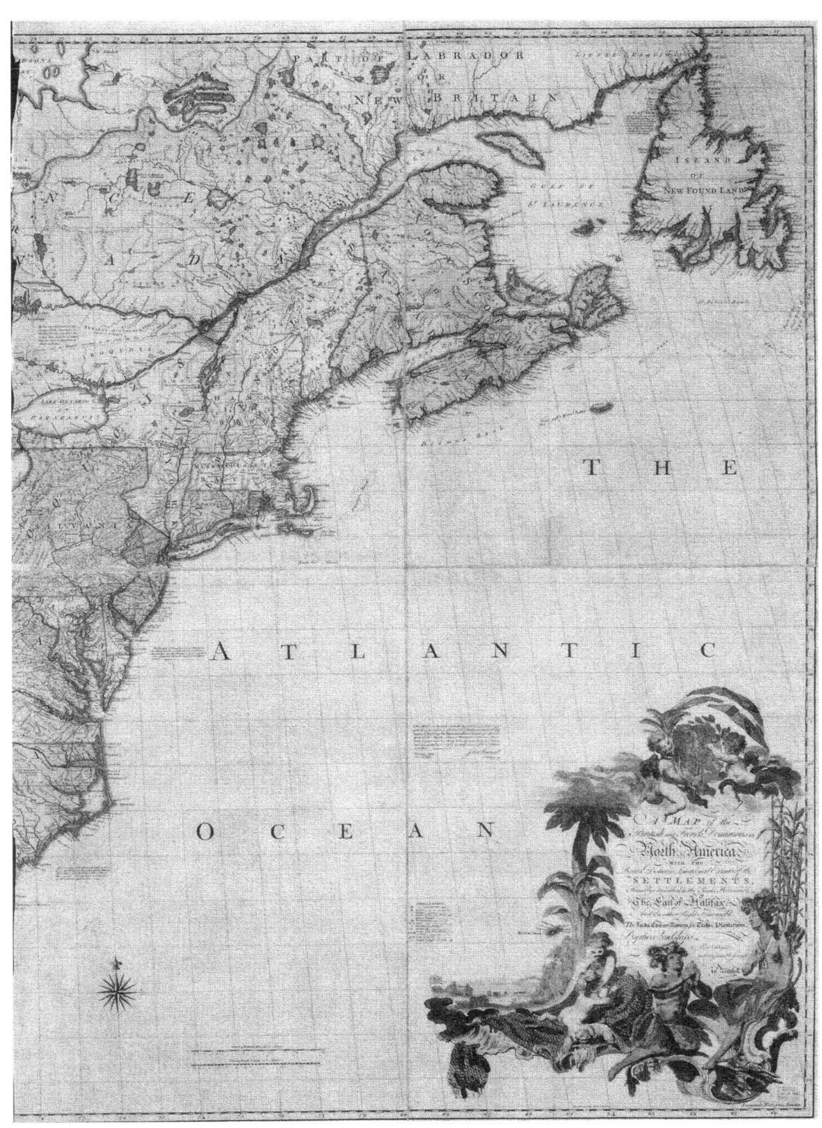

图 6.10　约翰·米切尔的英法北美领地地图，标明了它们在西部地区各自主张的殖民地范围（1755）。

主权。从该地图最初出现的1755年到1781年，米切尔的地图以四种语言印制了21版。这张地图上描绘了各殖民地的边界，其中一些至今仍
120 是美国的州界。还有一些边界得到了重新测量，例如宾夕法尼亚和马里兰之间的边界，由英国天文学家查尔斯·梅森和杰里迈亚·狄克逊于1768年重测，大约一百年之后这里成为了美国内战时期南北方的分界线，即“迪克西”。其他一些边界则消失了，其中包括西部土地上人们各自主张的领地间的界线，这些界线由于公共土地的建立（1784）以及新州的成立而被抹去。米切尔地图的一个版本展示了美国和后来所称的加拿大各自的领土主张，这张图被用在1783年的巴黎和约谈判中，这是地图作为一项重要政治工具的一个例证。[38] 尽管在此期间大部分美洲地图在欧洲印刷，但在17世纪中叶之后也有一些值得注意的例外，包括刘易斯·埃文斯的地图《中部英属殖民地，1755》。这张图由詹姆斯·特纳制版，并被认为是由本杰明·富兰克林的印刷厂印制的。

富兰克林是英国皇家学会成员，他与其表兄弟提摩西·福尔杰船长一起于1775年制作了一幅海图，这幅图以通过华氏温度计获取的温度为基础，第一次展现了墨西哥湾流的范围。[39] 另一项卓越的水道测量成就是约瑟夫·弗雷德里克·沃利特·德巴雷斯（1722—1824）所作的《大西洋海图集》（1777—1781）中的波士顿湾海图。这本图集包含182幅海图和视图。尽管人们对这一地区地图制作的关注已超过150年，但殖民地居民却没能将好地图应用于独立战争，就像着手纠正这一状况的乔治·华盛顿所认为的那样。即使是在战后，一些美国地图仍旧在英国出版，包括托马斯·杰斐逊的《从阿尔比马尔湾到伊利湖的国家地图，1787》。[40] 但是美国自己的制图学校却在战争期间播下了种子，就像在欧洲一样，军事测量员在其中担任了重要角色。[41]

许多 17、18 世纪的数学家将他们的注意力放在了地图投影的研究上。他们继承了正射投影、立体投影、平面海图投影、托勒密投影（三种）、心形投影（多种）以及墨卡托投影（三种）等投影模型，这些模型在前面已详细说明。正弦投影在 17 世纪早期至晚期应用得相当普遍。在法国制图家族桑逊家族（活跃于 1650—1700）的出版物中，这种投影使用得非常广泛，以至于这种投影以他们的姓氏来命名，就像将其应用于星图的弗拉姆斯蒂德一样。今天它经常被称为桑逊-弗拉姆斯蒂德投影。（图 6.11a）。C-F（塞萨尔-弗朗索瓦）· 卡西尼发明的一种投影（图 6.11c）应用于法国地形测量工作，直到 1803 年被彭纳投影（图 6.11e）所取代，它由里戈贝尔 · 彭纳（1727—1795）所普及，实际上却是一 121
种复兴的投影，其前身至早可追溯到 16 世纪早期的彼得 · 阿皮安。彭纳投影的基础是一条长度无变形的中央经线，所有纬线都是长度无变形的同心圆弧。其他于 18 世纪发明或改良的有趣投影包括菲利普 · 德拉海尔（1640—1718）的透视投影，约瑟夫 · 路易 · 拉格朗日（1736— 123
1813）的球形投影，以及帕特里克 · 默多克（逝世于 1774 年）的等距圆锥投影。默多克是一位牧师，且并非唯一一位设计出实用投影的神职人员。（图 6.11b.d 和 f）[42]

毋庸置疑，18 世纪最多产的地图投影发明家是约翰 · H. 朗伯（1728—1777），* 尽管他的总体贡献为其瑞士出生的数学家同行莱昂哈德 · 欧拉（1707—1783）所遮盖，欧拉同样醉心于将球体的全部曲面特征转绘到平面上。[43] 朗伯发明了许多至今仍在沿用的投影（图 6.12）。他的成果

---

* 数学家 Lambert 的名字在国内数学界一般译为朗伯，而他所发明的地图投影在地图学界一般译为兰伯特投影，本书遵循惯例，凡表示人名处一律译为朗伯，表示投影处一律译为兰伯特。——译者注

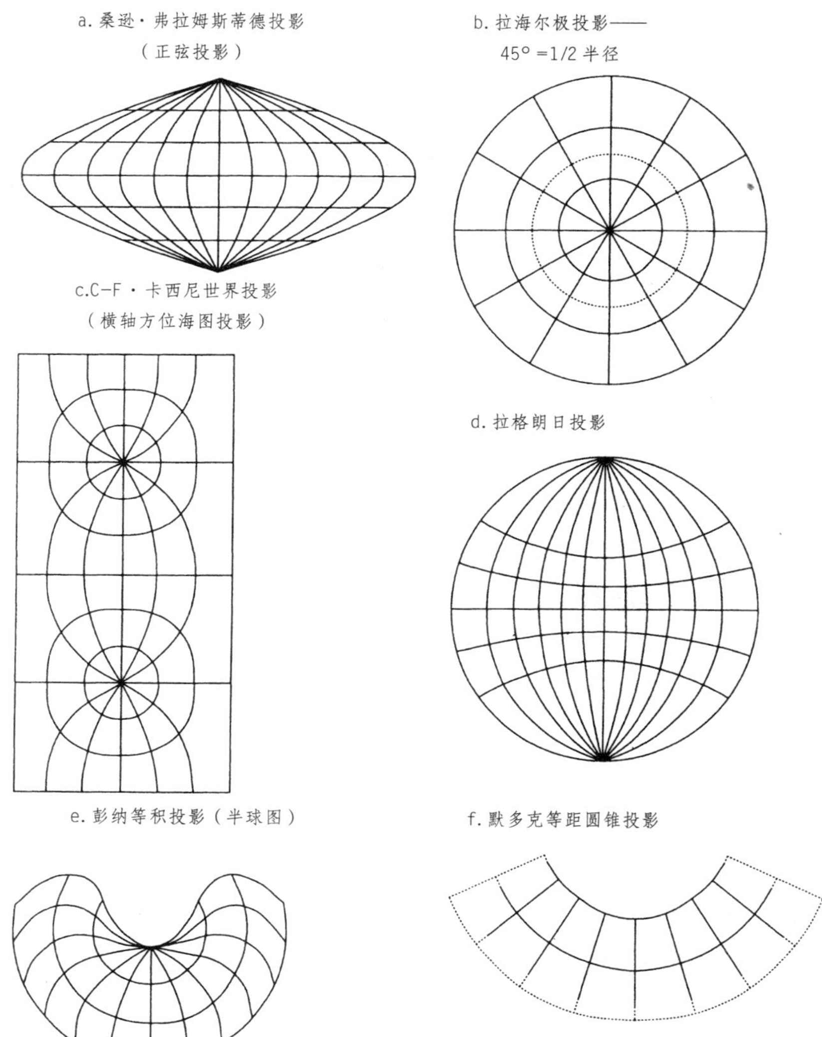

图 6.11　17 至 18 世纪设计的投影，标出了以 30 度为间距的经纬网。

横轴等积圆柱投影

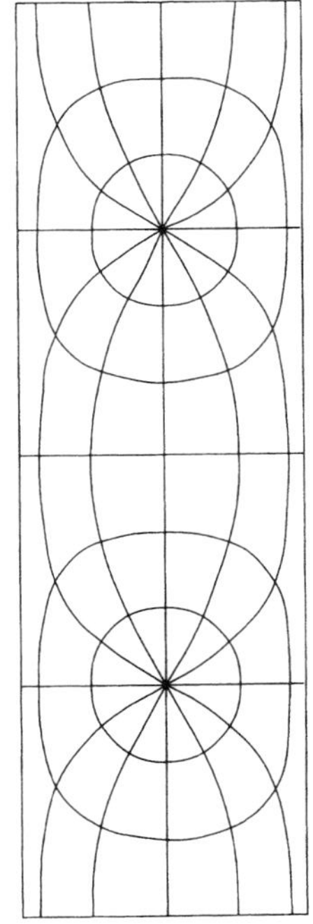

等积圆锥投影

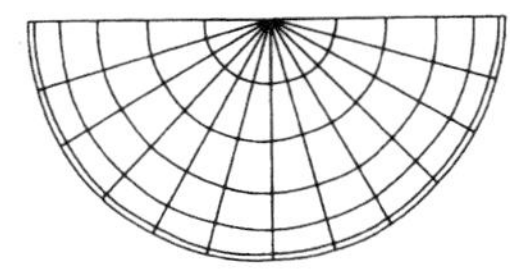

等积圆柱投影

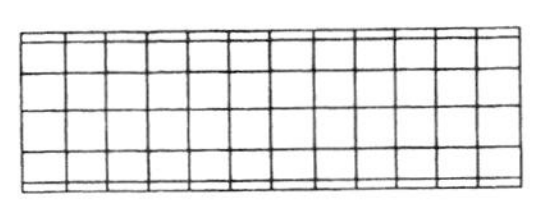

等积极方位投影

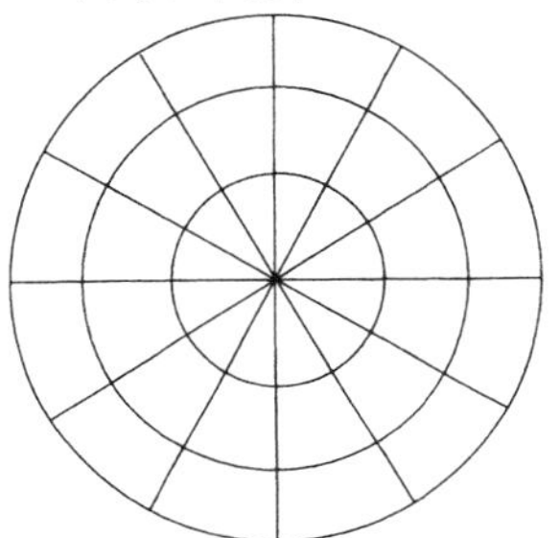

双标准纬线等角圆锥投影

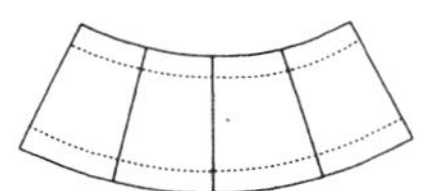

等积赤道方位投影

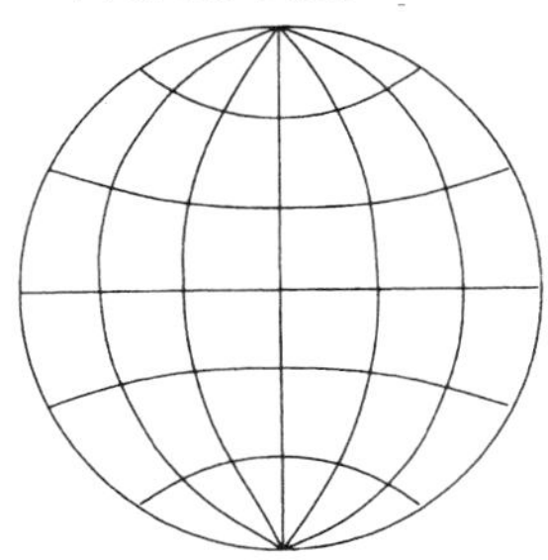

横轴墨卡托投影

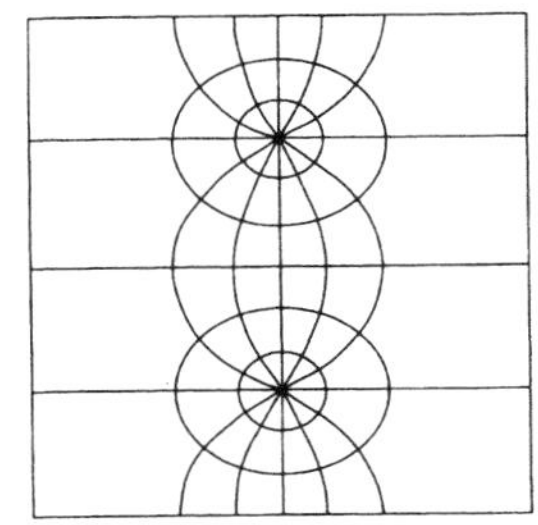

图 6.12 约翰·海因里希·朗伯（1728—1777）设计的投影，标出了以30度为间距的经纬网。

包括横轴等积圆柱投影、等积圆锥投影、等积圆柱投影、等积极方位投影、双标准纬线等角圆锥投影、等积赤道方位投影以及横轴墨卡托投影。最后一种投影通常被称为高斯等角投影，也就是被错误地记到了著名德意志数学家卡尔·弗里德里希·高斯（1777—1855）名下。这种投影最近得到了重要应用，这一点将会在后面讨论。通过这些名字可以发现，朗伯的大部分投影都是等积投影，这是一种与等角投影（围绕一点的形状保持不变）相互排斥的投影。19 和 20 世纪不断增长的专题地图、统计图和分布图将会对等积这种性质有越来越多的需求，因此朗伯的这几种投影在这些需求产生前就已为其做好了准备。

在这一时期的荷兰，布劳与其他技师继续从事地球仪与天球仪制作，但是他们最终被威尼斯人温琴佐·科罗内利（1650—1718）所超越。科罗内利是一位方济会修士，他为地理学的许多分支做出了贡献。他在 1684 年创立了第一个地理学团体：宇宙探索者学院。然而，科罗内利最著名的成就是他制作的大大小小的地球仪，以及一本关于地球仪贴面条带的地图集《地球仪之书》。[44] 在 1670 年代的英国，约瑟夫·莫克森（1627—1700）制作直径三英寸的袖珍地球仪，每个地球仪外面还套着一个天球仪。这促使了用来展现行星运动的“球仪机器”的发明，它被称为太阳系仪（orrery），该名字的英文来源于这种仪器的制作者，奥雷里伯爵查尔斯·博伊尔（1676—1731）。

如我们所见，17 和 18 世纪欧美许多最伟大的人物与地图学发生了联系：伽利略、开普勒、卡西尼、配第、牛顿、哈雷、欧拉、库克、富兰克林、华盛顿以及杰弗逊。然而，在专业化时代来临前的这段时期内，某些此类人物也许只将他们精力的很小一部分用在了这一领域。就像伊
124 娃·泰勒所说，他们是“次要人物”，就像那些从事日常地图贸易的女
性，凭借偶然机会做出了突破性贡献。[45]

17 世纪的科学革命以及随之而来的技术革命，在某种意义上使得欧洲离世界的其他地方而去，但在另一种意义上却使它们联系得更紧。这些进步，是欧洲人取代中国和伊斯兰世界，作为领先的文化和政治实体称霸世界的主要原因。欧洲人在早先世纪中的探险行为演变为海上霸权，伴随他们的早期发现而来的是攻击性的殖民主义。这反映在海外地区的海图和地图上，其中一些由个人或贸易公司资助制作，另一些则由新创立的官方制图机构制作。此类地图文献往往通过率先描绘一个地区，并给其强加一个欧洲来源的名字来宣誓主权。

而在这些国家的本土，一系列从前未被绘制成地图的现象（大部分属于自然科学）是地图学分析的主题：气象学、地球物理学和地外科学。特别地，人们发起了对欧洲土地的地形测量，它要比先前的此类工作更详细和复杂，尤其是在法国。在理论领域，人们从地图制作活动中获得了对地球形状更好的认识，就像新的测量体系的形成一样。数学家们继续开发地图投影——有些是全球性的，有些是为了特殊用途。并将其应用在严格的地形测量活动中。这些投影此后被传播到欧洲人在海外控制的地区。北美洲变得越来越重要，在那里和其他一些地方，政治边界往往首先被标定在地图上。这种边界经常是几何学意义上的，以非现实的方式穿越种族和生态区域。这对部落社会造成了损害，对他们来说土地所有权理应归所有族群共有。有时这会造成政治地理上的问题，并随着土著居民（往往是游动的）需求的增长而加剧。但是随着此时及随后大陆内部的开发，测绘工作得到迅猛发展，以向欧洲和其他地方激增的受教育人口揭示这些地区的秘密。另一个促进其发展的因素是知识分化为不同的领域，就像我们今天认为的那样。当我们转向 19 世纪，我们会发现更深度的专门化。但是在地图学领域，仍然存在博学者、有才华的业余制图者以及制图专家发挥的空间。

第七章　19 世纪的分化与发展

125 在前面的章节中，我们讨论了科学革命带给地图学的一些立竿见影的影响。在 17 和 18 世纪期间地图学领域所产生的其他一些重要概念，在随后的工业（以及技术）革命中成为现实。因此现代统计学方法的基础在 17 世纪得到了配第等学者的应用。配第研究人口统计学问题，并推广了人口动态统计研究，与他同时代的惠更斯和哈雷则从事概率论理论研究，这导致了精确统计方法在 18 世纪的应用。[1] 现代意义上的常规人口普查的开展——在瑞典始于 1749 年，在美国始于 1790 年，在英国始于 1801 年——创造了大量的潜在制图数据源。这一时期对物质世界的知识也同样急剧增长。最终导致了一段地图学前沿（尤其是专题地图）广泛而迅速发展的时期，特别是在 19 世纪上半叶。商业性和政府主导的地图出版活动迅速增长，促进了原已存在的制图设备的发展与新设备的产生。地图集，例如著名的阿道夫·施蒂勒（1775—

1836）的《袖珍地图集》（1817—1822，共 50 幅），以及挂图，例如埃米尔·冯·叙多（1812—1873）的作品，都使得新材料能为广大学生和公众所利用。在这一时期，地球仪、地图以及地图集的使用方法同样成为男女学生的重要学习科目。

我们已经讨论了现代地形测绘在法国的诞生及其向其他国家传播的过程，特别是英国和它的海外领地（尤其是印度）。在 1860 年代之前，一些随后并入德国和意大利的邦国，将法国视为多层面文化的领导者并努力效仿。在 19 世纪，其他欧洲及欧洲之外的国家尚未建立官方地形测量机制，往往将其视作军方的职责，或者至少抱有军事的目的。126
但是作为地理信息的主要基础性来源的地形图，当它以大比例尺形式出现时，同样可以作为其他数据（例如土地利用和地质）最有价值的基础。在早期的地产和县域地图上，就用多种手绘或印刷符号来表示土地利用的大类。我们在前面提到过的克里斯托弗·帕克就在其 1743 年制作的地图上区分了可耕地、丘陵和沼泽。在这一地图类型中，一个更具野心更系统化的尝试是托马斯·米尔内于 1800 年制作的伦敦土地利用地图，其详细的比例尺为图上 2 英寸相当于实地 1 英里。米尔内用不同颜色（手工上色）和字母来指明约十七种土地利用类型，创造出一种类似于一百年后英国土地利用调查所作样式的地图。[2] 土地利用地图直接或间接地展现了特定时间内地表的覆盖物——包括农田、森林、城市用地等。在这方面，这些数据与展现了剥去土层的岩石形态的地质图上更为持久的信息相比，是十分短暂的。

尽管残存的遗迹提供了考古学上的证据，在有文字记载之前人们就对矿物产生了兴趣，但现代意义上的地质学却直到 18 世纪末 19 世纪初才凭借许多科学家的努力而创立。这些人中包括苏格兰的詹姆斯·赫顿（1726—1797）、德意志的亚伯拉罕・维尔纳（1749—1817）以及法国的乔治・利奥波德・克雷蒂安・达戈贝尔・居维叶男爵（1769—1832）。但是与他们同时代的英国土木工程师威廉・史密斯（1769—1839）第一个将化石与其所在的地层联系起来，并发明了地质测绘。[3] 史密斯在地图学上的努力比之前任何在此方向上的尝试更具野心也更加成功。经过了约四分之一个世纪的研究和观察，他于 1815 年出版了自己的地图《英格兰地质》，其中的一小部分如图 7.1 所示。当我们意识到，远在推土机时代到来前，这幅手工上色地图的数据来自于沿水道与道路的切口所做的岩层记录，就会愈发感受到它的卓越。从威廉・史密斯的地质测绘开始，一套以年代和岩石学为基础，传统的、国际性的关于岩石种类的颜色和注释系统逐渐发展出来。包括史密斯在内的地质学家，将剖面或垂直断面图做了重要应用，以展现岩石的相关高度和形态（图 7.2），地层学研究由此获得了巨大进步。在大约同一时期，（弗里德里希・海因里希）亚历山大・冯・洪堡男爵将大陆的剖面或断面图用在了他的里程碑性质的研究上。

129 现代地理学的两位奠基人，洪堡（1769—1859）和卡尔・里特尔（1779—1859），都曾与位于哥达的伟大的地图出版社尤斯图斯・佩尔特斯相联系。里特尔这位特别着迷于地理教育的人，于 1806 年出版了一幅普通欧洲地图。在这幅图上，他用灰度随高度降低而逐渐减低的色带表现特定海拔高度的区域。尽管不是一幅严格的分层设色地形图（显然，正如前文所述，迪潘-特里尔可能是它的发明人），但里特尔的地图系统化地采用了色调随高度递减的惯例。相反的方法——也就是色调随高度递增——被约翰・奥古斯特・措伊内（1778—1853）应用于一幅 1804 年出版的非常普通的世界地势图上。此后不久，奥地利的弗朗

图 7.1　威廉·史密斯的英格兰地质图的一部分（1815）。

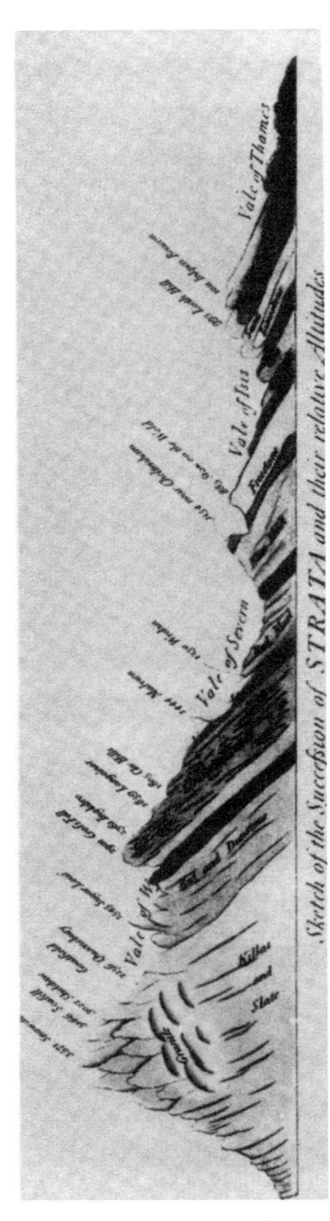

图 7.2 威廉·史密斯制作的英格兰和威尔士地层剖面及断面图（1815），此图在垂直方向上有夸大。

茨·冯·豪斯劳布（1798—1883）和卡尔·波伊克（1859—1940）发明了如今应用最广的分层（彩色）着色系统。[4]这种方法用绿色表示最低海拔，其次则用黄色表示中间海拔，而用棕色表示最高的山峰。这种方案来源于湿润的欧洲景观，并不适用于所有地区，特别是内陆中低海拔的沙漠。

在19世纪上半叶的科学世界中，洪堡占据了一个极富影响力的位置。他熟识许多那个时代最伟大的思想家，并成为一个科学领域里的政治家。洪堡的早期工作包括矿物学和植物学，但是此后他的研究扩展到广泛的知识领域，包括物理学、海洋学和气候学。在气象学研究领域里，他做出了自己在地图学方面最具原创性的贡献。然而，在洪堡设计具有里程碑意义的等温线（平均温度相同的线）地图之前，他与法国医师和植物学家艾梅·邦普兰结伴，广泛游历了美洲大陆。他们获准到西班牙殖民地旅行并做科学考察，于1799年离开拉科鲁尼亚。讽刺的是，当时马拉斯皮那正在同一座西班牙城市的监狱里忍受煎熬。当洪堡抵达如今的委内瑞拉时，他能够确认卡西基亚雷运河的存在并将其画在地图上，这条运河连接了奥里诺科与亚马逊水系。洪堡与邦普兰随后来到哥伦比亚，之后经由马格达莱纳河到达厄瓜多尔。他们在那里爬到了钦博拉索山（6267米）接近顶峰的地方，被认为是到那时为止人类到达过的最
高处。他们在离开墨西哥（新西班牙）之前完成了更多的测绘工作。在 130
那里，洪堡对这一总督辖区内的地形测量工程师接受的训练质量印象深刻。墨西哥的一半领土不久就被美国掠去。在墨西哥城查阅了大量档案资料之后，洪堡编绘了他的《新西班牙地图》，它以天文测量为基础，是到那时为止人们制作的最好的中北美洲（从北纬15度到40度，西经90度到115度）地图。[5]在1804年返回法国的途中，洪堡和邦普兰在华盛

顿拜访了杰弗逊总统，他们不经意间透露的墨西哥地图情报不久之后对美国起到了重大价值。杰弗逊在1803年路易斯安那购地案之后刚刚派遣了梅里韦瑟·刘易斯（1774—1809）和威廉·克拉克（1770—1838）经陆路到达西北太平洋地区，这一探险活动从1804年持续到1806年。从这些探险者的草图中获取的信息，随后被合并进了更具综合性的作品中，例如塞缪尔·刘易斯出版于费城的《刘易斯和克拉克的足迹，从密西西比到太平洋的横穿北美洲西部地图》（1814）。

洪堡的《新西班牙地图》于1811年首先在法国出版，但根据他在大西洋两岸的旅行和观测制作的等温线地图（图7.3）则于1817年出版，这是他最经久不衰的地图学遗产。[6]洪堡注意到，相对于同纬度的大陆东岸，大体上中纬度地区大陆西岸的平均气温较为温和。这是一个对纬度决定气候的严格地带性经典概念的颠覆。为了演示这一重要概念，他绘制了一张平面海图，南北范围从赤道到北纬85度，东西范围从西经94度向东到东经120度，以巴黎本初子午线为基准。在这个框架内，从0度到北纬70度每隔10度绘制一条纬线，但同时只画出了三条经线。共有13个地点的夏季和冬季平均温度标注在了它们的地理位置上，但并没有标出海岸线和其他地理信息。在此基础上洪堡添加了等温线，这些等温线纬度值的最高点在东经8度线上，最低点则在西经80度线和东经116度线上（三条绘出的经线）。这张平面海图上弯曲的等温线与平直的地理纬线形成了对比。在图的下面，洪堡加上了一个示意图，展示海拔对等温线的影响。洪堡宣称他发明等温线这一概念要感谢哈雷，这一发明很快就被应用到其他现象上。

在洪堡的其他地理学贡献中，他用精美的地图和图表来展示他关于气候和植被的垂直地带性理论。换句话说，如果一座山——即使它位于

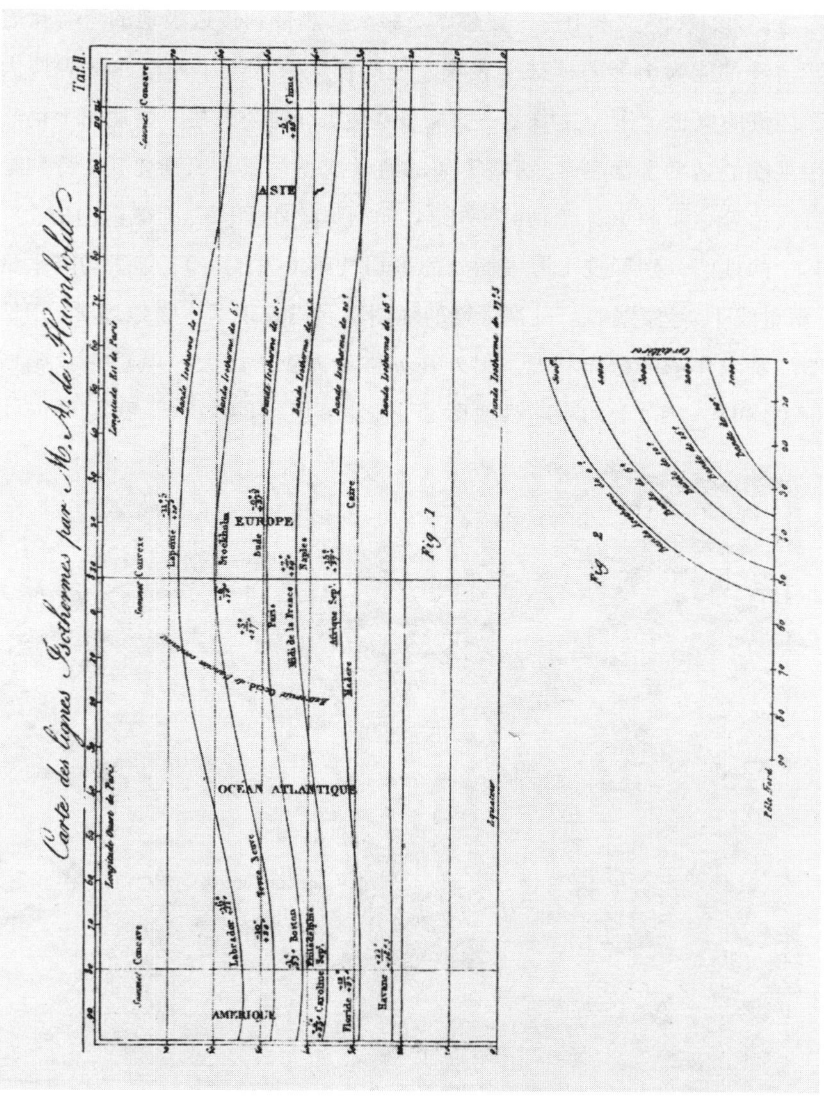

图 7.3　亚历山大・冯・洪堡制作的北半球等温线示意图（1817），下图为垂直地带性图解。

赤道，例如钦博拉索山——足够高，那么从热带到接近极地的所有代表
性植物都能为山上的植被所表现。他同样大大改进了基歇尔的表层大
131 洋环流的概念。作为其中之一的秘鲁寒流，直到今天在一些地图上仍然
用洪堡的名字来命名。[7]这些丰硕的科学成就被其他人所推广，特别是
海因里希·贝格豪斯（1797—1884）的《自然地图集》（哥达，1845），
其中的地图分别展现了海平面处的平均气压（等压线）、年平均降水量
（雨量线）、等温线等。贝格豪斯的地图集同样表现了生物地理学，用地
图展示农作物的分布状况。另外在苏格兰人亚历山大·基思·约翰斯
顿（1804—1871）的《自然地图集》（爱丁堡，1848）中，我们可以找

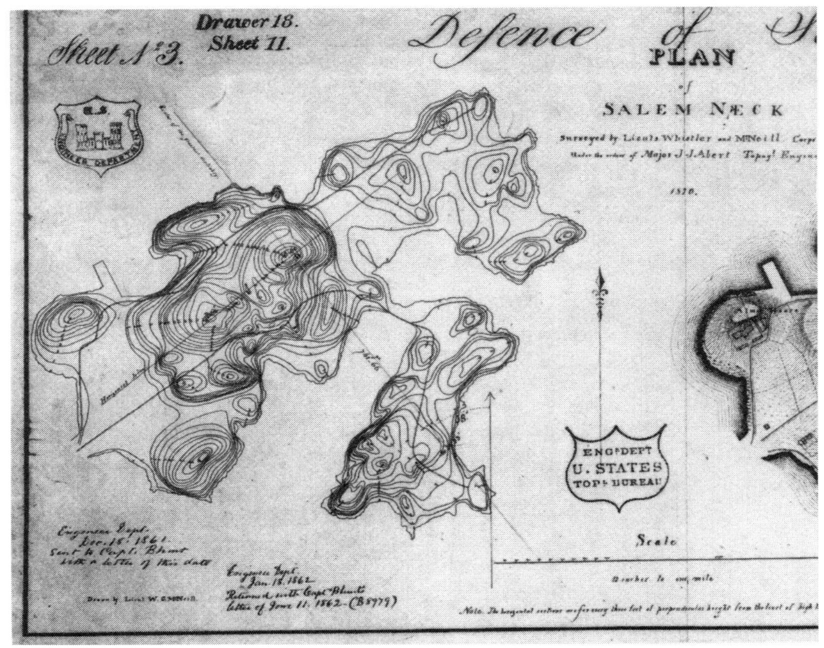

到关于特定动物群系和植物地理区域的地图。后者源于丹麦人若阿基姆·弗雷德里克·斯考（1789—1852）的研究，但是所有这些学者都从洪堡那里寻找灵感。

在前面的章节中，我们追寻了地貌表示法在欧洲的发展历程，直到
莱曼的系统化晕渲法以及迪潘-特里尔将等高线应用于地貌。一张地图 133
可以很好地阐明这些方法在美国官方地图中的应用（图 7.4），由美国军事学院的两位早期毕业生，陆军中尉乔治·W. 惠斯勒和威廉·G. 麦克尼尔所作。[8]惠斯勒是詹姆斯·阿博特·麦克尼尔·惠斯勒（1834—1903）的父亲。他是一位画家，他在美国海岸和大地测量局自学成为绘

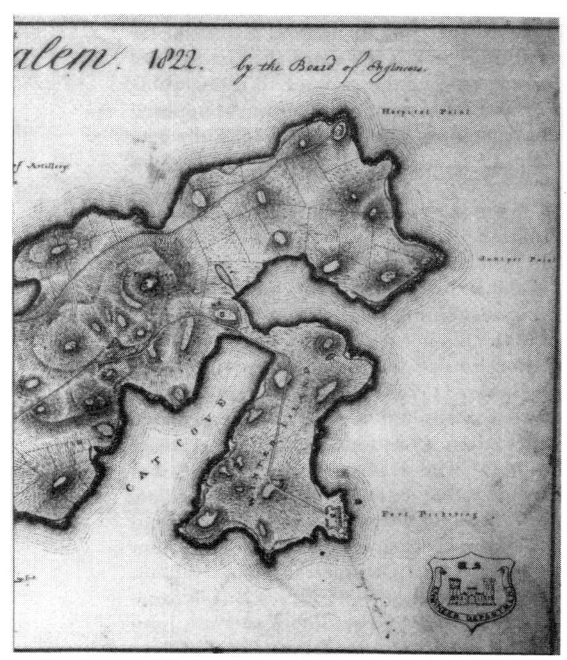

图 7.4　马萨诸塞州塞勒姆地图的比较，分别用等高线法（左图）和晕渲法（右图）表现地形，由乔治·惠斯勒和威廉·麦克尼尔制作（1822）。

图员和地图雕刻工，这一经历对他的蚀刻师生涯具有重要价值，图 7.4 阐释了等高线法相对于晕滃法所具有的优势。前已述及，但在这里展现得最为明确，晕滃法在描绘斜坡时很不便——线越密表示斜坡越陡峭。绝对高程只能通过具有表现力的形象化的晕滃线来推断。相比之下，等
134 高线法不仅使读出高程成为可能，还能从等高线的间隔（相邻等高线之间的垂直距离）中测出倾斜度。然而，由于等高线法是一种更加抽象的符号体系，对一些读图者来说它很难理解。在 1822 年惠斯勒和麦克尼尔的塞勒姆地图之前，在地形测量中采用等高线的战役（作为一种更加定量化的地形表现方法，敌对方是大致定性的晕滃法）并未胜利。实际上，在 19 世纪前英国地形测量局并未在其地图中正式认可等高线法，大部分地形测量图使用等高线法则是几十年后的事情。[9]

位于西点的美国军事学院正式创建于 1802 年，在 19 世纪第一个十年中，它是全美国唯一能让惠斯勒和麦克尼尔获得他们的测量员工作所需技术训练的地方。此时这个年轻的共和国仍然依赖欧洲的科学专家。因此瑞士人费迪南德·鲁道夫·哈斯勒（1770—1843）成为西点军校的数学教授，并在 1807 年美国海岸和大地测量局建立时被任命为主管。哈斯勒，以及来自萨伏依却在巴黎天文台接受训练的约瑟夫·N. 尼科莱（1786—1843），在独立战争刚结束的一段时间内对测绘工作产生了很大影响。尼科莱承担了一项大的河岸测量工作，其成果是他的《1843 上密西西比河流域图，基于天文和气压观测、调查和信息》。[10] 同样重要的是尼科莱对美国西部的两位伟大地图学家，约翰·查尔斯·弗雷蒙（1813—1890）和威廉·昂斯莱·埃默里（1811—1887）的影响。

弗雷蒙在上密西西比测量工作中曾是尼科莱的助手，不久之后在德意志地图学家查尔斯·普罗伊斯的帮助下，他于 1842 年到 1854 年期间，

对美国从落基山到加利福尼亚和俄勒冈的一大片区域进行了探险，并制作了勘测地图。与弗雷蒙相似，埃默里是美军新成立的地形测量工程师团（1838）的一位军官。[11] 凭借这一身份，在将尼科莱的地图制成出版物之后，埃默里着手从事美国西南部荒漠地区的大型勘测工作。利用之前尼科莱所使用的方法，埃默里制作了一幅地图，名为《对阿肯色河、格兰德河与希拉河的军事勘察》（1847）。随着1848年瓜达卢佩-伊达尔戈条约的签订，埃默里继续对美国和墨西哥三千公里的边界进行划界和制图，直到1857年。得克萨斯州大本德地区的最高峰被命名为埃默里峰（2370米）。埃默里和弗雷蒙都是美国内战（1861—1865）期间 136
的将军，两人都支持将铁路从东部延伸到太平洋沿岸。[12] 一幅特别能说明这一问题的地图由古弗尼尔·K. 沃伦中尉制作，它是1857年的《太平洋铁路报告》的一部分。在汇编这张横穿密西西比西部的地图时，沃伦能利用此前半个世纪甚至更早的关于这一地区的地图资源。随后我们将探讨19世纪的交通地图制作，但是现在先讨论一下地籍测绘，特别是关于美国。

独立战争后，根据邦联条例的认可，新生的共和国继承了广阔的公共土地，就像我们已经看到的那样，它逐渐扩展为从大西洋沿岸到太平洋沿岸的辽阔领土——合众国的彼此相连的州。对这一区域的分割和分配是一个重要的问题。出于这一目的，成立了一个以托马斯·杰弗逊为主席的委员会。根据该委员会的报告，美国国会颁布了著名的1785年土地法。这项法律主要涉及的内容如下：①在分配土地前首先要进行测量；②测线定向；③镇区单元；以及④分割土地。为了实施这项地籍测 137
量工作，托马斯·哈钦斯这位曾在乔治·华盛顿手下工作的测量员被任命为联邦地理学家，或者叫做主管政府测量工作的首席官员。以磁罗盘

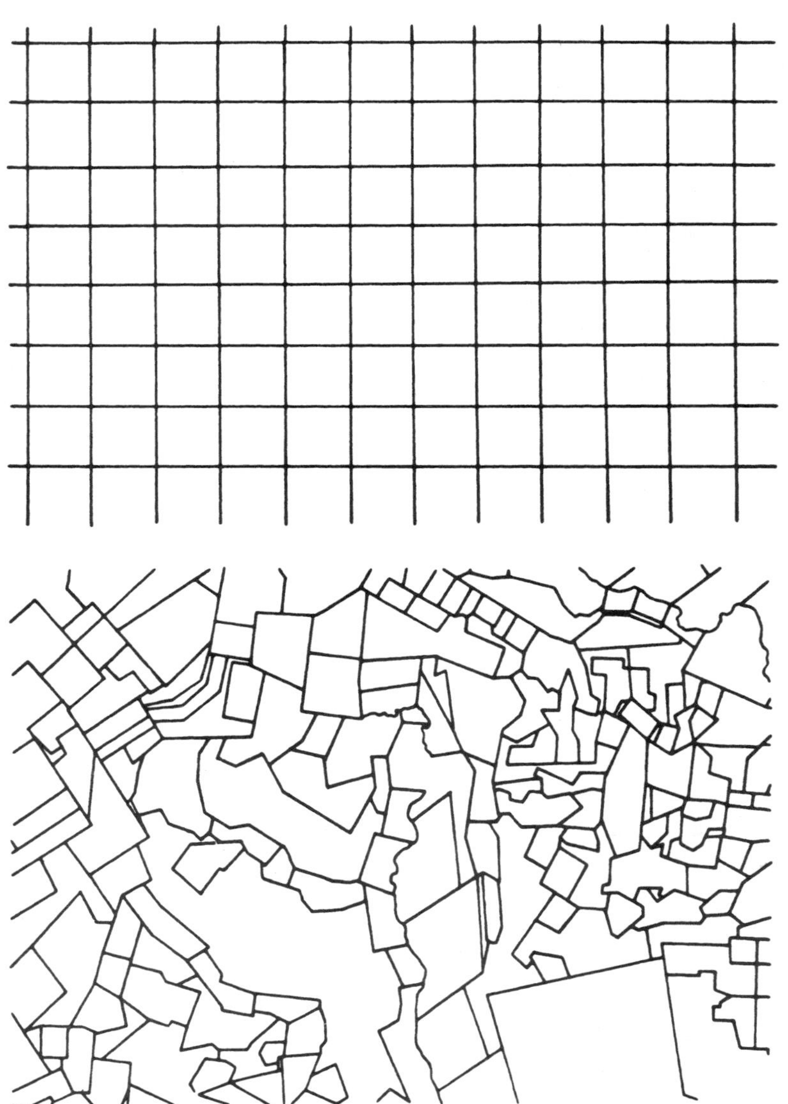

图 7.5　基本地籍调查单元地图比较：上图是美国公共土地测量的一部分，下图是传统的界址划分。两幅图皆为俄亥俄州的一百万平方英里区域（约 1820）。

和测链为主要测量工具的美国公共土地测量（USPLS）从俄亥俄州东部开始。[13] 随着测量工作向西推进，人们对系统做了一些修改，但是大体上未分配的土地被划分成一英里见方的区块。三十六个区块（六乘六）组成一个镇进行管理，镇域由主子午线（南北向）和主基线（东西向）来确定。这些小块不久被分割成地产，形成一个主要基本方向来定向的基础测量线网络。这一系统与美国东部沿海地区的边界测量（图 7.5），
以及世界上大部分旧居住区形成了鲜明对比（图 7.6）。USPLS 有一些 138
不规则的地方，这是由于改正线的原因，因为四方格是由逐渐聚合的子午线划定，而罗盘方位也并不总是精确。但总的来说这一测量结果可谓横平竖直。

公共土地的地籍测量工作最初进展缓慢，但不久之后，由于移民对土地的迫切需求，其进展随之加快。内战时期，美国东半部很大一部分湿润的土地已经被综合土地办公室雇佣的测量员分割殆尽。内战期间许多测量员应征入伍，从事多种多样的军事测绘工作。当和平恢复之后，地籍测量重新吸引了大量工作人员的注意力。除了原始的测量平面图，许多法律和管理方面的原因导致了汇编村镇和县域地图的需求。其结果就是产生了一大批出版与未出版的、官方与非官方的关于美国农业区的地籍地图。[14] 对出版商来说，这些地图的生产被证明为有利可图，到了 1860 年代它们开始出版县域地图集。[15] 此后几十年中，采用硬皮包装、价格相对昂贵的此类地图集出版和销售的数量惊人。在 19 世纪末之前，玉米带上的一些县已经拥有了两位数的地图集版本，但与此同时美国仍有半数的县甚至还没有此类地图集。图 7.7 是 1870 年代经过系统测量的地区的县域地图集中典型的一页。它描绘了一个经过测量的镇的所有地产边界。和普遍的情形一样，这个实例中测量的镇同样也是一个管理

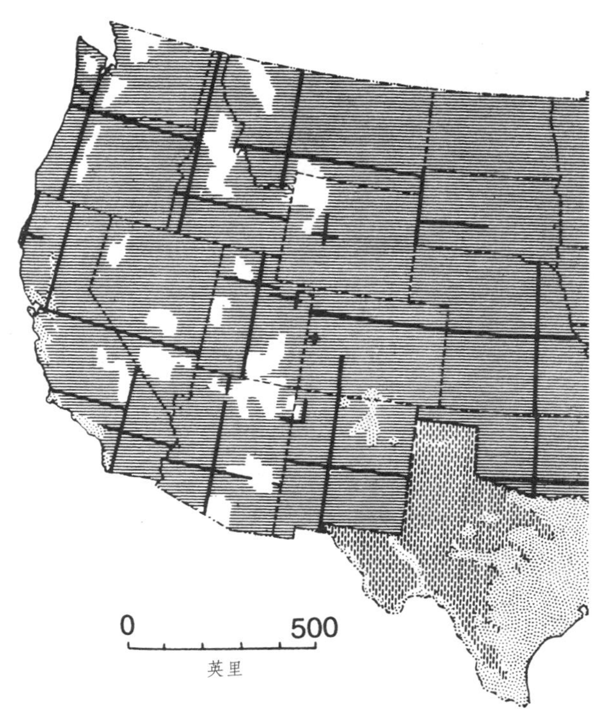

性质（行政上）的建制镇。地产边界与道路通常沿东西向和南北向延伸，除非受到河流或者地形影响（USPLS 被形容为“几何学对地理学的胜利”）。就像典型的旧地籍地图一样，这些地图除了强调地产的大小和所有者，以及住宅的位置之外，并未对地貌状况进行表现。雕版以及之后出现的更便宜的方法蜡刻被用来印制地图。县域地图集通常以预订为基础进行销售，内容中包括赞助人及其家庭的照片，他们的企业愿意为这一特权埋单。这些照片通常用平板印刷。

《雨林县》这部伟大的美国小说将县域地图集作为其主题之一，作

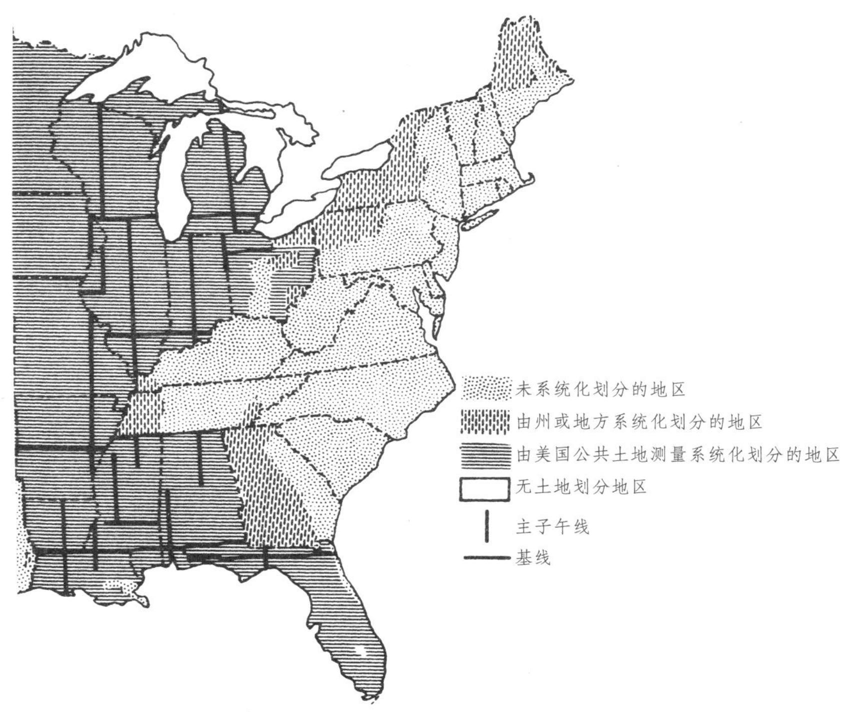

图 7.6　美国本土主要土地类型划分（约 1950）。

者小罗斯·洛克里奇在书中写道：

> 这本地图集因它的插图而引人注目，包括整页平版印刷的新县政府大楼、弗里黑文的顶级宾馆和广场的南部，以及半百张雨林县房屋的图片，大部分为农庄，有的一幅就占一整页，还有的三到四幅占一页。

洛克里奇接下来用了几页篇幅对这方面进行探讨，它显示出美国的 139

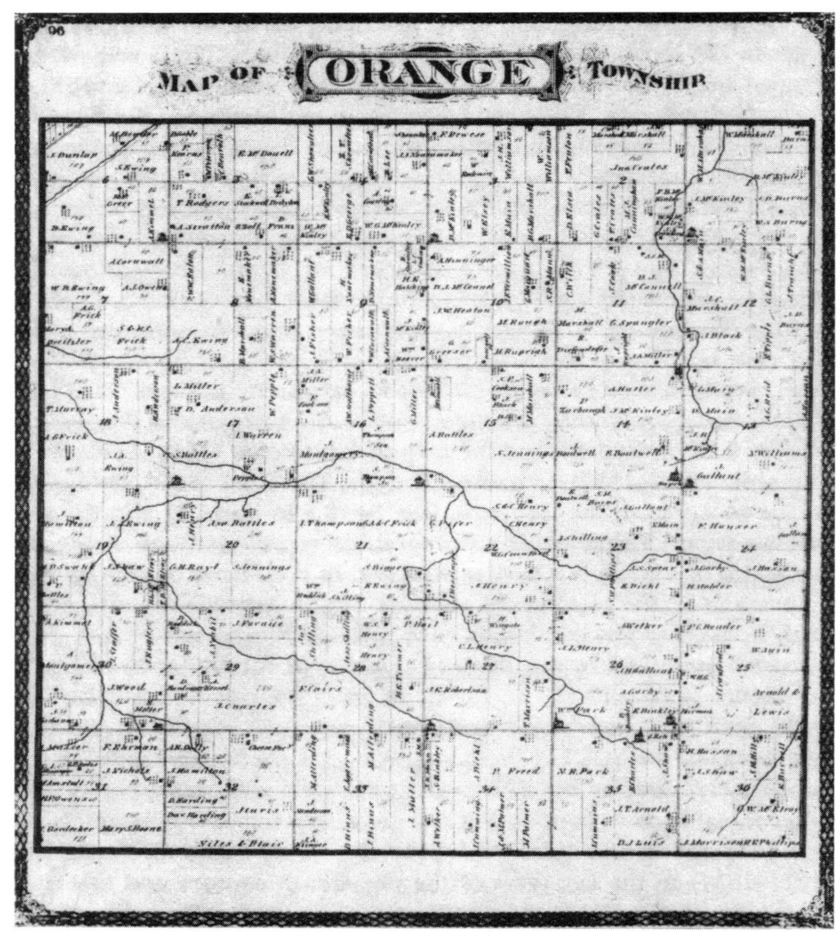

图 7.7　俄亥俄州一本县域地图集中的一页，展示了一个经过测量的镇三十六个区块的地产边界。在这个例子中，该镇也是一个建制镇。

县域地图集很好地表达了促使其诞生的自由贸易精神和农业社会。[16] 它是关于这一时期地理信息的颇有价值的资源，尽管常常被人遗忘。[17]

对乡村地区来说，与地籍图之于 19 世纪城市的重要性等同的地图

形式是火险地图以及地下水图。尽管这两种地图发明于18世纪晚期的 140
英国，却在19世纪下半叶的美国达到了它们的顶峰。这些地图非常详尽地描绘了建筑的抗燃性以及其他类型的信息。对这些数据不断修订的需求导致其他记录方法在20世纪被发明出来，因此如今这些地图大都已被取代，仅剩下历史价值。[18]然而，更传统的城市地图制作（其起源可上溯至地图学的开端）在19世纪繁盛一时，至今不衰。我们可以确认城市地图的两种主要形式：平面图，其早期的代表是约翰·罗克（盛年为1732—1764）所作分为多幅的伦敦地图（1742），以及其他许多例子；另一种叫做鸟瞰图，或者斜视图，它的先例是雅各布·德巴尔巴里（约1440—1515）所作精致的六张分幅木刻本威尼斯鸟瞰图（1500），收录在布劳恩和霍根伯格的《全球城市图》中（见第五章图5.12），以及科内利斯·安东尼斯（1499—1557）的阿姆斯特丹地图（1544），仅举此两例。鸟瞰图又可分为两种类型：等距视图（见第三章图3.5）和透视图。[19]在19世纪，有数千个聚落被制成雕版和平板印刷的平面图，以及两种类型的鸟瞰图。在这一领域中特别有趣的是（英国）实用知识传播社团从1830年到1843年出版的此类地图，将平面图与展现城市景观的装饰插图相结合。世界主要城市的地图，如加尔各答这样的地方，都是SDUK采用钢凹板印刷的主题。[20]钢凹板印刷对地图来说是一个很困难的方法，但是一张钢板能够比铜这样的软金属版印刷出更多的副本。然而在这一时期印刷领域的巨大进步则是平版印刷，由阿洛伊斯·C. 塞内费尔德（1771—1834）于18世纪晚期发明，并于19世纪早期首次应用于地图制作。这种方法允许印刷品有连续的色调变化或阴影，这在地图制作上用处极大。它在19世纪被用来制作一些多色和晕渲法地图，但是它全部价值的实现则是与摄影术联姻的结果，这主要发生在20世纪。[21]

我们从古典时代开始就谈到交通图，尤其是罗马地图。据说从凯撒到拿破仑时代欧洲陆上交通的速度并无提高。所有这些随着19世纪早期铁路的出现而发生了改变。起初机车仅仅在煤矿上使用，但是到1825
141 年就从斯托克顿到达林顿两个相距15英里的城镇之间架设了一条铁路。由此便出现了客运和货运线路，铁路时代到来了。很快铁路就在工业化世界的大都市中心之间甚至国际间延伸。当铁路图成为其他推广形式的重要附属物，并为那些将要使用这项新的运输工具的人提供信息时，就导致地图学的一个新领域的产生。[22]对于世界上某些大国来说，铁路——以及它们在地图上的相关展示——具有非凡的价值。由此印度被钢轨所连接，加拿大成为一个国家，而美国在铁路的帮助下实现了它的“天命”。铁路图就像政区图，通常并不被认为是最有视觉冲击力的地图，但对那些需要查阅它们的人来说，铁路图提供了具有无穷价值的数据。就像许多其他地图形式一样，人们往往视铁路图为速朽之物，因此绝大多数此类印本都已消失。幸运的是，有一些此类物品的收藏者，因此我们就拥有了一份关于铁路图在19世纪以及之后的重大意义的纪录。平版印刷很快应用到铁路图制作中，往往使用劣质纸张（这是导致其损毁的另一个原因），随后蜡刻法也得到了应用。

如美国和加拿大那样由东向西的铁路大延伸（或者如俄国那样由西向东）的一个未曾料到的结果，是对建立一条单独的本初子午线以及时区的迫切需求。对水手来说前一个愿望由来已久。经过一系列的预备会议，1884年在华盛顿举行的国际经线大会解决了这一问题。英国的格林尼治被选为全球的本初子午线（尽管也有很多反对意见），以及世界二十四个时区中第一个时区的中心。[23]在有关这些时区的地图上，一块显示恰当时间的表盘有时候会出现在某个特定时区中央，例如在《1890墨西哥中央铁道地图》上，美国部分有四只表盘，而墨西哥部分有一只（图 7.8）。更常见的情况是，在地区或全球图上各个时区由不同颜色或底纹的条带来表示。这种地图逐渐流行并保持了下去，在它上面时区边界以行政单元为基准，并标有国际日期变更线（180 度经线）。铁路的成功是如此巨大，以至于一些之前相当繁荣的收费公路和马车道路消失了，在 19 世纪的许多普通地图集中，往往将铁路（以及运河）而非公路标示出来。直到进入 20 世纪之后，当汽车成为陆运的时髦形式，这些道路才有了很大发展，现代道路交通图也随之产生，这将在后面的章节讨论。

一个大约与铁路同时产生的发明是蒸汽机在轮船上的应用。但是，经过了很长一段时间人们才为大部分远洋轮船装上发动机，在这一进步促使下，19 世纪成为了变革的时代。英国在这一时期控制着海洋，皇家海军的水道测量局所制作的海图能在许多国家的战舰和商船上找到——这种现象的一个（但并非唯一）原因是格林尼治被选为本初子午线原点。但是在地图学方面，其他国家则是新方法的先驱。特别是在美国， 144
在马修·方丹·莫里（1806—1873）指导下制作的海图，其复杂性和对水手的实用性远远超过到那时为止的其他任何海图。[24] 莫里于 1825 年加入美国海军，并开始对各种航海问题感兴趣。莫里的科学作品使他于 1842 年被任命为海图与仪器资料室的主管，这一职责不久被美国国家天文台与水道测量局所分割。在做主管的这段时期里，莫里制作出了他著名的风向与洋流海图。起初他以旧航海日志为数据来源，但不久他要求海军和商船的船长为此提供专门形式的航行报告。莫里对其获得的大量信息进行归纳，提供了许多港口间根据风向、洋流和其他因素的最

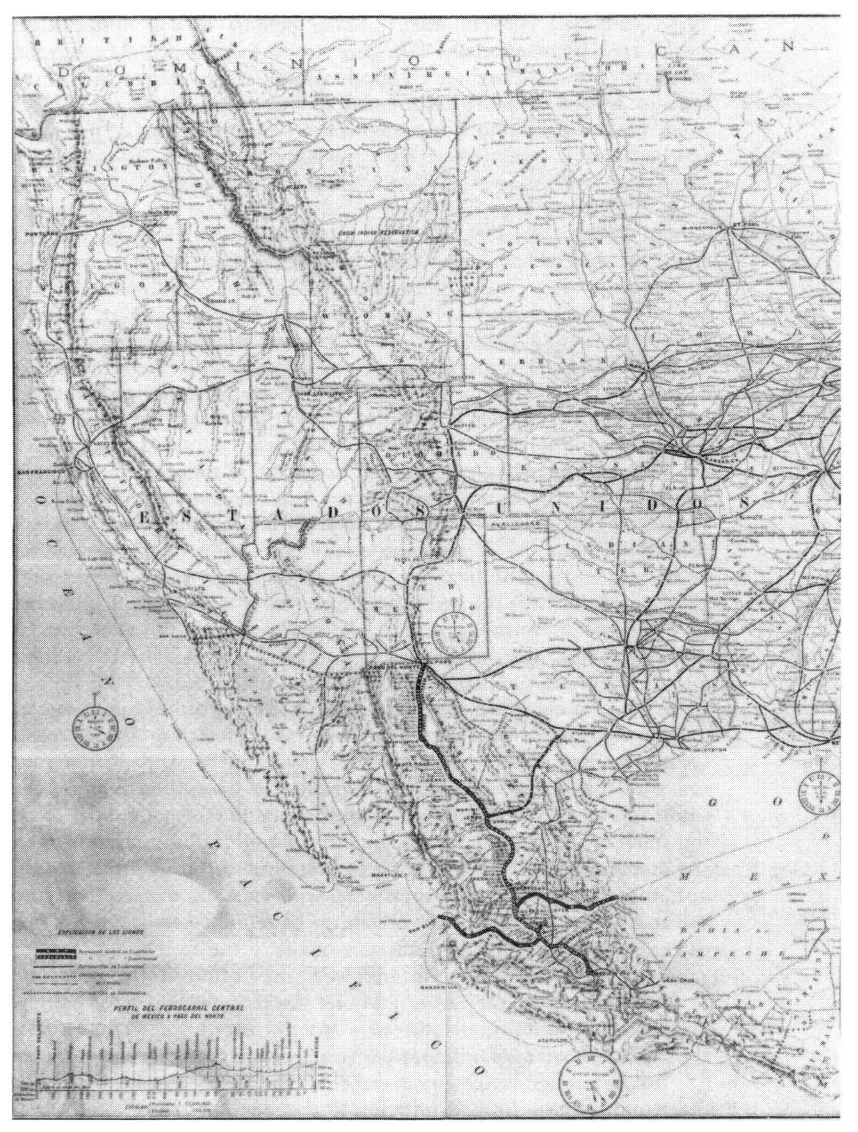
E S T A D O S U N I D O S
O C E A N O P A C I F I C O
PERFIL DEL FERROCARRIL CENTRAL DE MEXICO A PASO DEL NORTE

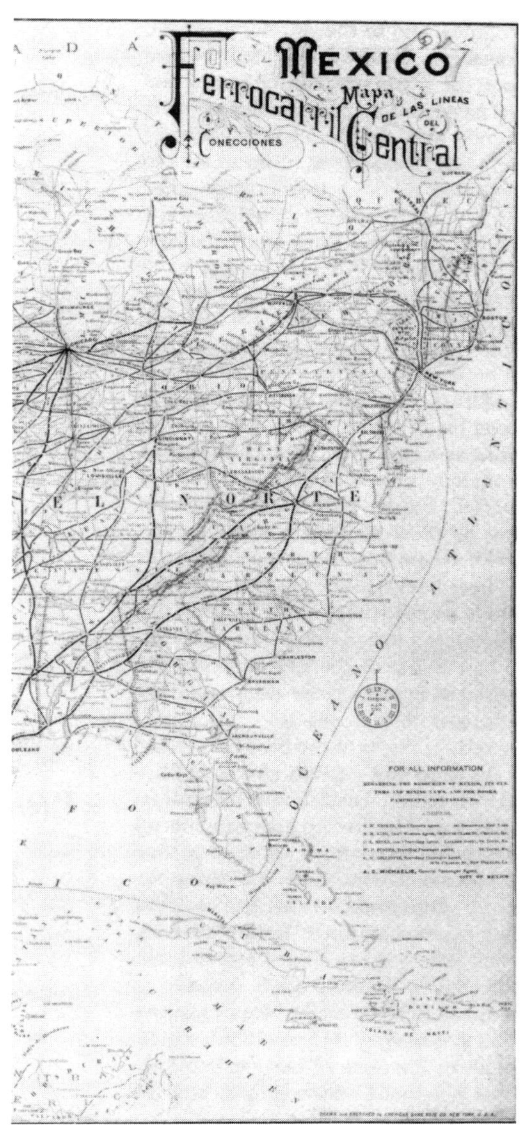

图 7.8　墨西哥与美国的铁路，图中的表盘显示跨度为一小时的时区中心，其中位于墨西哥的表盘显示的是半小时的时区。

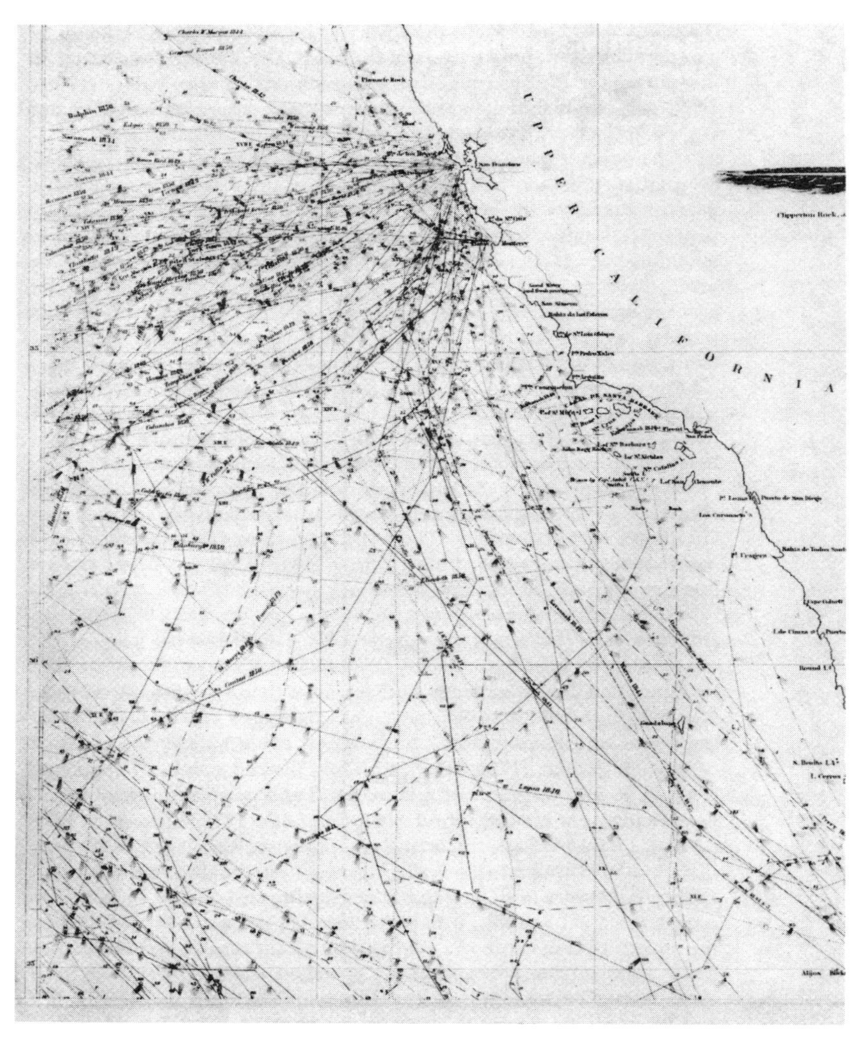

快速路径的建议。这些航路中的某些实例相当程度上违背了大圆航线（地球上两点之间的最短路径），能为长途航行节省数天甚至数周时间。

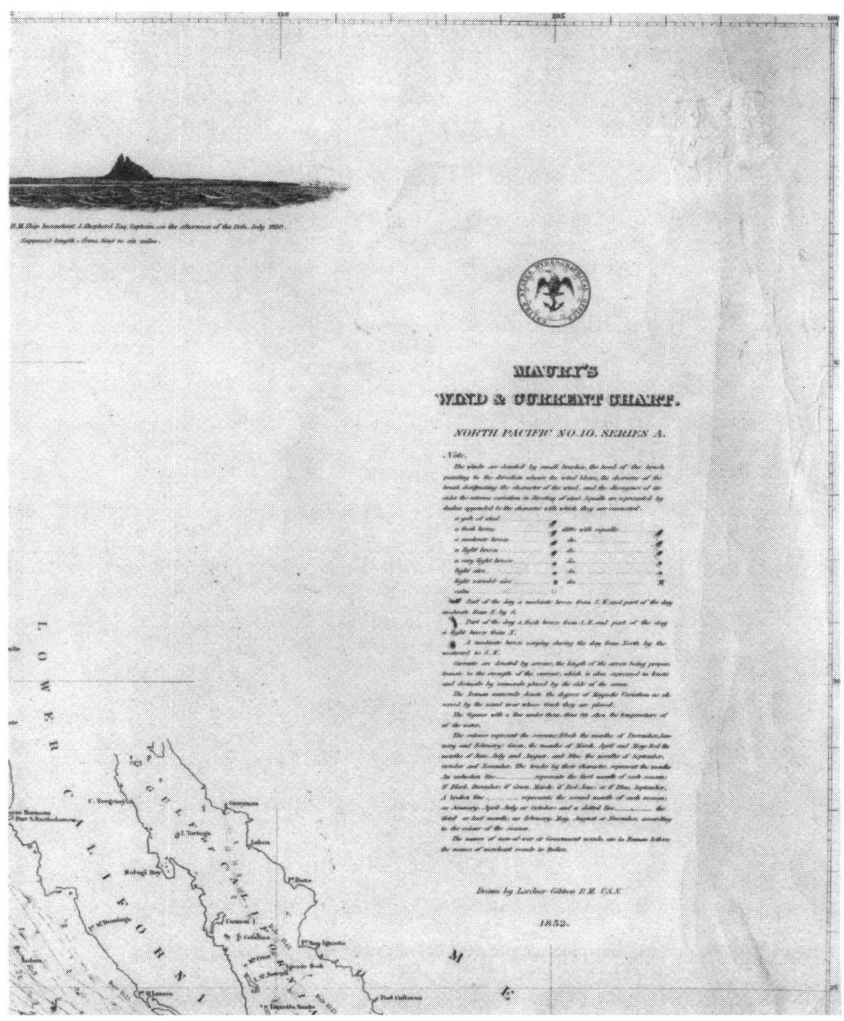

图 7.9　表现加利福尼亚海岸风向和洋流的海图，由马修·F. 莫里制作（1852）。

莫里的一幅海图刻本的一部分如图 7.9 所示，描绘了临近加利福尼亚的太平洋水域。其附录或者图例指明了这种海图所使用的符号。

莫里制作的地图展现了世界海洋物理特征的许多方面，但是他最为著名的则是风向与洋流图，如图所示。他的事业使他获得了国际性称赞，成为当时获得最多外国政府授勋的美国人。如前所述，莫里的建议发生在风帆迅速被蒸汽取代的年代里，这在很大程度上从风向和洋流手中解放了船只。但是他的想法具有原创性，其角色就像是电脑时代之前的“个人电脑”。像其他人之前做过的那样，莫里也进行深海探测，但他无法通过当时可用的方法收集到足够的数据，用以制作一幅满意的洋底地图。莫里在一本名为《海洋自然地理学》（1855）的书中归纳了自己的思想，这本书与他的其他著作和海图一起，使他获得了系统海洋学
145 的奠基人之一以及“海洋探路者”的不朽地位。在美国内战中，他以海军军官的身份为自己南方的家乡服务，但与罗伯特·E. 李将军不同，他在重建时期因这一身份而深受其害。在战前，查理·威尔克斯（1798—1877）同样代表美国海军指挥了广泛的海上探险，他由此于 1842 年完成了自己的世界海图。

将多种气象现象绘制在一起的天气图产生于 19 世纪。最早的天气图包括美国人伊莱亚斯·卢米斯（1810—1899）在 1840 年代制作的一些地图，但是这种地图有数个思想来源，其中包括由皇家海军的水道测量学家弗朗西斯·蒲福爵士（1774—1857）设计的风力等级。在和平时期，皇家海军同样致力于赞助研究活动，例如查尔斯·达尔文（1809—1892）担任了负责海岸线测量任务的皇家海军舰艇贝格尔号的博物学家。正是在这次航行中，达尔文做出了他具有里程碑意义的发现，导致了进化论的产生。但是由官方海图和地图制作机构生产的海图并不总是可靠，如前面所指出，图上总是包含一些神秘的岛屿，这种现象存在了相当长的时间，直到人们最终将它们从地图记录中抹去。[25]

我们已经讨论过专题地图的起源，并提到诸如哈雷和洪堡等著名科学家在这一领域中的贡献。和这些人一样，亨利·德鲁里·哈尼斯（1804—1883）是一位专题地图制作者，但至少在其生活的年代里通过其他途径而闻名。[26] 哈尼斯作为一名行政官有着卓越的职业生涯，并最终因此获得了骑士身份。他毕业于伍尔维奇的皇家军事学院，在他还是一名中尉的时候就受聘于爱尔兰铁道委员会。在这一机构中，他监督三份地图的制作工作，它们由该委员会于 1837 年出版，这在当时为他确立了作为一位重要地图学创新者的声誉。哈尼斯可能看过威廉·普莱费尔（1759—1823）的地图。普莱费尔在他的《商业与政治地图集》（1786）中设计了叠加方格形式的经济生产的表格，以及相关地区和人口的图表。然而，哈尼斯在实际的制图统计数据方面比普莱费尔走的更远。在他的爱尔兰人口地图（图 7.10）中，哈尼斯使用了分区密度法来展现乡村地区的人口密度级别。[27] 在这项技术中，区域符号（在哈尼斯的地图中用凹版腐蚀制版法印刷）并不是根据行政区的边界决定，而是覆盖了由指定条件限定的同质区域。它们与等值线（例如洪堡的等温线）限定的区域不同，其较高值和较低值可能是相邻的，并不需要中间值阻隔其间。在同一张地图上，城市中心用实心圆来表示，其大小比例由当地人口数量决定。同样的设计被用在哈尼斯的交通流量图的城市区
域中（图 7.11），其中运动线的宽窄同样与不同方向的交通量成比例。148
第三张地图（未展示）使用类似的符号来展现常规公共交通工具在不同 149
方向上的乘客数量，并再次用比例圆表示城市的大小。在哈尼斯为铁道 150
委员会所作的地图中，看上去他已经发明了所有这些元素：根据人口数量的分级圆（表示城市）、密度符号（表示人口密度），运动线（表示交通和运输），以及分区密度技术（表示乡村人口数量）。

图 7.10　爱尔兰人口分区密度地图，由亨利・D. 哈尼斯制作（1837）。

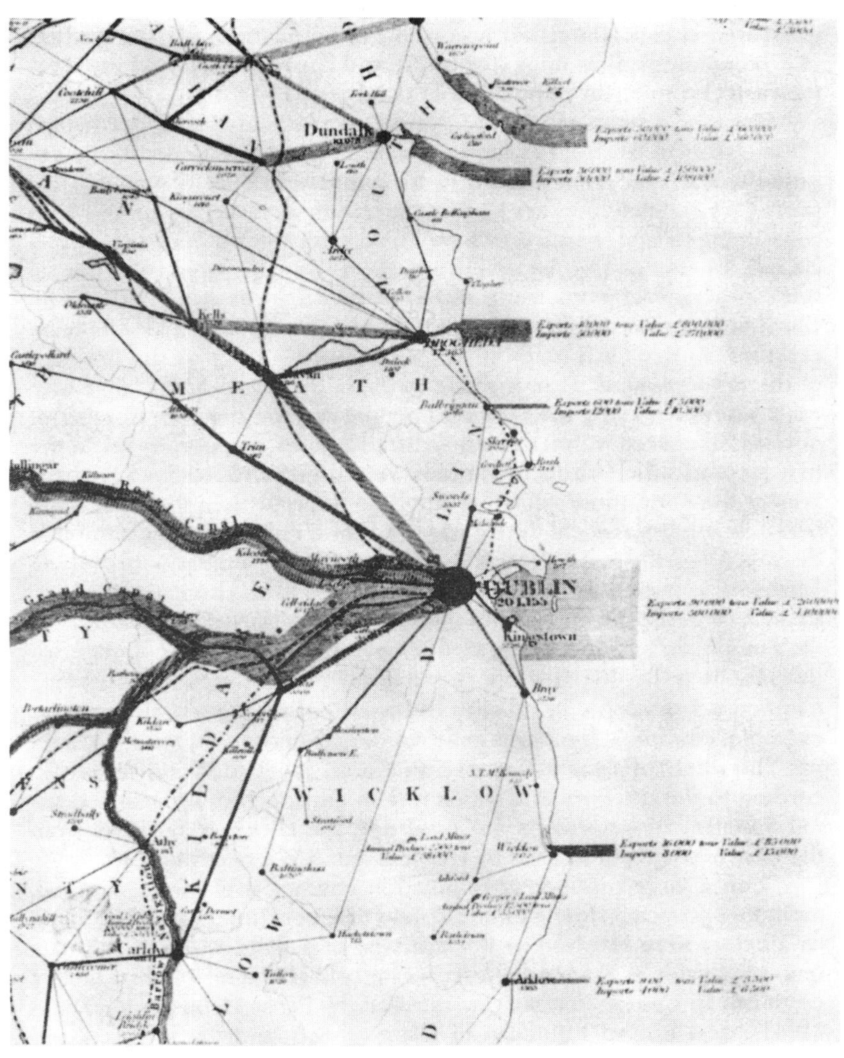

图 7.11　爱尔兰交通流量地图的一部分，使用了定量的运动线和分级圆，由亨利·D. 哈尼斯制作（1837）。

然而，丹麦海军军官尼尔斯·弗雷德里克·拉文（1826—1910）仍然在他的丹麦人口密度图（1857）中用等值线表现社会和文化现象。英文中这种等值线一般被称为isopleth，意思是用线段来连接假定拥有相同值的点。而在这个例子中，确切地说叫等区线（isodem）（见附录）。拉文的成果比另外一些人用其他方法制作的人口地图要晚，当人口数据可以通过统计来获得之后，这种地图立刻成为可能。最初这种地图的空间表现很简单，例如弗雷尔·德蒙蒂松于1830年制作的法国分省点值法地图中，每一个点代表一万人，将所需的点平摊在政区单元中。显然，这是第一张用一致的符号来表示某个大于一的数字（一致的城市符号并不表示相同的数量）的地图。A. 当热维尔汇编于1831年的一张法国地图使用了另一种统计学设计。各省的人口密度用七种不同灰度的阴影来表示，从白色（最高）到最黑（最低），而今天常用的颜色序列与此相反。当热维尔的地图是定量地图制作中简单等值区域技术的一个例子。用这种方法，图上所绘某种现象的数量与统计区域（如国家）的大小相关，通过计算得出其密度，并建立密度分类。一个特定的区域根据其所在等级全部涂上一致的颜色（或阴影）。显然，与哈尼斯使用的密度表示法相比，等值区域法无法表现一个统计区域的内部差异，但它更为“客观”。

不久之后，各式各样的人口特征被绘制在地图上，包括贫困、犯罪、环境卫生和疾病。可以理解的是，医生的身影出现在最后一类活动中，包括一幅由约瑟夫-弗朗索瓦·莫尔盖尼制作的法国疝气地图（1840），恩斯特·海因里希·米夏埃利斯制作的一幅瑞士阿尔高州呆小症地图（1843），以及苏格兰的罗伯特·佩里制作的格拉斯哥流感地图。但是这一时期数量最多的疾病地图是亚洲霍乱地图，它在欧洲出现于1830

年代。利兹的罗伯特·贝克医生（1832）和汉堡的J.N.C.罗滕贝格（1836）制作了关于这种疾病的普通地图。托马斯·夏普特医生于1849年制作了一张描绘霍乱在埃克塞特的个案的地图，它展示了1832、1833和1834这三年中的死亡事件，每一年的死亡事件用一种统一的符号
（点、十字和空心圆）相区别，并用附有说明的数字标示相关地物（粥 151
场、药房和衣物销毁处）。然而，最著名的霍乱地图为约翰·斯诺医生于1855年所作，该地图展现了伦敦一小部分街区的个体死亡情况，用统

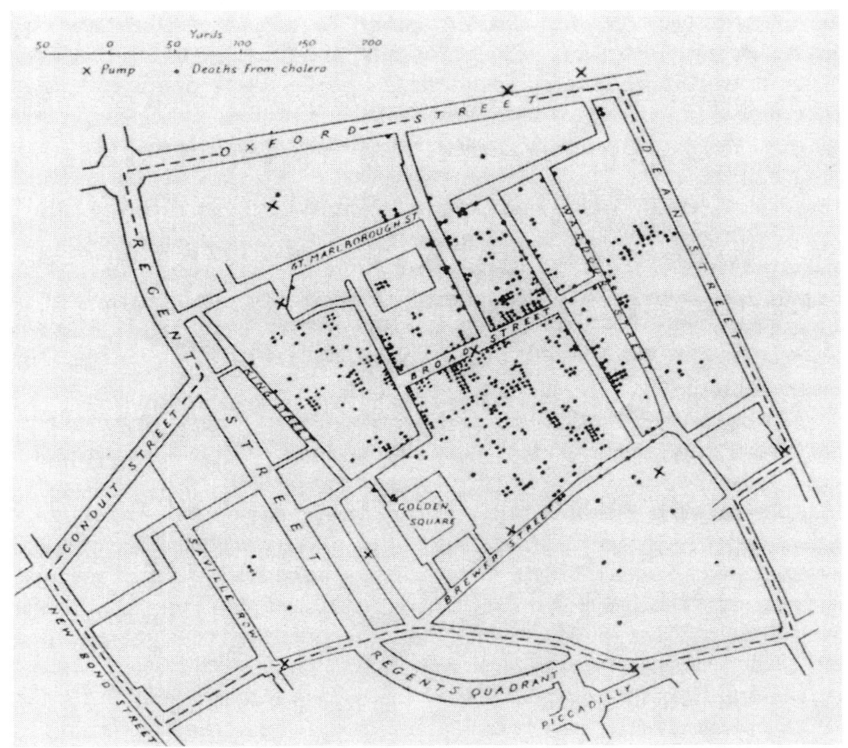

图7.12　展现伦敦霍乱死亡事件的点值法地图，由约翰·斯诺医生制作（1855）。这张重制图用统一的圆点替代了原图中的小矩形。

一的符号表示每一个死亡事件——在这个例子中用的是一个小矩形（图7.12）。凭借自己的地图，斯诺医生发现了“霍乱事件只存在于从布罗德街水泵获取饮用水的人们之间”。[28] 在斯诺的请求下，这个水泵的手柄被拆掉，新的病例几乎立刻就不再出现。进一步的调查发现布罗德街的水井临近一条下水道。

斯诺医生大致证明了霍乱的水传播渊源，他将自己的发现出版成书：《关于霍乱的传播模式》（伦敦，1858）。为了向他致敬，在那个让
152 人不愉快的水泵旁边有一所酒店以斯诺的名字命名。斯诺医生同样制作了一幅展现两家供水公司各自服务街区的地图。可以理解，这幅图揭示了有相对清洁水源的区域的死亡率，比供水受未处理地下水影响的地方要低得多。斯诺医生的地图阐释了地图学的最高用途：通过绘制地图，找出那些无法通过其他途径揭示（或至少无法达到同样精度）的现象。显然，如前所述，第一幅在普通地图集中展示人类疾病分布的地图是贝格豪斯里程碑性质的自然地图集。在美国，医学博士理查德·斯温森·费希尔将“地理性，统计性和历史性”的评价授予了另一个流行的地图集，乔治·W. 科尔顿的《科尔顿世界地图集》（纽约，1856），但是这一评价与健康问题并无关系。

夏普特与斯诺医生的地图与大部分现代点值法地图相比有一个非常重要的区别：在德蒙蒂松的人口地图上（1830）我们已经看到了这种符号的一个例子，这种符号表示的是一个大于一的数字——它显然具有更高级的概括性，但如此一来，它就无法描绘在其“正确的”地理中心点上。用一致的符号表示一个大于一的数的思想（在德蒙蒂松的例子中是一万）逐渐与统计单元中正确的地理分布结合在了一起，后者在未克服地图学和地理学数据问题的困难之前是无法完成的。图 7.13 展现

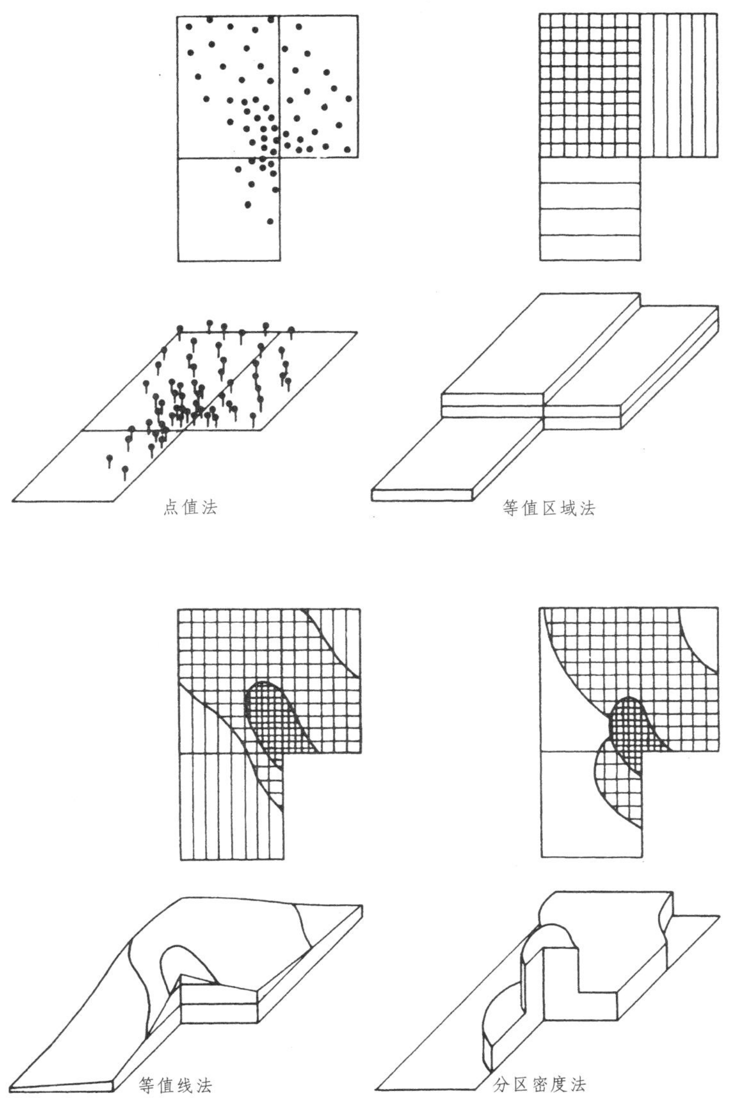

图 7.13 以二维和拟三维形式表现统计地图的主要制作方法，基于同样的理论分布状况。

了四种如今在专题地图中使用的主要方法，所有这些方法都发明于19世纪。奥古斯特·彼得曼（1822—1878）是致力于将统计与地理地图学扩展和普及的人之一。安德烈·米歇尔·盖里（1802—1866）与阿德里安·巴尔比的《英法道德对比统计》（1864）则使用等值区域法制作了犯罪分布地图。哈尼斯设计的运动线，为夏尔·米纳尔（1781—1870）的《形象化地图》所普及。[29]在米纳尔众多的图示地图表示法中，他很喜欢通过改变空间关系来为了达到他的目的（现代统计地图的先驱），他还以定量方法解决了包括经济、社会和历史地理等多方面的问题。米纳尔同样使用分级圆，并将其中一些切成扇形，做成所谓的“饼状图”。后来它们成为流行的地图统计方法。今天所有专题地图制作的常用技术在1865年时都已经产生。

一些地理学团体在19世纪中燃起了对统计学的巨大兴趣——以及由其延伸出的统计图制作，例如伦敦皇家地理学会聘用了杰出的统计学
153 家弗朗西斯·高尔顿爵士（1822—1911）。皇家地理学会是此类团体中的一个，它们都创建于19世纪早期，专门为解决地理问题而设立，特
154 别是那些涉及非洲、亚洲、北美和南美洲以及澳大利亚大陆内部的地理问题。[30]人们用草图或勘测图记录了许多地理学问题，包括山脉的高度及分布、沙漠的相对干燥程度及范围、河流的源头及走向等，它们随后成为了出版地图这一更加普通的地图学记录的一部分。前已述及，科罗内利在意大利率先建立一个地理学（地图学）团体，此后其他团体纷纷出现，特别是在18世纪的德意志。欧洲阿尔卑斯山以北的三个最古老的地理学团体——分别位于巴黎、柏林和伦敦——至今仍在运作，它们都间接归因于詹姆斯·库克的航行。这些团体中的第一个位于巴黎，于1821年受一些英国海军军官的成功所鼓舞而创立，这些军官中包括塔西

提岛的欧洲发现者塞缪尔·沃利斯（1728—1895），当然还有库克。该团体促进了法国人加快他们自己的探险活动，且对太平洋有着巨大的兴趣。第二个团体——位于柏林，成立于1828年——很大程度上归功于洪堡，他受到了约翰·格奥尔格·亚当·福斯特（1754—1794）的影响。此人陪伴自己的父亲约翰·赖因霍尔德·福斯特（1792—1798？）参加过库克的第二次太平洋航行。就像此时的其他人一样，洪堡也认为安第斯山是地球上最高的山，而当他得知印度测量局的测量活动（其中印度人起了积极作用）揭示珠穆朗玛峰（后来得名埃佛勒斯峰）更高一些之后颇感失望。英国皇家地理学会成立于1831年，它脱胎于1788年创立的非洲协会，约瑟夫·班克斯爵士（1734—1820）是后者的精神领袖。班克斯是库克第一次航行中的一位植物学家，他曾致力于社会群岛地图的制作工作，并在1778到1820年间作为皇家学会的主席而成为地图学家们的主顾，尽管他自己通常不被视为一位地图学家。

在19世纪中，地理学团体制作的地图产品给人留下了难忘的印象，其中包括登载于它们的刊物中的地图，以及专门的地图设计。许多知名人士为这项工作提供了原始材料，这里只列出其中一小部分：芒戈·帕克（1771—1806）、大卫·利文斯通（1813—1873）、理查德·F·伯顿（1821—1890）、约翰·汉宁·斯皮克（1827—1864）和亨利·莫顿·斯坦利（1841—1904）提供的非洲资料；尼古拉·M·普热瓦尔斯基（1839—1888）和奥古斯特·帕维（1847—1925）提供的亚洲资料；（弗里德里希·威廉）路德维希·莱希哈特（1813—约1848）和约翰·M·斯图尔特提供的澳洲资料；还有塞缪尔·赫恩（1745—1792）、亚历山大·麦肯齐（1764—1820）——他在刘易斯和克拉克之前十年横穿了北美大陆——和西蒙·弗雷泽（1776—1862）提供的加拿大资料。这些团体向这些人提供资助，还会授予他们地理学“第一”的荣誉。团体中的地图制作人员会将探险家粗糙的概略图加工成最终的出版地图。

155 在拿破仑战争之后，追求地理上的优先权成为19世纪的一项民族主义竞赛，并导致了许多地图和海图的勘测活动。由此，在1840年，法国人朱尔-塞巴斯蒂安-塞萨尔·迪蒙·迪维尔（1790—1842）和美国人查尔斯·威尔克斯同时声称对先前假定的南磁极的发现，促进了对南极洲部分海岸线地图描绘的进步。从古典时代起，（白）尼罗河（世界最长河流）的源头问题就一直困扰着人们，对它的现代考察由两位从印度军队休假的英国人伯顿和斯皮克发起。斯皮克与苏格兰人詹姆斯·奥古斯塔斯·格兰特（1827—1892）对这一源头的发现，以及随后其他探险家的成果，对1850与1860年代的非洲内陆地图制作有着深远影响。尼尔斯·阿道夫·埃里克·努登舍尔德男爵（1832—1901）这位杰出的科学家与地图学家，于1878至1879年间率领其“织女星号”进行了东北航路（欧亚大陆以北）的航行。这位瑞典裔芬兰人将其晚年投入到地图学史的研究中，并收集了数量浩繁的地图和相关地理学材料，现存于赫尔辛基。我们已经讨论过洪堡在拉丁美洲的史诗性工作，以及弗雷蒙、埃默里和沃伦穿越美国密西西比西部的制图活动。密西西比西部勘测图受到了寻路者及登山者的路线图的启发，而他们又受惠于印第安人的资料。杰迪代亚·斯特朗·史密斯（1798—1831）是这些登山者中最为优秀的一个，他从落基山出发经过大盐湖，穿越“美国沙漠”，直到墨西哥的上加利福尼亚之后返回（1826—1830），并将这条路线绘制于地图中。[31]

在加利福尼亚，当乔塞亚·德怀特·惠特尼（1819—1896）于1860年被任命为这个新州的地质调查局局长时，美国西部测绘的后勘测阶段开始了。（图 7.14）[32] 在随后的 14 年里，惠特尼和他的助手进行了一项严密的科学测量，包括对美国本土的最高点（惠特尼峰，4418 米）和最低点（死亡谷，-86 米）的测量和地图制作，以及对“举世无双之谷”约塞米蒂的勘测。同样重要的是，这一测量活动被证明是许多随后从事联邦调查工作的科学家的训练场，例如克拉伦斯·金（1842—1901）。

美国内战之后，四个重要的勘测项目在从大平原与落基山脉到太平洋之间的地区展开。每一个项目都以其领导者的名字来命名：金、惠
勒、海登和鲍威尔。在这些勘测活动中，人们对广泛的科学问题进行了 158
调查，且地图制作成为每一项考察活动的重要组成部分。在不涉及任何重大细节的情况下，我们可以说金的团队，包括摄影师蒂莫西·H·奥沙利文（1840—1882）在内，在 1867 年至 1877 年间，沿北纬四十度线从大平原到加利福尼亚勘测了约一百英里长的条状地带。乔治·蒙塔古·惠勒（1842—1905）和他的团队，其中包括地貌学家格罗夫·卡尔·吉尔伯特（1843—1918），在 1872 至 1879 年间勘测了西经 100 度以西的地区。大约相同的时间里，费迪南德·范迪维尔·海登（1829—1887）率领的团队专注于黄石地区，其中包括艺术家与地志学者威廉·H. 霍姆斯（1846—1933）和摄影师威廉·H. 杰克逊（1843—1942）。与此同时，约翰·韦斯利·鲍威尔（1834—1902）和他的团队广泛勘测了科罗拉多大峡谷，包括 1869 年用小船对其进行了穿越。

这些勘测成果中包括地形测量图，在其中的某些地方，等高线的覆盖范围要比从前美国的此类地图大得多。工作人员在绘图和拍照过程中创造了一套图片记录，其他成果还包括人种学研究。[33] 作为这些活动的成果之一，美国地质调查局于 1879 年成立，由金担任主管。在他于 1881 年辞职之后由鲍威尔接任。鲍威尔如今被认为是 USGS 真正的创

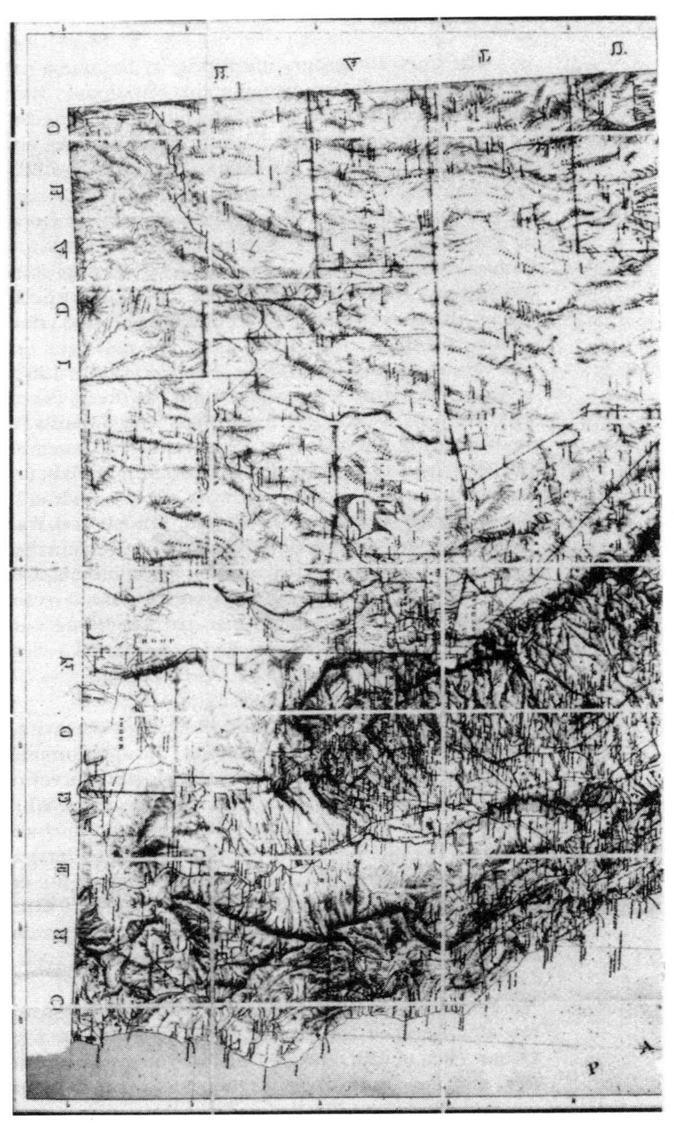

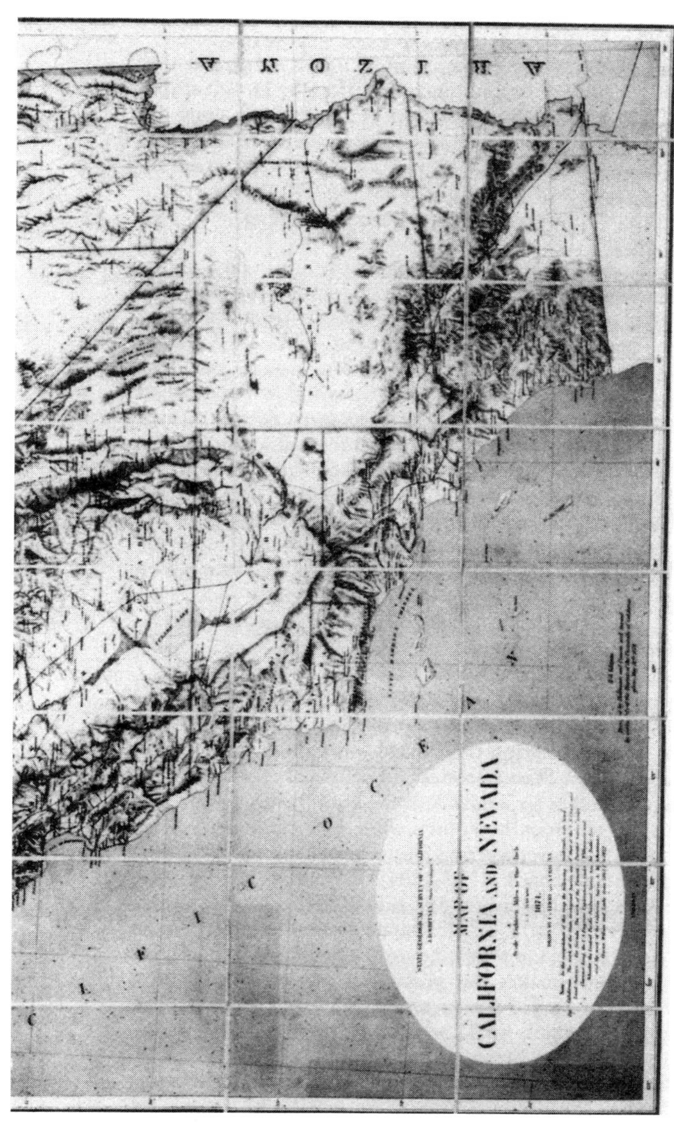

图 7.14　加利福尼亚和内华达晕渲法平版印刷地图，在加利福尼亚州地质调查局的 J·D. 惠特尼指导下制作（1874）。

立者，它成为美国主要的官方测绘机构。西部勘测的一项深远影响是产生了像黄石这样的国家公园，它大约有罗德岛州那么大。此类保护区是美国与加拿大的主要骄傲之一，对它们的地图绘制具有科学性、宣传性、娱乐性，以及随后的经济目的。

在 19 世纪，上述这些国家中的许多数学家推动了地图投影的研究。[34] 在此期间这一领域的众多进步中，我们只着重讨论那些至今仍在应用的投影。这些选中的投影的显著特点和主要应用都收录在附录中。其中一些完全是在 19 世纪中发明的新投影，另外一些则是已有投影的新发展和新应用方式。例如，在 1803 年魏玛的克里斯蒂安・戈特利布・特奥菲尔・赖夏德（1758—1831）将日晷投影应用于地图上，这是一种在古典时代就已发明的投影，但此后仅仅应用于天文学目的。在日晷投影中，大圆（即球面两点间的最短距离）表现为直线。这个属性使得这一投影具有路线测量方面的价值，或许类似于在墨卡托海图上可用于罗盘导航的一系列直线段（等角航线）。墨卡托投影和日晷投影这两种投影在导航中被结合使用，尽管如今电子和卫星定位取代了这种方法。
159 1805 年卡尔・布兰丹・摩尔威特（1774—1825）发明了一种等积的椭圆形世界投影，在这种投影中所有纬线都表现为直线，而经线则表现为半椭圆（见第九章图 9.11c）。这种大地网格安排如今通常被称为等积投影。另一种差不多与椭圆摩尔威特投影同时发明的等积投影是海因里希・克里斯蒂安・阿尔伯斯（1773—1833）所发明的圆锥投影。同样作为等积投影，阿尔伯斯投影拥有两条长度无变形的标准纬线（见第九章图 9.10e）。

前已提及，瑞士人哈斯勒如何来到美国并成为海岸和大地测量局主管。哈斯勒发明了多圆锥投影（1820），其中采用了一系列不同心的标准纬线（数量不止一两个）来减小变形。这种投影被应用于单幅地形图和地图集中。随后，在做了一个重大修正之后，该投影被应用于国际世界地图。卡尔·弗里德里希·高斯（1777—1855）也许是19世纪最著名的数学家。在其众多的成就中包括椭圆形横轴墨卡托投影。就像它的名字显示的那样，高斯将一个椭球体投影到一个球体上，以产生一种等角投影（这与朗伯不同，他在之前曾用球体本身做这种转换）。横轴的性质是通过将网格转动90度而完成的，这使得极点而不是赤道位于投影的中心，就像在兰伯特、高斯和其他此类投影中那样。“斜轴”这个概念则用于从正常位置转动小于90度的情况，比如从18世纪早期开始用于天文航海图的投影。是高斯让我们有了“正形性（等角）”的概念，它指的是围绕某一点的形状保持正确。

在19世纪的下半叶，数学家和有才华的业余制图者继续对地图投影进行研究，出生于苏格兰的牧师詹姆斯·加尔（1808—1895）是后者之一。他特别着迷于圆柱投影，在1885年的一份出版物中概述的三个此类投影可归功于他：加尔正射投影（等积）；加尔等线图投影（正方形投影）；以及加尔立体投影（透视点位于与某个给定经线相对的赤道上）。所有这些投影都以北纬45度和南纬45度作为标准纬线。如第九章图9.10d所示，为了减小高纬度地区的变形，加尔使用了圆柱体与球体相割的概念，就像墨卡托投影那样。加尔的等积圆柱投影最近被易名为“彼得斯”投影，以阿尔诺·彼得斯（1916—2002）的名字命名，他宣称自己于1967年发明了它！其他这一时期研究投影问题的专业科学家包括维多利亚皇家天文学家乔治·比德尔·艾里爵士（1801— 160
1892）。艾里制作了一个误差最小的方位投影，适用于半球体，它没有任何保持不变的特质（如等角、等积之类），却是一个很好的折中方案，并成为许多今天仍然在使用的此类大地网格布置方案的先驱。在19世纪还有许多投影（其中一些的装饰性大于实用性）被创造出来，包括赫尔曼·贝格豪斯（1828—1890）于1879年发明的星形投影，随后（1911）它被用在美国地理学家协会的徽章上。尼古拉·奥古斯特·蒂索（1824—1895）设计了一种借助于某个“指标”评价地图投影变形的方法，他于1881年将其出版。

另一种在这一时期得到越来越多应用的发明是“框图”。框图是关于某块地壳的斜视图或四分之三侧视图（等距视图、一点或两点透视图）。[35] 地表特征通常绘制于陆块的上方，同时在其侧面描绘出岩石的内部结构。由此框图就连接了地理学的水平维度与地质学的垂直元素，这是一种对地貌学（对地貌的系统研究）有特殊价值的设计。如前所述，地质剖面图由威廉·史密斯和洪堡提出，而查尔斯·赖尔爵士（1797—1875）将这些设计用在相当自然主义的场景中，并给出了对相关地表特征的建议。框图被矿业工程师用来表现矿脉，采石场和岩洞，特别是在欧洲。美国的地貌学家格罗夫·K. 吉尔伯特（1843—1918），特别是威廉·莫里斯·戴维斯（1850—1934），对框图及其陆块侧面的传统岩石符号做了充分改进（图7.15）。如果描绘得当，框图会成为与大地在几何学上相一致的视图。戴维斯关于地球科学的观念如今大部分都已被取代，然而他却对图形表现方法有良好的理解，并用一系列框图来阐释景观随时间的变化。为此后真正的动画示意图和动画地图埋下了伏笔。

适用于地图复制的摄影方法发明于19世纪下半叶，但是摄影术同样创造了一种重要的数据源——航空摄影（在19世纪时用气球作为平台，而后于1910年之后改用飞机），这一新近产生的革命性制图手段，其影响范围就像 15 世纪的印刷术那样巨大。它的潜力在 20 世纪之前并未展现出来。在 19 世纪，以野外仪器测绘为基础的雕版地形图制作仍继续进行，因此，我们将在关于现代地图学的讨论中才会涉及航空摄影测量。

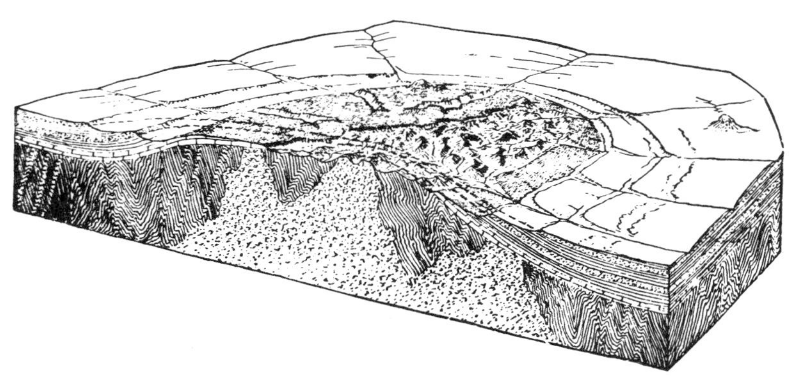

图 7.15　由威廉·莫里斯·戴维斯绘制的框图，以两点透视法描绘了南达科他州黑山的表层特征与深层结构之间的关系（约 1898）。

我们在下一章中也将有机会提及国家地图集，最早的此类地图集于 161
1899 年在芬兰出版，该地图集经过修订后在今天仍可使用。这套地图集由芬兰地理学会赞助，它是 19 世纪各个国家建立的众多此类组织之一，它们在促进地图学和地理学方面做了很多工作。[36] 事实上，由弗朗西斯·A. 沃克编辑的《美国统计地图集》要早于《芬兰地图集》约十五年。沃克的地图集以 1870 年的统计资料为基础，使用有趣的符号和颜色来展现美国的各种自然和文化分布状况。该地图集于 1874 年在美国国会的授权下汇编并出版，但与《芬兰地图集》不同，它在此后没有经历过修订。实际上直到最近，在沃克的工作过去约 100 年之后，才再次有一套普通美国国家地图集出版发行。

在19世纪中人们曾尝试将地图符号标准化，特别是奥地利的冯·豪斯劳布和波伊克，前已提及。此外还有哈斯勒和英国人威廉·泰瑟姆（1752—1819）在美国工作期间的尝试。[37]作为20世纪国际协作的产物，这种标准化才得以彻底完成。尽管欧洲甚嚣尘上的民族主义并没有随着19世纪的结束而结束，地图学这一此前数个世纪中“贵族的科学”在20世纪中变得大众化和国际化。[38]这种现象与其他对地图制作与社会的相互作用产生影响的主题，将会在后面的章节中进一步讨论。

第八章　现代地图学：官方与半官方地图

在这本书中，为方便起见，我们将现代地图学分为“官方与半官方 162
地图”（第八章）以及“私人与公共机构制作的地图”（第九章）两部分。正如我们将要看到的那样，无论官方地图还是私人地图，其所依赖的来源中有相当大的部分是重合的，同样的相似性也体现在产品成果方面。与前文一样，并且就像它们的标题所指出的那样，这两章的重点将放在地图本身而不是地图制作过程上。后者在过去的一百年中经历了显著的进步，出现了许多专门针对这一技术主题的著作。然而，与前面的章节一样，我们的目的是尝试将能反映其发展历程的地图放入社会和文化的环境中，在此处它指的是19世纪之后的世界。

如前所述，载人飞行这一人类自远古以来的夙愿，在1900年之前得以实现，正如摄影术的产生一样。但是它们对地图学的全面冲击直到20世纪之后才得以实现。摄影术产生于对光的本性的研究，它在许多个世纪中吸引了亚里士多德（公元前384—前322）、阿布阿里·海桑（阿尔哈曾）（约965—1039）以及莱维·本·热尔松（逝世于1344）这样的研究者，以及研究投像器的人，包括达芬奇、基歇尔、罗伯特·波义耳（1627—1691）、罗伯特·胡克（1635—1703）以及威廉·W. 沃拉斯顿（1766—1828）等。但是直到法国人约瑟夫·尼塞福尔·涅普斯（1765—1833）和路易-雅克-芒代·达盖尔（1789—1851）合作之后，才能够将一张曝光影像固定下来，使其抵抗住进一步的光学作用（正式公布于1839年），真正的摄影术才成为可能。在大致相同的时间里，英国人威廉·亨利·福克斯·塔尔博特（1800—1877）发明了一种由单个负片制作出许多副本的方法（1838），现代摄影术由此诞生。[1]

163 一种可以用于摄影的空中平台在摄影术发明前就已存在，它是法国的蒙戈尔菲耶兄弟，雅克-埃蒂安（1745—1799）和约瑟夫-米歇尔（1740—1810）发明的热气球。其乘客最初是动物和鸟类，但随后就有人被载了上去，此后不久人们又发明了氢气球。固定观测气球被拿破仑·波拿巴（1769—1821）以及美国内战时期（1861—1865）南北双方所使用。首次航空摄影是由法国人加斯帕尔-费利克斯·图尔纳松（1820—1910）于1858年完成的，他的常用名为纳达尔。纳达尔在一块玻璃片上制作了一张（黑白）正片，将其安置在一个飞到262英尺高空处、用绳索拴住的气球上。两年后在波士顿，美国人塞缪尔·A. 金（1828—1914）和他的助手詹姆斯·华莱士·布莱克在1200英尺的高度将这个实验重做了一次。与此同时，包括双目立体镜在内的光学仪器获得了巨大的进步，尤其是在德国。此时所需的是一种更易于操控的飞行工具。在20世纪的第一个十年，由莱特兄弟、奥维尔（1871—1948）和威尔伯（1867—1912）等人发明的比空气重的飞行器（飞机）使这一点成为可能。在第一次世界大战（1914—1918）期间，人们用侦察机拍摄照片，但随后照相机就被安装在真正的飞机上，以固定间隔拍摄重叠的垂直航片。这项发明以及此后飞机飞行高度的提升，使得摄影测量法这一新的测量分支在随后的 1920 和 1930 年代产生，这一点将在后面讨论。但是需要提到的是，只有极少的艺术家以纯粹的俯视视角来描绘景观（与地图相反），一个著名的特例是 1827 年由美国画家乔治·卡特林（1796—1872）绘制的《尼亚加拉地形》。[2]

从某种意义上讲，地图学的现代时期源于 1891 年的一个关于比例尺为 1∶1000000（图上一厘米相当于实地十千米）的《国际世界地图》（IMW）的正式提案。数字比例尺简称 RF，例如“1∶1000000”，它相对于文字比例尺（如前面括号内的表述法）和图示比例尺（一条分段标示数字的长度适宜的线段，见图 8.7 的例子）而言，是最常用的比例尺形式。数字比例尺产生于米制系统，作为共和国度量衡改革的一部分在 1790 年代创制于法国。作为长度单位的米，其最初定义为从北极点 164
穿过巴黎到赤道的四分之一大圆的一百万分之一，这是法国理性主义和其地形测量与测地学经验的产物。人们用白金制成了米的条状标准器，后来改用铂铱合金（最终用氪 86 原子的波长来表述），其长度相当于 1.093613 码。即使在法国，这一量度的应用也十分缓慢，但是 IMW 促进了米制系统的国际化，至今它仍然毫无疑问地为全世界所接受。《国际单位制》，简称 SI，是最近和最广泛应用的米制系统的版本。

关于 IMW 的提案，是 1891 年在瑞士伯尔尼举行的第五届国际地理学大会上，由维也纳大学的德国地理学家阿尔布雷希特·彭克（1858—1945）提出的。在此之前的一些年里，彭克已经编制了关于有投影的地图的详细规范，其形式为一系列以经纬线为界的标准分幅地图，以及标准符号的使用。关于这一设想有相当多的反对意见需要去克服，但在随后的会议中，此设想获得了越来越多的支持。几个欧洲国家制作了实验性质的分幅地图，并且于 1909 年在伦敦召开了第一届国际地图委员会会议，对其通用规范和生产方法进行了讨论。1913 年在巴黎召开的第二届国际（IMW）会议上通过了关于它的协议。该会议还在南安普顿，即英国地形测量局所在地设立了一个中心办公室。除了协约国为战争地区制作的一些分幅地图，在第一次世界大战期间（1914—1918）此项工作陷于停滞，但 1921 年之后中心办公室每年都要出版一份报告。分幅地图制作在两次世界大战之间有显著的进展，但是在这一时期结束时仍有广大的区域仍未覆盖，其中包括亚洲和北美洲的内陆地区。在一战之后的孤立主义精神，以及不参加美国自己发起的国联（它在成立后就是 IMW 的一个资助者）的决定，使得美国没有参加这项计划，但是它仍然制作了一些实验性的分幅地图。与此相对，印度测量局这一政府机构，是用地图对大面积区域进行覆盖的最早完成者之一，并将其制图工作命名为“大印度”。这一地图系列的一个非凡贡献是纽约的（私立）美国地理学会制作的《百万分之一比例尺西属美洲地图》，包括超过一百张分幅地图（约为这一系列全部地图数量的十分之一），覆盖了南美洲与中美洲。

尽管在第二次世界大战期间（1939—1945），由于飞行活动的激增，导致一些 IMW 分幅地图的出版，但航空图仍然成了至高无上且迫在眉睫的需求。为了满足这种需求，一种新的国际世界地图，比例尺为 1∶1000000 的《世界航空图》（WAC）得以编绘。这种地图主要根据
165 国际民航组织指定的形式制作，其中大部分工作在美国由美国航空图服务部指导完成，这一机构此后使用了一系列不同的名字和首字母缩写，

现在简称为NIMA，即美国国家影像制图局*。在第二次世界大战之后，许多之前由国联监管的计划被成立于1945年的联合国接管。因此，在1953年，IMW中心办公室的职能转归位于纽约的联合国经济与社会事务部（地图学部分）负责。从这时开始，人们的一个主要议题是探讨将IMW的功能复制到WAC的可能性。然而，在1962年，人们决定保留这两个世界地图系列的分离状态，因为这两个系列的目的不同，IMW抱着通用和科学的目的，而WAC分幅地图则专门针对飞行员。与此同时，人们同意让两个系列的编辑工作彼此分享原始资料，且认为在IMW和WAC的分幅地图中应当使用兰伯特等角圆锥投影。联合国于1987年中止了未完成的IMW计划。[3]

对于这两套最重要的中比例尺国际世界地图，在讨论它们的地图学特性之前，需要先弄清楚让这两个计划得以实现的政治气候和技术进步。我们已经注意到从前经常围绕着地图制作活动的保密性问题。在另一方面，我们同样提到过科学家（包括地图学家）从某国移民到他国的"人才流失"问题，以及此后三角网穿越政治边界的连接。尽管以上这些和其他一些操作具有国际性，但从15世纪到19世纪末，地图制作主要还是以独立主权国家的利益为目的。在一段时期内的一个悲惨的反讽，是当欧洲被狭隘的民族主义淹没时，这块大陆却两次为世界大战所摧毁。然而，经历了20世纪的大部分兴衰变迁，IMW却一直是一个国际合作的媒介，如果不是一个不合格的地图学成就的话。

制作IMW以及之后的WAC计划的技术包括地形测绘、大地测量学以及航空技术的进步。这两个国际系列的分幅地图都是通过对更详细

---

* 该部门如今再次更名为美国国家地理空间情报局，简称NGA。——译者注

的资料来源（特别是地形图）获取的信息汇编而成。反之地形测绘则取决于与其相关的三角网和椭球体的精度。1866年的克拉克椭球体，作为一种理论上的几何体，大体上已被国际（海福特）椭球体所取代，人们
168 在1962年建议用后者取代前者来制作新的分幅地图。简称为GPS的全球定位系统最近给大地测量学带来了革命，我们将在下一章讨论它。从前，测地工作依赖由三角测量支持的土地测量。采用路基接收装置接收卫星信号，能得出关于地球形状和大小更为精确的测量结果。在许多个世纪中，我们从地球是球体的观点开始，到扁长椭球体，再到扁平椭球体，直到认识到地球是一个更为复杂的几何体。不仅如此，GPS让我们能够测量到短时间内地球形状和大小的微小变化，对于小比例尺地图来说，这种对标准几何形体的背离并不重要，但最大比例尺的地图就需要将其考虑进去。三角测量网在大陆之间相连，有时候需要在水体上跨越相当长的距离。例如，斯堪的纳维亚的三角测量系统经过法罗群岛、冰岛、格陵兰岛和纽芬兰岛与加拿大主陆相连。这是通过海兰法实现的，它通过获取电磁脉冲从一点发射到另一点所经历的时间来进行测量。这样旧世界与新世界的三角测量网就连接在了一起。在本章后面的部分我们还将探讨飞机对地形测绘的冲击，以及卫星在地图制作领域的重要性。

图8.1是一张尺度缩小了很多的IMW分幅地图。像所有这一系列的地图一样，它有一个唯一的图名，在这张图上是“N.I 11，洛杉矶”。就像其他所有IMW分幅地图那样，这幅图覆盖了4个纬度与6个经度。但由于经线在极地迅速汇聚，南北纬60度之外朝向两级的部分除外，这部分地图每幅要覆盖12个甚至更多的经度。它采用多圆锥投影，修正之后使得在四个方向上相邻的分幅地图能彼此相连。这一修正之后的多圆锥投影，与修正前一样，既不等角（正形）也不等积（面积相等），却

适合此种地图的用途和尺度。这幅图采用了地形的分层设色系统，其主等高线分别为海拔 200 米、500 米、1000 米、1500 米、2000 米、2500 米，再往上以 1000 米为间距递增。等高线间的色彩从低海拔的绿色过渡到褐色，再到山坡上的棕色。整个系统在洛杉矶的分幅地图上使用得很好。在这幅图上选择性增加了间距为 100 米的辅助等高线，用来展现从海平面以下到海拔 3500 米的地势起伏。但此系统在地势起伏程度较低和地貌变化较少的地区却差强人意。实际上，难以创造出对世界上所有地方同样适用的符号系统，是 IMW 系列的一个主要问题。海底地物使用等深线描绘，其数值与旱地上的等高线相同，以平均海平面为基准面，在选定的等深线之间使用色度逐渐加深的蓝色来表现水深。图上的 169
文字、边界、航运特征等符号都与 IMW 在 1909 和 1913 年的决议中的规定相一致。[4]

我们已经提到，从一开始就存在一些对 IMW 的批评。近些年对这一系列的反对声再次出现。一些批评者认为它的尺度对其用途而言并未起到真正的作用，而另一些人则认为它的符号系统反映的是 20 世纪早期的技术，急需修订。[5]（图 8.2）当 IMW 初创之时，它被构想为一套普通规划地图，作为人口、族群、考古、植物、土壤和地质等其他种类分布图的底图。当关于所有这些现象的地图都在 IMW 的基础上产生后，它们的应用范围却往往非常有限。在这一方向上最具野心的成就是前苏联的一系列百万分之一比例尺地质图。在一定程度上，IMW 的功能在苏联和东欧的《世界地图》中较为令人满意。它的比例尺为 1∶25000000，共分成 244 幅。这一普通世界地图由苏联和其政治附属国共同制作，每个国家都负责特定的区域。幸运的是，这一卓越的作品得到了广泛应用。

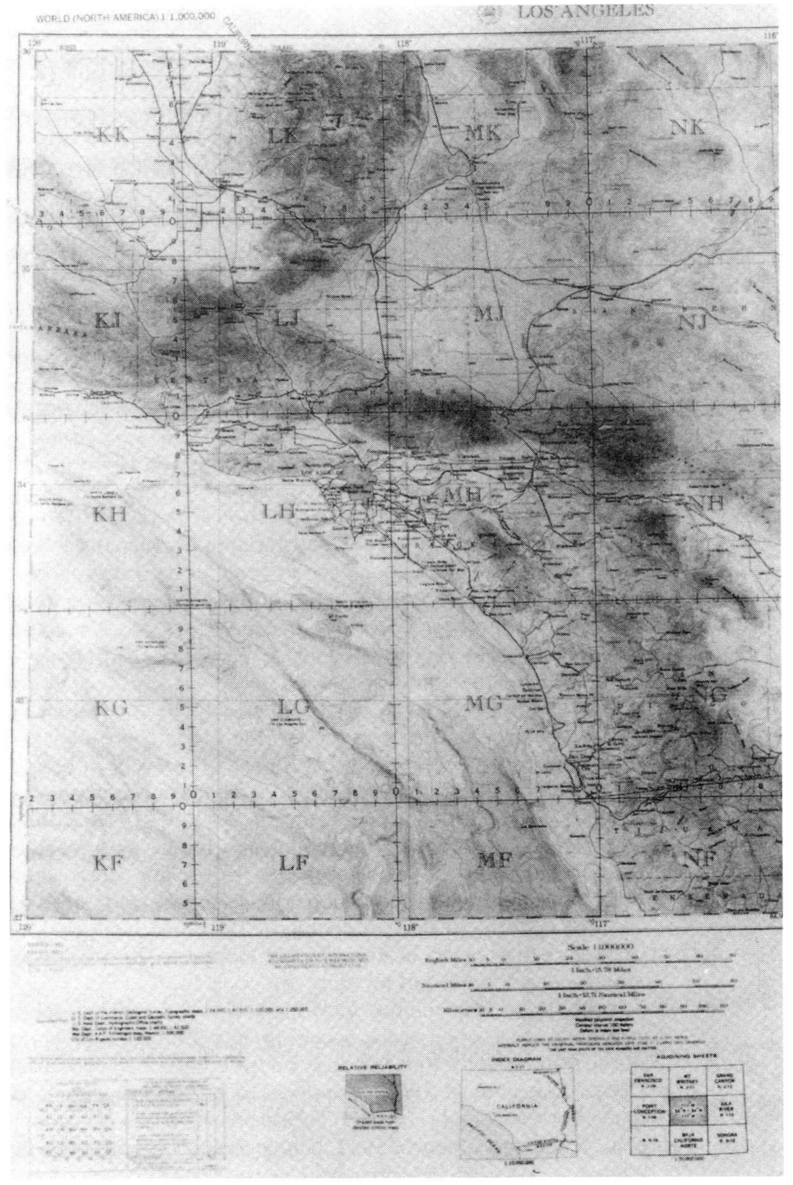
WORLD (NORTH AMERICA) 1:1,000,000
LOS ANGELES
KK
LK
MK
NK
KJ
LJ
MJ
NJ
KH
LH
MH
NH
KG
LG
MG
KF
LF
MF
NF

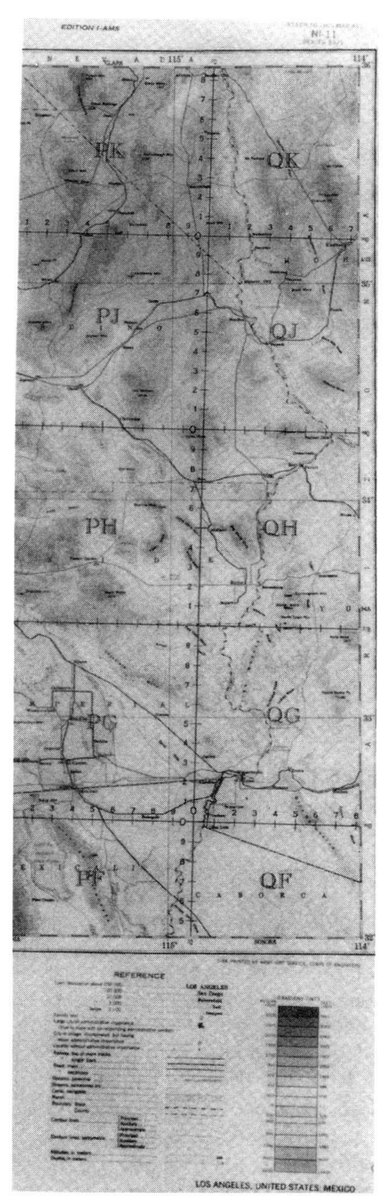

图 8.1　加利福尼亚州洛杉矶分幅地图；国际世界地图（IMW）中的一幅；原图比例尺为 1：1000000（已缩小）。

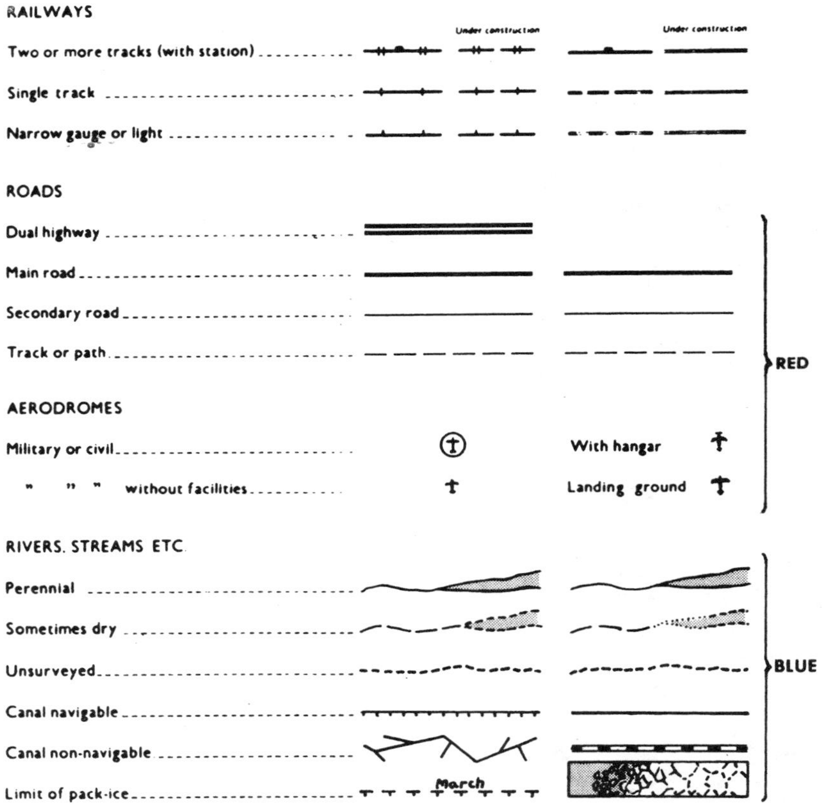

RAILWAYS

Under construction

Under construction

Two or more tracks (with station)

Single track

Narrow gauge or light

ROADS

Dual highway

Main road

Secondary road

Track or path

AERODROMES

Military or civil

With hangar

" " " without facilities

Landing ground

RED

RIVERS. STREAMS ETC.

Perennial

Sometimes dry

Unsurveyed

Canal navigable

Canal non-navigable

Limit of pack-ice

March

BLUE

如前所述，IMW 计划并未完成，尽管有人请求将覆盖整个地球陆地表面的 947 幅底图中剩下的 124 幅制作出来。与此相反，使用百万分

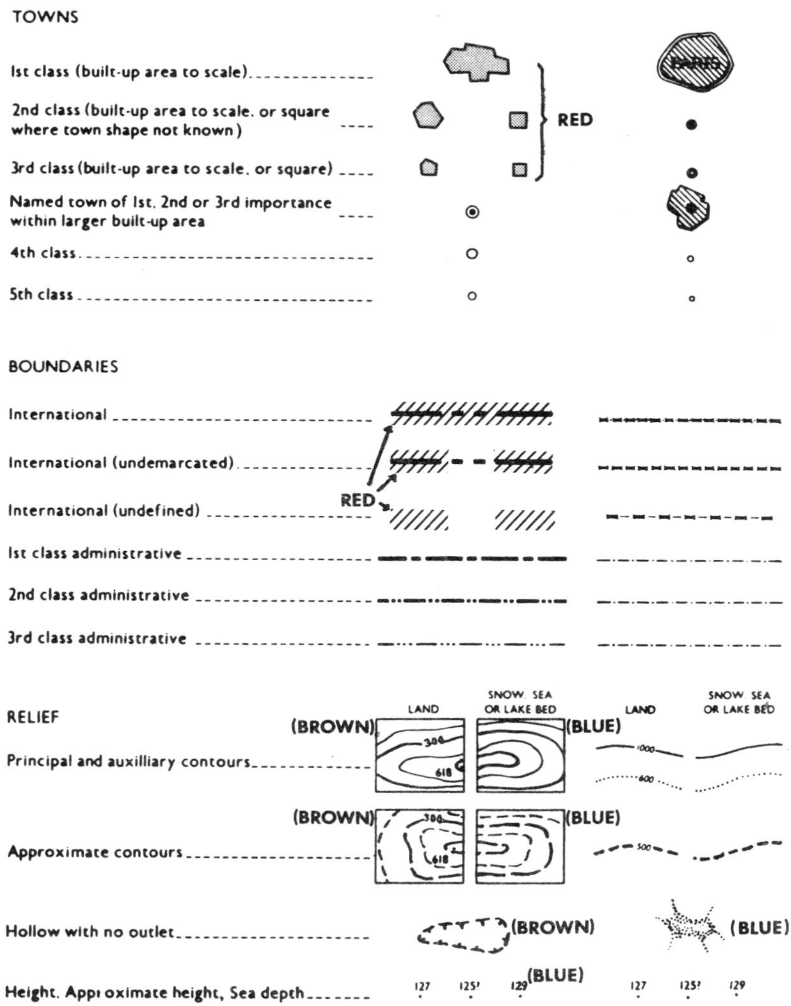

图 8.2　国际世界地图中已存在的和建议使用的符号（略微缩小）。

之一比例尺的 WAC 计划，已经完成了地球全部区域的分幅地图。[6] 从表面上看，IMW 与 WAC 分幅地图的外观彼此相似，但两个系列仍有重大区别：后来同时应用于两者的兰伯特等角圆锥投影有小尺度的误差，在单幅地图的范围内有相对顺直的方位角，且围绕某一点的形状（理所当然）保持不变。和 IMW 一样，WAC 的分幅地图也覆盖 4 个纬度，在赤道位置两个系列的分幅地图都覆盖 6 个经度，随着分幅地图向极点方向靠近，经线迅速聚拢，其覆盖的经度逐渐增多。在第二次世界大战期间，一些分幅地图被印制在布料上，以减少水分可能对其造成的损害。例如，机组人员也许不得不跳伞落入水中。在 WAC 系列中包括种类多样的对领航员有用的信息，其分层设色的地形表达方式与 IMW 明显类似。使用晕渲地貌的国际作战领航图（ONC）如今作为 WAC 系列的补充。对所有这些地图来说，基于其可用于编辑的源材料状况，不同区域之间基础信息质量差异巨大。一些航空图以小比例尺制作，例如 1∶5000000
170 的《全球导航与计划图》（GNC）和 1∶2000000 的用于航线设计的《喷气机导航图》（JNC）、还有的使用较大比例尺，例如 1∶500000 的《战术航空图》（TPC）和 1∶250000 的《（空中）联合作战图》（JOG）。此
171 外，进港图和流程图可应用于特定的区域。这些图如今都使用晕渲法展现地貌，并用适于在驾驶员座舱中照亮的颜色印刷。因此人们以十分重要和积极的方式制作了国际化的地图，用来在飞机上使用。

172 更多更好的可利用数据（主要是第二次世界大战之后）导致古老的水道测量图在最近经历了重大变革。例如，回声探测（通过自动探深机械的使用）以及在茫茫大海中确定地理坐标的新工具和技术，为人们提供了丰富的信息。回声探测器，或者叫声纳，能让海面上的船只持续探测海底深度，因此，真实的三维大洋结构最终能制作成图。它的符号系统也随着着色和现代印刷技术的应用获得了进步。特别是英国海军部与美国海军水道和地形测量中心，以多种比例尺制作了世界所有大洋

的海图。一个协调各家水道测量机构活动（包括制图在内）的尝试，已通过总部在摩纳哥的国际水道测量局来实施。[7] 这一机构是在摩纳哥阿尔伯特一世王子的资助下建立的，他于 1903 年建立了《普通等深线图》（GEBCO）系列。这套海图使用墨卡托投影，在赤道位置上的比例尺为 1∶10000000，而在南北极地区则采用球极立体投影，在南北纬 75 度位置的比例尺为 1∶6000000。使用分层设色法表现陆地（棕色）和水下（蓝色）地势，其等深线采用米制。

除此之外，这一机构监制出版的国际海图系列（ITN）以多种比例尺覆盖了全部海洋。这一仍在进行中的制图活动，揭示了洋盆的形态与陆上区域一样复杂，包括大陆架、大陆坡、大峡谷、深渊、峰峦、独立海丘等，这与人们先前认为的海床相当均质的看法相去甚远。这一活动在地球科学理论方面最重要的发现是所有大洋都存在大洋中脊，从这一点可以推测，当前的大陆都是从最初的一个（或两个）陆块扩散而成。以海岸线外形为基础，正如海图所展现的那样，人们早就观察到大陆海岸线看上去就像几块拼图，这一观念为德国地球科学家阿尔弗雷德·魏格纳（1880—1930）所定型。当魏格纳去世时，尚未产生足够的证据支持一种可行的机制来解释“大陆迁移说”，或者如此后那样称作“大陆漂移说”。但是修正之后的板块构造理论在近些年里以其在矿物、化石、形态学和地图学上的证据，得到了几乎一致的赞同，并成为现代地球物理学的根本基础。考虑到以上这些进步，有人说地球的绝大多数已经在 173
过去的半个世纪内被“发现”了。随着人们对海洋资源——或者像之前那样叫做“内部空间”——越来越多的利用，人们将会需要和制作出关于这一地球表面的大部分的更好的地图。

在前面的章节中，我们追寻了大比例尺地形图的发展历程。我们同样提到了这种普通类型地图的各种应用，包括作为其他大比例尺地图的底图，以及作为汇编中小比例尺地图的原始资料。制作地形图所使用的方法在本世纪（20 世纪）中由于飞机与航空摄影的发展而经历了彻底变革。如前所述，这导致了摄影测量法的产生，它是通过摄影的方法获取可靠的测量数据，以及由此延伸出的通过照片制作地图的科学。

为了保持我们以地图本身而不是地图制作为焦点的原则，我们会将对摄影测量法的评论控制在最低限度。然而，我们应该再强调一次，航空摄影从 20 世纪上半叶开始的应用，对地图学造成的变革恐怕只有文艺复兴时期印刷术的影响，以及 20 世纪下半叶卫星与计算机的使用才能与其相提并论。摄影测量方法显著地降低了制作地图的成本和时间，也使某些用其他方式难以到达的区域的地图制作成为可能。此外，最为重要的是，它普遍增强了地图制作的质量和精度。我们只需对使用地面测量和航空测量方法制作的同一区域的地形图梯形图幅进行比较，便可明了这一点（图 8.3）。

航空测量所采用的原始资料是垂直航片，在拍照飞机的航行方向上相邻照片有 60% 的部分是重叠的（端搭叠），而在两条临近的航线上相邻照片重叠部分占 25%（侧向重叠）。端搭叠与侧向重叠能保证任何一张照片只有其最为精确的部分——也就是中心——才需要用到，且更为重要的是，它们使立体分析成为可能。这一点是在立体镜和远为精细和精确的光学仪器（如多倍仪）的辅助下完成的。这些仪器遵循同样的原则，能让观察者观察到特定地区的三维模式缩微影像。这种模式是由从不同地点（站位）获取的关于同一地区的摄影图像制成，应用了视差因子，用来进行等高线图以及平面地图制作。[8] 由于使用这种方法时，拥有丰富细节的立体模型都在摄影测量员的视野中，因此显而易见航空测绘

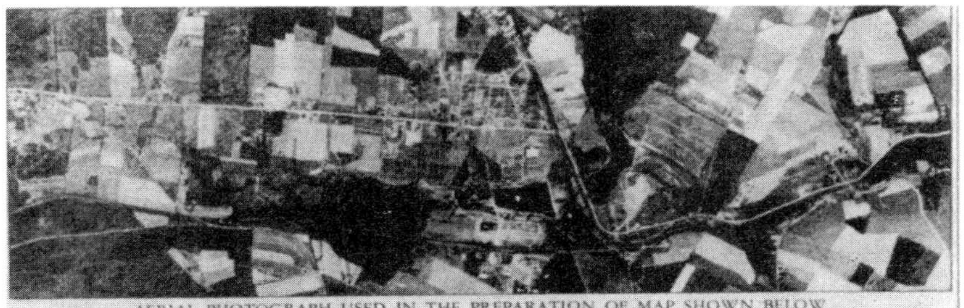

AERIAL PHOTOGRAPH USED IN THE PREPARATION OF MAP SHOWN BELOW

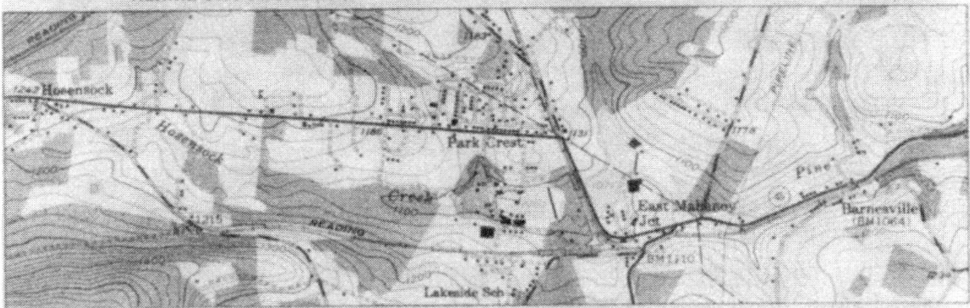

Hosensock
Park Crest
Creek
READING
East Mahanoy Jct
Pine
Barnesville
Lakeside Sch
A PORTION OF THE DELANO, PA., 7.5' QUADRANGLE MAP
Scale 1:24,000. Contour interval 20 feet. Mapped in 1946

Hosensock Creek
Creek
East Mahanoy Junction
READING
A PORTION OF THE MAHANOY, PA., 15' QUADRANGLE MAP
Scale 1:62,500. Contour interval 20 feet. Surveyed in 1889
These maps and the photograph cover the same ground area. A comparison of the two maps shows the extensive changes that have taken place since the Mahanoy quadrangle was mapped in 1889. They also illustrate the value of 1:24,000-scale mapping where culture is dense or where greater detail is needed. Older maps, such as the Mahanoy 1:62,500, are being replaced with modern maps as rapidly as the program permits.

U.S. GEOLOGICAL SURVEY
FOR INFORMATION WRITE THE DIRECTOR WASHINGTON D.C.
ELEVATION
ABOVE SEA
FEET
BENCH MARK
BENCH MARK TABLET

MULTIPLEX

PLANETABLE
A SURVEY MARKER AND SOME OF THE INSTRUMENTS USED TO PREPARE A TOPOGRAPHIC MAP

174

图 8.3 上半部分展现了航片与地图之间，以及不同比例尺和年代的地图之间的关系。最下面的图片展示了一个水准点金属板，一位摄影测量员，以及一个正在工作的野外测量员。整张图由美国地质调查局制作和出版。

（尤其是在高峻地形的地区）普遍比野外测量要优越。在野外测量中，
175 人们必须在一组数量有限的已知点之间插入数值。当然，某些由航片所覆盖的平面和高程控制点必须通过野外测量来确定，这一工作所使用的第一、第二和第三级别的控制点（这些数字涉及控制点的精确度等级，随测量的不同而变化）在地面用金属板来标示。在一张地图用摄影测量法编辑完成之后，在最终绘制前进行野外校验是最为必要的，但是对于那些难以抵达的区域，这一步骤就无法经常进行，也不是完全必要的。

到这里似乎应该问一问，为什么不能用垂直航片来取代地形图？答案很简单，即使能够去除照片上的变形，使其接近正确的比例尺，但此类照片还是传递了太多的信息。在理想状况下，一张地图所呈现的数据经过了明确选择，以适合特定的目的。实际上，带有注释的航片镶嵌图可以用来展现区域的结构和特征；在某些系列中，航片覆盖范围以（无控制点）镶嵌图的形式被印刷在地形图的背面，与地形图的比例尺大致相同。除此之外，经过矫正的控制点镶嵌图有时候被当做地图使用，并用真彩或假彩将标注套印其上，就像 DMA 地形测量中心（如今的 NIMA）制作的等密度线影像地图（图 8.4），以及与其类似的美国地质调查局（USGS）的正射影像地图。当地表覆盖物的性质（如植被、沼泽等）对使用者很重要时，此种表现方式就具有特殊的价值。不仅如此，正射影像地图制作成本低、速度快，且比地形图更易修正。[9] 我们将在后面的段落对地形图进行探讨。

在美国，1∶62500 比例尺地形图（图上一英寸约相当于实地一英里）如今被 1∶24000 的更大比例尺地形图所取代，我们随后将对其进行讨论并给出实例。实际上美国政府印刷局已不再出版或发行 1∶62500 的 USGS 地图。然而，由于在许多地方类似比例尺（比如 1∶62360 或

176

图 8.4　越南部分地区等密度线影像地图的一部分（原图比例尺为 1：25000）。由美国陆军制图局制作出版，该机构之后先后更名为 TOPOCOM 和美国国防部制图局（DMA）地形测量中心，1996 年 10 月 1 日以后改为现名，国防部国家影像和制图中心（NIMA）。

1∶50000）的世界地图更为常见，且此类比例尺还具有历史重要性，因此我们以符合这一常用比例尺范围的USGS的1∶62500系列中奥比索尼亚（位于宾夕法尼亚州）的地形图梯形图幅作为例子，来开始我们对20世纪地形图的讨论。图8.5展示了这张等高线形式的图幅，而图8.6是同一张图的等高线和晕渲法版本，作比较之用。我们没必要深究这两张地形图符号表现的细节，但通常情况下水体特征用蓝色描绘，文化特征则用黑色或红色描绘，而地形用棕色描绘。有时候会添加上以绿色描
177 绘的种类广泛的植被。一张典型的1∶62500的USGS梯形图幅覆盖的经纬度皆为15分（60分等于1度），其等高线的间隔为20英尺。其他种类的图幅范围和等高线间隔则用于特殊位置。例如，在地形非常平坦的区域，等高线间隔可能会设为5英尺，而在某些特殊的分幅地图中（如某些国家公园），其覆盖范围可能要大于15分×15分，以便将整块此类区域容纳到一张地图上。

在印制彩色地图特别是地形图时，照相平版印刷术是如今常用的印刷方法。地图制作者为每一种颜色制作一张平版，再用它们来制作底片。第二次世界大战以后，为了满足这一需求，一种叫做薄膜刻图的方法被发明出来。在刻图过程中，地图制作者使用一张固定尺寸的塑料片，上面覆盖一层用于照相的不透明薄膜。操作员雕刻——意思是将薄膜刮透——出想要得到的信息，用这种方法制备一定数量的底片（负片），这样制作照相底片的步骤就可以略过了。显然，从底片中同样可以制作出正片。用刻好的塑料片（每种颜色一张）和感光乳剂覆盖的金属印版（它替代了从前使用的石板）就能直接制版。将这些柔韧的金属版放入轮转印刷机中，就能以极快的速度依次印刷每种颜色。薄膜刻图将地图印制的具体控制权从摄影师那里交回到地图制作者手中。然而，

如今几乎所有这些步骤都已经计算机化，因此地图制作在两代人的时间里就从石器（平板）时代进化到电子（计算机）时代。

现代地形图的基础是等高线，它的血统在前面已经讨论过了。很显然，无论等高线的间距（表示相邻等高线间的垂直距离）多么小，位于等高线之间，可以展现某地区真实特征且能在航片中观察到的重要细节都可能被忽略掉。例如，我们可以设想一下，如果用五英尺间隔的等高线描绘一个人，有哪些东西会被忽略。与此相反，连续色调的晕渲法却可以将微小却重要的特征表现出来。有趣的是，根据图 8.6 中景观的着色方式，其光源似乎位于西北方向，但实际上这一地区永不可能从这个方向接受光照。这一传统有其实践基础，因为从地图底部照射的光源会对许多阅读者造成反视立体像（倒像）效果。图上的阴影可以使用手工或喷枪来描绘，但如今越来越多的制图操作采用更为客观和迅速的计算
机方法来完成。USGS 曾避免在地形图中使用任何种类的主观线条来描 178
绘岩石地貌特征。然而，在其他国家的地形图中，经常用地势图画来展现陡峭的地貌特征，因为人们认为等高线会让诸如刃脊、冰斗等地貌显得过于浑圆。[10]

对矿山图、工程图、城市区域图等比传统尺度更详尽的地图的需求，179
使得许多国家的主要制图机构纷纷推出新的地图系列。因此如今 USGS
的 1∶24000（7.5 分 ×7.5 分）分幅地图覆盖了全美国。图 8.7 是这一
系列中某张地图的一小部分。我们在前面评论过的许多关于地形图的内 180
容——颜色、符号、等高线等——都为这一系列所应用。当然，此类十
分详尽的地图并不适用于所有用途，因此国际上某些调查部门为本国的
区域规划工作制备了尺度更普通的地图。例如，USGS 出版了 1∶100000 181
和 1∶250000 比例尺地形图。USGS 也希望能在地图中采用公制，在其

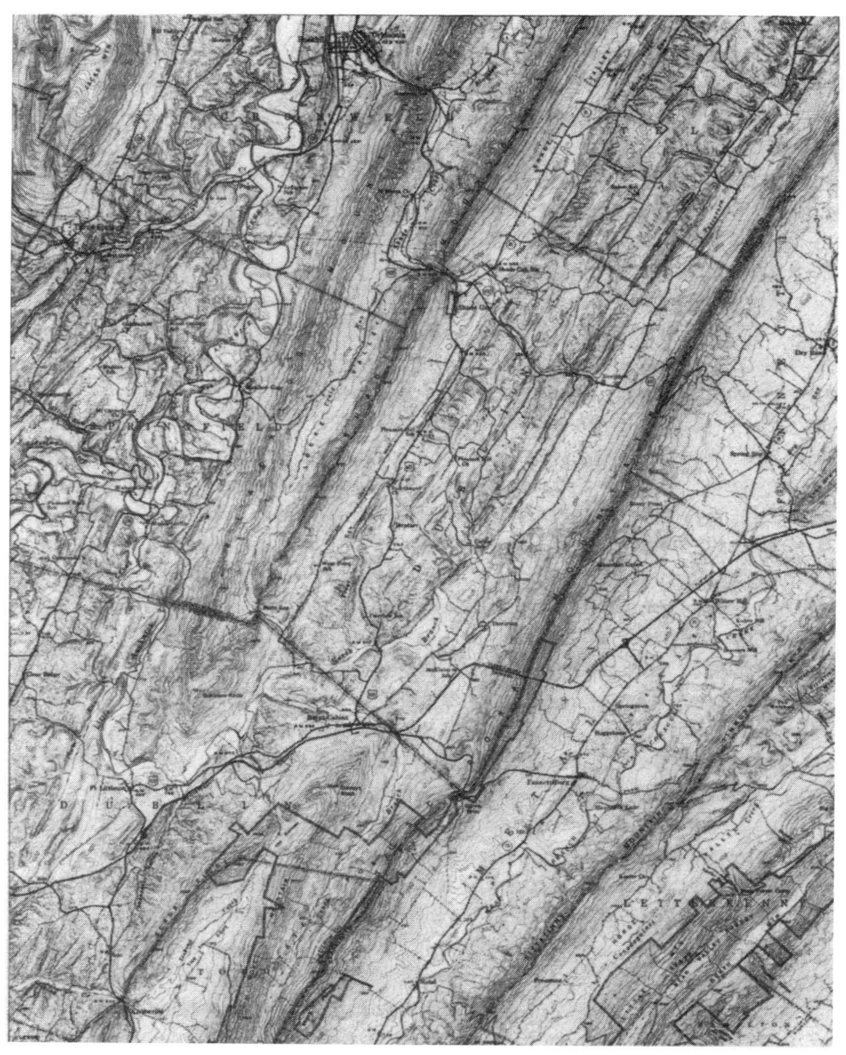

图 8.5　宾夕法尼亚州奥比索尼亚等高线地形图，由美国地质调查局制作，去掉了图例说明（原图比例尺为 1：62500，已缩小）。

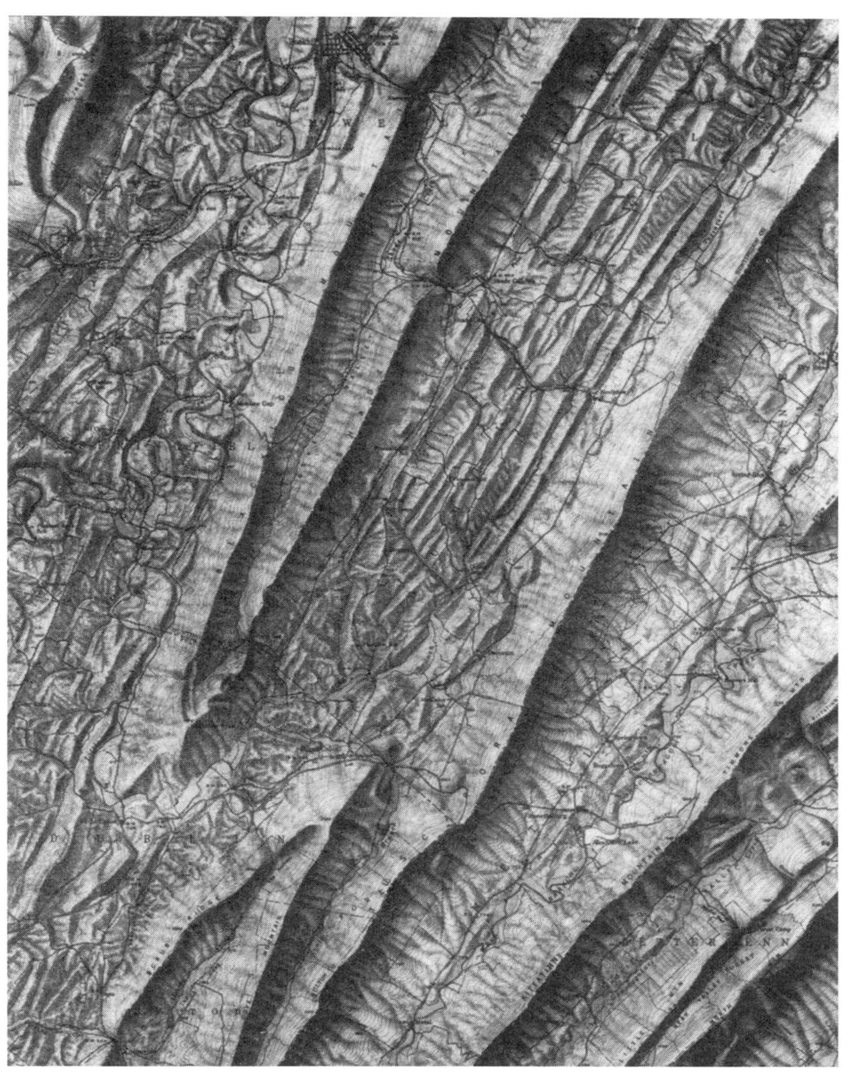

图 8.6　图 8.5 等高线图同一区域的晕渲法版本（原图比例尺 1：62500），美国地质调查局制作，去掉了图例说明（已缩小）。

制作的一个 7.5 分 ×15 分的地图系列中，等高线与海拔（高程点）都用米来表示。造成某些困难的一个原因是，USGS 与英国地形测量局的情况不同，它并不是美国制作国内地形图的唯一官方机构，许多政府机构
182 分担了美国的地形图制作职责。另一个问题是地形图制作往往由州所发起，其经费提供方式以分摊成本为基础。

如前所述，美国地质调查局成立于 1879 年，它是对美国西部干旱和半干旱地区的详尽考察与开发过程中卓越的测绘活动的成果。该机构的目的是“对地质学和美国自然资源的系统研究，以及……对公共土地进行分类。”[11] 因此 USGS 的基础与欧洲旧有的地形测量机构不同，那些机构的视野更严格限制在地理、地质和军事范围内。在地质科学大发展的前提下，USGS 在早些年里特别关注自然景观，这也与其建立的宗旨及名称相符合。例如，早期 USGS 地图对地形的呈现可归入当时世界上最佳的一类。与许多其他机构制作的地图相比，它对文化特征的重视程度较低。然而，由于大地上的人文景观越来越重要，如今的 USGS 地图拥有更丰富的文化内容，特别是在其 1∶24000 比例尺地图系列中。USGS 在靠近华盛顿特区的弗吉尼亚州雷思顿设有美国国家地球科学信息中心（ESIC），为美国及其各地区和产业提供地图、航片与大地控制方面的资料，另外十多个 ESIC 区域办公室和其他办公室则提供矿产和水资源信息。

当然，最新的满足工程需求的地形图并未覆盖全部地球陆地表面。[12] 通常情况下，欧洲国家的地形图制作精良。法国和英国都做了统一勘测，但由于上世纪（19 世纪）中叶以前的政治分裂状况，德国和意大利在统一之前并无由中央政府所控制的勘测活动。对这些国家来说，这种测绘问题产生的原因如今普遍都已克服。某些前殖民地区域的地形图覆

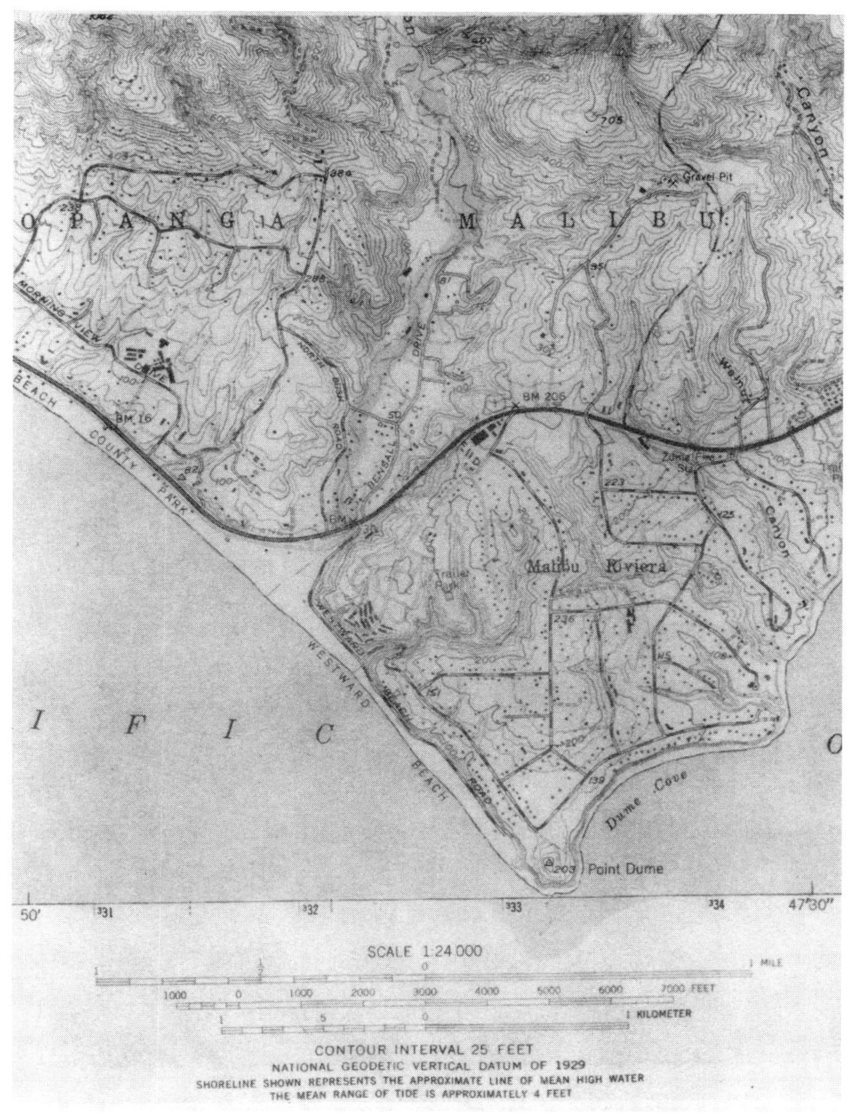

图 8.7　美国地质调查局制作的 1：24000 地形图，加利福尼亚州马利布梯形图幅的部分细节，某些图例说明位于图内廓线以下。

盖状况常常好得出人意料。例如，如今印度的地图制作状况明显好于中国。在第二次世界大战以后，英国和法国建立了帮助某些发展中国家制作地形图的机构，且许多西方私营企业致力于较小规模的制图活动。可以这样说，我们事实上并不真正了解一个地区（包括它的资源、形态、大小等），直到它被详尽绘制于地图上为止。[13] 此外，许多人类活动（包括汇编其他种类的地图）在没有好的地形图覆盖之前是无法完成的。

183 我们已经提到，地质图和土地利用图这两种地图从根本上依赖作为底图的地形图。详尽的地质测绘通常根据需要在小块底图上进行。一张地质图在展现大地时要将覆盖层（土壤或其他易碎物质）剥去，以揭示岩石地壳。在这种地图上，岩层的年代与类型通过一系列常规颜色和符号来表示。[14]（图 8.8）地质图是最为复杂的地图之一，但如前所述，人们也制作了关于大陆、次大陆和国家范围的简化和概要性地质图。此外，人们还制作了岩性图——它展现岩石的类型而非年代——以及土壤图，以满足各种经济需求（采石、农业等）。如今的地质图为了展现地质结构关系，往往附有特定的截面图或剖面图，就像最早的例子那样（参见第 7 章的图 7.1 和 7.2）。

如前所述，土地利用或土地覆盖图有着尊贵的血统。随着土地压力越来越大，出于生态原因，如今人们对此类地图有很大兴趣。近些年来的一个最为卓越的国家制图计划是由 L. 达德利 · 斯坦普教授（后来称爵士）指导下的英国土地利用调查，这个开始于 1930 年的调查计划的主要目标是“记录英格兰、威尔士和苏格兰每一英亩土地的利用现状”，以及“为未来的土地规划获得信息完备的公共舆论的支持。”[15] 许多在 1930 年代参与英国经济与环境规划的最重要的人物都涉足了这一计划，但它的田野工作主要由中学生在其地理教师的监督下完成。编绘图比

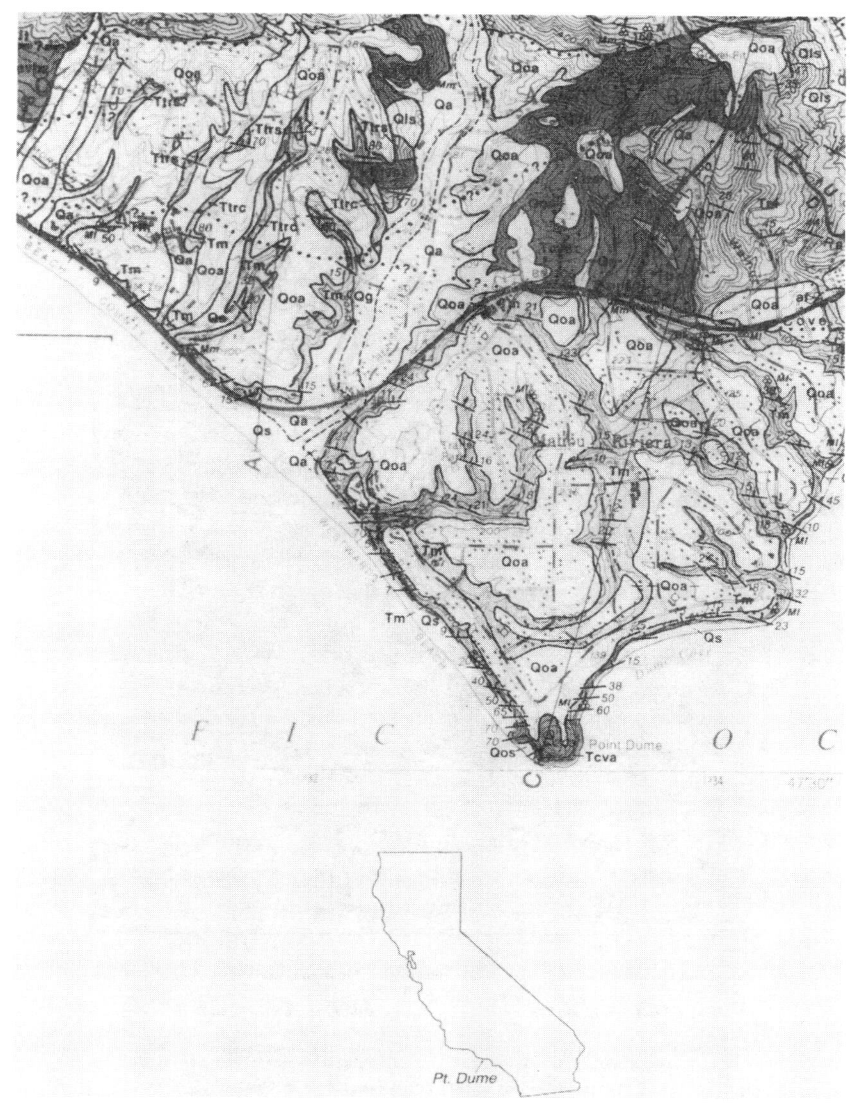

图 8.8　图 8.7 所示区域一部分的地质图细节，下图为定位图。

Specimen of a "One-Inch" map

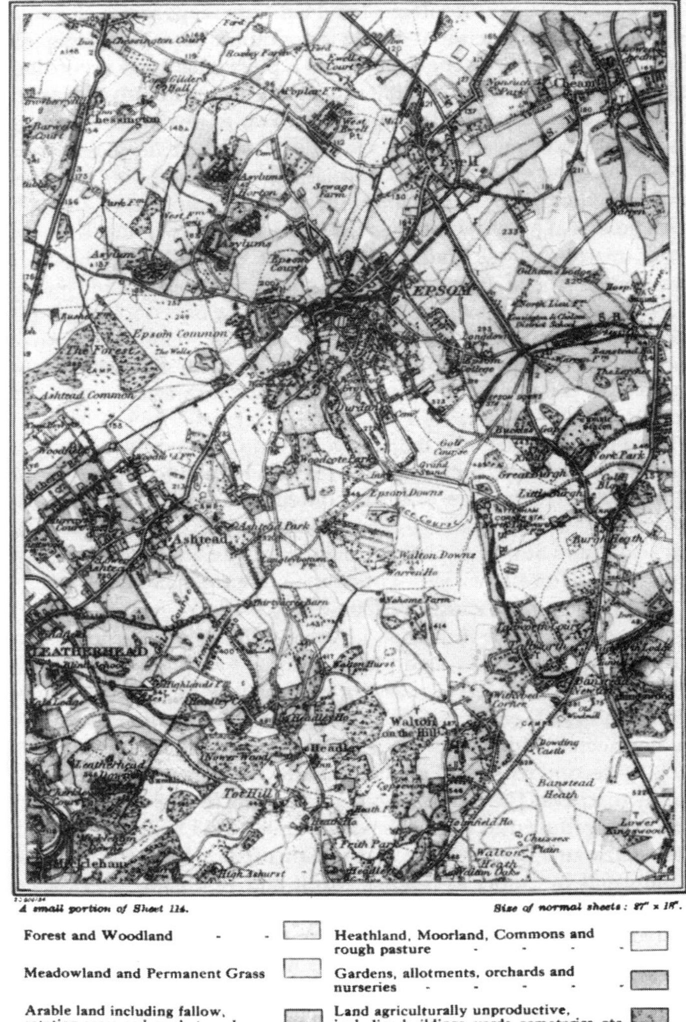

图 8.9　有图例的英国土地利用调查分幅地图样图（原图比例尺为 1∶63360，已缩小）。

例尺为图上 6 英寸相当于实地 1 英里；而分幅地图的比例尺则减小为图上 1 英寸相当于实地 1 英里（1∶63360），并印制在英国地形测量局同一比例尺的底图上（图 8.9）。土地利用状况以如下颜色描绘：森林与林地（深绿）；草场与永久性草地（浅绿）；耕地（棕色）；荒原（黄色）；花园与果园（紫色）；建筑物、庭院、道路等（红色）。这一配色方案如今已或多或少成为土地利用图的惯例，就像前面提到的地形图配色方案成为该类型地图的惯例一样。到了 1940 年，英国土地利用调查计划已基本完成，在第二次世界大战期间它被证明对英国农业生产的系统扩展有着巨大的价值。英国在土地利用图制作方面的经验产生了几个重要的结果：（1）它为比较过去和将来的土地利用状况提供了基础； 185
（2）它导致了英国更为详尽（1∶25000）的土地利用图制作活动；（3）它导致了国际地理联合会（IGU）建立了一个委员会，以将这一原则应用于其他国家，特别是发展中国家。大范围地区土地利用图的制作，是在几乎完全未利用卫星影像信息源的情况下完成的。[16] 关于其他分布状况和主题的地图，其中包括天气和气候、地质、土壤、林业、水资源、野生动植物、生态、考古以及城市和区域地理，则在制作中使用了遥感技术。为了理解这一技术是如何实现的，我们需要对各种太空计划做一个简要回顾。

正如很多发明一样，火箭及相关火药（炸药）推进剂在欧洲“发明”之前，就已经出现在了中国和伊斯兰。自中世纪晚期火炮在欧洲出现之后，中世纪城堡之内再也不是安全之地，由此造成了社会的变革。当欧洲的一些最聪明的头脑投入弹道学研究，火炮便适时地达到了相当高的精度。与此同时，人们在海岸边修建的新式要塞（其中包括一些卓越的规划），和在海中建造的战舰成为使用枪炮的基本平台。然而，直到很久之后，导弹的推力才大到足以在空中飞行相当长的距离，而将火箭用作获取大地影像的平台则是更久之后的事。很显然，它的第一次出现是在1910年，德国炮兵将一部照相机安装在火箭上（它应用了瑞典企业家和慈善家阿尔弗雷德·诺贝尔的理论思想），这标志着受控制的无人遥感的诞生。

在第二次世界大战期间，德国在V-2火箭技术上的经验获得了显著提升。大约在1945年，随着德国火箭科学家加入了初创的美国及前苏联的太空计划，外太空飞行由此成为可能。美国的这一计划由马萨诸塞州的罗伯特·戈达德（1882—1945）以及加利福尼亚州的西奥多·冯·卡门提出。从1960年开始，美国发射了TIROS气象卫星系列，并展现了气象图制作的巨大潜力，这是这项新技术所影响的第一个地图学领域。与此同时，苏联于1957年发射了人造卫星，于1959年获取了月球背面的影像，并于1961年将人类送上太空。此后的一年美国进行了第一次载人太空飞行，随后启动了一系列从太空中拍摄地球的行动——双子星计划（1965—1966）和阿波罗计划（1968—1969），其中使用了装载彩色胶片的手提照相机，随后又采用了红外彩色胶片
186（CIR），这项技术在第二次世界大战期间得到了完善。1969年7月，美国的阿波罗十一号行动使两位宇航员着陆在月球上，并获取了大量关于这一天体和地球的影像。

接下来的进展便是对我们这个行星的表面进行连续且广泛的监视，它最先在1972年由地球资源技术卫星（ERTS）完成。[17]另一个类似的无人卫星于1975年发射升空，且该项计划被重命名为陆地卫星。从那以后，陆地卫星以九天一次（当然还要取决于云层覆盖状况）的频率对地球表面（除了系统未能覆盖的两极地区）进行扫描。根据国际协

议，至少以四个多光谱波段向地球传送的陆地卫星影像可以为世界任何地方的使用者所使用。[18] 尽管它并非地图，但陆地卫星影像已经被人们叠加在地图上，或是在添加了注释后替代地图来使用（图 8.10），人们还用它对地图进行修订。更多传统的重叠垂直航片如今已被空间影像所取代，到目前为止它已经具备了提供立体视觉的最基本能力。法国的 SPOT 和俄罗斯的多个卫星计划生产出了质量非常高的影像，尽管它们与陆地卫星不同，没有对地球进行全方位持续卫星覆盖。

陆地卫星的一个问题在于其较低的空间分辨率——意即系统提供清晰图像的能力，但这一点并不妨碍它如人们所期望的那样应用于对陆地资源的监控，或是用来制作诸如国家地理协会的《太空望美国》镶嵌图。对于这种对大地的呈现是否是“真实”的，人们已经进行了大量无意义的争论，却回避了问题的实质。对于一个儿童来说，一件叫做地图的物体并不能对他起到地图应有的价值，但对那些能够认知地图符号系统的人来说，地图和影像所传递信息重要性的大小取决于阅读者的需求和理解能力。[19]

美国国家航空航天局（NASA）成立于 1958 年，从那时起它所实施的最为成功的行动之一便是关于大气层的。它在许多年间发射了大量地球同步卫星和其他种类的卫星，这些卫星有多种首字母代号——ESSA，ATS，GOES，NOAA。总的来说，这些远地卫星装载了类型多样的传感器——电视传感器、红外传感器、高灵敏视像管传感器以及雷达，它们为科学家提供了无尽的数据来源，通过它们可以更好地认知大气的运行机理，理解气候，以及预报天气状况。这些行动所生产的影像并不是严格意义上的地图，但人们为其中许多影像叠加了方格网、海岸线、政治边界，且往往添加了注释（包括数字和文字），使它们类似于地图。一 187

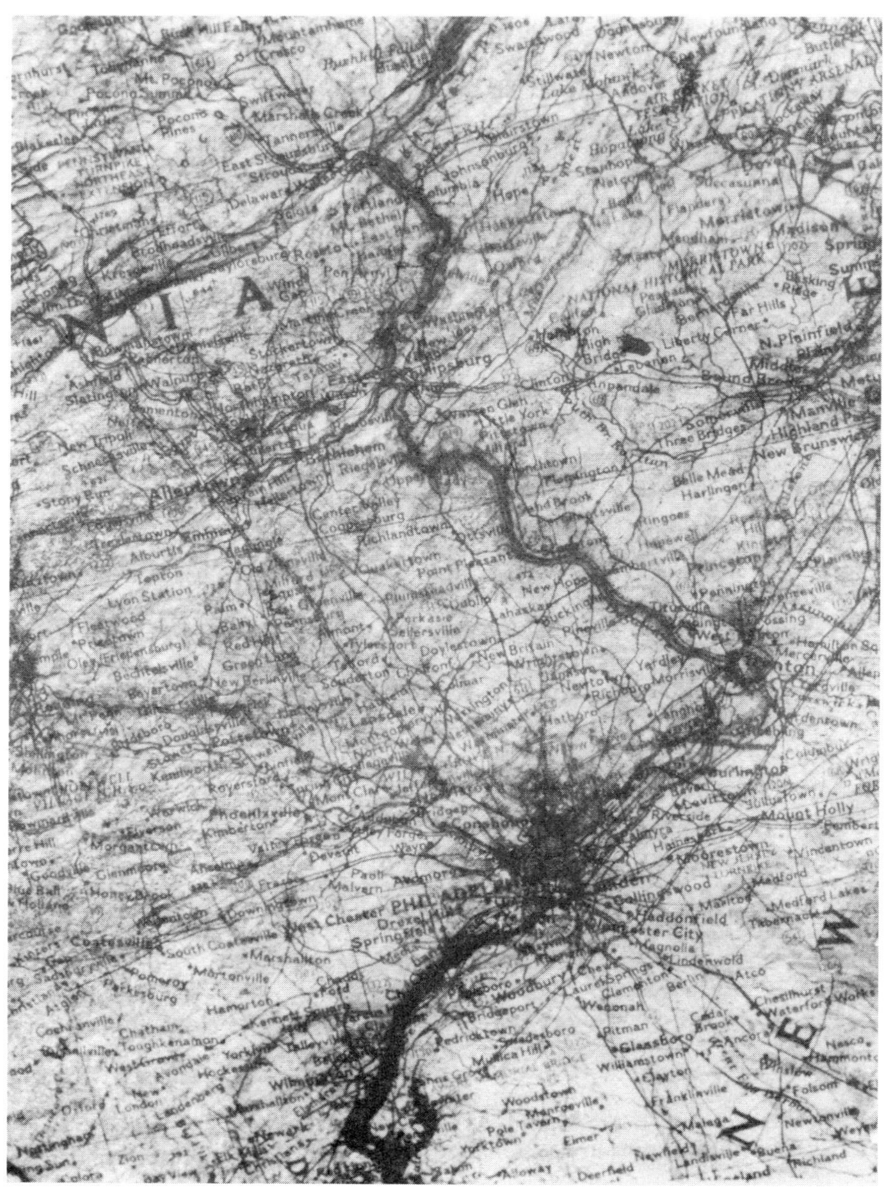
Mountainhome
Cresco
Mt. Pocono
Pocono Pines
Swiftwater
Marshalls Creek
Tannersville
Newton
Johnsonburg
Columbia
Hope
Stanhope
Succasunna
Flanders
Morristown
Madison
NATIONAL HISTORICAL PARK
Basking Ridge
Far Hills
Liberty Corner
N.Plainfield
Bound Brook
Manville
Highland Park
New Brunswick
Belle Mead
Harlingen
Three Bridges
High Bridge
Lebanon
Annandale
Clinton
Phillipsburg
Bethlehem
Allentown
Flemington
Center Valley
Coopersburg
Richlandtown
Point Pleasant
New Hope
Lahaska
Alburtis
Topton
Lyon Station
Fleetwood
Perkasie
Sellersville
Doylestown
New Britain
Souderton
Telford
Yardley
Morrisville
Newtown
Hatboro
Lansdale
Pennington
Hamilton Sq
Mercerville
Burlington
Levittown
Mount Holly
Riverside
Moorestown
Collingswood
Haddonfield
Gloucester City
Magnolia
Lindenwold
Medford
Medford Lakes
Tabernacle
Vindentown
Royersford
Phoenixville
Kimberton
Elverson
Morgantown
Honey Brook
Devon
Paoli
Malvern
Wayne
Ardmore
Downingtown
West Chester
Drexel Hill
Springfield
PHILADELPHIA
Coatesville
South Coatesville
Marshallton
Parkesburg
Pomeroy
Hamorton
Chatham
Toughkenamon
Avondale
Yorklyn
New London
Landenberg
Wilmington
Woodbury
Bridgeport
Swedesboro
Pedricktown
Mullica Hill
Wenonah
Clementon
Berlin
Atco
Pitman
Glassboro
Williamstown
Clayton
Franklinville
Woodstown
Pole Tavern
Yorktown
Elmer
Malaga
Newfield
Landisville
Newtonville
Richland
Folsom
Hammonton
Deerfield
Alloway
NEW

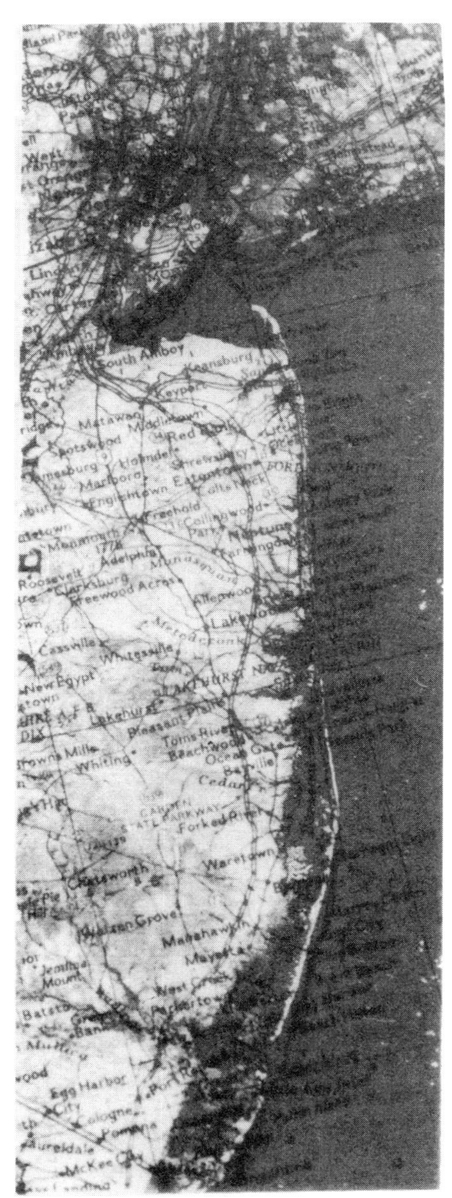

图 8.10　美国东部部分地区的陆地卫星影像，上面叠加了地图信息。影像上的平行四边形是由于影像扫描时地球自转造成的。

些此类信息通过电视天气报告（往往以动画形式呈现）传播给公众。

也许很多人最为熟悉的官方地图是每日天气图，它以简单的形式反复重印在报纸上。美国每日天气图的创立者为美国国家海洋和大气管理局（NOAA），即从前的环境科学服务管理局（ESSA）和环境资料局；以及美国国家气象局，即从前隶属于美国商务部的美国气象局。NOAA拥有超过12000个观测站，其中约有200个为一级站。这些一级站位于主要城市和机场，在其中工作的专业预报员以每日报告的形式提供气象信息。每24小时内，位于华盛顿特区附近的美国国家气象中心会接收到超过22000个每小时一次的地面报告，以及约8000个每六小时一次的国际地面报告，再加上数量较少的来自轮船、气球和其他来源的报告。这些数据通过无线电或电话线以缩写数字代码的方式传输，它们随后会被标注在地图上。图8.11所展示的每日天气图，是以1995年1月15日星期天美国东部时间7点整的观测报告汇编而成。

在讨论每日天气图的符号系统时，值得回顾的是，这种几乎惠及全国每一个人的设计是在经历了长期酝酿之后产生的。我们已经讨论过哈雷发明的风向图，洪堡将等值线在气候现象上的应用，以及蒲福的其他符号系统。最早的气候图将多种现象一同展现在图上，其中包括1840年代的美国人伊莱亚斯·卢米斯，以及1850年代的海军准将莫里所作的地图。这些地图表现了一段相当长的时期内天气状况的合成，它在这方面与作为天气状况“快照”的每日天气图不同。然而，如今天气图所用的符号却是从早期的气候图符号依照一套国际代码发展而来。例如，用箭头表示风向，用等值线表示气压（等压线）。箭头符号经过改进后，除风向外还能展现风速。这一点是依靠箭头上的“羽毛”来完成的，其数量和长度指明了以结为单位的风速。等压线（与海平面的压力之差）

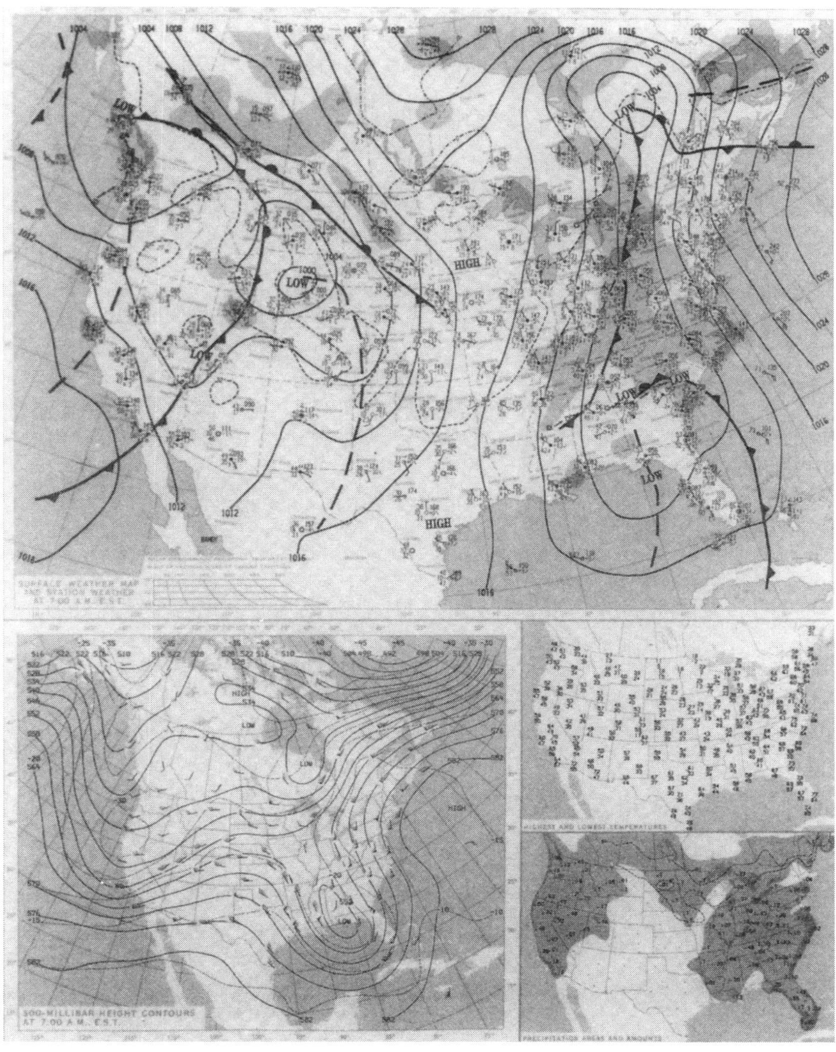

图 8.11　每日天气图信息汇总图表。

191 以4毫巴为间隔绘制，并注明高压和低压中心。其他线状符号则用来表现锋面——无论暖锋、冷锋、锢囚锋或静止锋——以及低压槽（用虚线表示）。气温、露点温度、云量和能见度数据，以及风和气压信息都以点状符号的形式描绘，分布在地图上的特定观测站的位置。面状符号用于描绘降水状况，并对雨和雪进行了区分。从理论上讲，每日天气图上可能出现的符号约有两百种，这是对符号进行精炼的杰作。成图以光电形式在华盛顿附近制作，再传送给各观测站。这些观测站拥有传真机和电脑终端，可以用来对原图进行复制。除了每天制作8幅天气图（每隔三小时制作一幅）之外，这些机器还制作预报图，关于高空大气的等高面图和等压面图，以及高空风图。[20]

一套连续系列的天气图可以展现气压区的通路、锋面以及风暴的生成和消散。为了让这些信息更形象，人们将三小时气象分析图和六小时预报图转录到胶片上，以制作延时短片。它揭示了一种更为静态的地图系列模式，但它却无法表现和代表迈向动画地图（将在下一章中讨论）的一步。每小时接收一次（在飓风等某些天气事件发生时其频率会更高）的卫星影像，如今以添加或不添加注释的动画形式使用，以阐明和追踪风暴的生成和运动状况。当我们意识到对这种动态模式的首次认识仅仅发生于美国内战时期（1853—1856），我们就能感受到在这一领域的进步有多么显著。

除了这些专门负责地图制作的政府部门，许多其他部门也设有重要的地图制作分支。在美国，许多联邦机构不仅生产满足自己部门需要的地图，也依照公众的兴趣制作专题地图。美国农业部和人口统计局制作的小比例尺全美专题地图，是此类地图中的杰出代表。美国农业部在支持专题地图制作方面有着悠久的传统，它的几位雇员，如奥利

弗·E.贝克（1883—1949）和弗朗西斯·J.马施纳（1882—1966）都应
当归入美国最卓越的地图学家之列。[21] 人口统计局经年累月出版的小比
例尺美国地图涵盖了类型多样的主题，它们以每十年一次的普查成果为
基础。它的一般分类包括人口、住宅以及收入，相对应的地图包括《都
市统计区图》和《城乡人口图》等。[22] 容易理解的是，人口地图（包括 192
种族、文化水平和健康状况）之于文化和社会研究的重要性，相当于自
然地图之于矿业、农业和工程。一般来说，自然地图比人类和生物主题
的地图更受政界的关注，但美国等国家的统计及其他政府部门制作的地
图，以挂图或作为参照图的单页地图藏品的形式在课堂教育中找到了重
要用途，这种状况也随之而改变。

和早期一样，在美国如今大部分地籍图与城市图制作由地方层面——县、建制镇、市等——来完成，许多地图记录以抄本的形式存在。对如今的城市和它们面对的紧要问题而言，这种状况尤其遭人诟病的是信息之间缺乏可比较性。许多年前就有人呼吁协调美国的城市调查与制图活动。有人指出，在一个特定的城市里，由于缺乏集中的地图交换中心，不同部门之间及私人对地图信息的需求往往导致严重的时间浪费。[23] 从那以后这种情形并未得到明显改进，而今则变得至关重要，特别是当两个都市区相互毗邻的情况下。政治、法律和财政方面的市政调查与制图工作更加需要这些活动之间的协调。有人提议，最最基本的措施应当是建立一个集中的城市调查与测绘机构，负责制定标准、对调查员与公众进行教育以及消除重复浪费的工作。在英国存在的问题则要简单得多，在那里 1∶2500（图上约 25 英寸相当于实地 1 英里）的大比例尺平面图有效覆盖了全国，某些山区和沼泽地区除外。不仅如此，英国拥有更为详尽的平面图（1∶1250），这种地图涵盖了所有市政边界、道路、

小径、公共建筑（标有名称）、房屋（标有编号），甚至还包括更小的建筑物。这些地图的印刷和及时更新是一项艰难的工作，但在英国（像其他地方一样）计算机简化了城市与其他区域地图制作中的很多步骤，特别是对地图的修订。此类数据目前也许只能以电脑输出的方式获取。

国家地图集是官方地图产品的精髓，它展现了国家的自豪与独立。如前所述，先后出版于 1899、1910、1925 和 1993 年的《芬兰地图集》通常被认为是第一套延续至今的真正的国家地图集。有时候很难界定一套关于一个国家、一些州、单个州或省的地图集属于官方、半官方还是
193 私人性质。一套地图集可能由政府部门资助，在大学里编绘完成，再由私人公司印制。无论如何，最近一些年里出现了数量越来越多的针对单个政治单元的地图集。其中一些针对特定区域中的某种特定数据，但更多的此类国家或州地图集包含广泛的信息，例如 USGS 的《美国国家地图集》（1970）。[24] 加拿大、法国等技术发达国家与肯尼亚、乌干达等发展中国家都出版了国家地图集。《芬兰地图集》中的地图涵盖了地质、气候、植被、人口、农业、林业、工业、运输、贸易、财政、教育、卫生和选举等各种各样的方面，以及政治历史数据和地理区域。这套地图集的内容也许可以作为优秀地图集的代表。自然而然，地图集会选取对表现特定国家最为重要的主题，我们不必也不能设计出对所有国家地图集来说都令人满意的格式。国家地图集中的地图质量参差不齐，这取决于人口普查数据的可靠性、制图者的巧思以及印刷工的技艺。许多国家——无论老牌国家还是新兴国家，富国还是穷国，大国还是小国——如今都以其国家地图集为荣。

对区域、州和省区地图集来说，以上许多观点也是正确的。商会、大学和政府部门同样经常共同参与此类产品的生产。因此，作为美国的

第一个此类计划，《南卡罗来纳州地图集》（1825）通过州议会授权，由私人编绘完成，最终以商业方式印制。[25] 越来越多的大学、商会与州和省政府也都参与到这项事业中。《不列颠哥伦比亚省资源地图集》与《安大略省经济地图集》是此类作品中的佼佼者。[26] 这两套地图集呈现了关于各自省份资源的丰富信息。它们可以为那些缺乏此类地图集覆盖，或没有足够地图集的州和省份起到示范作用。

在给这个讨论当代官方地图制作的章节做总结之前，我们应当再讨论一下天体图的制作。伽利略制作的天体图是这一领域中的先锋作品，我们还提到过赫维留与哈雷的天体图制作活动。这些科学家的追随者是一系列着迷于月面图制作的天文学家。月面图制作活动的发展过程可以看作是地理制图的缩影，尽管也有一些重要差异。大多数早期的月球图是以正射投影绘制的，在这种投影中，球体被从无限远处进行观察。弗朗西斯库斯·丰塔纳（1600—1650）制作的月面图就是这样的例子，他 194
也是第一个观测火星暗纹以及绘制火星略图的人。在这一时期，展现月球地形的常用方法是线条描影法，尽管赫维留在他的一幅地图中使用了“鼹鼠丘”。[27] 通用的月面命名法系统——以著名科学家等人物的名字为月面地物命名——是由让（乔瓦尼·巴蒂斯塔）·里乔利（1598—1671）于1650年代发明的，它很大程度上取代了赫维留以地球上突出地物的名字来命名的方法，尽管有些此类术语仍然在使用。[28] 和赫维留类似，里乔利以相交的圆展示了月球天平动（这种振动使我们能从地球上看到超过一半的月球表面）。让-多米尼克·卡西尼于1680年代制作的月面图，尽管颇具艺术性，但与赫维留的工作相比却并未在科学上展现出实质性的进步。

在18世纪，老约翰·托比亚斯·迈尔（1723—1762）使用一个千分尺测量了月面高程和位置，并为月球表面设计了一套赤道坐标网。朗伯（他在投影方面的工作见第六章）在月面图制作中使用了等角立体投影，它能让图上地物（包括外围地物）以最小的形变呈现。当然，远距离对地图主题进行观察具有明显的优点，对月面图制作者来说，这一点对月球朝向地球的一半总是有效。但直到最近地图学家们才通过飞机以及随后出现的卫星摄影，在地球图制作中获得了类似的优势。19 世纪两位最伟大的月面学家是约翰·H. 冯·梅德勒（1794—1874）和威廉·贝尔，他们合作采用三角测量法制作了一幅月面图，用晕渲法表现月面地形，而随后在同一世纪中艾蒂安·利奥波德·特鲁夫洛（1827—1895）则采用了双重或三重圆（地形线）法。这是向着等高线月面图迈出的一步，始于 1850 年的月面摄影使它成为了可能。将等高线法应用于月面学目的中的反对意见仍然需要克服，但这种方法与晕渲法相结合，或者在等高线之间使用分层设色，如今成为表现月球表面的常用方法。

近些年来，从最早的载人太空飞行，以及此前 1959 年 10 月苏联“月球三号”无人驾驶宇宙飞船传回月球背面照片开始，人们对月面图制作产生了极大兴趣。从前的科学家倾其一生独立制作一幅地图，而如
195 今这一工作则由大的官方制图机构中的地图学家团队所承担。例如在美国，从 1950 年代以来，USGS 以及其他许多制图机构和军事单位都活跃在月面图制作中。特别是为 1969 年 7 月 20 日人类首次登上月球所做的准备工作。无需将这些机构制作的所有月面图一一展示出来，我们就可以说，它们涵盖的范围从小比例尺单幅地图，到 1∶100000（例如现在隶属于 NIMA 的 DMA 太空中心制作的月球航空图），再到更大比例尺的多幅系列地图。如今许多不同于正射投影和立体投影的投影方式应用在

月面图制作中，包括兰伯特等角投影和墨卡托投影。它们的主题涵盖了地形、自然地理、地质构造、表面物质以及“地质学”。纯化论者反对将最后一个名称应用在月球岩相学中，而是采用了“月质学”这个表达方式。更多通用的名称，例如“宇宙学”和“宇宙志”也许会留存下来，令人欣慰的是，“地图学”、“海图”、“平面图”、“球仪”、和“地图”这些通用术语可以同等的应用于地球和地外现象。* 如前所述，多种技术已经应用在月球表面特征的表达中，包括晕渲法、等高线法、分层设色法等。就像地球图制作一样，彩色印刷方便了这些方法的结合。使用等高线法表现月球表面的一个问题是缺乏像地球上的平均海平面那样的“自然”基准面。一个靠近月球赤道的小环形山的中心点“莫斯汀 A”经常被用作等高线的垂直基准点，因此，人们用一个点而非一个面实现了这一目的。

月球之外的天体同样吸引了现代地图学家的关注。DMA 地形中心（它如今是 NIMA 的一部分）以许多天文学家的说明为基础，制作了一幅比例尺为 1∶10000000 的正射投影火星地图。USGS 制作了一套比例尺为 1∶500000 的《火星地图集》（其内容很大一部分是照片），以及关于同一行星的比例尺为 1∶5000000 的 30 张分幅地图。人们还运用遥感技术制作了关于木星（及其卫星）、金星和水星的详尽地图，这一技术首先被应用在关于地球表面的地图制作中。[29] 随着太空计划的扩展带来了更多更好的数据，预计此类地图制作活动还会增多。

我们用图 8.12 来阐明当今的外星地图制作。它出自比例尺为 1∶2500000 的 DMA 月面图，描绘了月球表面的一小部分，其中心位于哥白尼环形

---

* 以上这些术语的英文名称中只有地质学（geology）一词中含有 geo（地）这一词根，固有此说。——译者注

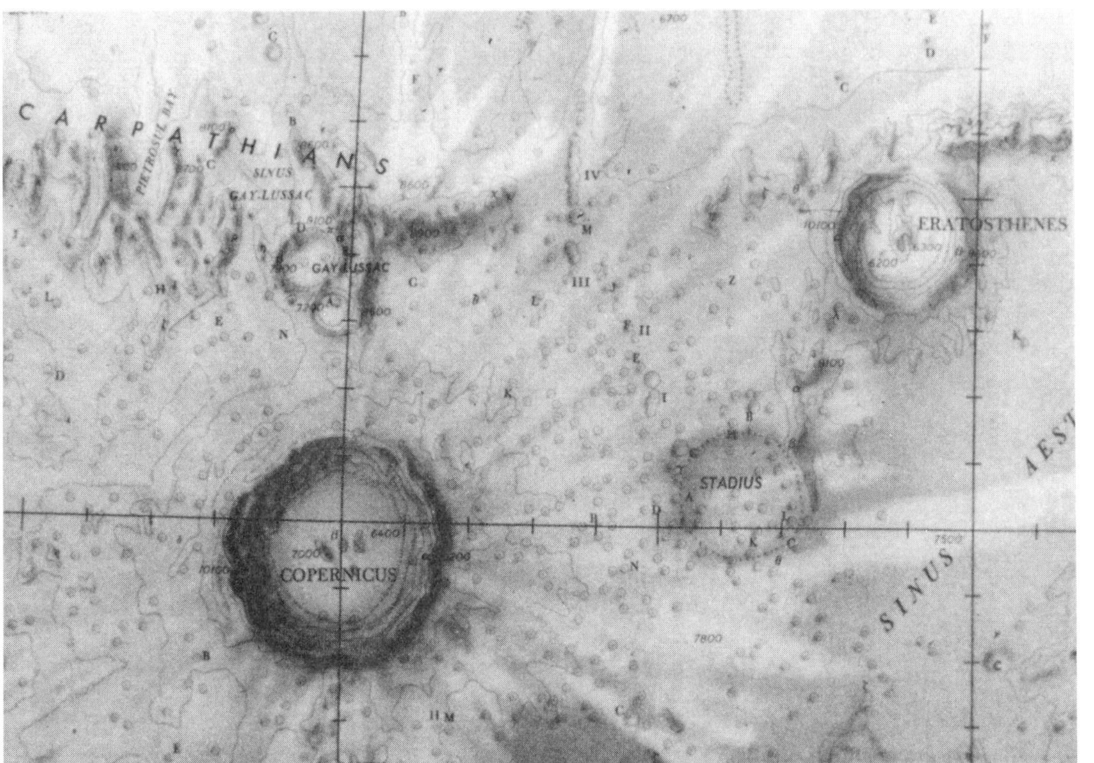

图 8.12　美国国防部制图局制作的一幅月面图中的一小部分，该机构如今叫做美国国家影像制图局（NIMA）（原图比例尺为 1：2500000，已缩小）。

山。它的地貌表现结合了等高线法和晕渲法。在较大的环形山处同时使用了常规等高线和洼地等高线，而小环形山则用一致的圆环标出。小于等高线间隔（一千米，其补充等高线间隔为五百米）的主脊用一系列点 197
状符号表示，就像斯塔迪乌斯环形山那样。图中用不同颜色来区别光照（无色）、环形山（黄色至棕色）以及月海（绿色至蓝色）。这张地图采用了以一个月面测量球体为基础的普通透视投影，地形数据则以立体摄影测量法获得。

20 世纪遭受了战争的折磨。战争刺激某些政府对地图制作事业进行资助，却延缓了其他国家的此类活动。因此构想于和平时期、应用于和平目的比例尺为 1∶1000000 的国际世界地图，深受国际冲突造成的国际合作缺乏之害，始终未能完成。在另一方面，世界航空图计划因战争的迫切需要而诞生，其愿望是用和 IMW 计划相同比例尺的地图来覆盖全球，却迅速而成功地完成。对飞机利用的增多，促使 WAC 计划得以实现，也为地图制作过程提供了便利。在世界的许多地方，利用了新的摄影测量科学的地形图正以不同的速度投入生产。有时候某个特殊的需求会对其产生促进作用，就像在田纳西流域管理局的勘测活动中，精确度极高的地形图因水文目的而制作出来，在这一制作中使用了多路传输系统（图 8.3 底部中间）。这些地图是表现其他种类的分布状况的基础，其中包括地质、土地利用和植被。在战争时期，多种类型和比例尺的地图被一些从前对地图毫无了解的人所使用。因此地图与海图的阅读技巧成为军事训练中的一个重要部分，并延续到和平时期的平民生活中。

20 世纪下半叶最为壮观的进步是俄罗斯（之前的苏联）和美国的太空计划。然而其他国家和联合体（如欧洲航天中心）或是如澳大利亚和英国那样与已有的计划合作，也在太空影像方面作出了显著贡献；或是如法国和中国那样发展自己的计划。不久之后，来自太空的影像就能有效改变我们关于这颗“蓝色星球”的视角。这种影像为更加传统的地图提供了补充，且易于以动态方式进行图解，例如电视新闻中变化的天气模式。太空计划也获取其他行星及其卫星的影像，地球并不是遥感活动的唯一目标。

现在我们可以回到地球上，考察一下在当代地图占主导地位的私营部门，并以此来结束我们对古往今来的地图学及影像的概述。

第九章　现代地图学：私人与公共机构制作的地图

尽管当今许多地图的制作过程大致属于政府机构的职权范围，如 198
前所见，但私人制图也是现代地图制作中一个非常重要的部分。简而言之，商业地图制作公司、地理学团体以及大学都致力于地图的研究，期望能支配非官方地图制作，尽管也有一些地图是由个人出版的。在某个地图学会议中，人们会遇到商业和学术团体的代表、自由制图者和政府机构的员工，以及其他着迷于地图的人。本书的目的是展现地图如何对社会与文化产生影响。因此在这一章中，将要探讨过去一百多年里私人与公共机构的制图活动，我们将把重点放在这门艺术的发展过程而不是现状（虽然它将成为未来的历史）上。因此，就像在前面的章节那样，本章内容包括制作于20世纪早期及中期的代表地图学发展阶段的地图，但它们不一定是“最好的”地图。对任何人类活动来说，某些杰出人物的成就会被人们模仿，但他们并不总是能推动后来者的进步，在某些时候甚至会迷住后来者的双眼，使其忽视其他有价值的方向。在过去的地图学领域就是这样，托勒密与墨卡托便是例子。尽管最近这种情况由于集体研究和多位作者合作的出现而减少，但它仍然在一定程度上存在。[1]

我们在第七章讨论了一系列地理学上的“第一名”，在 19 世纪，对这些第一名的追逐刺激了人们对某些难以到达的地区的制图活动。这种情况毫无间断地延续到 20 世纪。在几个国家（特别是英国）的航海家多次尝试后，西北航路（北美洲以北）在 1903 至 1906 年间由挪威人罗阿尔·恩格尔布雷克特·格拉夫宁·阿蒙森（1872—1928）完全打通。自欧洲人开始尝试取得这一地理学上的“第一名”后的 350 年里，
199 关于北极海岸不断增加的大量细节被一一绘制在地图中。阿蒙森在他的航行中判定了北磁极的精确位置（它在 1831 年被詹姆斯·罗斯大致定位过），尽管磁极会随时间在一定范围内移动。不久，凭借野外工作以及部分制图活动获得的关于南极大陆的地形知识，阿蒙森于 1911 年 12 月 14 日成功抵达地理南极点，早于他的竞争对手英国人罗伯特·福尔肯·斯科特（1868—1912）一个月，后者选择了一条比阿蒙森更长更艰难的路线，并与他的同伴在返回大本营的途中全军覆没。但是通过这两次远征，更多的南极地域第一次被绘制在地图上。阿蒙森最初正着手准备一次北极点探险，但当他得知这一地理学上的第一名已经被美国人罗伯特·埃德温·皮尔里（1856—1920）于 1909 年 4 月取得之后，阿蒙森便调头向南。对于皮尔里和非洲裔美国人马修·亨森是否真正到达过北极点还存在争议。然而，经年累月的科学工作（包括地图测绘）要早于这一北极探险活动的完成，就像在地球其他地方的那些地理学第一名一样。

20世纪中叶产生的一项第一名，是1953年5月29日埃德蒙·希拉里（后来的埃德蒙爵士）以及夏尔巴人丹增·诺尔盖登顶珠峰。这个高潮经历了长时间的酝酿过程，其中包括成功登顶喜马拉雅山的其他高峰、摄影术（包括航空摄影）、摄影测量和地图制作等方面，它们主要是由在伦敦的（私立）皇家地理学会的资助下完成的。一幅由皇家地理学会秘书阿瑟·R. 欣克斯和绘图员H·F. 米尔恩制作的1∶50000比例尺地图——即所谓欣克斯–米尔恩地图——被珠峰登顶计划所采用。随着此次登顶的成功，其他关于此地区的地图也被制作出来，包括由法国山岳协会制作的1∶50000比例尺地图（1954—1955），以及波士顿科学馆主管，美国人布拉德福德·沃什伯恩制作的1∶10000比例尺地图（1988）。后一种地图在描绘珠峰陡峭的特征时使用了晕渲法和等高线法相结合的办法，这是一种在描绘瑞士阿尔卑斯山的地图中使用过的方法。[2] 更多的科学制图活动在随后出现，包括专注于南极洲的1958国际地球物理年。

在对某些20世纪官方制图精华进行考察时，我们注意到，在某些情况下，我们很难对官方和私人制图活动作出明确的区分。出于同样的原因，一些私人制图活动进入了政府资助的范围，它是否还应当被认定为非官方行为就成了问题。政府（特别是国家政府）是今天科学活动的主要资助者，就像早期的个人尤其是统治者一样。通过这样那样的途径，政府资助了很多大学和专业团体的制图活动。这些机构通常拥有制 200
图人员，他们广泛参与到政府的和约工作中，特别是在国家处于紧急状况时。然而，从便利的方面考虑，本书关于现代地图学的章节被分为主要涉及官方制图和主要涉及私人制图的两个部分。在理想化的私人制图过程中，研究者开创一个计划，获得关于它的个人声望，并保持对此工作的责任，即便它可能会受到公共基金的资助。政府的制图工作有时会获得特殊声望，但按一般的规则，此类计划是相关部门的责任。这对地图文献目录有一个重要影响：在从前和理想化的情况下，被列入目录的是某个个人，而现在这种情况通常不可能发生，而是变成了商业公司、团体或政府部门。[3]

除了发表在其期刊页面中的地图，众多私人地理学团体还偶尔为读者提供折叠状的地图活页，其规格比杂志页面要大。这在欧洲有着深厚的传统，而美国的《地理评论》、《美国地理学家协会纪事》及《国家地理》杂志等都提供地图活页。国家地理协会将制图重点放在其举世闻名的政治地图上，此类地图会用专门设计的独特风格的字体来标注大量地名。除此之外，NGS 的地图产品还包括大量专题地图活页，内容涵盖民族志、考古学、历史学、生物学、海洋学、天文学及其他领域。[4]联系到“官方”地图制作活动，我们已经讨论过美国地理学会的《千年尺度的西属美洲地图》。该学会于 1950—1955 年间出版了另一个著名的地图系列，展现了霍乱、登革热、黄热病、麻风病、疟疾、瘟疫、脊髓灰质炎等传染病的全球分布状况，这是雅克·梅博士的成果。[5]这些地图继承了由斯诺博士等人在 19 世纪的工作所开创的医学地图制作的伟大传统。美国地理学家协会于 1958 年制作了一个地图活页系列，它的目标是提供一种比它所出版的杂志，即《美国地理学家协会纪事》规格更大的地理数据的出版方式。[6]从那以后这套地图已经囊括了许多主题，包括“锡金王国”、“印第安人土地转让”、“马格里布人口密度”等。

201 由私人团体和个人制作的单张地图与其他地图通常没有特别的联系。它们往往是成年累月钻研的结晶，而且它们的主题往往无法被其他地图所涵盖。熟读某些期刊的过刊可以知晓这种地图的种类、质量和范围。就像我们将要欣赏的，这些地图发挥了有价值的功能，因为它们展现的各种分布状况是在期刊页面上不能充分表达的，它们是对其他机构的制图活动的补充（而不是复制）。总的说来，这些团体的地图产品让人印象深刻，类型多种多样，而且在本质上往往具有实验性。在专业团体的支持下制作的单张地图描绘了人口统计、民族、语言、地质、生物地理、医学、历史以及种类繁多的其他分部状况。

为了阐明这种类型地图的制作，图 9.1 是一个小例子，它是本书作者所作的一幅加利福尼亚州人口地图。这张图是《美国地理学家协会纪事》出版的活页地图系列中的一张，也是国际地理联合会世界人口地图委员会（之后更名为世界人口地图与地理委员会）成果的一部分。[7] 这张图使用了面状符号，以及用来表示城市的空心圆，其大小与城市人口数成正比。表示五十个单位人口的点状符号则用于农村地区。点状符号的数值、大小和位置都向地图学家提出了特别的问题。在这幅图的原件中，都市区域用红色（粉红）渲染，使用红色点状符号表示乡村人口，而城市的空心圆和文字则使用黑色，以及使用浅黄色的晕渲地貌背景，以此来辅助展现人口的集中和分布。这张图尝试解决人口分布图的一个中心问题，即在同一张图上表现城乡之间人口密度的巨大差异。对于这个独立制图占主导的尝试，图中的晕渲地貌背景是由美国地质调查局在适当的许可和信任下提供的，它再一次展现了私人地图制作活动对政府制图的依赖。

除了图 9.1 所展现的这种二维符号，拟三维符号——包括球形符号（由著名瑞典地理学家斯滕·德耶尔发明），立方体符号等——同样被广泛应用在人口和经济地图制作中。然而，一项心理测验显示这些仿体状符号“仅仅影响到人们的感知区域”以及“并未有效产生其期望的

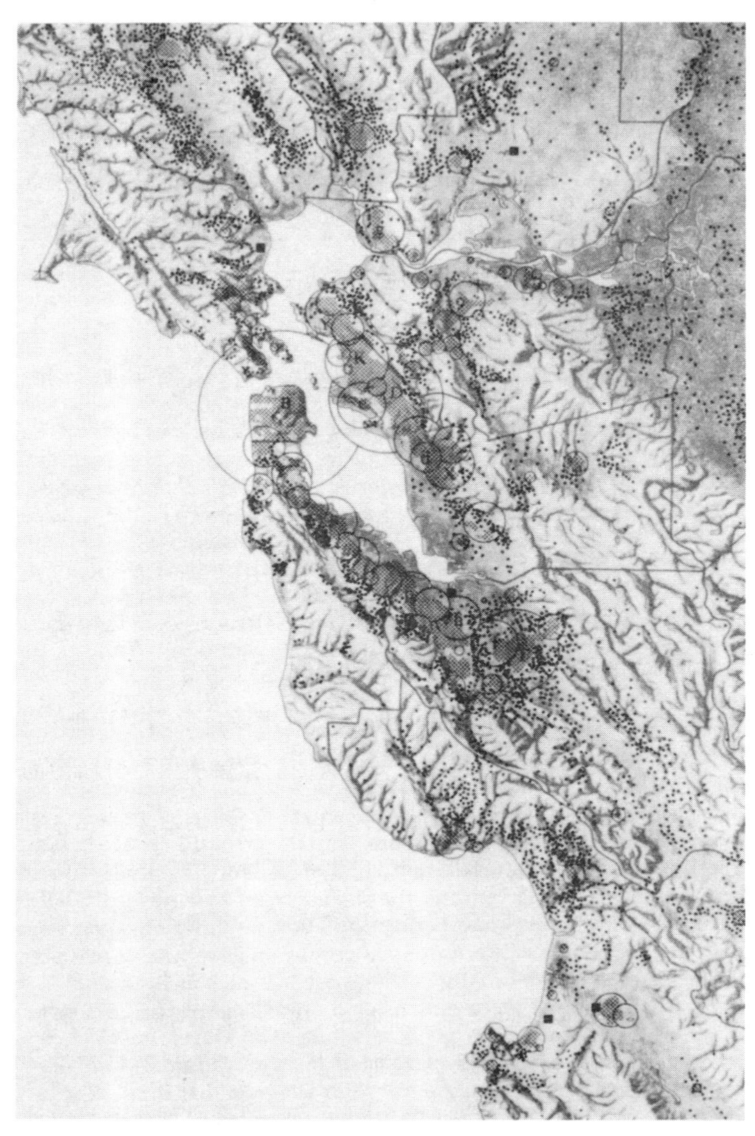

图 9.1 《1960 年加利福尼亚州人口分布图》的一小部分，本书作者所作，重点位于旧金山地区（原图比例尺为 1:1000000）。

立体印象”。[8] 大量其他种类的符号（包括分级模式符号、圆形符号、点 203
状符号等），以及图形和背景的关系及颜色，都经受了人们严密的分析。从历史方面讲，地图制作方法在自然科学上的应用要比在社会科学上的应用发展得更加充分，但现在后者也受到了很大重视。[9] 这种发展顺序符合科学发展的一般过程，即相对于那些关于人类自身和人类生活（特别是心理学）的系统研究，总体上自然科学会更早达到高度复杂的程度。

随着人们对涉及文化特征的地图制作更加重视，对符号进行心理测量的重要性也得到了更深的领会。从前人们猜测地图学家知道如何用符号沟通，但是随着旅行速度的增加，以及地图在电视屏幕上仅仅以非常短暂的时间呈现，这一点就越来越成为问题。此外，地图也经常为文盲所使用，或是使用者无法读懂某张特定地图上语言文字的含义。因此，图形符号的性质和质量是地图学中最为重大的问题，它作为视觉语言替代（或者至少在很大程度上补充）口头语言。人们设计符号，将其用于从农业到车辆控制的许多种人类活动中，其中也包括地理学。实际上所有用在地理学中的符号都是地图符号，我们在前面的内容中已遇到过很多——线状符号，特别是道路、边界、河流和等高线；点状符号，包括聚落、住宅以及其他建筑物；还有面状符号，比如冰川、湖泊和植被。这些符号可以更进一步分为数量和质量符号，静态和动态符号，最后一种符号往往用箭头或运动线来表示。[10] 正如我们已经看到的，人们尝试将图形符号国际化，包括用在地图学中的符号，但这种努力尚未被完全接受。不同地图制作公司和机构之间使用的符号仍然存在很大差别（如颜色的使用）。[11]

当我们走上“信息高速公路”，符号语言就变得越来越重要，并受到了国际性关注。近些年出现了范围异常广泛的涉及交通问题的地图，但是其中有很多只被专业人士所知晓和使用。[12] 另一方面，运输地图是最为人熟悉的地图产品之一，用于公共交通（公交、火车、地铁）的地图通常会具有图解化或概略化的特点，仅仅强调能解决出行者当务之急的某些特征（如停靠站点）。[13] 我们已经讨论过作为 19 世纪一种重要地图类型的铁路图。它延续到了 20 世纪，但是随着其他运输方式补充进
204 来，并在旅客运输方面替代铁路，新的地图类型便出现了。在 20 世纪，语音向导和自行车地图变得重要，与其共同繁荣的是为驾驶员服务的地图，在一开始这些人也许只能行驶到离家几英里远的地方。当美国国会于 1926 年决定建立一套联邦编号公路系统，地方性的地图便被新的地图所取代，这些地图展现了当时最新的国道，和随后在美国出现的州际高速公路（限制使用的道路）以及欧洲和其他地方与此对应的道路类型（干线道路、多车道高速公路、汽车高速公路）。

随着交通图变得越来越普及，它的特点发生了变化，覆盖的区域从局部地区变得越来越大，其内容从相对普通变为具有明确针对性的主题。如今最为公众熟悉的单张地图可能是汽车路线图，特别是在美国。在这个国家，如今每年有超过 2 亿张此类地图售出，主要销售者为石油公司。道路图的祖先可以追溯到最早的地图制作活动，但是现代公路图是本世纪（20 世纪）的产物。美国州际公路委员会和汽车协会是道路图的重要生产者，在某些国家，轮胎公司则是公路图的主要供应商。但是依照美国道路图的出版数量，石油公司自从 1919 年免费分发地图开始就是该领域的支配者。这一免费分发方式从 1970 年代末期之后不再延续，因为地图会被用来做垫野餐桌之类的用途而未能得到充分利用，这对地图制作来说有很大的负面影响。如今此类地图每张平均售价为 2

美元，这样人们就不会再将其随手扔掉，而是用胶带修补以延长其使用寿命。同样，随着更多制作者的产生，以及道路的不断延伸，美国道路图的符号系统发展到今天我们所知的样子。最终三家私人地图公司支配了美国公路图的出版，它们至今仍然控制着这项生意的大部分份额。然而，最近有一些小的地方性和区域性公司进入这一领域，生产地图和图集（通常由计算机制作），特别根据它们服务的团体和客户的需求量身定做。

关于公路分类和其他重要元素的基本符号系统早在 1920 年代就已出现，从那以后在公路图设计领域内的进步相当大。彩色印刷和薄膜刻图技术，以及文字和图案预印（这一技术如今被计算机方法广泛取代）都在道路图生产中得到应用，并获得了显著成功。图 9.2 展示了由美国各州公路工作者协会推荐的公路符号，以及它们在芝加哥部分地区的应 205
用。然而，这些推荐的符号并不总是被地图出版者所使用，不同道路图之间的差别仍然很大。在这个样本中，并未展示诸如带图例和坐标系统的街道列表，图上地区间距离的表格，以及大比例尺和小比例尺的套印小地图等地图特征。由于持续不断的改进，当代美国公路图通常是其覆盖范围内的道路、边界和地权的最准确信息源。然而，道路图经常缺乏对地貌的表现，再加上其他一些原因，导致其不能取代地形图作为关于陆地景观的一般信息源。[14] 根据预测，公路图可能终将被电子地图大范围取代，如今生产的车辆已经装载了光盘驱动的道路图和全球定位系统（GPS）。后者能够让操作者通过免费接入由卫星（特别是导航卫星）发射的电子信号，收集对地图制作和导航有用的地物信息，这些卫星在大约一万九千公里的高度围绕地球运转。通过同时锁定至少 4 颗卫星，就能在几秒内获得地球表面任何地点的可靠位置（包括高度，经度与纬

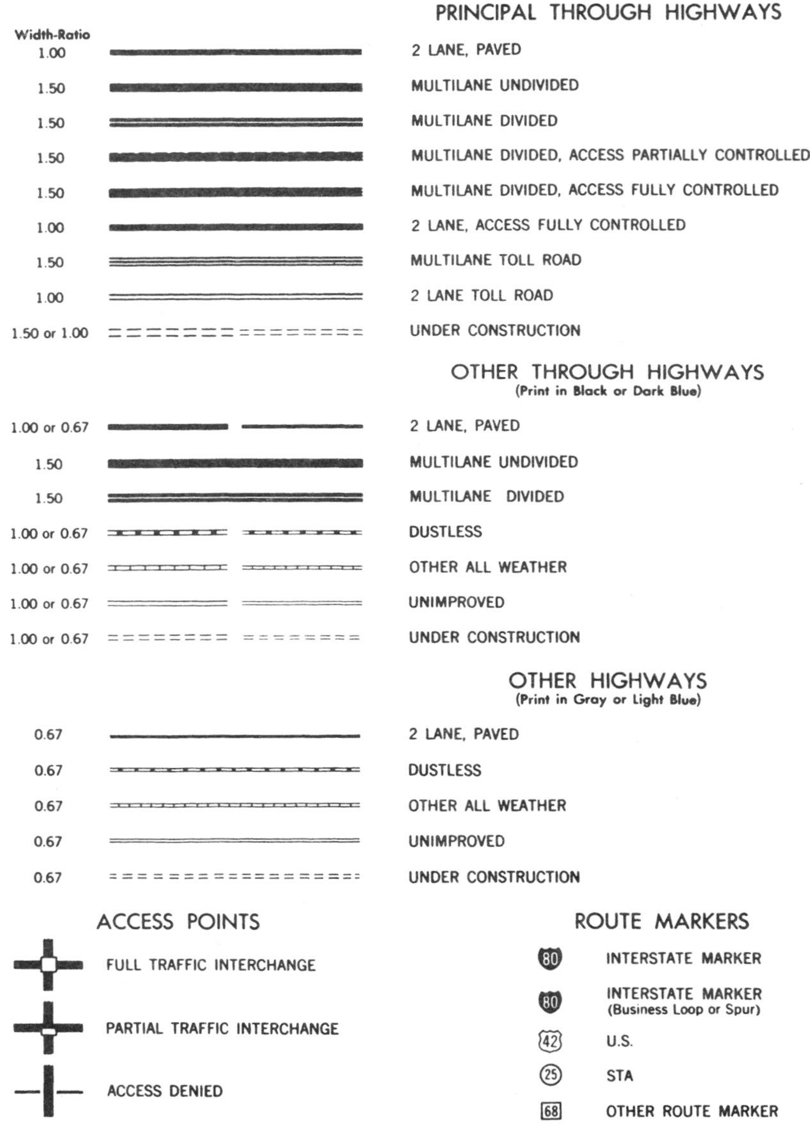
PRINCIPAL THROUGH HIGHWAYS
Width-Ratio
1.00
2 LANE, PAVED
1.50
MULTILANE UNDIVIDED
1.50
MULTILANE DIVIDED
1.50
MULTILANE DIVIDED, ACCESS PARTIALLY CONTROLLED
1.50
MULTILANE DIVIDED, ACCESS FULLY CONTROLLED
1.00
2 LANE, ACCESS FULLY CONTROLLED
1.50
MULTILANE TOLL ROAD
1.00
2 LANE TOLL ROAD
1.50 or 1.00
UNDER CONSTRUCTION
OTHER THROUGH HIGHWAYS
(Print in Black or Dark Blue)
1.00 or 0.67
2 LANE, PAVED
1.50
MULTILANE UNDIVIDED
1.50
MULTILANE DIVIDED
1.00 or 0.67
DUSTLESS
1.00 or 0.67
OTHER ALL WEATHER
1.00 or 0.67
UNIMPROVED
1.00 or 0.67
UNDER CONSTRUCTION
OTHER HIGHWAYS
(Print in Gray or Light Blue)
0.67
2 LANE, PAVED
0.67
DUSTLESS
0.67
OTHER ALL WEATHER
0.67
UNIMPROVED
0.67
UNDER CONSTRUCTION
ACCESS POINTS
FULL TRAFFIC INTERCHANGE
PARTIAL TRAFFIC INTERCHANGE
ACCESS DENIED
ROUTE MARKERS
80
INTERSTATE MARKER
80
INTERSTATE MARKER
(Business Loop or Spur)
42
U.S.
25
STA
68
OTHER ROUTE MARKER

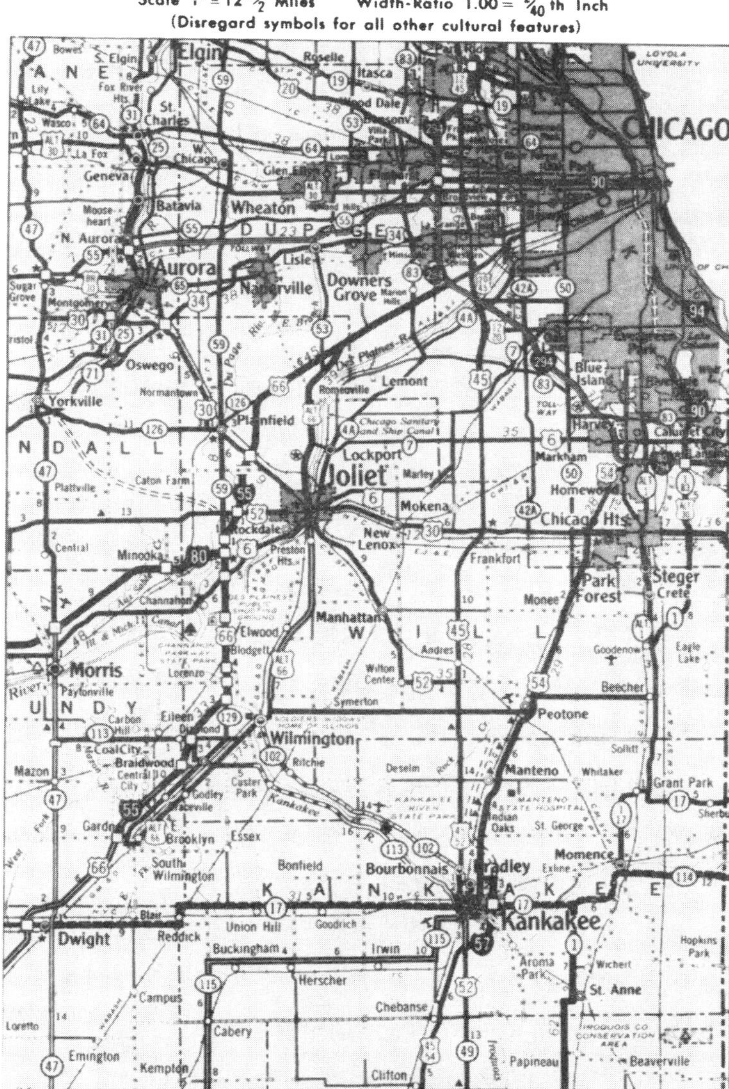

图 9.2 美国各州公路工作者协会推荐的公路图常规符号。

度）。单次操作手持工具的精度在 1 到 5 米之间，如果将工具安装三脚架上长时段操作取平均值，其精度能达到几厘米，这是一个可以用于检测地质运动和进行大地测量的量级。车用电子地图可以是线性（高速公路带状地图式样）或面状的，比如《德洛姆美国街道地图集》，它能在电脑屏幕上显示出一张关于这个国家任何道路的地图，并附上它们的邮政编码（ZIP）。某些系统还能以电子形式提供小区域的街道地址和个人电话号码。

随着空中旅行变得越来越普及，航空公司致力于为其乘客提供引人入胜的地图。哈尔·谢尔顿的地图是此类地图中的卓越作品，他以宏大的美学诉求制作了“天然色”地图。谢尔顿完善了这种展现地貌的方式，在其中颜色并未用来表达高度，而是用来指示地表的预期色调，特别是处于生长季节顶点的植被。这一方案再加上明暗渲染，为空中旅行者提供了一种引人注目的图景，其形象宛如大地的本来面目，因此谢尔顿的地图被航空公司广泛使用。这种地图上通常叠印了飞机的大致路线。当然，这些路线并无对陆地景观的有形表达（除了航站楼和跑道）。同样无法从地面上看到的水下电缆、地下管线以及洞穴也都是专题地图
208 的主题，它们有时候会相当复杂。然而，此类地图就像它们所展示的通讯设施，经常只被工程师和其他有参考需要的专业人士使用。而在好莱坞有关于明星住所以及坟墓的地图。

自地图产生以来，道路就是其特征之一，地形表现也是如此。我们已经看到，在地图学史上，大部分时候山峦是如何表现为剖面图或四分之三侧视图的，这与它们所在的地图的俯视视角形成了反差。我们还讨论过关于平面正确的地貌表示法的相当晚近的发展，例如定量的等深线和等高线法，以及更加定性的晕滃法和晕渲法。地文图和地势图自 20

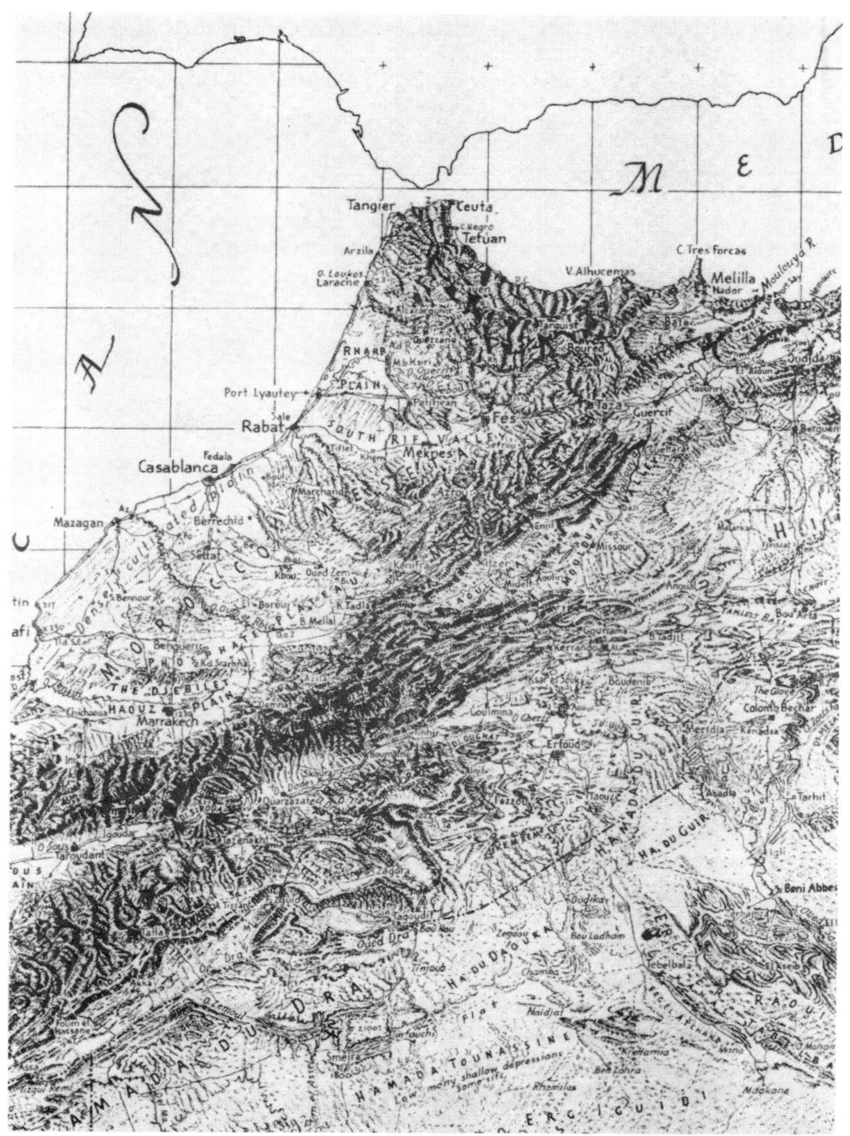

图 9.3　欧文·J. 劳伊斯制作的北非地形图的一小部分。

世纪中叶开始在美国流行，表现了一种复古的、几何化的早期地图学，尽管对于它们丰富的信息来说，其最好的范例是在平面不正确的地形表现方面相对于早期工作的巨大进步。威廉·莫里斯·戴维斯的追随者在本世纪（20世纪）将框图的表面符号应用在地图的底图上，创造出一种有用且易懂的关于某一地区的图画。道格拉斯·约翰逊（1850—1934）等人使用了这种技术，它在阿明·K. 洛贝克（1886—1958）的地文图和欧文·J. 劳伊斯（1893—1968）的地势图（图9.3）中达到了很高的水准，洛贝克拒绝在其地文图（physiographic diagram）中使用"地图（map）"这个概念，因为关于这种地图底图的地形视图是不连续的。洛贝克的地文图更多地用于教育目的，而劳伊斯也将其地貌图用于此种目的，以及作为图书的插图。尤其难以被人简单复制的是劳伊斯描绘地貌的能力，他并未留下大量成体系的传人。

地貌透视图与地图的俯视视角之间的矛盾，是许多地图学家的困惑之源。当然，其最基本的问题在于地貌符号并不是平面正确的，且随着地图尺度的增大而愈发成为一个问题。在一个阐释地表外形亮度的尝试中，九州大学教授田中吉郎发明并应用了关于平行斜面的迹线，或者如他所称叫做"倾斜等高线"。[15] 田中用一个相当简单的技术，将水平等高线变为在某个表面上相互交叉的平行斜面的迹线。田中所使用的迹线由45度倾斜平面生成，图9.4展现了平面等高线、剖面线和斜面迹线之间的关系。正如田中以及其他评论此技术的人所认为，由一系列45度
210 平行斜面迹线描绘的地图拥有许多有争议的特点，其中包括1，地貌展现得太过扁平；2图面总体比较黑，给套印造成困难，以及3，反视立体（倒像）效果。在1950年代中期，亚瑟·H. 罗宾逊和本书作者对与水平面夹角非45度角的平面迹线进行了实验。[16] 他们用迹线对形象进行

描绘，发现无论采用什么角度，都能保留其正确的平面几何性质。如果采用与基准面夹角小于45度，就能克服前两个缺陷，而第三个缺陷则通过在假设的光源一边描绘较少的迹线（或者与此相反，在光源一边绘制较多的迹线）就能解决。于是便产生了一种平面正确的表现地貌的方法，用这种方法实际制作的地貌类型图，其比例尺可以比从前可能使用的比例尺更大。（图9.5，本书作者所绘）这种地图可以直接将垂直航片和其他地图上的信息叠印其上。该方法比地文法更加客观，更易于学生理解。并已经计算机化。

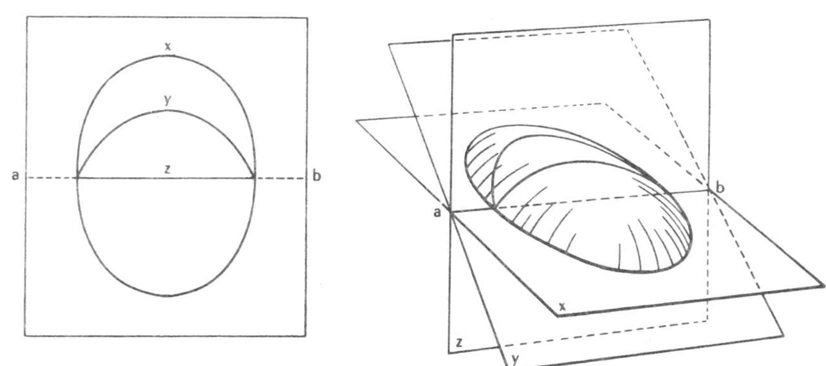

图9.4　以二维和模拟三维形式展现的等高线（x）、斜面迹线（y）和剖面线之间的关系。

除了以上讨论的方法之外，三维形象在地图学中实现的途径还有许多。我们已经分析了地形图中的晕渲法。在理查德·E. 哈里森的地图中，这种技术已经拥有了在地理尺度中的一种相当有效的应用方法。[17] 哈里森（1901—1994）是一个训练有素的艺术家和建筑师，并对地貌描绘感兴趣，他绘制了非常小比例尺的透视图类型的地形图。其中许多图 212
使用正射透视投影，以不寻常的视角展现了球面上的陆块，但他在后期的许多作品则采用俯视视角。后者的一个例子是对大西洋海底地形的描

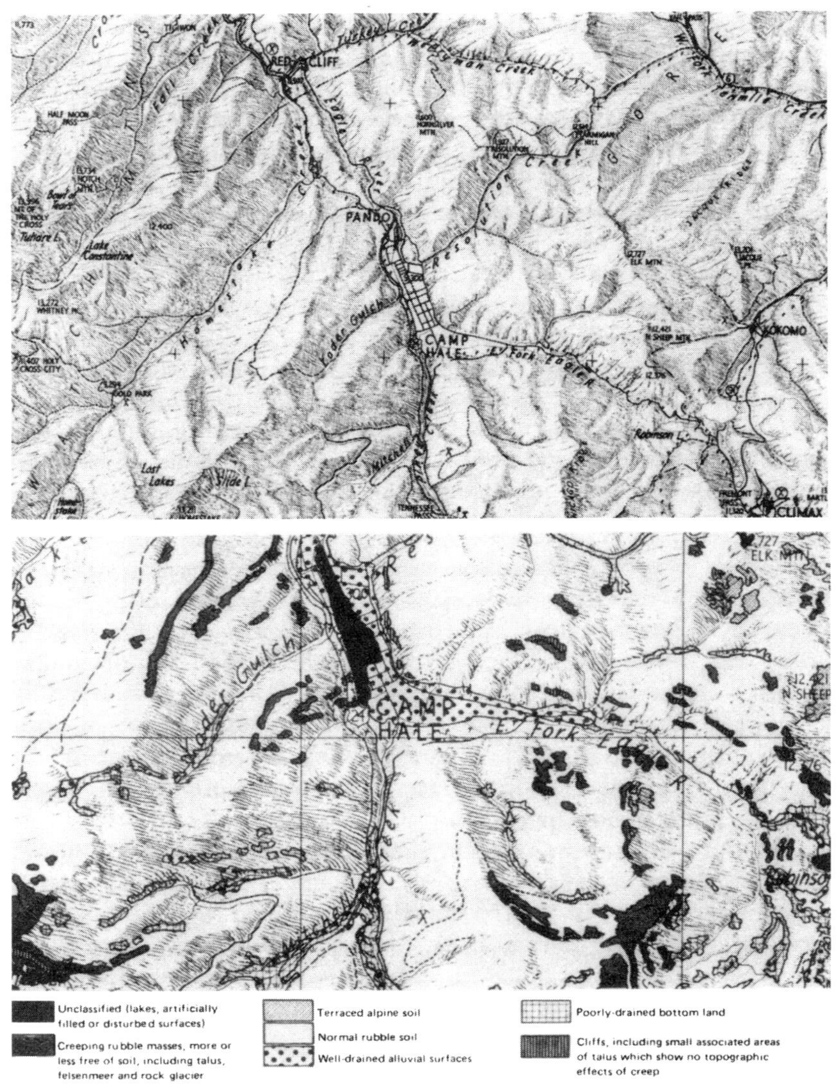

图 9.5　上图为用作底图的地形图的中心部位，为本书作者用斜面迹线法绘制，展现科罗拉多州落基山的一部分（原图比例尺为 1：50000）。下图为用大比例尺描绘的上图的部分地区，上面叠加了特定的地表信息。

绘，图 9.6 的大西洋中脊是其中众多地物特征中的一个。这幅图的原图为彩色，许多图上信息在黑白复制过程中丢失了。如前所述，阿尔卑斯山区国家有很强的地形图制作传统。瑞士地图学家，特别是 20 世纪的爱德华·伊姆霍夫，用晕渲法和空间透视对地形制作出了极好的展现。其中用暖色来表示高海拔，而冷色则用于表现低海拔地区。[18] 摄影术和等高线补色立体图（合成立体图像）在法国的《地貌形态地图集》中的应用获得了巨大成功。[19] 尽管很难将它们归类为地图，如今人们能够利用种类繁多的浮雕（触觉）地球仪、地球仪切块以及地形模型。曾经在一段时期内它们通常用石膏制成，上面往往绘以逼真的颜色，但是如今其他材料（特别是塑料）得到了应用。这些新材料使浮雕模型变得更轻，更容易制造，但并未解决此类直观教具天生的存放难题：用来存放一个模型的空间可以存放许多地图。浮雕模型的另一个主要问题（本质上也是剖面图的问题）是，这些装置为了显示出逼真的外观，应该在垂直维度上夸大到何种程度。[20] 由于人们倾向于认为地面海拔高度比其实际高度高很多，因此除非在垂直方向上加以夸大，否则模型和剖面图看起来就会过于扁平。（见图 7.2）针对盲人的一个非常特别的地图应用，是近些年来设计和制造的触觉面。这符合人们普遍强调的让公园和建筑等环境更易于残障者进入的观念。[21]

三维（无论是拟三维的还是真实三维）并不仅仅限制于表现地势，其他地图数据也可用这种方式展现。我们已经举例说明了二维和拟三维形式的统计面（图 7.13），斜面迹线也被用来表现人口、降雨量以及其他分布状况。[22] 最近人们制作了奉行文艺复兴传统的城市区域斜视图，其中包括德国地图学家赫尔曼·博尔曼及其助手（图 5.12）。在制作了一批关于欧洲城市的鸟瞰图之后，博尔曼将他的注意力转向纽约。他对

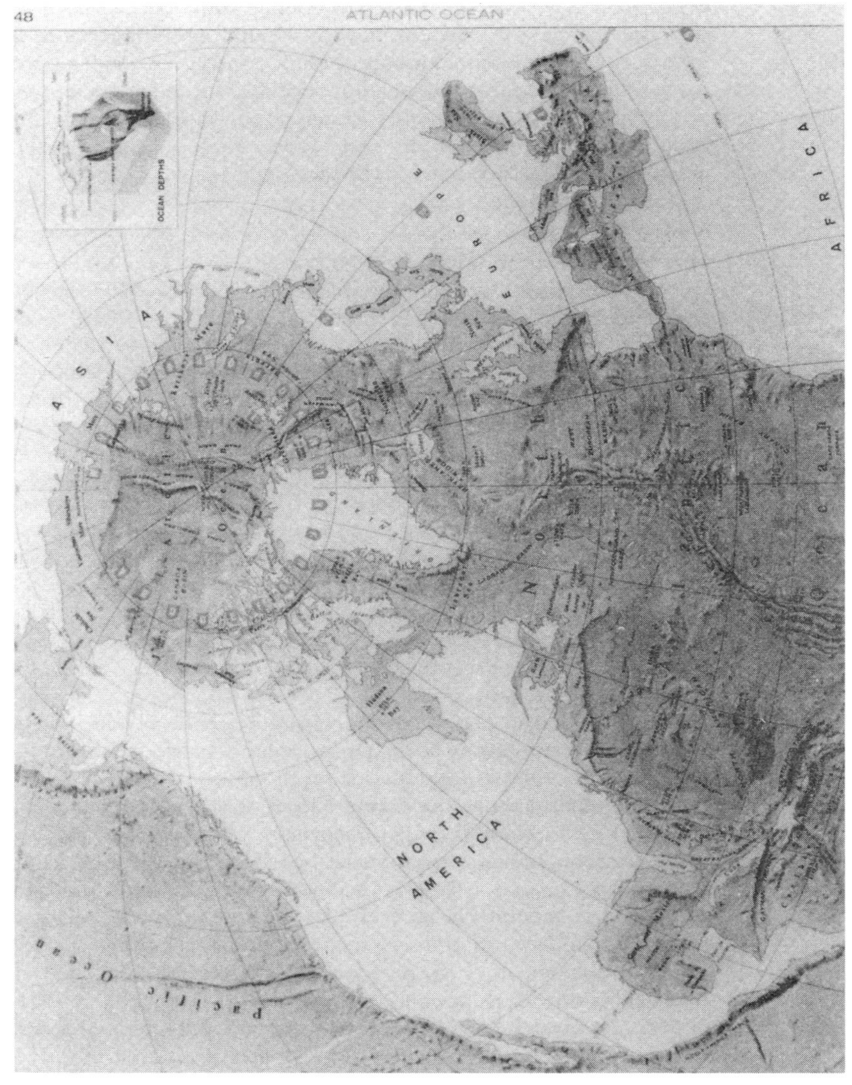

48
ATLANTIC OCEAN
OCEAN DEPTHS
ASIA
EUROPE
AFRICA
NORTH AMERICA
Pacific Ocean

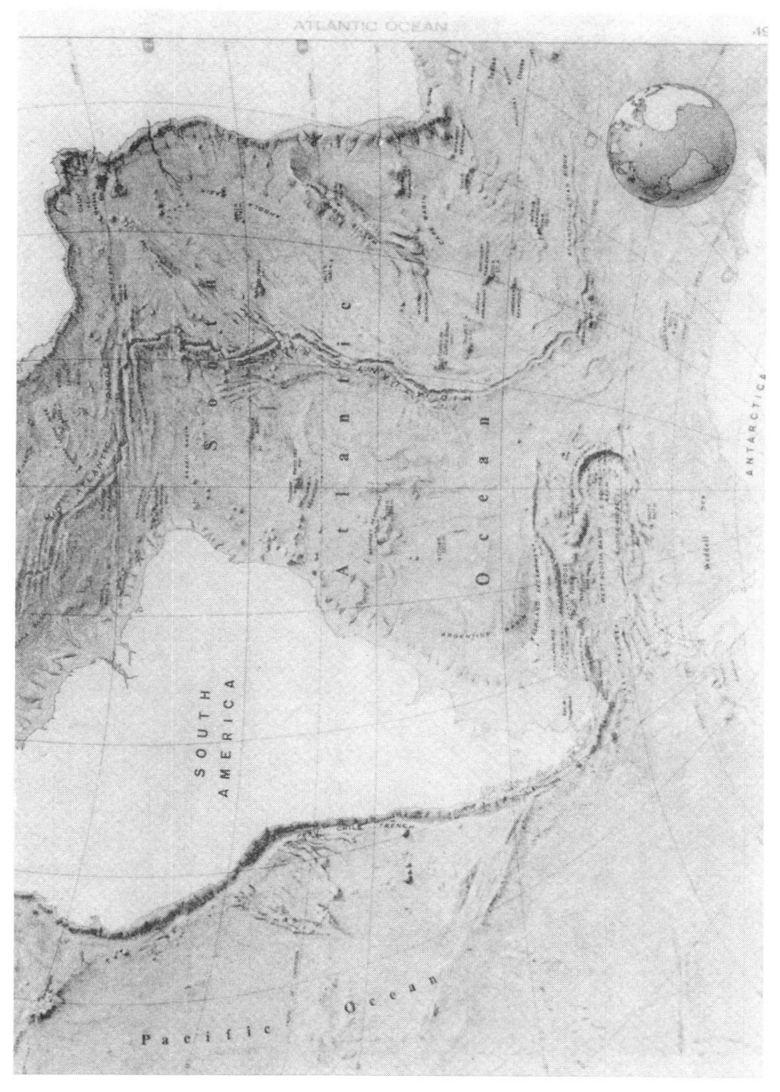

图 9.6 理查德·E. 哈里森的大西洋海底地形图，展现了大西洋中脊、大陆架、大陆坡、深海底等等。

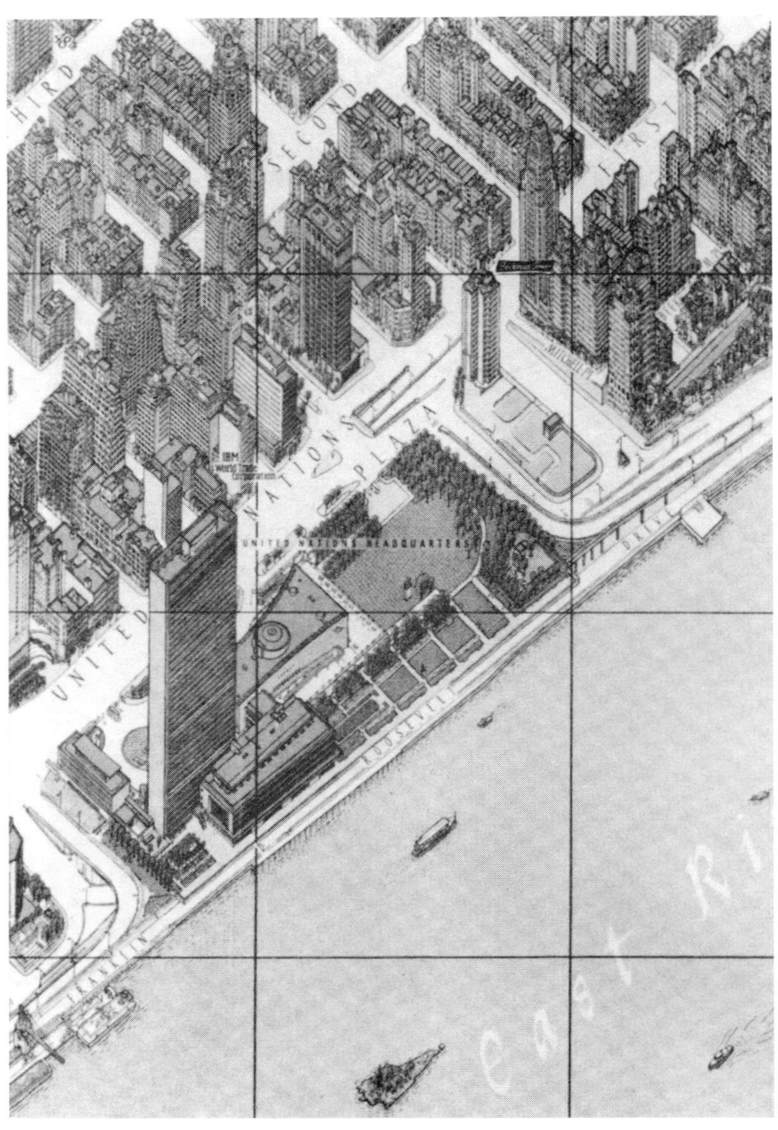

图 9.7　赫尔曼·博尔曼制作的一幅纽约市等比例图的一部分，重点位于联合国广场（略微缩小）。

这座城市的表现理应归入当代最出色的地图之列，极为准确和细致地描绘出了建筑物以及其他地物特征，正如图 9.7 所示。当代城市地理学涉及的典型问题包括中心地理论、城市功能区、批发和零售中心的范围、商业土地利用、族群区域、卫生、贫困、财富以及犯罪，在主要大都市中 213
心，以上所有问题都制作了相应的地图。通过这类地图，大量有价值的信息可以为规划师或其他人所利用，但是这些地图（以及传统城市平面图）并不采用与等比例图或透视图同样的方式来制造关于城市的视觉效果。在 20 世纪中叶，如博尔曼、谢尔顿和哈里森这样的艺术家所制作的地图，在艺术性上与此前地图学家最好的作品相当。不仅如此，他们采用的地图复制技术比早期有了巨大进步，早期的方法难以将原图的全部细节展现出来。

以人物或动物的形象来展现国家的地图，是一种珍贵的传统。此类地图的一个较早的例子是制作于 17 世纪早期标注了年代“佛兰德之狮”。其他“地图珍玩”包括地图扑克牌、地图桌游、地图拼图以及地图主题漫画。[23] 刊登在报刊杂志中的地图复制品可以让那些在其他场合很少关心地图的人读到。著名的格里蝾螈[*]漫画地图出现在 1812 年的《波士顿公报》上，从那以后地图就成为美国报章的特色之一，其主题涵盖了战争和政治事件、旅游休闲，当然还有天气（前已述及）。报章中的地图几乎为每一个人所熟悉，而它的涵盖范围从复杂且高度原创的彩色地图（专供使用高级纸张印制的杂志）到简单素描黑白地图（能令人满意地印制在软新闻纸上）。[24] 前一种类型包括哈里森为《财富》杂志制作的地图。就像谢尔顿制作的地图一样，这些地图作为地图学样本从技术角度看很有趣，其色彩分离步骤通常由摄影师而不是地图制作者在

* 指通过不公正划分选区来操纵选举。——译者注

成稿基础上完成（四色印刷），就像地形图和大多数其他彩色地图那样（平面彩印）。最早印刷在《财富》杂志中的地图，展现了在哈里森不同寻常的视角下的世界的一部分，以及墨西哥艺术家米格尔·科瓦鲁维亚斯绘制的太平洋地区，已经成为他们各自地图类型中的经典例子。在天平的另一端则是地区性报纸上的地图，通常用简单的线描黑白印刷，往往是由未受过地图学训练的美工所绘制。

从报章地图到劝诱性地图只有一小步，此类地图的设计目的为“劝说”或改变读者的观点。这个名字是由朱迪思·泰纳杜撰的，其意涵包括神学家用来描绘普遍观念的地图，广告商用来销售产品的地图，以
217 及宣传家用来误导敌人的地图等。[25] 泰纳将劝诱性地图区分为蓄意的、无意识的和读者造成的这几类，并引用纳粹在第二次世界大战中的宣传地图，不正确地使用墨卡托投影来展现世界分布的地图，以及哈尔福德·J. 麦金德爵士的“心脏地带”地图作为例子。麦金德将美洲置于其椭圆形投影世界政治地图的边缘，他也许通过这种方式误导了他自己。在劝诱性地图中，地图本身变为一个心理学工具。在这种地图的制作中可能会用到一整套设计，包括颜色、投影、地图的顺序、大小关系、符号、特殊箭头以及边界。这些地图被用来诱导读者的观点，而不是平心静气地将观点告知读者。纵然有些劝诱性地图包含不可容忍的错误，但地图和地球仪作为教育的象征和同义词，其权威性仍能发挥作用。例如，本书作者有一次看到一张有关美洲的广告地图，图中赤道穿过巴拿马而不是巴西和厄瓜多尔，这可能是由于那里看上去像是“自然的”零度经线所在的地方。于是这个“四极”投影地图被洛杉矶一家连锁超市用来帮助鼓励资源回收！（图 9.8）我们应该对包括印刷地图在内的所有媒介产物作出恰当的批评。

图 9.8 “四极投影”在广告中的应用。

当然，所有的地图或多或少都是“主观的”，而那些对区域“正确”形状的蓄意扭曲在近些年里越来越常见，其扭曲的可能性是无限的。它们从始至终绵亘于个人对现象的感知的解释，可能仅仅存在于人们的观念中，而如果用某种方式加以表达，则不一定能被描述者之外的人所理解。一个众所周知的例子是“纽约客观念中的美国”这则可以被亿万人领会的幽默。[26] 在这幅地图中，美国各地区的大小是由它们在纽约城居民假想中的重要性决定的，因此曼哈顿比华盛顿州还大（后者还被顺便放在了俄勒冈州南部）。然而，某个地区的大小并不是它与纽约之间距离的简单函数，佛罗里达州比它和纽约之间所有州加在一起还大。所谓面积成正比（APT），或者叫面积统计图原则也被用于严肃的目的，如 218

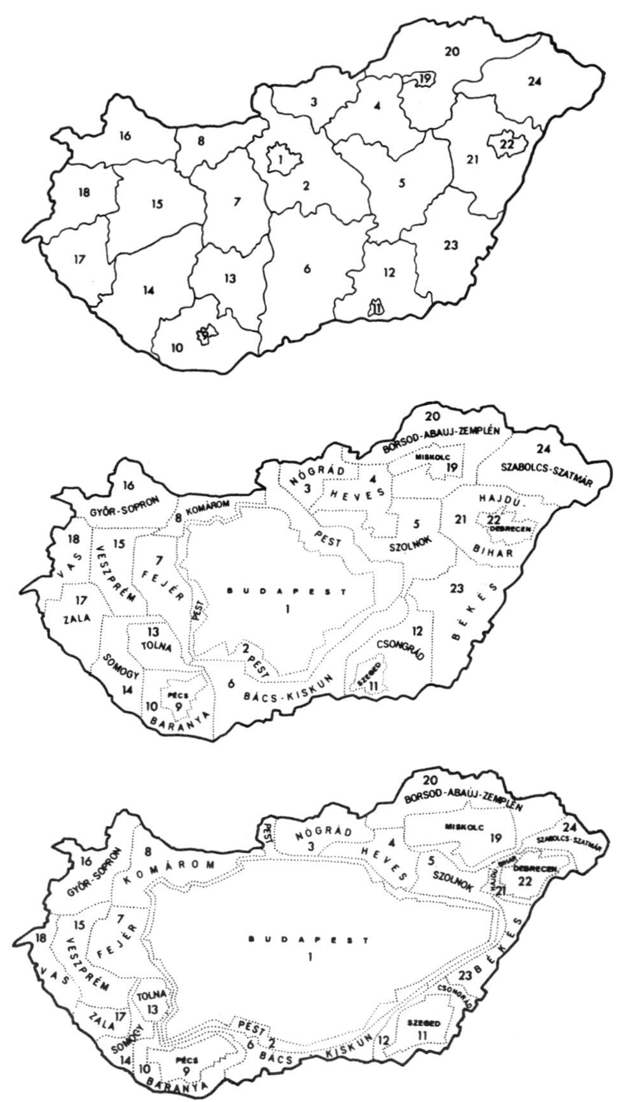

图 9.9　拉斯洛·拉茨科制作的三张地图，描绘了匈牙利各一级行政区的大小。由上至下分别根据地理区域、人口比例和工业职工人数比例制作。

皮埃尔·乔治著名的统计图，图上展现的全世界国家大小是根据其人口决定的。[27]同样的概念被用在《根据投票者人数决定的英国政治颜色图》中，由伦敦的《泰晤士报》于1964年10月19日刊载，在这张图中“1，图上地区的比例是由人口而不是土地数量决定；2，所有区域的邻接关系都予以保留；以及3，对图上地点的相关处理尽可能接近其相应地理位置。”占图上面积四分之一的是人口稠密的东南部，即伦敦周边。与此同时北部的苏格兰则比它的地理面积小很多。为了阐明这一原则，我们复制了三张匈牙利地图，改编自拉斯洛·拉茨科的一项经济研究。[28]（图9.9）这些地图的外部轮廓取决于该国的地理边界，但其内部政治单元的几种不同区域比例则由图上所绘的现象决定：从上到下依次为地理区域，人口以及工业职工。越来越多不同于欧式几何的几何体，以及与不同于笛卡尔坐标系的坐标系在地图制作中得到了应用。

为适应某种特殊目的而改变的地理特征或元素并不仅限于地理区域。例如，在一张托尔斯滕·黑格斯特兰德制作的印量很大的地图上，将阿斯比各教区间的距离以对数比例缩小，用来作为标绘迁移流量、电话呼叫次数以及其他分布状况的适用的底图。[29]在欧洲地图学家中，斯堪的纳维亚（特别是瑞典）享有统计地图发源地的美名，等同于瑞士之 220
于地貌表示法。例如W. 威廉-奥尔松的经济地图，其信息非常丰富，并包含大量地图学上的创新。覆盖欧洲大范围地区的经济地图所存在的问题要比在美国更大，因为其囊括的数个国家间缺乏统一的统计报告。然而，人们已经尝试将信息归纳到一个共同的底图上，如威廉-奥尔松的1∶3250000比例尺《欧洲经济地图》，以及让·多尔菲斯的《西欧地图集》。[30]随着欧共体（EC）[*]扩大其成员国数量，且其性质逐渐超出经济

* 即现在的欧盟。——译者注

联盟的范畴，我们将会看到在许多领域内进行跨国合作的巨大机会，其中也包括地图制作。由一个美国私人制图公司牵头的完全国际性的世界地图集已经出版。[31]它由来自匈牙利、瑞典、英国、德国和日本的类似的制图机构合作完成。这个地图集有一个很有价值的特性，其中某些级别的地图始终使用某几种比例尺，比如比例尺为1∶300000的世界主要大都市区平面图。在此类工作中的一个几乎无法解决的问题是图上的地名书写，在《国际地图集》中，某地地名的书写取决于其在当地的名称，并分别以英语、德语、西班牙语、法语、葡萄牙语标注。在这套地图集的地图中，某些重要地点的地名可能用不止一种语言标注，如利沃诺（Livorno）和来航（Leghorn）。

公开展示的地图是众多城镇的公交站、地铁站等地方令人熟悉的一景。[32]有时候它们用釉面瓦之类的永久材料制成，但更常见的是贴在某处的印刷地图。有时这种地图具有形象化的特征，特别是当它的内容是关于某个小型旅游中心的时候。近些年在欧洲城市中尤其常见一种相当详尽的导游图，它们被封装在有坚固玻璃外壳的装置中，安放在某些关键位置。地图经常被裱糊在布面上，再包在滚筒外收卷起来，这样读者通过旋转摇把就可以将其抬高或降低到一个期望的高度。这种展览地图的典型特征包括分门别类登记的对游客有吸引力的地点，以及按字母顺序排列和地图相互参照的街道清单。永久性垂直安放的地图是一种供城市来访者使用的装置。但是人们也在办公室中使用特殊种类的这种地图，其中一些为电子控制的地图，以展示商人、顾客和其他人所需要的信息。这个常见地图类型的一个卓越的产品是全球等时线报时器，正如其名字所指出，它能提供地球上任意地点的时间。这一功能的实现方式
221 为，通过一幅被照亮的墨卡托投影地图，来连续记录明暗变化（地球上

的光照圈)、方位角(太阳直射点)和时间。光照圈在墨卡托投影地图上随着一年的进程而变化,从钟形(冬至)到倒扣的钟形(夏至)再到垂直的矩形(春秋分)。照此方向演变的下一个产品就是二十四小时自转的地球仪。

我们已经看到,许多个世纪中人们如何解决将球面网格(经纬网)从球体转移到平面上的问题。我们同样提到,尽管任何一种投影都无法保留所有的球面特性,这些投影设计却可能具有某些优良特质,使它们免于沦为球体的欠佳替代品。最近这一领域的研究取得了进展,包括新投影的产生、旧投影的改进或新实例以及早年设计的投影的新应用。很少有人能发明独创性的实用投影,但是所有地图学家都应该对投影有足够的了解,以便在现存投影中作出合理的选择。实际上,阅览地图的非专业人士,也应该明智地了解一些投影使用中的优点和局限。(附录)

人们已经有很多关于投影分类的尝试,其中一个有益的方法是,根据实际或理论上可能在投影建构中应用的几何图形。[33]许多图形都可能应用于这一目的,三种常用的形状是圆柱、圆锥和平面,相应依次产生出圆柱投影、圆锥投影和方位投影。[34](图 9.10)因此可以用一个圆柱接触一个地球投影图形,两者之间可以沿一条线相切,还可以沿两条线相割,由此将扭曲和变形分摊开(这样的一条接触线被称为标准线,通常但不必定为纬线)。圆锥通过一条线与球体相切,或通过两条线与之相割。而平面则通过一点与球体相切,或与之相割,或是离地球投影图形一定的距离。人们可以进一步设想一个表面绘有不透明经纬线的透明球体(或半球),以及一个光源,它可以将网格“投影”到上述图形上,以生成不同特性的投影。例如,一个位于球心的光源,投影到和球体通过一点相接触的平面上,就生成日晷投影。如果光源位于球体另一侧与

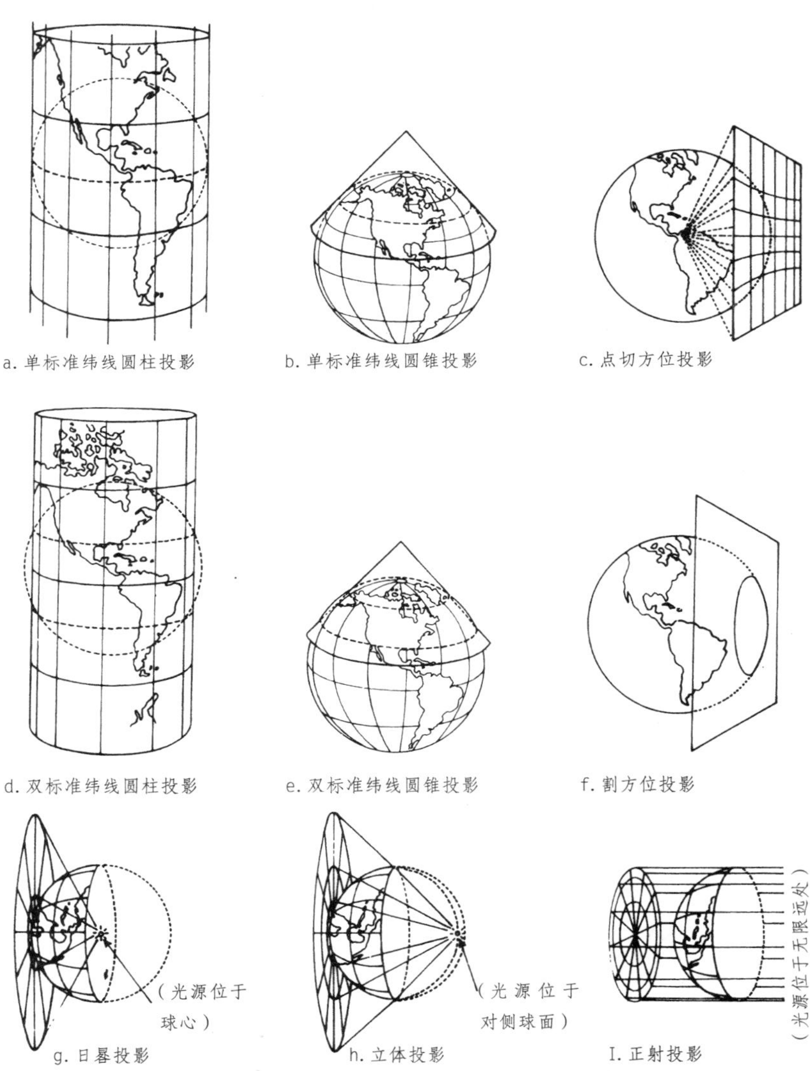

图 9.10　几种圆柱、圆锥与方位投影的几何特性。

平面精确相对的位置，则生成立体投影。如果光源位于距离“无限远”处，则生成正射投影。在拥有迅捷的交通通讯和全球性思维的当今世界中，所有这些发明于许多个世纪前的投影，都被赋予了崭新的重要用途。

当然并不是所有的早期投影都适合这种简单分类。许多在 20 世纪 223
设计的投影也同样不适用，其中包括阿方斯·J. 范德格林滕（1852—1921）于 1904 年（Ⅰ和Ⅳ）及 1912 年（Ⅱ和Ⅲ）出版的圆形投影。这些罗马数字是随后用来对这几种变体进行区分的。范德格林滕Ⅰ投影（图 9.11a）拥有圆弧状的经纬线（除了赤道和中央经线为直线）在范德格林滕Ⅱ投影中，经纬线以直角相交，在Ⅲ中，纬线表现为直线，而Ⅳ则为苹果状。这些投影中只有范德格林滕Ⅰ投影被经常使用，国家地理协会将其用在它的徽章上，及其从 1922 至 1988 年出版的许多世界地图中。最近，国家地理协会将范德格林滕投影替换为罗宾逊投影（图 9.11g）。该投影是亚瑟·罗宾逊于 1963 年设计的，它使用伪圆柱，并将地球的网格作了折中布置。

与范德格林滕一样，另一位 20 世纪早期的地图学家，德国学者马克斯·埃克特（1868—1938，1935 年之后改名为马克斯·埃克特-格里芬多夫）也制作了一系列投影。[35] 埃克特于 1906 年出版了六种以他的名字命名的伪圆锥投影。所有这些投影都很相似，其中纬线被表现为平行直线，极点则表现为赤道长度的一半的线段。而它们的不同之处在于，在埃克特Ⅰ和Ⅱ中经线表现为直线（在赤道处断开），Ⅲ和Ⅳ的经线为椭圆弧，而Ⅴ和Ⅵ的经线则为正弦曲线。Ⅱ、Ⅳ、Ⅵ的纬线间隔使它们成为等积投影，而另外三个并非如此。埃克特Ⅳ投影在这 6 个投影中最为流行（图 9.11b）。

我们已经看到了分瓣的经线所具有的特征，这是一种增强形状表

a. 范德格林滕 I 投影，1904

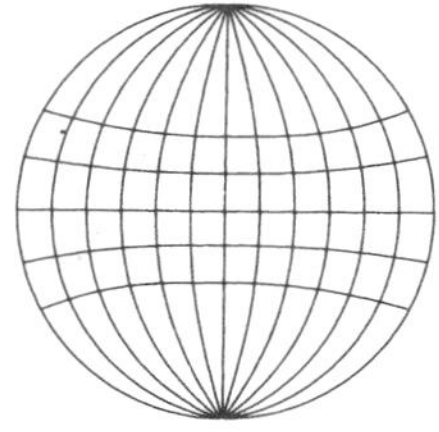

b. 埃克特Ⅳ（伪圆柱）投影，1906

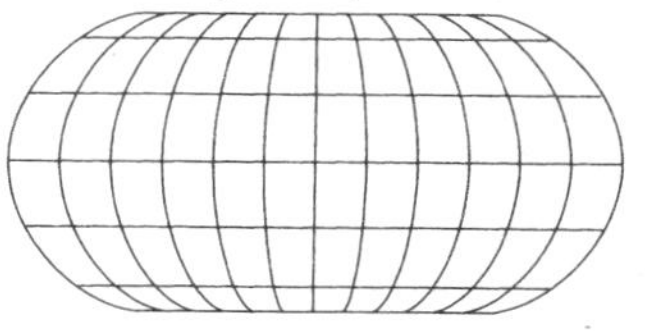

c. 摩尔威特（等积）投影约，1800，以及古德（分瓣）投影，1916

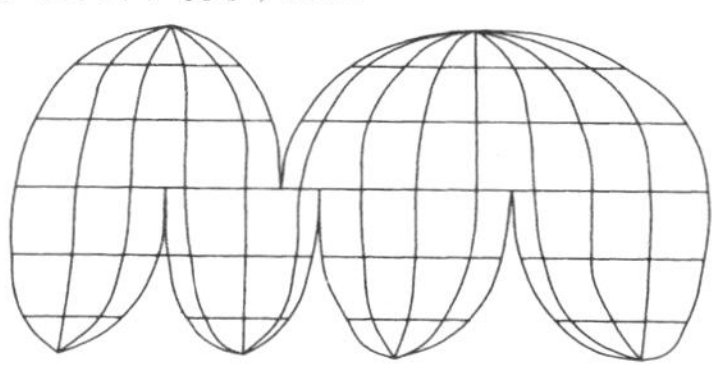

d. 古德等积（分瓣）投影，1923，因某些目的而聚合图片时，可以将阴影部分删除

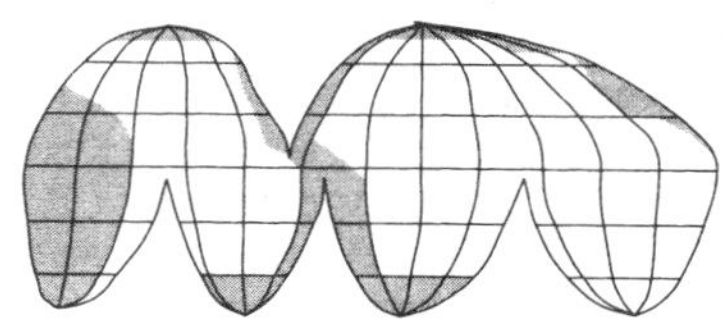

e. 米勒圆柱投影，1942

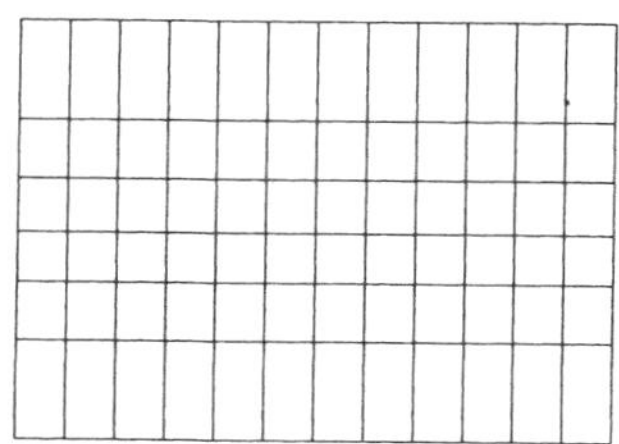

f. 富勒戴马克松投影，1943（折叠虚线处拥有正确的比例；可以做成由二十个等边三角形构成的地球仪）

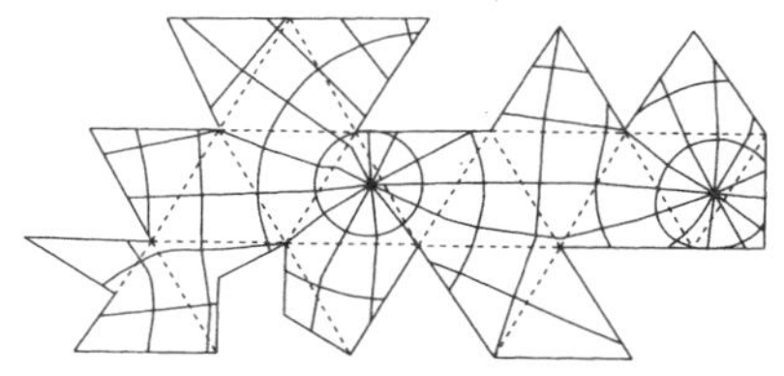

g. 罗宾逊（伪圆柱）投影，1963

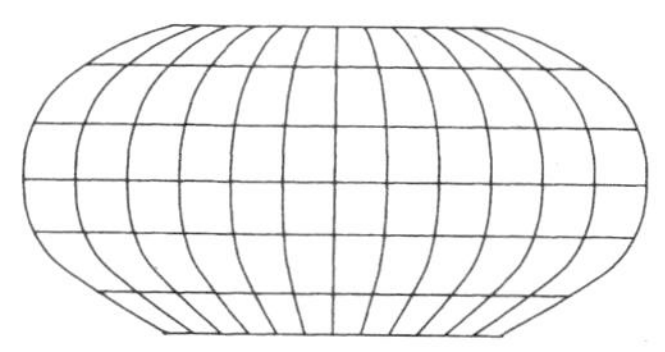

h. 透视（正射）投影，1988，如同 GOES（静止资源环境卫星）所观测到的地球

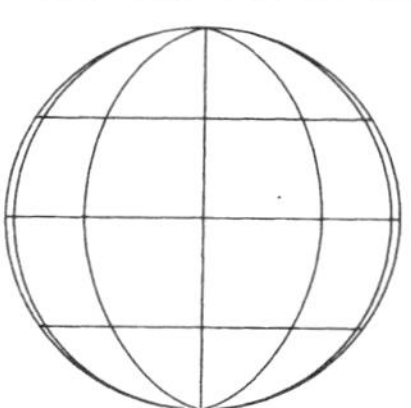

图 9.11　一些 20 世纪出现的投影，除图 h 之外其他图片都使用了以 30 度为间距的经纬网。图 h 是一个早期投影的新应用，使用了以 45 度为间距的经纬网，并标出了如同从地球望月球时那样的天平动。

征的技术，应用在地球仪的贴面条带中，而菲内与墨卡托（分瓣）双心投影也暗含了这一技术。在1916年，芝加哥大学的一位地理学家J. 保罗·古德将这一原则应用在正弦投影和摩尔威特投影中。[36]如图9.11c所示，古德在摩尔威特（等积）投影中使用了一系列分瓣，每一个分瓣都有一条标准经线，但都沿着一条共同的赤道铰合在一起。他在1923年将同样的方法应用在他所称的等积（homolosine）投影中，该投影将正弦投影的低纬部分（南北纬0—40度）与摩尔威特投影的高纬部分（南北纬40—90度）拼合起来。在这个投影中，古德将这两个著名等积投影"最好的"部分嫁接在一起，并通过分瓣来进一步减小变形（图 224
9.11d）。古德对网格采取的进一步调整使用了聚合的方法，将那些缺乏价值的部分删掉（图9.11d中阴影部分），再将余下的区域移动到一起以节省空间。在所有地图中，无论简单还是复杂，起指示作用的网格都应当由相互交叉的连续线构成，由此人们才能理解投影所使用的几何结构。[37]1929年，S. 惠特莫尔·博格斯发明了一种算术意义在摩尔威特投影和正弦投影之间的等积投影，它被称为博格斯等积投影。

其他一些投影在第二次世界大战期间被发明出来，例如美国地理学会的一位工作于纽约的英籍员工奥斯本·M. 米勒（1897—1979）所做的设计。在米勒圆柱投影中，网格为墨卡托投影那样的矩形，但是与墨卡托投影不同的是它能表现出极点。该投影避免了墨卡托投影在高纬度地区的极端变形，以及圆柱等积投影中角度的严重夸大，因此它在表现整个地球方面是一种实用的折中方案（图9.11e）。[38]某些圆柱投影已经被应用和错用了许多个世纪，例如加尔正射投影，即阿尔诺·彼得斯于1973年"再发明"的投影。彼得斯对它提出了过分的主张，其中包括它比所谓的"欧洲中心"投影（如墨卡托投影）更加公平地展现第三世界大陆的能力。美国地图科学协会等组织于1989年发布了一个相当于对圆柱投影不当应用的禁止声明。第七章已经简略讨论过一些著名的斜轴和横轴投影的例子，它们在最近得到了越来越多的应用。在横轴投影中，网格会旋转整整90度，因此其切线会像横轴墨卡托投影那样是一个子午圈而不是赤道，正如其标准或传统形式所表现的那样。如果从标准位置出发的转向不足90度，就需要使用“斜轴”的概念。在墨卡托投影的横轴与斜轴实例中，它们保持等角性质（网格线以直角相交，围绕某一点周围的形状保持不变），但是其将所有直线表现为等角航线（恒定的罗经方位线）的能力却并未保留。尽管任何投影都可以用上面所描述的方式进行转向，但在实践中只有一小部分投影被正式加以这种处理，其中包括摩尔威特等积投影以及墨卡托等角投影。在现代地图集里，斜轴投影经常使用在世界地图中，而横轴投影（特别是墨卡托投影）越来越流行于世界上几个大测量局（包括英国地形测量局）的地形图系列中。

正如前文所强调的，地球仪是对地球唯一正确的表现方式，但是这
226 一点可以通过地球仪贴面条带在平面上展开的方法来接近。它的一个具有独创性的现代范例是地图学家塔乌·罗·阿尔法[*]等人制作的大地（展现了大陆轮廓）和地壳构造地球仪。[39]阿尔法绘制了可以着色、切开，再粘到（正常大小）的网球上的地球仪贴面条带。网格穹顶的发明者R.巴克敏斯特·富勒在其戴马克松空海一体世界地图中，用接近球体的几何体（包括立方八面体和正二十面体）表面来模拟球体。这些多面体既可以用在平面上展示有趣的关系，也可以聚合成为一个接近球体的几何实体（9.11f）。随着航空航天时代的到来，人们对正射投影和透

* 即希腊字母 τ ρ α 的发音。——译者注

视投影的兴趣越来越浓（图 9.11h）。例如，人们用一个半球透视投影来展示天气模式，它由 GOES 卫星拍摄并在电视里播放，通常是以动画的形式。空间斜轴墨卡托投影（SOM）是一种受到美国太空计划启发的新式投影，发明者为奥尔登·P. 科尔沃科雷塞斯，并由约翰·P. 斯奈德做了改进。[40] 在这个考虑到了地球自转的投影上，可以有效标绘出陆地卫星轨道的地面轨迹变化，这是它对地图学的一大贡献。

哈里·P. 贝利提出了一项关于地图投影的设想，利用经纬线构成的网格来对区域进行对比和度量，这一设想理应获得比它已经得到的更多的关注。[41] 作为一位气候学家，贝利用经纬线将地球表面分割成同样大小的区域。为了实现这一目的，经线要保持恒定的等角间隔，而纬线的布置方式则要使球面上划分出的四边形保持同样大小。它产生的效果是生成一个相当实用的区域参照网格。贝利将这种原理应用在各式各样的投影中——包括等积投影、等角投影以及折中类型的投影。

在本书的第一版（1972）中，已经描述并分析了仍处于襁褓中的电脑制图（图 9.12）。我们曾提到，在当时电脑处理信息的能力比它的设计能力更为先进，但也预测后者将很快获得进步。它在过去二十年的时间里成为现实，我们可以根据图 9.12 和 9.13 领会到这一点。这两张地图以不同的主题和比例尺覆盖了同一地区的一部分，但绝大多数人会发现后者在美学性上更具吸引力，且比前一幅提供了更多信息。电脑可以实现在从前只能依靠密集劳动才能实现，或根本无法实现的效果和制图工作，而不是将艺术的内涵从地图学中剥离出来。* 通过这样的方式，地图制作就转化为地理信息系统（GIS）。[42]

---

* 此处为作者的双关语，因英文中地图学（cartography）一词中含有艺术（art）一词。——译者注

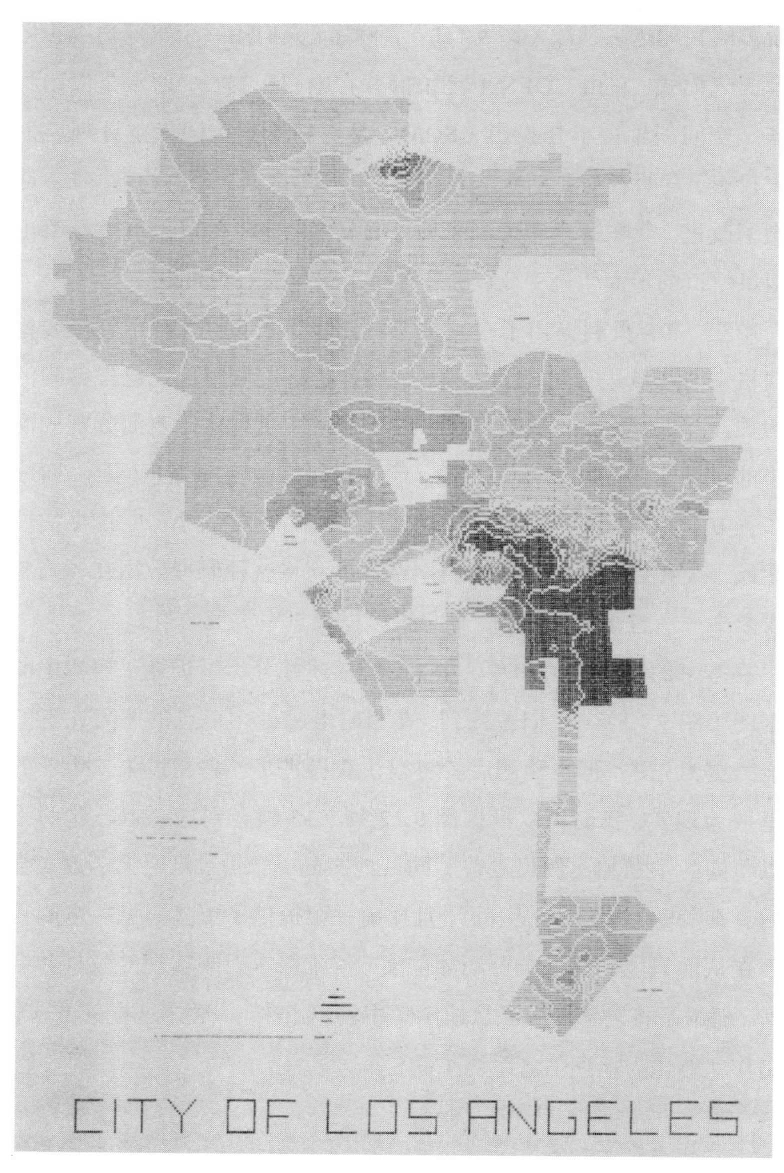

图 9.12 展现了洛杉矶市 1969 年市长选举投票模式的计算机地图（已缩小）。

当我们认识到计算机对制图实践的革命性影响，为了紧扣本书主题，我们将更多关注其在地图生产上的影响，而不是如何制作计算机地图。因此我们对这方面的讨论会比较简短，有兴趣的读者可以参考有关这一主题的专业文献。[43] 当然，计算机并不是在 20 世纪后半叶凭空产生的没有先例的现成品。算盘这种手动的存储和计算装置在东方已经使用了 5000 年。* 在欧洲，特别是在 17 世纪，许多数学家着迷于用机械工具进行计算。1617 年，对数的发明者约翰・纳皮尔描述了一种演示乘除法的方法，使用一种由木条或"骨头"做成的原型计算尺。布莱兹・帕斯卡于 1642 年制作了一台数字计算器，而格特弗里德・威廉・莱布尼茨（1646—1716）以帕斯卡的原理为基础，在 1694 年完成了一个更先进的版本，它运用了二进制而不是十进制系统。英国皇家学会于 1794 年展出了一台莱布尼茨机模型，而另一台能计算加减乘除的改进模型则展出于 1820 年。

13 年后，查尔斯・巴比奇（1792—1871）发明了一种使用了打孔卡（由提花机所用的打孔卡改造而成）的蒸汽动力分析机。这部机器用一套卡片提供数值，而其他卡片则提供运算过程。洛韦拉塞伯爵夫人埃达（1815—1852），即诗人拜伦勋爵的女儿于 1943 年为巴比奇写了"注释"，相当于第一套计算机程序。[44] 计算功能在赫尔曼・霍勒里斯（1860—1929）之后成为现实，结合打孔卡和当时最新的电磁发明，人们便可以对 1890 年的美国人口普查数据进行计数和分类，相比于从前的方法，这项工作在更短的时间内处理了更详细的内容。但是直到 1950 年代，此类机器一直是又大又笨重，其最主要的工作为制作数字表

* 原文如此，目前最早关于算盘雏形的记载出自东汉，如今常用的算盘大约定型于宋元时期。——译者注

格。在那之后出现了依靠电子打字机和行式打印机的图形显示技术。[45]例如，当时最新的合成制图系统（SYMAP）能够对地图、图标和其他形式的视觉显示的空间分布数据进行编排。它制作一张地图的步骤通常如下：1. 在手动数字化器上建立控制点坐标；2. 以空间编码形式输入信息；3. 将编码形式的数据转换到打孔卡上；4. 将打孔卡送入主计算机进行处理（这一操作通常只需几秒）；以及 5. 以每秒 40 行的速度将地图逐行打印出来，平均打印时间需要约 1 分钟。

228 与上述方法相比，我们在为本书中的投影制作单线条插图（例如图 9.11）时采取了以下步骤：1. 对原始资料进行扫描；2. 将所获得的图像投影到个人电脑屏幕上；3. 完成增强操作等操作步骤；4. 使用绘图软件对扫描图像进行数字化；5. 从大量的可用字体类型中选择并添加文本；以及 6. 在大约 15 秒内将图形打印出来。计算机制图相对于传统测绘的优点，包括生成一致的线条的能力，易于进行比例尺变换的能力，便于编辑和校正的能力，在地图制作完成后实现更改设计的能力，以及几乎在瞬时内提供地图副本的能力。人们可以利用屏幕的色调或颜色，并对其进行百分比调整，以生成微妙（或粗略）的反差。在更高级的层次上，利用计算机驱动的彩色显示屏、笔式绘图仪和激光打印机（包括黑白和彩色打印机），能够让人们进行电脑“艺术”实验，以产生出特殊的效果。其中的某些地图制作手法通过其他途径无法实现。

在 SYMAP 产生后的 20 年中，随后出现的地图制作程序在许多方面都有所进步，一个转折点是由环境系统研究所（ESRI）于 1982 年推出的 ARC/INFO，它是一套结合了先进的空间数据库处理能力与传统自动化制图的地理信息软件包 。这一点是通过将一系列图层结合在一起而实现的，每一图层有不同的主题：地形、道路、点状符号和标签（文字）。特别的，ARC / INFO 同时使用矢量（线）和栅格（网格）进行储存；它可以对数据进行变换，并解决人们提出的关于数字、距离和地址等方面的问题。地图制作是通过加减法来完成的，从而生产出高品质地图。使用这一系统制作的地图数量不受限制，它具有处理所有有关地理分布的问题的潜能。不仅如此，用它来制作地图还能节省大量时间。

使用磁带和磁盘可以随时进行存储和检索，并极大地方便了大型数据库。在不需要手工制作的前提下低成本和高速地生成地图，是电脑制图有价值的方面，在其灵活性和客观性上也是如此。轻易地从一个数据集中制造出许多不同地图，并迅速对它们逐一进行比较，以及与那些由其他数据集制作的地图进行比较的能力，在理解区域分布状况复杂性问题上是一个明显进步。不仅如此，计算机制图方法还可以对原始数据的可靠性进行评估。计算机能使用等高线法（等值线法）、等值区域 229
法（具有正形性）以及和点值法（临近点）等方法制作地图。计算机可以在有坐标系的俯视图或正视图上生成拟三维形式的地物表现。与此类似，利用计算机可以很容易地将地图投影从一种形式变换为另一种形式。地图序列——例如展现一个区域的人口随时间的变化——可以在三维模式中组合完成。事实上，计算机大大便利了人们对地球表面全部问题的理解，无论这种问题是真实的还是抽象的，具体的还是虚构的。许多关于计算机图形学符号和设计的早期问题如今都已克服，包括在曲线中表现出的直线特征，不合逻辑的数值和结构级数，印刷地图的尺寸过小以及缺乏色彩等问题。随着这些问题与其他方面问题的改进，可以说在改变地图制作方面，计算机的影响并不亚于（甚至超过）印刷术和航空摄影等其他早期技术进步在当时发挥的作用。最近在电子领域的发明成为这些进步的基础。

图 9.13 表现了 1994 年 1 月 17 日加利福尼亚州北岭大地震一周之后的震情。[46] 图中用一个三角形（在原图中为红色）标出了这次里氏 6.8 级地震的震中，余震的密度级则用大小和颜色（红色和黄色）可变的圆圈表示。图上文字使用黄色，道路用黑色，地形背景则使用了白色（山体被照亮的一侧）、黑色（阴影）以及灰色（平原）。高速公路和主要

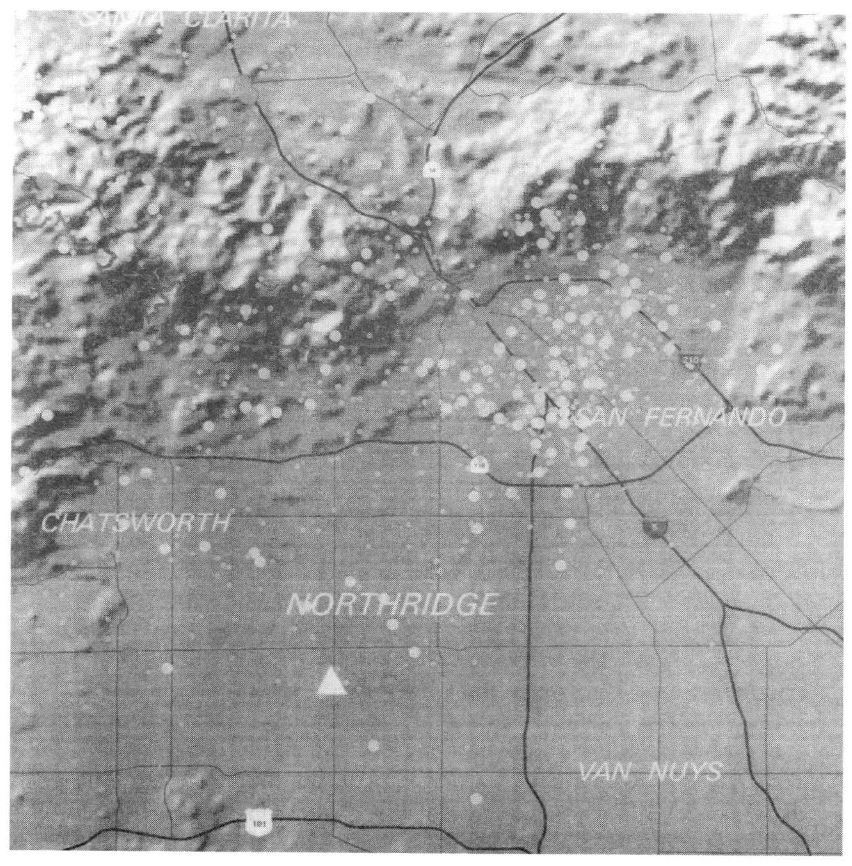

图 9.13　一幅电脑生成的地图，《1994 年 1 月 24 日北岭地震震中图》的细节，展现了地震的震级（五级），以及断层线、街道和地形。

道路用盾形符号和恰当的数字标示。通过这张图以及其他地图，人们利用地理信息系统对几乎所有与地震相关的问题都进行了处理，其中包括损失评估、警方回应、救灾工作以及联邦和各州的救援水平。在地理信息系统的帮助下，人们在数天之内完成了以往需要数月才能完成的工作。

我们曾将地图处理得如同一幅快照，以展现特定时间中的某种现象。我们同样提到，可以用一套关于同一现象在不同时间内的地图序列来展现时间变化。不仅如此，在前面的章节里已经指出，来源于卫星的对天气的动态展现，如今在电视新闻节目里非常普遍，而且被用于天气
预报和研究目的。延时影片是人们沿着动画的方向所迈出的一步，它在 231
放映时每张图像之间的间隔时间要足够短，使得前一张影像仍留存在人们的脑海中，同时又足够长，不会给人留下画面在运动的真实印象。真实的电影与延时影片不同，它要实现对运动的连续展现。这一点是通过快速呈现不同的图像来实现，使得人眼无法察觉出连续放映的每帧胶片之间的短暂间隔。这样就创造出了运动的错觉，称为“似动现象”，它通过在广告标志和动画中的应用为人们所熟悉。在有声电影里，连续帧以每秒 24 帧的速度投影到屏幕上，经过人眼的合成，便显现出运动的画面。

这一原则已经应用在地图学的十分重要的方法上，为地图添加了时
间这个第四维度。[47] 如今人们所观看的放映到电脑、电视和电影屏幕上 232
的地图（即使它们不总是动画形式），可能比任何其他种类的地图都要频繁。不同的大众媒体将地图应用在广泛的目的上，包括天气报告、新闻节目以及娱乐节目，其中一些是地图制作极为欠佳的例子。然而，随后的分析将专注于教育动画中使用的动画地图。在未涉及这种技术具体细节的情况下，可以说所有关于动画制作的主要的技术在地图制作中都

有一个对应物。因此一个“活的”电影可以通过由一个人真实绘制一张地图来实现，这是黑板画在教育学上的优势，在这之中图像先于观察者产生。这项技术的一个变体是制作一部电影，将信息添加到一幅已经存在的地图上，例如一个探险家的行进路线。另一个方法是使用一系列覆盖图或“赛璐珞片”，用漫画的方式创造有规律的动画序列。同样的一张背景地图可以用来贯穿整个序列，但每一张透明的赛璐珞片上的图像都有些许差别。将赛璐璐片覆盖在背景上逐一拍照，就制作出一张张单独的电影画面。将这些画面按顺序组合并以正确的速度放映到屏幕上，一幅动画地图就产生了。如今在制作动画电影方面，电脑几乎完全代替了赛璐璐片的使用，它极大地减轻了这种幻灯片制作过程中的工作量。

在数量浩繁的已经制作完成的电影中，有一些是对地图序列的呈现。动画地图使用的符号包括表示位置的点状符号，表示方向的箭头符号，表示运输、通讯和边界的线状符号，表示农业或矿业生产的形象化符号，以及表示人口、森林的面状符号等。就像其他符号一样，文字符号可以使用在恰当的时刻，随后当不再需要时将其去掉，这是动画地图中一个巨大的进步，因为它消除了图面上的杂乱状况。许多静态地图中必不可少的元素往往在动画地图中被省略。由于投影图像的大小可变，文字或数字式比例尺就不应再使用。当然，由于图示比例尺会随图像一起放大缩小，因此是完全令人满意的。动画地图的一个缺点是它不允许人们对其进行长时间研究，除非将放映暂停。当然，一个可能的改进方式，是通过交互系统让动画以不同的速度前进和后退。在展现关于特定区域关系的动态过程方面，动画的优势难以撼动。动画地图可以最有效地将历史学的时间因素和地理学的区域观念结合在一起。[48]

我们用图 9.14 的 35 张小地图来演示动画地图，它们再现了克里斯

托弗·哥伦布第一次横跨大西洋的航行中每一天的行程。这套幻灯片 233
名为“哥伦布的第一次航行”，是在美国国家人文基金会（NEH）的一个叫做“哥伦布：发现时代的地球面孔”夏季研讨会上为学生制作的课程程序的一部分，这个研讨会于1991年7月15日至8月23日在加州大学洛杉矶分校（UCLA）举行。[49]动画展示以及与之配合的解说词，阐明了这次里程碑性的航行事件。用程序员的语言来讲，人们用一个苹果图像扫描仪来扫描原图，随后用绘图软件缩小尺寸，再输入超卡软件，然后对其进行编辑。随后再将其输入哥伦布《航海日志》的条目，创建索引。这样制作出的动画电影就能够以准确的时间尺度来放映，还可以在任意时间暂停，这样就可以对转录的《航海日志》中任何一个特定的日子进行查询。当然，这一简单的想法可以被无限细化。如今出现的交互视频不仅可以让地图与一个文本相连接，还能连接到各种各样的其他图像。[50]规划师和建筑师们要比地图学家有远见，他们创造了连续可变的三维模型。这种工具的价值类似于飞行模拟器对飞行员训练的作用，能让使用者在一幢房屋或一座城市中“存在和走动”。地图制作者可以应用这一技术来创造自然景观的透视图，这对于许多用户来说颇有价值。

在这本审视地图学发展历程的著作中，我们已经看到地图如何传达文化、科学、法律、政治、人类学、医学以及其他许多领域的观念，以及如何同时应用在和平与战争时期。哲学家与物理学家、王子与总统、诗人与画家、医生与牧师、教授与海盗、规划师与心理学家、感觉派与程序员[*]，都以某种方式与地图产生着联系。从有文字记载之前开始，地图学就像一条贯穿历史的长线。所谓的原始人与复杂的人类族群都会制作地

* 以上名称的英文都以字母 p 开头。——译者注

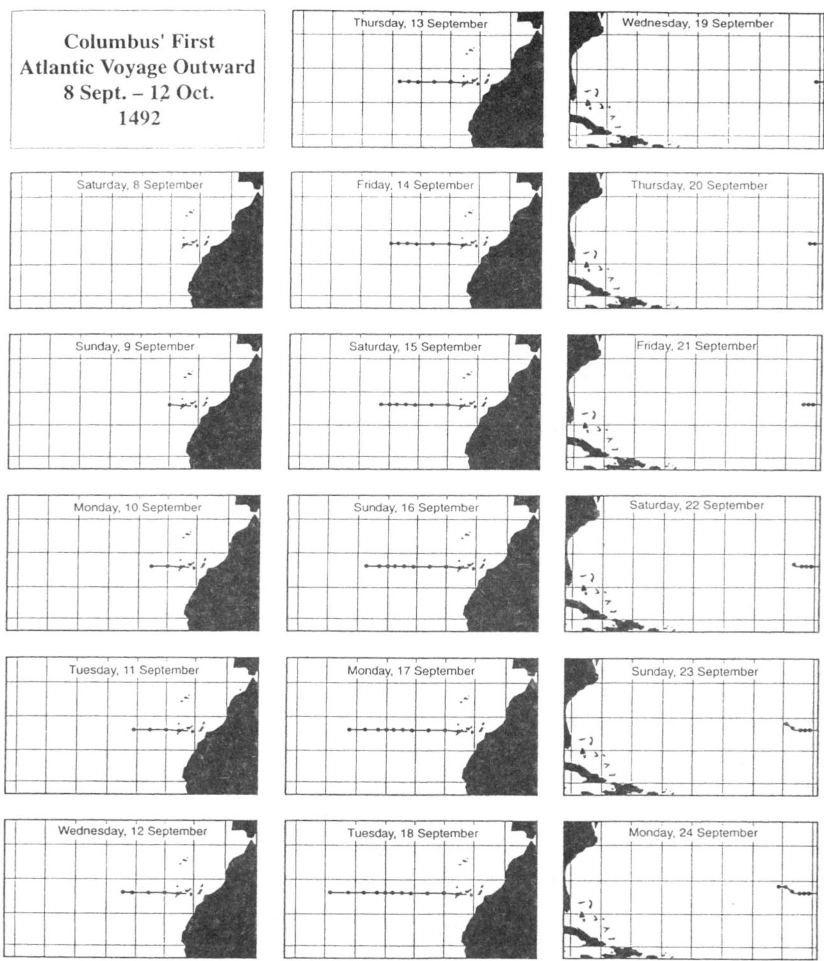
Columbus' First
Atlantic Voyage Outward
8 Sept. – 12 Oct.
1492
Saturday, 8 September
Sunday, 9 September
Monday, 10 September
Tuesday, 11 September
Wednesday, 12 September
Thursday, 13 September
Friday, 14 September
Saturday, 15 September
Sunday, 16 September
Monday, 17 September
Tuesday, 18 September
Wednesday, 19 September
Thursday, 20 September
Friday, 21 September
Saturday, 22 September
Sunday, 23 September
Monday, 24 September

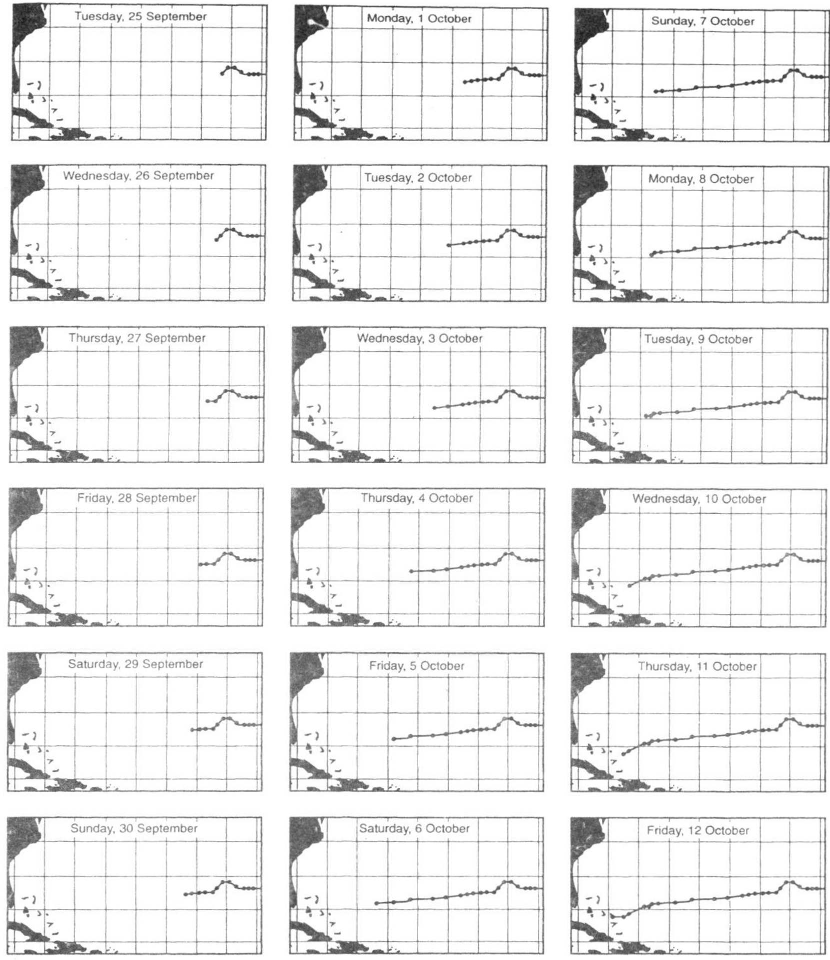

图 9.14 展现 1492 年哥伦布第一次去往新大陆航行轨迹的动画地图序列。每一天的航程都用一个圆点和一条线段标出；每幅画面播放的时间间隔一致，以便呈现出准确的时间尺度，由诺曼·J·W. 思罗尔制作于 1992 年。

图。对作为艺术品和科学产物的地图来说，专业地图学家绝不是唯一对其有实质贡献的人。由于地图具有中庸和普世的性质，它的实践者来自很多领域。地图学的核心任务来自与其有特殊关系的地理学，但是我们并不能将其视为地理学或任何特定学科的婢女。地图学是独立存在的，即便它同时吸引了外行和专家的兴趣。最近一段时间发生的知识爆炸可以反映在地图的多元化和产量上。

地图描绘了许多人类最重要的成就——从哲学家对大地本质的思考到宇航员的双脚踏上月球表面。反过来讲，它们也为地图学所促进。
236 在许多个世纪中，地图学发展出了它自己的方法论和传统。有时候它们会对其自身的进步产生抑制作用，但抛去这一保守主义倾向，地图学家们通常对变革十分敏感，与哲学、艺术、科学以及技术上的进步齐头并进。从地理学的角度看，地图制作活动的中心往往是那一时期科学的兴盛之地。因此我们不难理解，尽管地图制作活动在无文字族群中也有广泛基础，但那些巨大的进步则是由先进社会所完成。以古埃及地图为例，在那里医学、建筑和几何学的进步并驾齐驱，这是古埃及人地图制作技艺的证明。这一点在巴比伦同样正确，在那里数学、天文学和制图学的贡献相伴而生。不幸的是，同时受到巴比伦和古埃及文化哺育的早期希腊地图留存极少，但是从文字记录里我们可以知晓古希腊在地图学和天文学上的广泛成就。古罗马人从古希腊人那里取得了他们所需之物，并做出了自己的贡献，特别是在交通图和地籍图上，他们还资助了古希腊晚期的地图学者。

在地中海地区地图学衰落的同时，中国和其他东方社会则保持和增进了它们的地图制作技艺（包括地图印刷）。地图学的全面繁荣涉及伊斯兰世界的兴起，而当基督教徒沉迷于宗教偶像之时，犹太学者也同样活跃于这一领域。然而，这三种文化都对中世纪晚期地中海地区波尔托兰海图的发展做出了贡献。在文艺复兴时期，古希腊文献的发现及其拉丁文本的翻译唤醒了沉睡已久的古典地图学遗产。这些文献凭借印刷术在欧洲传播，其中的观念因此为人们所知晓，又随着海外探险活动而得到加强。许多出版社致力于地图和地图集的生产，这种情形最初产生于意大利，随后传播到阿尔卑斯山以北。最终法国和英国的地图学超越了其他国家，特别是在航海图和地籍图的制作上。这是新科学的产物之一，就像从前的专题地图那样。在19世纪，当统计报告为用统计地图展现多样的分布状况创造了条件，这方面的进步便不断持续和扩展。在20世纪，人们见证了国际化的地图制作活动，以及航空摄影在地图制作中的应用。美国和俄罗斯是空间影像技术的主要贡献者，这一技术如今被计算机技术、动画地图制作以及地理信息系统所补充，成为地图学这一古老领域中的最新进步。正如丁尼生提醒我们的，就像从前一样，当“知识”不断地“增长下去”，对于空间现象的表现在未来所产生的新问题，人们毫无疑问还会找到创造性的解决办法。

附录　地图投影精选

	投影名称	发明时间	发明者	类型	显著特征	主要用途
237						
	日晷（天宫图）投影	前 5 世纪	泰勒斯?	方位投影	所有大圆都为直线；覆盖范围有限	天文学，后来用于路线测绘
	正射（日行迹）投影	前 2 世纪	喜帕恰斯?	方位投影	从无限远处观察的半球	天文学，后来用于大地描绘
	立体（平面天球图）投影	前 2 世纪	喜帕恰斯?	方位投影	等角；圆圈在投影之后仍表现为圆圈	天文学，后来用于空中导航
	马里诺斯（平面海图）投影	1 世纪	提尔的马里诺斯	圆柱投影	经纬线为等间距的直线（所有的经线和穿过罗德岛的约北纬 36 度的纬线长度无变形）	关于已知世界 / 地区的早期地图
	托勒密 I 投影	2 世纪	克劳迪乌斯·托勒密	类圆锥投影（从原点出发的线保持等距）	经线为放射状直线，包括理论上的北极点在内的纬线表现为同心曲线	关于已知世界 / 地区的早期地图
	托勒密 II 投影	2 世纪	克劳迪乌斯·托勒密	伪圆锥投影	经纬线都为曲线	关于已知世界 / 地区的早期地图
238	孔塔里尼投影	16 世纪	乔瓦尼·孔塔里尼	类圆锥投影（从弯曲的北极点出发的线保持等距）	经线为放射状直线，包括北极点在内的纬线表现为同心曲线	关于旧世界和新世界的早期地图
	勒伊斯投影	16 世纪	约翰内斯·勒伊斯	类圆锥投影（从北极点出发的线保持等距）	经线为放射状直线，纬线为同心曲线，北极点表现为一点	关于旧世界和新世界的早期地图

续表

瓦尔德泽米勒投影	16 世纪	马丁 · 瓦尔德泽米勒	杂类投影	经线为弧度很大的曲线，纬线为曲线	关于旧世界和新世界的早期地图
罗塞利投影	16 世纪	弗朗切斯科 · 罗塞利	椭圆型投影	经线为椭圆形曲线，纬线为等间距直线，中央半球表现为圆形	关于旧世界和新世界的早期地图
马焦利投影	16 世纪	威斯康特 · 德马焦利	方位投影（从北极点出发的线保持等距）	经线为放射状直线，纬线为同心曲线，从北极到赤道等距	极地地区（部分）至南纬 35 度（部分）
韦斯普奇投影	16 世纪	胡安 · 韦斯普奇	方位投影（从南北极点出发的线保持等距）	经线为放射状直线；纬线为同心曲线；有分瓣	半球及两个四分之一球体的世界
阿格内塞投影	16 世纪	巴蒂斯塔 · 阿格内塞	椭圆形（伪圆锥）投影	经线为曲线；纬线为等间距直线，极点表现为赤道长度的一半的线段	世界地图
心形（维尔纳）投影	16 世纪	伯纳德 · 西尔韦纳斯；约翰内斯 · 斯塔比乌斯；约翰内斯 · 维尔纳；奥龙斯 · 菲内等	杂类投影	经线为曲线；纬线为同心曲线，且在某些地方等间距	世界地图
双心投影	16 世纪	奥龙斯 · 菲内；赫拉尔杜斯 · 墨卡托	杂类投影	经线为曲线；纬线为同心曲线；等间距；有分瓣	世界地图

续表

	圆锥（双标准纬线）投影	16 世纪	赫拉尔杜斯·墨卡托	圆锥投影	比一般的圆锥投影变形要小	大陆、国家、地图
240	墨卡托（海员或水手）投影	16 世纪	赫拉尔杜斯·墨卡托	圆柱投影	经线为等间距直线；纬线为直线，间距从赤道开始随纬度增加而扩大，等角航线为直线；等角	航海图、世界地图
	正弦（桑逊-弗拉姆斯蒂德）投影	16 世纪	尼古拉·桑逊与约翰·弗拉姆斯蒂德在 17 世纪使用了这个投影（在此之前它已被发明），时常会被当做该投影的发明者	杂类投影	等积；经线为正弦曲线；纬线为等间距直线	世界分布状况、地图集
241	拉海尔投影	18 世纪	加布里埃勒·菲利普·德拉海尔	方位投影	为透视投影；经线为从极点放射的直线；纬线为同心曲线，45 度纬线的长度为赤道一半	半球地图
	卡西尼（索德纳）投影	18 世纪	塞萨尔-弗朗索瓦·卡西尼	圆柱投影	横轴；中央经线为直线，它和与之正交的线段长度无变形	早期地形图
	彭纳投影	18 世纪	里戈贝尔·彭纳在其他人（托勒密、维尔纳、阿皮安等）的基础上发明	杂类投影	等积；中央经线为直线且长度无变形；所有的纬线为同心曲线且长度无变形	地形图，特别是中纬度地区

续表

默多克投影	18 世纪	帕特里克·默多克	圆锥投影	等距；经线为放射状直线；纬线为同心曲线	中纬度地图
拉格朗日投影	18 世纪	约翰·H. 朗伯在约瑟夫·路易·拉格朗日的启发下发明	圆形投影	除极点处外等角；所有经纬线都为圆弧	世界地图
横轴等积圆柱投影	18 世纪	约翰·H. 朗伯	圆柱投影	等积；中央经线为直线且长度无变形，其他经线为曲线；赤道为直线，其他纬线为曲线	地形图
等积圆锥投影	18 世纪	约翰·H. 朗伯	圆锥投影	等积；经线为由极点放射的直线；由极点间距逐渐减小的同心纬线（有一条标准纬线）	分布地图，特别是中纬度地区
等角圆锥投影	18 世纪	约翰·H. 朗伯	圆锥投影	一点周围的形状保持正确；经线为放射状；有两条标准纬线	中纬度地图、空中导航、WAC 和 1962—1987 年的 IMW 地图
等积圆柱投影	18 世纪	约翰·H. 朗伯	圆柱投影	经线为等间距直线；纬线为直线，其间距从赤道到两级递减	关于世界或一部分世界的分布地图
等积方位投影	18 世纪	约翰·H. 朗伯	方位投影	等积；经线为放射状直线，从一点（极点）出发的角度无变形；纬线为同心曲线	半球、极地、后来用于航线图
横轴等积方位投影	18 世纪	约翰·H. 朗伯	方位投影	等积；中央经线为直线，其他经线为曲线，间距向边缘方向递减；赤道为直线，其他纬线为曲线	半球、地图集

续表

243	横轴墨卡托投影	18世纪	约翰·H. 朗伯，该投影经常被认为是卡尔·弗里德里希·高斯发明的	圆柱投影	等角；中央经线为直线且长度无变形；赤道为直线，其他纬线和经线为曲线	地形图；后来用于航线
	阿尔伯斯投影	19世纪	海因里希·克里斯蒂安·阿尔伯斯	圆锥投影	等积；经线为放射状直线；纬线为曲线，有两条标准纬线，其他纬线的间距由这两条纬线出发逐渐增加	地形图；大陆，尤其是中纬度地区
	摩尔威特（等积）投影	19世纪	卡尔·布兰丹·摩尔威特	椭圆型投影	等积；经线为椭圆曲线；纬线为直线，间距从赤道到两极逐渐增大；中央半球为圆形（见上，罗塞利投影）	世界分布状况；地图集
	多圆锥（普通多圆锥）投影	19世纪	费迪南德·鲁道夫·哈斯勒	杂类（圆锥类）投影	经纬线都为曲线；沿纬线方向长度无变形；在20世纪中应用于IMW地图，直到1962年	地形图与沿岸海图；修正后用于世界地图系列
244	椭球面横轴墨卡托投影	19世纪	卡尔·弗里德里希·高斯	圆柱投影	等角；中央经线为长度无变形的直线，纬线为曲线，在中央经线处等间距	地形图，特别用于南北向长于东西向的区域
	加尔正射投影	19世纪	詹姆斯·加尔（有时被归到阿尔诺·彼得斯名下；见文中对他的另两种圆柱投影的介绍）	圆柱投影	等积；经线为等间距直线；纬线为直线，南北纬45度线为两条标准纬线	世界分布地图

续表

范德格林滕Ⅰ投影	20世纪	阿方斯·J. 范德格林滕（见文中对他的另外三种圆形投影的介绍）	圆形投影	经纬线都为圆弧（中央经线与赤道为直线）	挂图；期刊和书籍中的说明性地图	
埃克特Ⅳ投影	20世纪	马克斯·埃克特（后来更名为埃克特-格里芬多夫；见文中对他的另外五种伪圆柱投影的介绍）	伪圆柱投影	等积；经线为半椭圆（中央经线为直线）；纬线为直线，其间距沿极点方向递增；以两个圆形为基础（见上，阿格内塞投影）	地图集；分布地图	245
古德等积投影	20世纪	J. 保罗·古德（包含了分瓣和聚合的投影）	杂类投影	等积；极地附近部分为摩尔威特投影（见上），赤道附近部分为正弦投影（见上）	地图集；分布地图	
米勒投影（改进自墨卡托投影）	20世纪	奥斯本·M. 米勒（受到另外三种圆柱投影的启发）	圆柱投影	经纬线都为直线；赤道为标准纬线；可以表现出极点，是一个折中的投影	地图集	
富勒戴马克松投影	20世纪	R. 巴克敏斯特·富勒	杂类投影	多面体；由八个等边三角形与六个正方形组成，或由20个等边三角形组成，其各边保持恒定比例	模拟地球仪或说明全球关系的模型	
罗宾逊矫形投影	20世纪	亚瑟·H. 罗宾逊	伪圆柱投影	经线为曲线（中央经线为直线）；纬线为直线；其间距介于等角与等积之间	地图集；期刊中的地图	246

续表

正射透视投影	前 2 世纪	喜帕恰斯（见上，但它最近为F. 德贝纳姆和理查德·E. 哈里森等人所使用，并用在GOES卫星影像中）	方位投影	半球的观察视角为无限远处；透视状的经纬线	地图集；期刊中的地图；电视天气图
空间斜轴墨卡托（SOM）投影	20 世纪	奥尔登·P. 科尔沃科雷塞斯，由约翰·P. 斯奈德改进	圆柱投影	接近等角，但其中线几乎为正弦曲线	用来展现陆地卫星的地面轨迹

等值线简表 247

在英语中，等量线（isometric line）和等值线（isopleth）的通用名称是 isogram、isarithm 和 isoline。等量线是通过对一系列点进行测量后得到的一条表现某一常量值的线，例如等高线。等值线则是将假设具有相同值的点连接在一起的线，例如等区线。[1] 弗朗西斯 · 高尔顿爵士于 1889 年提出的 isogram 一词，是这一概念最为常用的名称。

下面列出的等值线名称是从众多特殊形式的等值线中挑选出来的。我们以它们据推测第一次用于地图学的时间顺序进行排列。我们列出的这些当代术语，并非全部都和它们最早在地图学中使用的名称相一致。例如哈雷使用曲线（curve line）来描述等偏线（isogone），而它在一个世纪的时间里又被称为哈雷线（Halleyan 或 Halleian line），直到 1820 年左右，挪威天文学家克里斯托弗 · 汉斯廷提出了它现在的名称。[2] 所有这些定义之前都省略了“一条沿着……”，之后则省略了“相同或恒定、以及假设相同或恒定的线”。

Isobath 等深线	一个基准面（例如平均海平面）之下的深度
Isogonic line 等偏线	磁偏角
Isocline 等斜线	磁倾角或倾斜角
Isohypse（contour）等高线	一个基准面（例如平均海平面）之上的高度
Isotherm 等温线	温度（通常为平均值）
Isobar 等压线	大气压力（通常为平均值）
Isohyet 等雨量线	降水
Isobront 雷暴等时线	雷暴的发生率
Isanther 等始花期线	植物开花时间
Isopag 等冻期线	冰覆盖的持续时间
Isodem 等区线	人口
Isoamplitude 等变幅线	变动的幅度（往往是年气温值）
Isoseismal line 等震线	地震颤动的数值（或强度）
Isochasm 极光等频线	极光的年频率
248 Isophot 等照度线	照在某一表面上的光的强度
Isoneph 等云量线	云量的程度（通常为平均值）
Isochrone 等时线	距离某一点的行程时间
Isophene 等物候线	一种植物物种进入某一物候期的开始日期
Isopectic 冰冻等时线	成冰作用的时间
Isotac 等解冻线	解冻的时间

Isobase 等基线	垂直地层移动
Isohemeric line 运输等时线	（货物）运输的最短时间
Isohel 等日照线	特定时段中的平均日照持续时间
Isodopane 等费线	行程时间的花费
Isotim 等成本线	某种货物的价格
Isoanabase 等沉落线	有关海岸或其他地物的土地隆起程度
Isophort 等陆运费率线	陆运的运费率
Isonau 等海运费率线	海运的运费率
Isomist 等工资线	工资
Isothym 等蒸发量线	蒸发强度
Isoceph 等脑容量线	脑容量指数
Isogene 等属线	某个（生物）属的密度
Isohalaz 等雹线	冰雹的频率
Isospecie 等种线	某个（生物）种的密度
Isodyn 等吸引力线	经济吸引力
Isohydrodynarm 等水能线	潜在的水能
Isostalak 等沉淀量线	浮游生物的沉淀程度
Isovapor 等水汽含量线	空气中的水汽含量
Isodynam 等流量线	流量的强度
Isohygrom 等湿度线	每年干旱或湿润月份的数量
Isobenth 等生物量线	每个区域单元内特定深度的底栖动物数量
Isonoet 等智线	平均智力程度
Isopach 等厚线	沉积物的厚度

术语表

下面是当代主要地图学术语列表，大都从本书正文中选取。其中并
249 未收录外语（非英语）词汇和专有名词，以及除最普通的投影和等值线概念之外的这两类术语，它们已包含在附录中。这一列表曾交给一群专攻地图学的地理系学生，如果他们中的大多数认为其中某条术语尽人皆知，不需要专门定义，那么这条术语就会从列表中除去。随后再根据本书正文对余下的术语进行审核，以确定它们在文中的意思是否已经足够明确，再将满足这一条件的术语除去。将剩下的术语的含义与一本（任何学生都可能拥有的）标准学术词典进行比对，如果词典中关于某条术语的定义已能满足本书的需要，就再将其除去。最终，这一术语表仅包含特定的技术术语，以及某些普通词汇在本书中的特殊用法。在本术语表编辑过程中参考了许多文献，但很多定义经过了修正，有一些直接援引自 *Glossary of Mapping, Charting, and Geodetic Terms*，第二版（Washington,

D.C.：Department of Defense，Department of the Army，Corps of Engineers，U.S. Army Topographic Command，1969），还有一些采自 *Glossary of Technical Terms in Cartography*（London：The Royal Society，1966）以及 Robert N.Colwell 编辑，*Manual of Remote Sensing*，第二版（Falls Church，Va.：American Society of Photogrammetry，1983），1：1183–1198. 这些词典包含数量众多的术语定义，可用于查找本列表中未出现的术语。

Aerial survey 航空测量 运用摄影数据、电子数据或其他由机载平台获取的数据的测量活动，也叫做空中测量（air survey），见摄影测量法（photogrammetry）。

Altazimuthal theodolite 地平经纬仪 一种同时安装了水平度盘与竖直度盘的仪器，用来同时观测水平角与竖直角。

Altitude tinting 分层设色法 见 hypsometric tinting。

Anaglyph 补色立体图 以互补色（通常为红色和蓝色）印刷或投影的两幅视图构成的立体图。当观察者通过能过滤掉相应颜色的眼镜观察时，就能看到立体形式的图像。

Arc of the meridian 经线弧 天文经线或大地经线的一部分。

Area proportional to（APT）map 面积成正比（APT）的地图 统计图的一种，图上地物的大小取决于其地图数据（如人口）的数量，而不是它的地理范围。也叫做面积统计图 area cartogram。

Area[l] symbol 面状符号 一种明暗和色调连续的单个或重复的图形，在地图上用来表现真实或理论上的地物特征，该地物往往占据一定的面积（森林、宗教信仰等）。与点状符号（point symbol）和线状符号（line symbol）相对。

Area reference grid 区域参照网格　一种平面矩形坐标系，通常以某种地图投影的数学校正为基础，用数字和（或）文字标明坐标系中的位置。

Astronomical north 天文北向　见北（north）。

Azimuth 方位角　一条线与基准线（通常为经线）之间的顺时针水平偏转角。

Azimuthal map projection 方位地图投影　对制图格网的一种系统表现方式，其中所有由极点或其他中心点出发的放射线投影后的方向保持不变。

Bar scale 直线比例尺　见图示比例尺（graphical scale）。

Base data 基本数据　基本地图学信息（例如海岸线、政治边界），可用于汇编或叠印与其相关的性质上更为专门化的附加数据。

Base line 基线　建立在较高精度基础上的测量线，以其作为测量中定位和校正的基准。

Block diagram 框图　一种对景观的描绘方式，通常采用透视投影或等角投影，往往在垂直尺度上有夸大。

Cadastral map 地籍图　一种展示土地划分边界的平面图，往往标注了一块土地的方位、距离和面积，以起到描述和记录土地所有权的目的。

Cardinal direction 基本方向　大地表面上四个基本天文方向（东南西北）中任意一个。

Cartobibliography 地图文献目录　地图的系统清单，通常关于特定的区域、主题或人物。

Cartogram 统计图　用来展示数量资料的一种抽象或简化的地图，其底图往往并非是比例正确的。

Cartography 地图学、地图制作 地图的生产，包括地图设计、地图编绘、地图构造、地图投影、地图复制、地图使用以及地图传播。

Cartouche 椭圆形轮廓 一种地图或海图的特征，通常是一个装饰性插图，其中包含了图名、图例、比例尺等内容。

Central meridian 中央经线 用来构造地图投影（特别是伪圆柱投影）的一条地球经线大圆，在分瓣投影中可能有不止一条。

Chorographic-scale map 地区尺度地图 系统展现一块中等大小陆地区域（如一个国家）的地图，与小比例尺地图（small-scale map）或大比例尺地图（large-scale map）相对，也叫做中比例尺地图（intermediat-scale map）。

Choropleth map 等值区域图 用颜色或阴影来系统展现根据统计单 251
元或行政单元确定的区域。

Circle of illumination 光照圈 根据阳光照射的半球边界确定的大圆，将某一时刻的地球分为明暗两部分。

Color infrared（CIR）红外彩色胶片 一种能对电磁波谱的红外辐射区敏感的胶片，能过滤掉蓝光，生成假彩色图像，例如将活的植物表现为红色。注意不要与热红外（thermal infrared，TIR）相混淆。

Color separation 色彩分离 制作平板印刷地图的一道工序，为每种颜色制备一个单独的图画、雕版或负片。

Compass north 罗盘北向 见北（north）。

Compass rose 罗盘玫瑰 一个以某一方向（通常是北向）为基础，用罗经点和（或）角度（0–360 度）标注刻度的圆圈。

Condensed projection 聚合投影 对制图格网的一种系统表现方式，将对某一目的来说重要性较低的部分去掉，再将余下的部分拉近。

Comformal map projection 等角（正形）地图投影 对制图格网的一种系统表现方式，其中制图表面任意小区域的形状保持不变；也叫做orthomorphic map projection，与等积地图投影（equal-area map projection）相对。

Contour 等高线 一种假想的线，连接所有高于或低于基准面（通常为平均海平面）海拔相同的点。

Contour interval 等高线间隔 两条相邻等高线之间的垂直间距。

Controlled mosaic 控制镶嵌图 通常用纠正后的航片组合而成的镶嵌图，其方向和比例经过了水平地面控制。

Coordinate system 坐标系 一种制图格网，或者叫笛卡尔网格，其上的点根据两个（或三个）相交于一点的轴线来确定。

Cosmography 宇宙志 对天空和大地的描述和绘图，包括天文学、地理学和地质学。

Cosmology 宇宙哲学 对宇宙起源和结构的研究，包括元素、法则、空间和时间。

Dasymetric map 分区密度地图 一种用颜色或阴影表示限制在特定范围内的同质区域的方法，其颜色和阴影的范围不一定根据统计或行政边界进行划分。

Datum 基准 任何可以当做其他数量参照基准的数值及几何值、面、线或点。

Dead reckoning 航位推算法 以旅行的距离和时间推算位置（通常是在海上）的方法，在航行中通过风、海流等来进行。

Declination 偏角 见磁偏角 Magnetic declination 。

Deformation 变形 见地图变形 Map distortion。

Density symbol 密度符号 用于在制图中表现数量的阴影或颜色；通常数值越高则阴影或颜色越深。

Depression contour 洼地等高线 一条等高线的短线指明海拔降低的方向。

Dimensional stability 尺寸稳定性 材料在湿度和温度变化时保持大 252
小不变的能力。

Distortion 变形 见地图变形 Map distortion。

Dot map 点值法地图 对大地现象的一种系统表现方式，其中每个点（通常大小一致）代表一个关于图上分布状况的特定数字。

Electromagnetic spectrum（EMS）电磁波谱 已知电磁波的排列顺序，从最短（宇宙射线）到最长（无线电波），其中包括可见光。

Equal-area map projection 等积地图投影 对制图格网的一种系统表现方式，图上任意封闭图形与同比例尺地球仪上同一图形的面积保持相等；与等角（正形）地图投影（Comformal map projection）相对，也称作 equivalent map projection。

Field survey 野外测量 见地面测量 ground survey。

Flow line 运动线 一种线状地图符号，其宽度依照其所描绘的数量成比例变动。

Form line 地形线 一种线状符号，与等高线类似，但往往是断线或虚线，仅仅表现近似的海拔和地貌外形而非实际高度。

Four-color process 四色印刷 见三原色印刷 process color。

Fractional scale 分数比例尺 见数字比例尺 representative fraction。

General map 普通地图 一种对某一区域的系统表达方式，展现种类多样的地理现象（海岸线、政治边界、交通线），用于规划、定位、参照等，与专题地图 thematic map 相对。

Generating globe **地球投影图形** 一种用于生成透视地图投影的球体模型，或一种用来作为投影的参照的理论上的球体。地球投影图形的半径与地球半径的关系与其所生成的地图的数字比例尺相同。

Geocartography **地理制图** 对大地现象的地图制作，与对天体或其他实体的地图制作相对。

Geodesy **测地学** 对大地和地球上大面积区域（例如国家）的尺寸、形状和大小的研究。

Geographical north **地理北向** 见北（north）。

Geographical-scale map **地理尺度地图** 见小尺度地图（small-scale map）。

Geographic information systems（GIS）**地理信息系统** 一种获取、处理、储存、管理、复制、展示和分析空间数据的电子方法；地理信息系统包括传统地图学与环境遥感。

Globe gore **地球仪贴面条带** 一种半月形条带，可以在变形很小的情况下安装在球仪表面。

253 Graduated circle **分级圆** 一种圆形符号，大小与实际区域成比例，或依据图上所绘现象的数量，与其他相似形状的符号成比例，也叫做比例圆 proportional circle。

Graphical scale **图示比例尺** 一条刻度线，它在图上标出的距离等同于实际测量的地面距离；也叫直线比例尺（bar scale 或 linear scale）。

Graticule **制图格网** 一种网格线，用来表现地球的经线和纬线。

Great circle **大圆** 地球表面的一条线，其所在的平面穿过球心。这一球面两点间的最短距离也叫做大圆航线 orthodrome。

Grid **网格** 一个笛卡尔参照系，拥有两组平行线，以直角相互交叉，从而构建出正方形格；这个概念也宽泛地用来表示（地球）制图格网（graticule）。

Ground survey 地面测量 田野测量和制图，与航空测量（aerial survey）相区别。

Hachure 晕滃线 沿着最大坡度方向划出的短线，通过一组此类线段的粗细和间隔来指明陆地地形。

Halftone 半色调 由黑色到白色的一个渐变过程，通过放置在一架照相机和一个感光板之间的屏幕产生出的一系列小点来实现。

High latitude 高纬地区 地球的极地和副极地地区。

Hypsometric tinting 分层设色法 一种在地图上展现地形的方法，在不同的水平面（海拔）之间填上不同深浅的颜色。

Image 影像 以地图、海图、平面图、照片或雷达扫描形式对某一个物体、景观或其他实体的记录。

Inset map 套印小地图 位于大地图边框内的一幅单独的地图，往往拥有和大地图不同的比例尺。

Intermediate-scale map 中比例尺地图 见地区尺度地图 Chorographic-scale map 。

Interrupted map projection 分瓣地图投影 对制图格网的一种系统表现方式，其中的起始或中央经线重复出现，以便减小外围区域的变形；也叫做断裂投影 recentered projection。

Inverted image 倒像 见反视立体像 Pseudoscopic image 。

Isarithm, isogram, isoline 等值线 见附录 B。

Isometric diagram 等比例图 一种拟三维表现方式，其中沿着三个坐标轴长度无变形。

Large-scale map 大比例尺地图 一种对陆地上小区域（比例尺大于等于1∶75000）的系统表现方式；有时也叫做地形尺度地图 topographic-scale map。

Layer tinting 分层设色法 见 hypsometric tinting。

Legend 图例 对地图、示意图或模型中所用地图符号的解释。

254 **Leveling 水准测量** 对垂直距离的直接或间接测量，以测定高程。

Libration 天平动 一种真实的或外表上的震荡运动，特别针对月球。它导致月球超过一半的表面可以为地球上的观察者看到，尽管月球总是同一面朝向地球。

Linear scale 直线比例尺 见图示比例尺 graphical scale。

Line[ar]symbol 线状符号 一种独特的线，用来表现真实或理论上的、有一定长度但没有或仅有很窄的宽度的地物特征（如道路、政治边界）。

Low latitude 低纬地区 地球的热带或亚热带地区。

Loxodrome 等角航线 见 rhumb line。

Magnetic declination 磁偏角 任意位置上地磁经线与地理经线的夹角，用度数和东西方向表示，以指明地磁北向相对于正北的方向。

Magnetic north 地磁北向 见北 north。

Magnetic variation 磁差 磁偏角的同义词，但更明确指明某一时间段内的变化（时间变化）。

Map 地图 一种对全部或部分地球及其他实体的表现方式，通常绘制在平面上，展现某些地物的大小和位置。

Map data 地图数据 涉及基本数据（base data）的特定地图信息。

Map distortion 地图变形 球体及椭球体（或此类图形的一部分）

通过投影转换到平面过程中造成的地图形状表现的改变；也叫 map deformaiton。

Map projection 地图投影　球体及椭球体（或此类图形的一部分）上完全弯曲的经纬线（制图格网）在平面上的系统排列方式。

Mean sea level（MSL）平均海平面　海洋表面在潮汐的全部阶段内的平均高度。

Metes and bounds survey 界址测量　以每一条连接线的方位和长度为基础对大片土地（例如地产）边界的描述，往往标注在所有权清单中。

Midlatitude 中纬地区　地球上位于亚热带地区与副极地地区之间的地区。

Mosaic 镶嵌图　见控制镶嵌图 controlled mosaic 和无控制点镶嵌图 uncontrolled mosaic 。

Natural scale 自然比例尺　见数字比例尺 representative fraction。

Normal case of a projection 正轴投影　制图格网在数学上的最简单表现形式（典型情况为其表达的主方向与制图格网的主方向一致）、见斜轴地图投影 oblique map projection 和横轴地图投影 transverse map projection。

North 北　关于地球的主要参照方向。地磁（罗盘）北向是磁罗盘
指针不受地方干扰指示的北向。真北、天文北向或地理北向是观测者所 255
在地点的经线方向。格网北向指的是地图上南北方向线段的方向，仅在中央经线上与真北重合。

Oblate spheroid 扁平椭球体　一种短轴为旋转轴的旋转椭球体。地球近似为一个扁平椭球体。

Oblique map projection 斜轴地图投影 对制图格网的一种系统表现形式，其轴线的倾斜度介于 0 到 90 度之间且不等于 0 或 90 度。见正轴投影 normal case of a projection 和横轴投影 transverse map projection。

Orientation 定向 建立或处于与罗经点呈正确关系的方向。

Orthodrome 大圆航线 见大圆 great circle。

Orthomorphic map projection 等角地图投影 见等角（正形）地图投影 conformal map projection。

Parallax 视差 一个物体位置相对于某一参照点或系统的视位移，由观测点的变动导致。

Perspective diagram 透视图 一种拟三维的表现方式，物体的外观与它们的相对距离和位置相符。

Photogrammetry 摄影测量法 使用立体设备和方法，获取可靠的测量结果和（或）制作地图和海图。

Photolithography 照相平板印刷 一种印刷方法，对源材料进行照相，将获得的影像转移到印版（通常为粒状金属）上用来进行平版印刷。这一概念宽泛的用于平版印刷（lithography）的全过程，反之亦然。

Pie graph 饼图 将圆形符号按相对于总数的比例切分成扇形，也叫做扇形圈 sectored circle。

Planimetric map 平面图 一种对陆地的系统表现方式，仅仅展现地物的平面位置。与地形图（topographic map）相对。

Plastic scribing 薄膜刻图 见刻图 scribing。

Plastic shading 晕渲法 见 shaded relief。

Point symbol 点状符号 一种用来描绘真实或理想的、通常面积有限的地物（如居民点）的独特设计。然而，这种符号有时与其他符号相结合来展现密度，如点值法地图（dot map）。

Poles 极点 地球旋转轴的末端（北极点与南极点）；以及地球表面磁罗盘指针垂直的两点（北磁极和南磁极，它们分别接近北极点与南极点，但并不与之重合）。

Prime meridian 本初子午线 地球表面用来测量经度的南北方向的线段。在许多个世纪中，人们使用了多条不同的本初子午线和编号系统；如今，通过国际协议，经度以英国格林尼治（零度经线）为基础分为东经 180 度和西经 180 度。

Process color 三原色印刷 一种照相制版印刷方法，用机械和照相的 256
方式完成原图的色彩分离。它的一个特例是四色印刷，其中用过滤器和
屏幕将图像分解为四种颜色（黄、品红、青、黑），在印刷阶段将其重组时，
就能模拟出原图的所有颜色。对视频来说其三原色为红、绿和蓝。

Profile 剖面 沿任何固定线关于地球表面和（或）其下地层的垂直横截面。它往往涉及垂直夸大（vertical exaggeration）。

Prolate spheroid 扁长椭球体 一种长轴为旋转轴的旋转椭球体。

Proportional circle 比例圆 见分级圆 graduated circle。

Pseudocylindrical projection 伪圆柱投影 地球网格的一种排布方式，其典型特征为，纬线为长度不同的直线，经线为等间距曲线。某些伪圆柱投影为等积投影（埃克特 IV 投影），但并不包含等角投影。

Pseudoscopic image 反视立体像 一种与实际状况相反的三维印象（例如照片、描影等）。也叫做倒像 inverted image。

Quadrangle（quad.）梯形图幅 标准地形图系列（例如美国地质调查局制作的系列）中的一张分幅地图。

Range line 范围线 在美国公共土地测量中一个镇（township）的

边界，以南北方向进行测量。

Recentered map projection 断裂地图投影 见分辨地图投影 Int-errupted map projection。

Reconnaissance map 勘测图 对一个地区初步勘查或测量所得的地图产品，因此其精度要低于此后更为严格的测量活动。

Remote sensing 遥感 对某一物体数据的探测和（或）记录，其使用的传感器并不与该物体直接进行物理接触。

Representative fraction（RF）数字比例尺 用分数或比率表达的地图或海图的比例尺，是图上单位距离与实地距离之比（如1∶1000000）。也叫做自然比例尺（natural scale）或分数比例尺（fractional scale）。

Resolution, spatial 空间分辨率 某个系统（如遥感）提供明晰影像的能力，它可以用每毫米的行数、温度或其他物理性质来表达。

Rhumb line 等角航线 地球上的一条与所有经线呈固定角度的线段。也叫做 loxodrome 或 line of constant compass bearing，它以持续的真方向朝极点盘旋。

Riparian survey 河岸测量 对沿河岸地区的测绘；早期勘测图往往随着探险家沿大河（如尼罗河与密西西比河）的行进路线制作。

Scale 比例尺 地图、球仪、模型或照片上的距离与地面或其他图形表现中相应距离的比率。

257 **Scan 扫描** 用任意设备（例如雷达）扫过地球上的一个窄条，将生成的一系列线段拼合成一幅影像（image）；它与全部影像同时生成的快照和普通照片形成对比。

Scribing 刻图 制作负片（或正片）的程序，可以通过接触曝光进行复制。用专门设计的工具将一个透明基础（通常是塑料）上的不透明照相图层的一部分去除。

Section 区 在美国公共土地测量中，对镇（township）进行分割的单元，通常是一个一英里见方的四边形。每个镇包含 36 个此类单元。

Sectored circle 扇形圈 见饼图 pie graph。

Shaded relief 晕渲法 用连续分等级的色调描绘出由一个光源（通常位于地图的西北方）产生的阴影来展现地形。

Small-scale map 小比例尺地图 对一大块陆地区域的系统表现方式，也叫做地理尺度地图 geographical-scale map。

Spherical coordinates 球面坐标 一个极坐标系统，其原点位于球心，所有的点则位于球面上。也宽泛的称作球面网格 spherical grid。

Spheroid 椭球体 任意与球体稍微不同的图形；在大地测量学中，为几种非常接近未受扰动的地球平均海平面并穿过大陆连接在一起的数学图形之一，用来作为大地测量的参照面。

Spot elevation 高程点 地图或海图中的一点，通常用圆点标记，并注有表示高程的数字，也叫做 spot height。

Standard line 标准线 一条经线或纬线，或地图投影中的其他基本线性特征，沿着这条线的比例尺与地图或海图的原始比例尺相同，用来作为地图投影计算的控制线。也叫做标准经线 standard meridian 或标准纬线 standard parallel。

Statistical surface 统计面 一种理论上的三维图形，通过等值线法、等值区域法或其他定量制图形式构建。

Stereoscope 立体镜 一种双目光学仪器，辅助观察者对照片和图片进行观察，以获得三维模式的心理印象。

Strip map 带状地图 一种地图设计，用图表的方式展现从一点到另一点近乎直线形式的道路。

Symbol 符号 地图、海图或其他模型上的一种简图、图案、文字、字符或缩写词，人们根据惯例或参照图例可以知晓它所象征或描绘的特定特征或形象。它可以是面状（areal）、线状（linear）、点状（point）或其他形式的符号。

Synoptic chart 天气概要图 一种指明特定时间里在相当大的区域内的盛行或预计状况的系统表现方式（例如天气图 weather map）。

Thematic map 专题地图 一种对某一区域的系统表现方式，通常表
258 现某一种分布状况的地图数据（如人口），对它来说基本数据仅仅起到对所绘分布状况辅助定位的作用。它的功能与普通地图（general map）形成对比。

Topographic map 地形图 对陆地表面一小部分的系统表现方式，展现自然特征（如地形和水文特征）以及文化特征（如道路和行政边界）。这种大比例尺地图以可量度的形式同时展现垂直和水平地物特征。

Topographic-scale map 地形尺度地图 见大比例尺地图 large-scale map。

Toponym 地名 某地的名称，或者来源于某个地理位置的词汇。

Township 镇 在美国公共土地测量中，一个大约六英里见方的四边形区域，包含 36 个区（section）。

Township line 镇区界 在美国公共土地测量中，以南北方向测量的一个镇（towship）的边界。另见范围线 Range line。

Transverse map projection 横轴地图投影 对制图格网的一种系统表达方式，其中任意实例的轴线皆由正轴地图投影（normal case of a map projection）位置旋转 90 度（直角）。另见斜轴地图投影（oblique map projection）。

Uncontrolled mosaic 无控制点镶嵌图 未纠正相片的组合，每张相片之间拼接的部分未经过地面控制或其他方式的定向。

Variation 变动 见磁差 magnetic variation。

Verbal scale 文字比例尺 对地图上具体测量单位和实地距离之间关系的表达（如“图上 1 英寸相当于实地 1 英里”）；不如数字比例尺（representative fraction，在这个例子中为 1∶63360）常用。

Vertical exaggeration 垂直夸大 对模型表面或剖面图的改变，通过对所有高于基准面的点的高度按比例提升同时保留基准面来实现。

Volumetric symbol 体状符号 一种（拟球体）地图学图案，制造一种三维定量的印象。

Zenithal map projecton 方位地图投影 见 azimuthal map projection。

注释

第一章

1. H.Marshall McLuhan, *Understanding Media*（New York：McGraw-Hill, 1964），特别是 157—158 页，此书与该作者的其他著作与作为一种交流媒介的地图学有相当大的联系，尽管我们可能并不完全赞同"媒介即讯息"这句话的全部含义。
2. 关于现代（专题）地图制作技术的普通教材中，较著名的几本包括 ErwinJ. Raisz, *General Cartography*，第二版（NewYork：McGraw-Hill, 1948）；Arthur H. Robinson 等，*Elements of Cartography*，第五版（NewYork：John Wiley, 1984）；F. J. Monkhouse 和 H.R.Wilkinson, *Maps and Diagrams*，第二版（London：Methuen, 1963）；John Campbell, *Introductory Cartography*（Englewood Cliffs, NJ.：Prentice-Hall, 1984）；Borden Dent, *Principles of Thematic Map Design*（Reading, Mass.：Addison-Wesley, 1985）；Judith Tyner, *Introduction to Thematic Cartography*（Englewood Cliffs, NJ.：Prentice-Hall, 1992），以及 R. W. Anson 和 F. J. Ormeling, *Basic Cartography for Students and Technicians*，第二版第一卷（Oxford：Elsevier, 1994）针对进阶读者的作品包括：*United States Department of the Army Field Manual 21—26*（Washington, D. C.：Government Printing Office, 1965）；Judith Tyner, *The World of Maps and Mapping*（NewYork：McGraw-Hill, 1973）；Mark Monmonier 和 George A. Schnell, *Map Appreciation*（Englewood Cliffs, NJ.：Prentice-Hall, 1987）；以及 Philip C.Muehrcke 和 Juliana O.Muehrcke, *Map Use：Reading, Analysis, Interpretation*，第三版（Madison：J. P. Publications, 1992）。

3. 许多国家都设有地图图书馆，作为其国家珍藏的一部分。在美国，美国国会图书馆的地理与地图分馆拥有最为全面的地图和地图集藏品——从早期到现代，从国外到国内。与此同时，美国国家档案馆是美国政府所制作地图的官方贮藏所。位于伦敦的大英图书馆，以及位于巴黎的法国国家图书馆的地图分馆，都拥有异常丰富多样的地图藏品。许多位于大城市的图书馆、政府机构、有关地理学和其他科学的组织往往拥有大量地图藏品。规模较大的大学经常拥有重要的地图资源，尽管它们通常会散布于不同的院系中。然而，在某些情况下它们会被集中在一起，例如在加州大学洛杉矶分校，超过五十万张 1900 年后出版的地图和航片存放在该校的地图图书馆中，而更早出版的地图和地图集则储存在特色馆藏分馆中。见 Walter W. Ristow，"The Emergence of Mapsin Libraries，" *Special Libraries* 58，no.6（July-August 1967）：400—419。美国专业图书馆协会的地图与地理学分部为促进地图学做了许多工作。它倡议建立一个收藏世界地图学记录（包括胶片和磁带）的国际性中心，但截至目前仍未能实现。许多国家的政府机构，特别是那些涉及国防的机构，都拥有大量地图和海图收藏，但它们除了可以通过计算机检索之外，一般并不对普通大众开放。
4. 许多期刊，尤其是地理学期刊，偶尔会刊登地图主题的文章。除此之外，有几份专门针对地图学问题的国家级或国际性期刊。后者中包括 *The International Yearbook of Cartography*（Gütersloh：Bertelsmann Verlag），它作为国际地图学会的年刊，于 1961 年由 Eduard Imhof 创刊，一直发行到 2000 年之后；由 Leo Bagrow 于 1935 年创刊的 *Imago Mundi*：*A Periodical Review of Early Cartography*，其第一期年刊在柏林出版，但随后迁至英国；它于 1975 年改版，但沿用了此前的卷号。在 1994 年它增加了副标题 *The International Journal for the History of Cartography*。更多关于此问题的讨论见 Chauncy D.Harris 和 Jerome D. Fellman，*International List of Geographical Serials*，University of Chicago，Department of Geography Research Paper 63（Chicago，1960），以及 Chauncy D. Harris，*Annotated World List of Selected Current Geographical Serials*，University of Chicago，Department of Geography Research Paper 96（Chicago，1964）。
5. Richard Hartshorne，*The Nature of Geography*（Lancaster，Pa.：Association of American Geographers，1967），247—248.
6. 许许多多与地图学专业并无联系的人都对地图颇感兴趣，特别是装饰性古旧地图。为了满足这种日渐增长的需求，人们将旧地图集中的一些地图撕下并装裱起来。除此之外，一种新的地图类型已经出现，即古地图的新近摹本。在 Walter W. Ristow 的“Recent Facsimile Maps and Atlases，” *The Quarterly Journal of the Library of Congress*（July 1967）：213—299 中，对地图集和地图摹本的生产进行了讨论。最近这一领域的一个新成果是匈牙利布达佩斯的地图摹本。Ronald V. Tooley 于 1963 年创立了英国的地图收藏圈，出于陶冶对古地图的兴趣的目的，从 1977 年起该组织在英国发行其季刊 *The Map Collector*，见 *IMCoS Journal* 及 Arthur H. Robinson，“The Potential Contribution of Cartography in Liberal Education，” *Geography in Undergraduate Liberal Education*（Washington，D. C.：Association of American Geographers，1965），34—47，以及 Norman J. W. Thrower，“Cartography in University Education，” *AB Bookman* 5（1976）：5—10。

7. 关于这一定义的一个特殊问题涉及到比例尺。美国国会图书馆的地图编目程序包括图名、比例尺、符号、投影以及作者和出版机构等“元素”。但并不是所有地图都能呈现这些元素。最近关于“地图”这一概念的定义的讨论见 J. B. Harley 和 David Woodward 编辑，*The History of Cartography*，第一卷（Chicago：University of Chicago Press，1987），xv-xxi. 迄今为止，这一由多位作者合作的多卷本计划已出版了四本：第一卷，史前时代、上古时代及早期地中海地区；第二卷第一分卷：伊斯兰与南亚；第二卷第二分卷，东亚与东南亚传统；第二卷第三分卷：非洲、美洲、太平洋与澳大利亚传统。另见 M. J. Blakemore 和 J. B. Harley，*Concepts in the History of Cartography*；*A Review and Perspective*，Cartographica，Monograph 17（Toronto：University of Toronto Press，1980）。其他普通地图学史著作包括 Leo Bagrow 的权威著作 *History of Cartography*，由 R. A. Skelton 修订和增补（Cambridge，Mass.：Harvard University Press，1964），该著作的德文版为 *Meister der Kartographie*（Berlin：Safari Verlag，1943），这本书以 Bagrow 的同一出版社和出版年代的 *Geschichte der Kartographie* 为基础。Loyd A. Brown，*The Story of Maps*（Boston：Little Brown and Company，1947）一书则是一本从图书馆员的视角出发的著作；Gerald R.Crone，*Maps and Their Makers*：*An Introduction to the History of Cartography*，第五版 .（Hamden，Conn.：Archon Books，1978）是一本由地图管理者编写的教材；John Noble Wilford，*The Mapmakers*（NewYork：Knopf，1981）则是一部由记者编写的关于此主题的流行著作。来自许多学科的学者都对地图学史做出了贡献。正如其他专门史领域一样，在这一领域中的实践经验非常有价值。而另一方面，总是过于关注某些地图学技术的工作者却难以获得

对更大领域的理解。作者在这里为本书选取了一些原始材料，以及更为专门的研究，而不是引用那些调查列表。

8. 早期和“原始”的人类为地图学目的所使用的不同载体和技术包括木头（如雕刻后表现地形的浮木）、木板、树皮、兽皮、皮革、织物（用包括血液在内的天然染料绘制）、金属、石头、泥土（用工具做标记）、沙子甚至雪（手工制作成模型或做标记）。这一领域中的著作对来自不同地理环境的“原始”人的地图制作活动做了讨论。俄罗斯在20世纪初制作了一套土著地图学选集，其中的地图有55幅出自亚洲，15幅出自美洲，3幅出自非洲，40幅出自澳大利亚和大洋洲，还有2幅出自早期印度。见 B. F. Adler, *Maps of Primitive Peoples*（St. Petersburg: Karty Piervobytnyh Narodov, 1910），以及 H. De Hutorowicz, “Maps of Primitive Peoples,” *Bulletin of the American Geographical Society* 43（1911）: 669—79 对它的讨论。另见 Clara E. Le Gear, “Map Making by Primitive Peoples,” *Special Libraries* 35, no.3（March 1944）: 79—83；以及 Robert J. Flaherty, “The Belcher Islands of Hudson Bay: Their Discovery and Exploration,” *Geographical Review* 5, no.6（June1918）: 433—443。更多“先进”族群也在地图制作中使用了多种材料：镶嵌地砖、织毯或挂毯、装饰壁画、酒杯和盐瓶形式的地球仪等。

9. Walter Blumer, “The Oldest Known Plan of an Inhabited Site Dating from the Bronze Age,” *Imago Mundi* 18（1964）: 9—11. 使用“最早”一词总是有很大风险，但这一极早的岩画引发了人们的浓厚兴趣。George Kish, *History of Cartography*（New York: Harper and Row, 1972），第一卷（第二卷中附有220幅地图幻灯片）对其进行了图解和讨论，更近的讨论见 Catherine Delano Smith, “The Emergence of ‘Maps’ in European Rock Art: A Prehistoric Preoccupation with Space,” *Imago Mundi* 34（1982）: 9—25。

10. 有许多文章以马绍尔岛民的木条海图为主题，包括 Henry Lyons 爵士的“The Sailing Charts of the Marshall Islanders,” *Geographical Journal* 72, no.4（October 1928）: 325—28；以及 William Davenport 的“Marshall Island Navigation Charts,” *Imago Mundi* 15（1960）: 19—26。

11. Miguel Leon-Portilla, “The Treasures of Montezuma,”，出自 *The Unesco Courier* 的一本特刊 *Maps and Map Makers*（June 1991），对这一主题的许多方面做了讨论。这份杂志由联合国以35种语言出版，而联合国与地图出版的关系非常密切。另见 J. Brian Harley, “Rereading the Maps of the Columbian Encounter,” *The*

Americas before and after 1492: Current Geographical Research, *Annals of the Association of American Geographers* 82, no.3（September 1992）: 522—542； 以及Louis de Vorsey Jr., "Worlds Apart: Native American World Views in the Age of Discovery," *Meridian*, Map and Geography Round Table of the American Library Association 9（1993）: 5—26，这篇文章中包含了这张地图的复制图。

12. 由 James Cooper Clark 汇编的 *Codex Mendoza*（London: Waterlow and Sons, Ltd., 1938）是一个罕见且内容有限的复制版本。更为华丽和学术性的版本为 Frances F. Berdan 和 Patricia Rieff Anawalt 编辑的四卷本 *The Codex Mendoza*,（Berkeley and LosAngeles: University of California Press, 1992）。
13. 同上, 2: 6。
14. 英国谢菲尔德大学制作了关于印第安人和因纽特人的地图与地图制作的程序，由 G. Malcolm Lewis 指导，北美印第安人地图的档案光盘则在威斯康星-密尔沃基大学的 Sona Andrews 指导下制作完成。一个名为"地图学遭遇战：美洲土著地图展"的展览于 1993 年夏天在芝加哥的纽贝里图书馆举行，作为第十五届国际地图学史大会的一部分，并成为第十一期老肯尼斯·内本扎尔地图学史讲座的主题。由纽贝里图书馆赫蒙·邓拉普·史密斯中心出版的通讯季刊 *Mapline*，将其第七期特刊（September 1993）取名为"Cartographic Encounters: An Exhibition of Native American Maps from Central Mexico to the Arctic"，由 Mark Warhus 制作，包含了插图和精选参考书目。
15. G. Malcolm Lewis, "The Indigenous Maps and Mapping of North American Indians," *The Map Collector* 9（December 1979）: 25—32；另见该作者关于此主题的其他文章。
16. 在加州议会于 1968 年 5 月 4 日在位于海沃德的加州州立大学举办的关于地理学教育问题的春季会议中，Carl O. Sauer 将其宴会致辞的大部分放在地图之于地理学研究的重要性上。他提到，某些地图是出于娱乐目的制作的，而另外一些则用于指明狩猎和采集的地点，来展现"通往肥牡蛎之路"。反过来说，一个地方的名字可能来自于人们对它的联想。
17. David Turnbull, "Maps Are Territories: Science Is an Atlas," 出 自 *Nature and Human Nature*（Geelong, Victoria, Australia: Deakin University Press, 1989;

Chicago: University of Chicago Press, 1993)。本书作者需要感谢墨尔本的 Dorothy Prescott 率先将雍古地图引入他的关注范围。

第二章

1. G. W. Murray, "The Gold-Mine of the Turin Papyrus," *Bulletin de l'Institute d'Egypte* 24 (1941—42): 81—86.
2. 这幅地图出自 Prince Youssouf (Yusūf) Kamal, *Monumenta cartographica Africae et Aegypti*, 共五卷十五分册(Cairo, 1926—1951), 彩色印刷。就像许多此类作品一样, 这套最宏伟的摹本地图集发行数量十分有限。它不仅在非洲研究方面具有重要意义, 也阐明了从古埃及到现代探险时期地图形式的演变过程。见 Norman J. W. Thrower, "Monumenta cartographica Africae et Aegypti," *UCLA Librarian*, supplement to 16, no.15 (1963): 121—26; Wilhelm Bonacker, "The Egyptian Book of the Two Ways," *Imago Mundi* 7 (1965): 5—17。
3. Henry Lyons, "Two Notes on Land Measurement in Egypt," *Journal of Egyptian Archaeology* 12 (1926): 242—244.
4. Eckhard Unger, "Ancient Babylonian Maps and Plans," *Antiquity* 9 (1935): 311—22; 以及 "From Cosmos Picture to World Maps," *Imago Mundi* 2 (1937): 1—7. 另见 Theophile J. Meek, "The Orientation of Babylonian Maps," *Antiquity* 10 (1936): 223—226.
5. Kamal 的 *Monumenta cartographica* 中包含针对某一特定区域的不同时期和流派的地图, 其中那些原作已经不存的复原图被用来替代原作, 或试图对原作进行呈现。此类地图的复原图以原作的正确年代排列, 而不考虑复原图自身的制作年代。针对希腊-罗马文明的地图复原图参见 J. O. Thomson, *Everyman's Classical Atlas* (London: J. M. Dent, 1961). 这一较易得到的作品包含了赫卡泰、埃拉托色尼、克拉特斯以及托勒密的世界地图, 其中某些图采自 Edward Herbert Bunbury 爵士的二卷本 *A History of Ancient Geography*. (London: John Murray, 1883), 这部著作对这一时代的地理学和地图学知识有着根本性的重要意义。
6. 此外, 有人绘制纯粹虚构的地图以阐释小说或其他文学作品, 或是绘制关于已知景观的虚构地图。前一类地图的例子是 J. R. R. Tolkien 的 Hobbit 地图, 而后一类的例子则是 Thomas Hardy 的 Wessex 地图。J. B. Post 的 *An Atlas of*

Fantasy 修订版（New York：Ballantine Books，1979）包含了超过 200 幅虚构地图。

7. A. E. M. Johnston，"The Earliest Preserved Greek Maps：A New Ionian Coin Type，" *Journal of Hellenic Studies* 87（1967）：86—94.
8. Bunbury，*History of Ancient Geography*，1：615.
9. Walter W. Hyde，*Ancient Greek Mariners*（New York：Oxford University Press，1947），14n.
10. 见 Jacob Skop，"The Stade of the Ancient Greeks，" *Surveying and Mapping*，10，no.1（1950）：50—55。
11. 见 Leo Bagrow，"The Origin of Ptolemy's 'Geographia，'" *Geografiska Annaler* 27，no.3—4（1945）：318—87；以及 Johannes Keuning，"The History of Geographical Map Projections until 1600，" *Imago Mundi* 12（1955）：1—24。
12. John Bradford 的 *Ancient Landscapes*（London：G.Bell，1957），145—216，以及 George Kish 的"Centuriatio：The Roman Rectangular Land Survey，" *Surveying and Mapping* 22，no.2（1962）：233—244 对古罗马的百亩法（即对土地的矩形分割）及其持续影响做了讨论。Don Gelasio Caetini，"The 'Groma' or Cross Bar of the Roman Surveyor，" *Engineering and Mining Journal Press*（29 November 1924）：855 则分析了在庞贝古城出土的这种古罗马测量工具。另见 O. A. W. Dilke，"Illustrations from Roman Surveyors' Manuals，" *Imago Mundi* 21（1967）：9—29；*Greek and Roman Maps*（Ithaca：Cornell University Press，1985）。
13. 这幅地图复制自 Roger J. P. Kain 和 Elizabeth Baigent 的 *The Cadastral Map in the Service of the State*（Chicago：University of Chicago Press，1992），2，另一幅则出自 P. D. A.Harvey，*The History of Topographical Maps*：*Symbols*，*Pictures*，*and Surveys*（London：Thames and Hudson，1980），127. 从古典时代至今的相关地图见 Denis Cosgrove，*Apollo's Eye*：*A Cartographic Genealogy of the Earth in the Western Imagination*，Baltimore and London：Johns Hopkins University Press，2001。

第三章

1. 有一种观念如今很流行，即贬低殖民当局的贡献，以及西方学者所做的东方研究，尤其是在印度。然而，Lord Curzon 通过建立总督治下的印度考古研究所，为保存和阐明次大陆的早期文化做了许多工作。其中一个例子见 John H. Marshall 爵士的三卷本著作 *Taxila：An Illustrated Account of Archeological Excavations Carried out at Taxila under Orders of the Government of India between the Years 1913 and 1934*，（Cambridge：Cambridge University Press，1951）。关于这个考古遗址的现代地图出现在第三卷的第 2、8、9 和 10 张图中，它们都附有小的平面图，但人们并未发现那个时代制作的地图。总之，巴基斯坦和印度学者——其中许多为 Marshall 工作并在他那里接受了训练——都很赞赏此类作品的价值。

2. 现存最有价值的关于中国地图学的论述，是 Joseph Needham 和 Wang Ling 的"Mathematics and the Sciences of the Heavens and the Earth，" *Science and Civilisation in China*，（Cambridge：Cambridge University Press，1959），3：497—590。另见 E.Chavannes，"Les deux plus ancient specimens de la cartographie chinoise，" *Bulletin de l'Ecole Françoise d'Extreme Orient* 3（1903）。

3. Kuei-Sheng Chang，"The Han Maps：New Light on Cartography in Classical China，" *Imago Mundi* 31（1979）：9—17.

4. F. Richard Stephenson，"The Ancient History of Halley 's Comet，" 出自 *Standing on the Shoulders of Giants：A Longer View of Newton and Halley*，Norman J. W. Thrower 编辑（Berkeley and LosAngeles：University of California Press，1990），231—253。

5. 就像其他所谓"少数群体"一样，关于女性对地图学的贡献的记录十分匮乏。然而，有证据表明女性在中国古代的地图制作中扮演了重要角色（见 Needham 和 Ling，*Science and Civilisation*，3：537—541），毫无疑问，在其他国家情况也是如此。

6. 同上，图 81 下说明，3：548。

7. Lynn T.White，*Medieval Technology and Social Change*（Oxford：Oxford University Press，1962），132.

8. H. B. Hulbert，"An Ancient Map of the World，" *Bulletin of the American Geographical Society* 36，no.9（1904）：600—605.

9. Norman J. W. Thrower 和 Young Il Kim，"Dong-Kook-Yu-Ji-Do：A Recently Discovered Manuscript of a Map of Korea，" *Imago Mundi* 21（1967）：10—20；Shannon McCune，"Maps of Korea，" *The Far Easterly Quarterly* 4（1948）：326—329. 另见 David J. Nemeth，"A Cross-Cultural Cosmographic Interpretation of

Some Korean Geomancy Maps,"出自 *Introducing Cultural and Social Cartography*, *Cartographica*, *Monograph* 44, Robert A. Rundstrom 编辑(Toronto: University of Toronto Press, 1993), 85—97。这本论文集中有很多有趣的文章,有些文章的作者已经在前面提到(例如 G. Malcolm Lewis),有些作者将会在后面提到(Joseph E. Schwartzberg)。然而,在 Rundstrom 的序言中,他看上去混淆了"种族"与"土著","文化"与"社会"等概念。当然,社会和文化地图学有悠久的传统,就像社会和文化地理学一样,而这些领域的研究并不需要加以"介绍"。

10. Ryuziro Isida 在 *Geography of Japan*(Tokyo: Society for International Cultural Relations, 1961), 5—7 中对已知最早的两幅日本本土地图做了讨论和图解。现代测量出现之前西方对东方地图制作的影响见 Hiroshi Nakamura, *East Asia in Old Maps*(Tokyo: Kasai, 1964)。另见 George H.Bean, *A List of Japanese Maps of the Tokugawa Era*(Jenkintown, Pa.:Tall Tree Library, 1951; supplements, 1955, 1958, 1963)。Bean 的日本早期印刷地图藏品如今存放于不列颠哥伦比亚大学图书馆,而 UCLA(Rudolph 的收藏)和加州大学伯克利分校(Mitsui 的收藏)都拥有此领域的重要资源。关于日本地图史有相当数量用日语和欧洲语言写就的著作。后者中最早的一部是 Graf Paul Teleki 的 *Atlas zur Geshichte der Kartographie der Japanischen Inseln*(Budapest, 1909),而最近的一部则是 Hugh Cortazzi 的 *Isles of Gold*: *Antique Maps of Japan*(New York and Tokyo: Weatherhill, 1983),它的文献目录很有价值,并附有许多彩色插图。另见 Kazumasa, Yamashita, *Japanese Maps of the Edo Period*(Tokyo: 1998),这本书对日本早期彩色印刷地图及其广泛分布状况做了记录。
11. Reginald H. Phillimore,"Early East Indian Maps," *Imago Mundi* 7(1950): 73—74;以及"Three Indian Maps," *Imago Mundi* 9(1952): 111—114.Susan Gale, *Early Maps of India*(New Delhi:Sanscriti, in association with Arnold-Heineman, 1976);India within the Ganges(New Delhi:.Jayaprints, 1983),特别是其第一章,附有插图;*A Series of Early Printed Maps of India in Facsimile*(New Delhi:Jayaprints, 1981);*Maps of Mughul India*, *Drawn by Colonel Jean-Baptiste Gentil for the French Government to the Court of Shuja-ud-Daula of Faizabad*, *in 1770*(修订本)(New Delhi:Manohar, 1988);以及 *Indian Maps and Plans from Earliest Times to the Advent of European Surveys*(Tring, Herts., England:The Map Collector Publications, 1994).R. T. Fell, *Early Maps*

of South-East Asia，第二版（Oxford：Oxford University Press，1991），包括欧洲制作的马来西亚、越南、菲律宾等地的地图。Joseph E.Schwartzberg 编辑的 *A Historical Atlas of South Asia*（Chicago：University of Chicago Press，1978）是一部包含了很多历史资料的当代著作；以及“A Nineteenth Century Burmese Map Relating to the French Colonial Expansion in Southeast Asia，” *Imago Mundi* 46（1994）：117—127.

第四章

1. Michael Avi-Yonah，*The Madaba Mosaic Map*（Jerusalem：Israel Exploration Society，1954），以及 Herbert Donner 和 Heinz Cüppers，*Die Mosaikkarte von Madeba*（Wiesbaden：Otto Harrossowitz，1977），附有彩页。M. Avi-Yonah，“The Madaba Mosaic Map，” 出自 *A Collection of Papers Complementary to the Course：Jerusalem through the Ages*，comp. Yehoshua Ben-Arieh 和 Shaul Sapir（Jerusalem：The Hebrew University of Jerusalem，1984）；Kenneth Nebenzahl，*Maps of the HolyLand：Images of “Terra Sancta” through Two Millennia*（New York：Abbeville，1986）；以及 Eran Laor，*Maps of the HolyLand：Cartobibliography of Printed Maps，1475—1900*（New York：Alan R.Liss，Inc.，1986），这本书采用一张精美的马代巴镶嵌地图作为护封。
2. Konrad Miller，*Die Peutingerische Tafel*（Stuttgart：Brockhaus，1962），i—xii，1—16，以及这幅地图的一张缩小了一半的复制图。Burton William，*A Commentary of Antonius，His Itinerary，or Journies of the Romance Empire，So Far as It Concerneth Britain*（London：T.Roycroft，1658）.
3. 明显接受大地球形观念的著名牧师包括不莱梅的亚当，大阿尔伯特和罗吉尔·培根；认为不存在对跖世界（如果不是反对大地球形的话）的牧师则包括拉克坦提乌斯，希波的圣奥古斯丁，以及《基督教诸国风土记》的作者，经常为人引用的安条克的康斯坦丁（航行到印度的科斯马斯）。从中世纪地理学的宏大背景出发讨论地图学问题的一般著作包括 John K. Wright，*Geographical Lore at the Time of the Crusades*（New York：Dover，1965），以及 George H. T. Kimble，*Geography in the Middle Ages*（London：Metheun，1938）。
4. “这就是耶路撒冷。我曾将她安置在列邦之中，列国都在她的四围。”——《以西结书》，第五章第五节，修订标准版。

5. 在 1968 年，Ebstorf 地图被纽约的 Springbok Editions 公司的 R（aleigh）A（shlin）（Peter）Skelton（1906—1970）制作成了精美的彩色拼图，其直径大约为 20 英寸（50 厘米），并附有说明。这一对 Ebstorf 地图在肖像学和物理特性上的精彩呈现，并未包括在 R. A. Skelton 关于已出版作品的文献目录 *Maps: A Historical Survey of Their Study and Collecting*（Chicago：University of Chicago Press，1972），111—131 中。这幅重要地图毁于 1943 年 10 月盟军的一次空袭，但它尚有一幅手绘摹本存世。

6. Gerald R. Crone，"New Light on the Hereford Map，" *Geographical Journal* 131（1965）：447—462； 以 及 *The World Map of Richard of Haldingham in Hereford Cathedral*（London：Royal Geographical Society，1954）. 后者包含 Hereford 地图的一套九张单色分幅复制图。Noël Denholm Young，"The *Mappa Mundi* of Richard of Haldingham at Hereford，" *Speculum* 32（1957）：307—314. P. D. A. Harvey，*Mappa Mundi*：*The Hereford World Map*，London：Hereford Cathedral and the British Library，1996. 另 见 Waldo R. Tobler，"Medieval Distortions：The Projections of Ancient Maps，" *Annals of the Association of American Geographers* 56（1966）：351—360。该作者为 Hereford 地图制作了一套经纬网格，这一有趣的技术在此后被应用于其他"无投影"地图中。

7. David Woodward，"Reality，Symbolism，Time and Space in Medieval World Maps，" *Annals of the Association of American Geographers* 75，no.4（1985）：510—521. 在这篇文章中作者认为我们应当用其自身的标准来评判中世纪的成就，且同样主张应在地图学研究中对地理学和历史学进行整合。这些建议非常合理，且应当应用到所有类型和时期的地图中。

8. Carl Schoy，"The Geography of the Moslems of the Middle Ages，" *Geographical Review*14（1924）：257—69. 在有关阿拉伯的作品中，地图学与地理学（djughrafiya）二者往往不加区分地一同进行讨论。Konrad Miller，*Mappae Arabicae：Arabische Welt-und Ländeskarten der 9—13.Jahrhundets*，六卷本（Stuttgart：Selbstverlag der Herausgebers，1926—1931）；以及 *Weltkarte des Arabers Idrisi vom Jahr 1154*（Stuttgart：Brockhaus/Antiquarium，1981）。随着伊斯兰的复兴，如今人们对穆斯林作家及其文化遗产有着越来越浓厚的兴趣。最近出现的关于穆斯林地图学的学术性和普及性文章都收录于 Abdel Hakim，"Atlases，Ways and Provinces，" *Unesco Courier* 4（June1991），20—23。

9. Anthony John Turner，"Astrolabes and Astrolabe Related Instruments，" 出自 *Early*

Scientific Instruments:*Europe, 1400—1800*（London：Sotheby 's,1989）。Roderick 和 Marjorie Webster, *Western Astrolabes*, 由 Sara Genuth 作序（Chicago：Adler Planetarium and Astronomy Museum, 1998）.Roderick Webster, *The Astrolabe*:*Some Notes on its History, Construction and Use*（Lake Bluff, Ill.：Privately printed, 1984），其中包括关于装配星盘的工作模型的材料和说明。

10. Silvanus P. Thompson,"The Rose of the Winds：The Origin and Development of the Compass-Card," *British Academy Proceedings, 1913—1914*（London, 1919）, 179—209;Norman J. W. Thrower,"The Art and Science of Navigation in Relation to Geographical Exploration," 出自 *The Pacific Basin*, Herman Friis 编辑（New York：American Geographical Society, 1967）, 18—39, 339—343；E. G. R. Taylor 和 M. W. Richey, *The Geometrical Seaman*：*A Book of Early Nautical Instruments*（London：Hollis and Carter for the Institute of Navigation, 1962）, 19—21。

11. Nils Adolf Erik Nordenskiöld, *Periplus*：*An Essay on the Early History of Charts and Sailing Directions*（Stockholm：P. A. Norstedt & Soner, 1897）. 尽管作为历史地图学研究开创者之一的 Nordenskiöld 关于在这一主题上的某些观点值得怀疑，但这部作品仍具有参考价值。另见 Konrad Kretschmer, *Die italienischen Portolane des Mittlealters*:*Ein Beitrag zur Geschichte der Kartographie und Nautik*, 卷 13（Berlin:Veroffentlichungen des Instituts für Meereskunde und des Geographischen Instituts an der Universität Berlin, 1909），以及 Edward L. Stevenson, *Portolan Charts, Their Origin and Characteristics*（New York：The Knickerbocker Press, 1911）。更多近期关于波尔托兰海图的研究包括 James E. Kelley, Jr., "The Oldest Portolan Chart in the New World, " *Terrae Incognitae* 9（1977）: 23—48；以及 Jonathan T. Lanman, "The Portolan Charts, " 出自 *Glimpses of History from Old Maps*（Tring, England：The Map Collector Publications, 1989）。关于波尔托兰海图制作在英国的最后阶段的讨论，见 Tony Campbell, "The Drapers' Company and Its School of Seventeenth Century Chart Makers, " 出自 *My Head Is a Map*：*A Festschrift for R.V. Tooley*, Helen Wallis 和 Sarah Tyacke 编辑（London:Francis Edwards and Carta Press, 1973）, 81—106, 以及 Thomas R. Smith, "Manuscript and Printed Sea Charts in Seventeenth Century London：The Case of the Thames School, " 出自 *The Compleat Plattmaker*:*Essays on Chart, Map, and Globe Making in England in the Seventeenth and Eighteenth Centuries*, Norman J. W.

Thrower 编辑（Berkeley and Los Angeles：University of California Press，1978），45—100。Campbell 在他的文章中（81）承认，在发现晚期伦敦波尔托兰海图制作与布商协会之间的重要关系这一问题上，堪萨斯大学的 Smith 教授的卓越地位。这一关系同样可参阅 Smith 的"Nicholas Comberford and the 'Thames School'：Sea Chart Makers of Seventeenth Century London"（1969 年在布鲁塞尔举行的第三届国际地图学史大会上宣读的未出版论文）。

12. Heinrich Winter，"Catalan Portolan Maps and Their Place in the Total View of Cartographic Development，" *Imago Mundi* 11（1954）：1—12，该论文是作者以 15 世纪为主题的一系列论文和一篇概述中的最后一篇。Tony Campbell，"Census of Pre-Sixteenth Century Portolan Charts，" *Imago Mundi* 38（1986）：67—94；James E.Kelley，Jr.，"Non-Mediterranean Influences That Shaped the Atlantic in the Early Portolan Charts，" *Imago Mundi* 31（1979）：18—35，特别是 9 n.4。
13. Norman J. W. Thrower，"Doctors and Maps，" *in The Map Collector* 71（summer 1995）：10—14，附有插图。
14. Walter Horn 和 Ernest Born，*The Plan of St.Gall*：*A Study of the Architecture*，*Economy*，*and Life in a Paradigmatic Carolingian Monastery*，三卷本（Berkeley and Los Angeles：University of California Press，1979），这部里程碑性质的作品的作者是一位艺术史学家和职业建筑师。

第五章

1. 人们批评 *Maps and Man* 第一版以牺牲欧洲地图学为代价对其他地区和文化——包括土著、东方、伊斯兰、殖民地和美洲——给予了过多的关注。因此本书增加了更多关于欧洲地图的讨论和实例，特别是在这一章中，以改善之前的这一非欧洲中心偏见：例如 Juan de la Cosa 和 Waghenaer 的作品。
2. Thomas Goldstein，"Geography in Fifteenth-Century Florence，" 出自 *Merchants and Scholars*，John Parker 编辑（Minneapolis：University of Minnesota Press，1965），11—32；以及 Bagrow，"Ptolemy's 'Geographia'"。
3. Skelton，*Maps*，12，作者在其中引用了 William M. Ivins，Jr. 的这句话。*The Penrose Annual*，*1964*，Herbert Spencer 编辑，其中将几章的篇幅放在地图复制上；关于这一活动的历史方面，见 David Woodward 编辑，*Five Centuries of Map*

Printing（Chicago：University of Chicago Press，1975）中 R A. Skelton 所写的章节"The Early Map Printer and His Problems"：171—186。这一卓越的著作是关于从古至今欧洲使用的主要地图复制方法，包含 6 篇文章，每一篇由一位专家撰写。当然，由于印版的损耗，线条在使用中的破损以及上墨的多寡等，使得印本不可能完全相同，但这一论断大致上是正确的。

4. Tony Campbell, *The Earliest Printed Maps, 1472—1500*（Berkeley and Los Angeles：University of California Press，1978）. 这部插图丰富的学术性著作的作者曾是大英图书馆的一位地图管理员，书中对已知所有 1501 年之前的欧洲地图印本进行了讨论和分类。另见 Rodney W.Shirley, *The Mapping of the World：Early Printed World Maps, 1472—1700*（London：New Holland Publishers，1993），这是一部无价的汇编著作，尤其是对地图管理员和收藏家而言。

5. 实际上在荷兰 Johan（nes）Teyler 发明了一种叫做"玩具娃娃"（la poupée）的套色印刷方法，但由于其难以操作且需要大量劳动力，并未在地图制作中广泛使用。与此同时皇家学会的会员对由东方传播到伦敦的套色印刷品的质量十分惊讶，并怀疑它们实质上不是印刷品而是手工上色的样本。

6. Charles R. Beazley 和 Edgar Prestage 编辑，"G.Eannes de Azurara：The Chronicle of the Discovery and Conquest of Guinea，" *Hakluyt Society Publications*，系列一，卷 95 和卷 100（London：Hakluyt Society，1896—1899）；Richard H. Major，*The Life of Prince Henry of Portugal*，*Surnamed the Navigator*（London：Asher，1868），该作者使得"领航者"这一对这位开创了葡萄牙海外航行的"一半英国血统的王子"的称呼得以普及。以及 Norman J.W.Thrower，"Prince Henry the Navigator，" *Navigation* 7，no.2—3（1960）；117—126. 另见 Luis de Albuquerque 和 Alfredo Pinheiro Marques 最近关于葡萄牙的地理发现和地图学主题的作品。如今 Marques 在私人通信以及 *A Maldção da Memóna Do Infante Dom Pedro*（Figueiro da Foz，1995）一书中主张，葡萄牙海外发现的开创者并非亨利王子，而是至高无上的佩德罗王子。

7. Goldstein，"Geography in Florence，" 17—18. 这些地图中的一幅被一些人认为是 Marino Sanudo 约 1320 年制作的 *Mappa Mundi* 中的一份，其中展现了亚速尔群岛。

8. 近些年来，对欧洲人发现世界这一说法的反对声越来越大。最近一些赞比亚人指出，他们的祖先于 1850 年代在非洲"发现"了大卫·利文斯通。与此类似，几个埃塞俄比亚人在他们顺流而上的过程中解决了“莱茵河问题”（与欧洲人的“尼罗河问题”相对应）。对地理发现进行恰当评判的一个尝试是 Herman R. Friis 编辑的 *The Pacific Basin*（New York：American Geographical Society，1967），在这一著作中对太平洋岛屿、中国、日本和其他非欧洲居民的探险活动，与葡萄牙人、西班牙人、荷兰人、英格兰人等的此类活动一样报以尊重。土著居民越来越多地对他们祖先于欧洲人遭遇的信息加以补充，且最近西方学者跟随这种趋势，使得关于“他者”在地理发现中的贡献的作品越来越多。

9. 除了汗牛充栋的关于地理探险的一般作品，有关哈克卢特协会出版物主要集中在“对重要航行、旅行、探险和其他地理学记录的原始叙述”上。从 1846 年该协会成立开始，它出版了大约 3000 部著作，其中许多含有地图。一个目标类似的组织“发现史协会”于 1960 年成立于美国，它的期刊 *Terrae Incognitae* 第一卷于 1969 年出版发行。一本关于欧洲地理发现的大众化图说，见 Leonard Outhwaite，*Unrolling the Map*（New York：John Day，1939）。一些国家（尤其是葡萄牙这样的小国）非常关心它们在探险活动中的贡献，而另一些（例如新西兰）则关心其被发现的细节。见 Norman J. W. Thrower，“Cartography，”出自 *The Discoverers：An Encyclopedia of Explorers and Exploring*，Helen Delpar 编辑（New York：McGraw-Hill，1980），103—110。

10. R. A. Skelton，Thomas E. Marston 和 George D. Painter，*The Vinland Map and the Tartar Relation*（New Haven：Yale University Press，1965），以及 Wilcomb E. Washburn 编辑，*The Vinland Map Conference Proceedings*（Chicago：University of Chicago Press for the Newberry Library，1971）。

11. James Enterline，*Viking America：The Norse Crossings and Their Legacy*（Garden City，N.Y：Doubleday，1972），以及该作者的其他作品。

12. R. A. Skelton，*Explorers' Maps*（London：Routledge and Kegan Paul，1958），以及“Map Compilation，Production，and Research in Relation to Geographical Exploration，”出自 Friis，*The Pacific Basin*，40—56，344—345。另见 Armando Cortesão 和 Avelino Teixeira da Mota，*Portugaliae monumenta cartographica*（Lisbon：Comissão Executiva das Comemorações do V Centenario da Morte do Infante D. Henrique，1960）。文艺复兴以来存世的探险家地图手稿包括麦哲伦海峡（Antonio Pigafetta，1524）；北欧（William Borough，1570）；新英格兰北部和新斯科舍（Samuelde Champlain，1607）；哈得孙海峡、巴芬

岛以及南安普顿岛（William Baffin, 1615）。

13. E. G. Ravenstein, *Martin Behaim: His Life and His Globe*（London: George Philip & Son, 1908）.

14. 最近人们对托斯卡内利的地图进行重构并复制，见 Valerie I. J. Flint, *The Imaginative Landscape of Christopher Columbus*（Princeton: Princeton University Press, 1992），图 40。对文艺复兴时期地图学家作品的复制品的收集，见 Emerson D. Fite 和 Archibald Freeman, *A Book of Old Maps, Delineating American History from the Earliest Days Down to the Close of the Revolutionary War*（Cambridge, Mass.: Harvard University Press, 1926），其中包括 37 幅附有说明的黑白地图复制品；以及 Kenneth Nebenzahl, *Atlas of Columbus and the Great Discoveries*（Chicago: Rand McNally, 1990），其中包含关于早期欧洲海外探险的最重要世界地图的精美彩色复制图，并附有图注。皮齐加诺的地图和许多在这一章和前面的章节中讨论到的地图的复制品，见 Nebenzahl 的 Atlas。另见 Paolo Taviani, *Christopher Columbus: The Grand Design*（London: Orbis, 1985），这本书为该作者与其他研究者关于哥伦布的研究成果之一，1992 年哥伦布首次大西洋航行（1492—1493）五百周年催生了数量浩繁甚至有些讽刺的著作。J.B.Harley, *Maps and the Columbian Encounter*（Milwaukee: The Golda Meir Library of the University of Wisconsin, Milwaukee, 1990），这本书是关于一个与地图学相关的重要项目的展览目录。

15. John P. Snyder, *Flattening the Earth: Two Thousand Years of Map Projections*（Chicago: University of Chicago Press, 1993），该书是最近的一项关于地图学文献的重要成就，与本书随后将要提及的其他大多数关于投影的研究不同，该书对这一主题的早期阶段给予了很大关注。另见 Keuning,"Geographical Map Projections," 以及 Norman J. W. Thrower,"Projections of Maps of Fifteenth and Sixteenth Century European Discoveries," 出自 *Mundialización de la ciencia y culture nacional*（Madrid: Doce Calles, 1993），81—87。见 Ricardo Cerezo Martinez,"Apportión al studio de la carta deJuan de la Cosa," 出自 *Géographie du monde au moyen age et à la renaissance*, Monique Pelletier 编辑（Paris: Editions C. T. H. S., 1989），及本章中的其他相关论文；以及 Norman J. W. Thrower,"New Geographical Horizons: Maps," 出自 *First Images of America: The Impact of the New World on the Old*, Fredi Chiappelli 编辑（Berkeley and Los Angeles: University of California Press,

1976), 659—674。

16. Bradford Swan, "The Ruysch Map of the World (1507—1508)," *Papers of the Bibliographical Society of America*, 45 (New York, 1957): 219—236. 对这幅地图最新的评价见 Donald L. McGuirk, Jr., "Ruysch World Map: Census and Commentary," *Imago Mundi* 41 (1989): 133—141; 以及该作者更早的关于勒伊斯地图的文章。

17. Edward Heawood, "The Waldseemüller Facsimiles," *Geographical Journal* 23 (1904): 760—770; Charles G.Heberman 编辑, *The Cosmographiae Introduction of Martin Waldseemüller in Facsimile* (New York: The United States Catholic Historical Society, 1907)。

18. George Kish, "The Cosmographic Heart: Cordiform Maps of the Sixteenth Century," *Imago Mundi* 19 (1965): 13—21, 这是关于这种投影类型的一篇有趣的论文，此类投影有许多出自文艺复兴时期地图学家的设计。最近美国邮政局发行了一枚心形投影的"爱心"邮票。许多人通过邮票喜欢上地图，地图是集邮者中最受欢迎的一种邮票主题。

19. Piri Reis, *Kitab-I Bahriye*, 四卷本 (Istanbul: The Historical Research Foundation, Istanbul Research Center, 1988), 该书的扉页是皮里大西洋海图的精美复制图。以及 Gregory C. McIntosh, "Christopher Columbus and the Piri Reis Map of 1513," *The American Neptune* 53, no.4 (fall 1993): 280—294。在这篇文章中，McIntosh 认为皮里·赖斯的地图可能比现存其他任何地图（甚至包括哥伦布的兄弟 Bartholomeo 和 Alessandro Zorzi 制作于 1503 年的地图）都更接近于哥伦布制作的一幅关于其加勒比地理发现的地图。另见 Needham 和 Ling, *Science and Civilisation*, 3: 583—590, 关于对中国的影响。

20. Lawrence C.Wroth, *The Voyages of Giovanni da Verrazzano, 1524—1528* (New Haven: Yale University Press, 1970); 以及 Norman J. W .Thrower, "New Light on the 1524 Voyage of Verrazzano," *Terrae Incognitae*, 11 (1979): 59—65. 韦拉扎诺的兄弟 Hieronymus 是一位地图学家，他在其地图中使用了由乔瓦尼所提供的信息。

21. Samuel Y. Edgerton, Jr., "From Mental Matrix to *Mappamundi* to Christian Empire: The Heritage of Ptolemaic Cartography in the Renaissance," 出自 *Art and Cartography: Six Historical Essays*, David Woodward 编辑 (Chicago: University of Chicago Press, 1987), 10—50。另见 Thrower, "New Geographical Horizons,"

以及 and "When Cartography Became a Science," *Unesco Courier* (June1991): 25—28。

22. 霍尔拜因的世界地图复制图见 Ernst 和 Johanna Lehner, *How They Saw the New World*, Gerald L. Alexander 编辑 (New York: Tudor Publishing Co., 1966), 48—49。这是另一本包括许多地图和图画(黑白印刷)的汇编著作,文兰地图用棕黑色印在扉页上。另见 *The Discovery of the World: Maps of the Earth and the Cosmos* (Chicago: University of Chicago Press, 1985),其贡献者包括 David Stewart 女士, Yves Berger, Helen Wallis, 和 Monique Pelletier。关于这一类型的一个更近的贡献为 Peter Whitfield, *The Image of the World: Twenty Centuries of World Maps* (London: The British Library, 1994),其中包括许多图片,大多数用彩色印刷并附有注释,以及许多日历,其中一些已被单独扩展成书。

23. F. Van Ortroy, "Bibliographie sommairede l'oeuvre Mercatorienne," *Revue des biblioth è ques* 24 (1914): 113—148; 以及 A. S. Osley, *Mercator: A Monograph on the Lettering on Maps, etc., in the Sixteenth-Century Netherlands* (New York: Watson Guptill Publications, 1969)。P.van der Krogt, M. Hamleers, 和 P.van den Brink, *Bibliography of the History of Cartography in the Netherlands* (Utrecht: H. E. S.Publications, 1993).

24. 这一主题将在随后讨论,但在这里可以说尽管关于经度已经有相当多的论著,但其中从地图学角度对这一主题进行讨论的却很少。见 Norman J. W. Thrower, "Longitude in the Context of Cartography," 出自 *The Quest for Longitude*, William J. H. Andrewes 编辑 (Collection of Historical Scientific Instruments, Harvard University, Cambridge, Mass.1996); 另见 Norman J. W. Thrower, "The Discovery of the Longitude," *Navigation* 5, no.8 (1957—1958): 357—381; 以及 Dava Sobel 的普及型著作 *Longitude* (New York: Walker, 1995)。

25. R. A. Skelton, "Hakluyt's Maps," 以及 Helen Wallis, "Appendix Edward Wright and the 1599 World Map," 出自 *The Hakluyt Handbook*, D. B .Quinn 编辑 (London: Hakluyt Society, 1974), 1: 48—73, 附有该地图的复制图卷首插页。另见 Helen Wallis, "The Cartography of Drake's Voyage," 出自 *Sir Francis Drake and the Famous Voyage*, 1577—1580, Norman J. W. Thrower 编辑 (Berkeley and Los Angeles: University of California Press, 1984),其中包括由 Michael Mercator 制作的德雷克双半球地图银牌、德雷克-梅隆(彩色)地图以及其他关于第一次环球航行的地图记录,它们与航行的原指挥官一起返回了出发地。

26. Ronald V.Tooley, "California as an Island," *Map Collectors' Circle* 8 (1964), Dora Beale Polk, *TheIsland of California: A History of a Myth*(Spokane, Wash.: Arthur H. Clark Company, 1991), 以及 Glen McLaughlin and Nancy Mayo, *The Mapping of California as an Island*(California Map Society, 1995).

27. Gerardus Mercator, *Atlas sive cosmographicae meditations de fabrica mundi et fabricate figura*, 三卷本 (Düsseldorf: A. Brusius, 1595)。Johannes Keuning, "The History of an Atlas: Mercator-Hondius," *Imago Mundi* 4 (1947), 这是该作者在这一期刊中关于墨卡托及其继承者的三篇系列论文中的一篇。Mercator-Hondius-Janssonius, *Atlas, or Ceographic Descnption of the World*, 其附有说明的重印两卷本由 R. A. Skelton 制作 (Amsterdam: Theatrum Orbis Terrarum, 1968); Cornelis Koeman, *Collections of Maps and Atlases in the Netherlands* (Leiden: E. J. Brill, 1961); *A Leaf from Mercator-Hondius Atlas Edition of 1619*, 其中包含 Norman J. W. Thrower 的一篇由五部分组成的文章 (Fullerton, Calif.: Stone and Lorson, Publishers, 1985), 1—25。

28. 收藏家与图书馆员都很珍视 16 和 17 世纪低地国家地图制作机构所作的地图产品; 其审美情趣与地理内容在它们被珍藏的原因中同样重要。见 Arthur L. Humphreys, *Old Decorative Maps and Charts* (London: Halton & Truscott Smith, 1926); 该书有一个由 R. A. Skelton 制作的修订本 *Decorative Printed Maps of the Fifteenth to Eighteenth Centuries* (London: Staples Press, 1952), 其中包含 84 幅复制地图, 其中一些为彩色。见 Robert W. Karrow, Jr., *Mapmakers of the Sixteenth Century and Their Maps: Biombliographies of the Cartographers of Abraham Ortelius, 1570* (Chicago: Speculum Orbis Press for the Newberry Library, 1993)。关于用早期地图进行研究的实质性主题之一, 见 Wilma George, *Animals and Maps* (Berkeley and LosAngeles: University of California Press, 1969)。

29. Günther Schilder, *Monumenta cartographica Neerlandïca*, 两卷本, 及两组档案 (Alphen, Netherlands: Canaletto, 1986—1988); 以及 "Willem Janszoon Blaeu's Map of Europe (1606), A Recent Discovery in England," *Imago Mundi* 28 (1976): 9—20。Schilder 是一位奥地利人, 如今工作在乌得勒支大学, 他是一长串对文艺复兴时期及此后低地国家地图学感兴趣的学者中最近的一位, 这一名单中包括 Frederik C. Wieder (他在 Prince Youssouf [Yusüf] Kamal 帮助下完成了他的里程碑性地图出版尝试) 以及 Cornelis

Koeman，他的 Ceschiedenis van de Kartografie van Nederland（Alphen，Netherlands：Canaletto，1983）可以用来查阅荷兰地图的细节，他还出版了五卷本 *Atlantes Neerlandici*（Amsterdam：Theatrum Orbis Terrarum，1967—1971）。

30. D. Gernez，"The Works of Lucas Janszoon Wagenaer[sic]，" *The Mariner's Mirror*23（1937）：332—350；以及 Lucas Janszoon Waghenaer，*Spieghel der Zeevaerdt，Leyden，1584—1585*（Amsterdam：Theatrum Orbis Terrarum，1964）. 另见 Derek Howse 和 Michael Sanderson，*The Sea Chart*（Newton Abbot，England：David and Charles，1973），40—43，49。

31. Koeman，*Ceschiedenis*，124—126，以及 G.Braun 和 F.Hogenberg，*Civitates orbis terrarum 1572—1618*（Amsterdam：Theatrum Orbis Terrarum Ltd.，1965）.

32. Tony Campbell，"The Woodcut Map Considered as a Physical Object：A New Look at Erhard Eztlaub 's *Rum Weg* Map of c.1500，" *Imago Mundi* 30（1978）：79—91.

33. Eduard Imhof，*Die Altesten Schweizerkarten*（Zurich and Leipzig：Orell Füssli Verlag，1939）.

34. Helen Wallis 编辑，*The Maps and Text of the Boke of Idrography Presented by Jean Rotz to Henry VIII*（Oxford：Roxburghe Club，1981）。*Brouscon's Tidal Almanac，1546*，其中包含由 Derek Howse 撰写的说明以及 Alec Rose 爵士撰写的前言（Cambridge：Nottingham Court Press in association with Magdalene College，Cambridge，1980）。这本书是一部附有地图的法国航海手册的影印版，该手册曾经为弗朗西斯·德雷克爵士所有，随后它被皇家海军的秘书、日记作者塞缪尔·佩皮斯获得，他设计了该书的外形尺寸。*Brouscon's Almanac* 作为佩皮斯图书馆（如今位于剑桥的莫德林学院）最小的一本书，被贴上了"一号"标签。见 Norman J.W.Thrower，"Samuel Pepys F.R.S.（1633—1703）and the Royal Society，" *Notes and Records of the Royal Society of London*，vol.57，no.1，2003，pp.3—13，由皇家学会会员 Alan Cook 爵士撰写了推荐语。

35. Sarah Tyacke 和 John Huddy，*Christopher Saxton and Tudor Map-Making*（London：The British Library，1980），以及 William Ravenhill，*Christopher Saxton's Surveying：An Enigma，in English Map-Making，1500—1560*，Sarah Tyacke 编辑（London：British Library，1983），112—119。

第六章

1. 哥白尼诞辰 500 周年纪念活动于 1973 年在波兰举行，国际地图学史学会与其他组织一起出席了华沙的活动。见 Walter M. Brod，"Sebastian von Rotenhan, the Founder of Franconian Cartography, and a Contemporary of Nicholas Copernicus," *Imago Mundi* 27（1975）: 9—12，这篇论文曾经在华沙的会议上宣读。罗腾汉与哥白尼都将他们的一生奉献给了宗教与科学。
2. A. R. Hall, *The Scientific Revolution 1500—1800*（London: Longmans, Green and Co., 1954）.
3. Galileo Galilei, *Sidereus nuncius*（Venetiis: Apud Thoman Baglionum, 1610）; Judith A.Zink（Tyner），"Lunar Cartography: 1610—1962"（加州大学洛杉矶分校硕士论文，1963）；以及 "Early Lunar Cartography," *Surveying and Mapping* 29, no.4（1969）: 583—596。
4. William Petty, *Hiberniae delineation*（Amsterdam, 1685；再版，Shannon: Irish University Press, 1969）。这套地图集原作曾广泛使用，直到 19 世纪英国地形测量局对爱尔兰进行了重测。
5. Helen Wallis 和 Arthur H. Robinson 编辑，*Cartographical Innovations: An International Handbook of Mapping Termsto 1900*（Tring, England: Map Collector Publications Ltd.，在 International Cartographic Association 帮助下，1987），这是一部关于航空测量和摄影测量发明前的地图类型和技术的出色概要性著作。另见 David A.Woodward，"English Cartography, 1650—1750: A Summary," 出自 Thrower, *Compleat Plattmaker*, 159—93。
6. E. G. R.Taylor，"The English Atlas of Moses Pitt, 1680—1683," *The Geographical Journal* 95, no.4（1940）: 292—299. 另见 Norman J. W. Thrower，"The English Atlas of Moses Pitt," *UCLA Librarian* 20（1967）。
7. Norman J. W.Thrower，"Edmond Halley and Thematic Geo-Cartography，" 出自 *The Terraqueous Globe*（Los Angeles: William Andrews Clark Memorial Library, University of California, Los Angeles, 1969），3—43，以及 "Edmond Halley as a Thematic Geo-Cartographer，" *Annals of the Association of American Geographers* 59, no.4（1969）: 652—676。另见 Norman J. W. Thrower, *The Three Voyages of Edmond Halley in the "Paramore" 1698—1701*，系列 2，卷 156 和卷 157（London: Hakluyt Society, 1981），后一卷是哈雷根据几次航行制作

的地图的对开本，以及"The Royal Patrons of Edmond Halley, with Special Reference to His Maps,"出自 Thrower, *Shoulders of Giants*, 203—219。Andrew McNally III 使用了克拉克图书馆所藏的哈雷大西洋海图，以全彩影印出版的没有题词的"原版"，制作出了他的 1985 年圣诞贺卡。这幅地图是这一系列的年度增刊之一，引起了地图学史学生的极大兴趣。

8. 关于牛顿的地理学和地图学观点，见 William Warntz,"Newton and the Newtonians, and the *Geographia Generalis Varenii*,"*Annals of the Association of American Geographers* 79, no.2（June1989）：165—191，其中附有图表，包括牛顿用过的源自瓦伦纽斯的地图投影。牛顿曾在剑桥大学讲授过自然地理学。

9. Sydney Chapman,"Edmond Halley as Physical Geographer and the Story of His Charts," *Occasional Notes of the Royal Astronomical Society* 9（London, 1941）. 皇家学会会员 Alan H. Cook 爵士，*Edmond Halley*：*Charting the Heavens and the Seas*（Oxford：Clarendon Press, 1998）。

10. 哈雷认为墨卡托在 1569 年"发明"以他名字命名的投影的问题上得到了过多信任，并建议将这一投影改为"航海投影"，因为它被领航员所使用。见 Maximillian E. Novak 和 Norman J. W. Thrower,"Defoe and the Atlas Maritimus," *UCLA Librarian* 26（1973），这篇文章讨论了哈雷为丹尼尔·迪福的 *Atlas maritimus and commercialis* 所作的说明。

11. Chapman,"EdmondHalley"：5.

12. 有人说外科学的历史分成两个阶段：消毒剂（由利斯特）发明前和发明后。同理，可以说地图学发展史也分为两个阶段，即等值线发明前和发明后。随着等值线的发明，以及此后它以等高线形式的进一步发展，使得三维（高度）测量可以达到从前只有二维（长度和宽度）测量才能达到的精度。当然，这不全是哈雷一个人的功劳，克里斯托弗罗· 博里这位耶稣会神父似乎在 1630 年用完全相同的等值线制作了一幅手绘地磁图，今已佚。阿塔纳修斯·基歇尔在 1643 年对这张图做了介绍，他知道这张图并不准确，且似乎亲自制作了一张等偏线图，并打算将其收录在他的 *Magnessive de arte magnetica opus tripartitum*（罗马，1643）一书中。哈雷在他的著作中提到了基歇尔，但我们应当赞同哈雷关于其大西洋海图的陈述："这是一种全新的曲线（等偏线）"。它在一个世纪的时间里被称为哈雷线，直到人们使用了 isogone 一词。基歇尔拥有第一个绘制表层洋流的殊荣，但在亚历山大·冯·洪堡等人在 19 世纪的研究出现以前，对这种现象的描绘是不准确的。

13. Werner Horn, "Die Geschichte der Isarithmenkarten," *Petermanns Geographische Mitteilungen* 53（1959）: 225—232.

14. 见 D. W. Waters, "Captain Edmond Halley, F. R. S., Royal Navy, and the Practice of Navigation" 出自 Thrower, *Shoulders of Giants*, 171—202。Waters 中校陈述道："埃德蒙·哈雷是第一个，且至今仍是最伟大的科学水手。"（200）Waters 的这一陈述扩展了塞缪尔·佩皮斯（1633—1703）的观点，后者曾断言哈雷比他同时代的任何人都更了解航海科学与实践。皇家学会会员 Edward Bullard 爵士称哈雷为"一个异常渊博且拥有最迷人品格的真正伟大的人"，出自他的文章"Edmond Halley（1656—1741）," *Endeavour* 15（1956）: 891—892；约瑟夫·尼科莱（我们将在随后提到此人）称哈雷的名字为全欧洲所传颂，犹如哲学沙漠上空的一声惊雷。

15. 有人认为这幅地图可能是当时英国流传最为广泛的一幅，因此，正如哈雷写道，它上面的现象"并不会让那些倾向于将其视为凶兆的人们感到惊奇。"一个相对被人忽视的研究领域是某一时期内地图的生产。关于 17 和 18 世纪的英国的这方面问题，Sarah Tyacke（现在是英国公共档案管理员）曾研究过《伦敦公报》这样的期刊中的广告，见 Sarah Tyacke, "Map-Sellers and the London Map Trade, c.1650—1710," 出自 Wallis 和 Tyacke, *My Head Is a Map*, 33—89。

16. S. J., Fockema Andreae, 和 B.van 't Hoff, *Geschiedenis der Kartografie van Nederland*（'s-Gravenhage: Martinus Nijhoff, 1947）。

17. 据说当路易十四看到这幅地图时评论道，他的水道测量员的工作使得他在大西洋沿岸丢掉的领土，比在法国东部边境的所有战争中所获得的还要多。

18. Josef Konvitz, *Cartography in France, 1660—1848: Science, Engineering, and Statecraft*（Chicago: University of Chicago Press, 1987），该书是对法国在约两百年间的地图学贡献的有价值分析。在该书的 70 页，作者认为哈雷并不知道磁差（长期地磁变化），这一观点是错误的。见本书 99 页哈雷的最后一段"说明"。在该书的 36 幅插图（8 幅为彩图）中，有一幅为布歇的英吉利海峡地图（69）。另见 George Kish, "Early Thematic Mapping: The Work of Philippe Buache," *Imago Mundi* 28（1976）: 129—136；以及 R. A Skelton, "Cartography," 出自 *A History of Technology*, Charles J. Singer 编辑（Oxford: Clarendon Press, 1954—1958）4: 596—628；这篇有益的文章中包括布歇普通地图的复制图（613）。欲了解 18 世纪法国的一个家族在私人地图学贡献方

面的研究，见 Mary Sponberg Pedley, *Bel et Utile:The Work of the Robert de Vaugondy Family of Mapmakers*（Tring, England: Map Collector Publications, 1992）。

19. Coolie Verner,"John Seller and the Chart Trade in Seyenteenth Century England,"出自 Thrower, *Compleat Plattmaker*, 127—157。

20. Derek Howse 和 Norman J. W. Thrower 编辑, *A Buccaneer's Atlas: Basil Ringrose's South Sea Waggoner*, Tony A.Cimolino 对此书做出了特别贡献（Berkeley and LosAngeles: University of California Press, 1992）。这是一幅关于某块区域的海图摹本，西班牙对该地区十分渴望，而其他国家则毫无兴趣。当它被人带到英国之后，导致国王查理二世释放了那些本应处以绞刑的海盗，这件事真正展现了"地图的力量"！

21. Thomas R. Adams, *Mount and Page: Publishers of Eighteenth-Century Maritime Books, in A Potencie of Life: Books in Society*, NicolasBarker 编辑（London:British Library, 1993）。这是当 Barker 担任 UCLA 威廉·安德鲁斯·克拉克纪念图书馆的克拉克教授的时候，所作的一系列文章中的一篇。

22. Andrew David 编辑, *The Charts and Coastal Views of Captain Cook's Voyages*, 第一卷, *The Voyage of the"Endeavour,"1768—1771*, 第二卷, *The Voyage of the "Resolution"and"Adventure"1772—1775*, 和第三卷, *The Voyage of the"Resolution"and"Discovery,"1776—1780*, Hakluyt Society Extra Series, nos.43, 44 和 45（London: 1988, 1992, 1997），其中包括库克三次太平洋航行的完整制图和地形记录，这本书是有 150 年历史的哈克卢特协会最具雄心的计划。另见 Gary L.Fitzpatrick, *"Palapala'aina':The Early Mapping of Hawaii"*（Honolulu: Editions Limited, 1986），特别是 12—24 页，包含库克第三次太平洋航行制作的岛屿地图彩色复制图。

23. 在一篇高度修正主义的文章"The Dimensions of the Solar System"中，Albert Van Helden 写道："哈雷在天文学中最为基本的贡献，是向天文学家展现了如何用金星的运行解决太阳视差的老问题（而不是预言了那颗以他的名字命名的彗星的回归周期）。"出自 Thrower, *Shoulders of Giants*, 143—156。

24. 已经有大量关于用天文学和钟表学方法在大海上获取和保留经度的作品，但关于如何在地图上描绘经线的作品则少之又少。概括有关经度的信息的著作包括 Derek Howse, *Greenwich Time and the Discovery of the Longitude*（Oxford: Oxford University Press, 1980），以及 William J. H. Andrewes 编辑, *The Quest for*

Longitude (Cambridge, Mass.: Collections of Scientific Instruments, Harvard University Press, 1996, 1999)。

25. 关于最近对温哥华的成就的评价，见 Robin Fisher 和 Hugh Johnston 编辑，*From Maps to Metaphors: The Pacific World of Conge Vancouver* (Vancouver: University of British Columbia Press, 1993)，其内容为纪念温哥华抵达西北太平洋地区，以延续库克第三次航行的制图工作的二百周年纪念研讨会上的一系列文章。这部著作包含地图和海图，但都不是温哥华所绘，而另一本有大量插图的著作，Robin Fisher, *Vancouver's Voyage: Charting the Northwest Coast, 1791—1795* (Seattle: University of Washington Press, 1992)，则包含了几幅温哥华制作的地图和视图。一本关于第一次环澳大利亚航行的流行著作为 K. A. Austin, *The Voyage of the "Investigator," 1801—1803: Commander Matthew Flinders, R. N.* (Adelaide: Rigby, Ltd., 1964)，其中包含弗林德斯的海图细节。
26. Adrian H. W. Robinson, *Marine Cartography in Britain* (Leicester: Leicester University Press, 1962)，以及 John Edgell 爵士，*Sea Surveys* (London: H. M. Stationery Office, 1965)，这本书的内容是英国在水道测量图制作中所扮演角色的总体评价。
27. Leo Bagrow, *A History of the Cartography of Russia*, Henry W. Castner 编辑，两卷本，(Wolfe Island, Ont.: The Walker Press, 1975)。该书是早期地图研究的现代创立者之一 Bagrow 的里程碑性著作的英译本，书中包含丰富的插图，它们是由外国和俄罗斯本国地图学家绘制的俄罗斯地图的黑白复制图。
28. François de Dainville, "De la profondeur à l'altitude," *International Yearbook of Cartography* 2 (1962): 151—162，其英文版名为"From the Depths to the Heights," *Surveying and Mapping* 30 (1970): 389—403；以及 Arthur H. Robinson, "The Geneology of the Isopleth," *Cartographic Journal* 8 (1971): 49—53。
29. Herbert George Fordham 爵士，*Some Notable Surveyors and Map-Makers of the Sixteenth, Seventeenth, and Eighteenth Centuries and Their Work* (Cambridge: Cambridge University Press, 1929)，特别是第三章。另见 Lloyd A. Brown, *Jean-Dominique Cassini and His World Map of 1696* (Ann Arbor: University of Michigan Press, 1941)，以及 Konvitz, *Cartography in France*，特别是第一章。
30. Elia M. J. Campbell, "An English Philosophico-Chorological Chart," *Imago Mundi* 6 (1950): 79—84.
31. M. Foncin, "Dupin-Triel [sic] and the First Use of Contours," *The Ceogra-*

phical Journal 127（1961）：553—554.

32. Tim Owen 和 Elaine Pilbeam, *Ordnance Survey*: *Map Makers to Britain Since 1791*（London: H. M. Stationery Office, for the Ordnance Survey, 1992），以及 R. A. Skelton,"The Origins of the Ordnance Survey of Great Britain," 第三部分 "Landmarks in British Cartography," *The Geographical Journal* 78（1962）：406—430。

33. Matthew H. Edney,"The Patronage of Science and the Creation of Imperial Space: The British Mapping of India, 1799—1843," *Cartographica*（1993）：61—67；以及 *Mapping an Empire*: *The Geographical Construction of British India, 1765—1843*（Chicago: University of Chicago Press, 1998）。另一种关于这一伟大事业的观点见 "Measuring India," 出自 *The Shape of the World*（Chicago, New York, San Francisco: Rand McNally, 1991），第八章，它源自一个同名公共电视系列。

34. Helen Wallis,"Raleigh's World," 出自 *Raleigh and Quinn*: *The Explorer and His Boswell*, H. G. Jones 编辑（Chapel Hill: North Carolinian Society, Inc., and the North Caroliria Collection, 1987），11—33；以及 John P. H. Hulton 和 David B. Quinn, *The American Drawings of John White, 1577—1590*（London and Chapel Hill: British Museum and University of North Carolina Press, 1964）。

35. P. E. H. Hair,"A Note on Thevet's Unpublished Maps of Overseas Islands," *Terrae Incognitae* 14（1982）：105—116.

36. Walter W. Ristow,"Augustine Hermann's Map of Virginia and Maryland," *Library of Congress Quarterly Journal of Acquisitions*（August 1960）：221—226.

37. Coolie Verner, *The Fry & Jefferson Map of Virginia and Maryland*（Charlottesville: University Press of Virginia, 1966）.

38. Seymour J. Schwartz 和 Ralph E. Ehrenberg, *The Mapping of America*（New York: Harry N. Abrams, Inc., 1980），96, 159—160，该书是对从最早期到太空时代的北美地图学的极好审视。Schwartz 所作的第一部分的主题从 1500 年延续至 1800 年，Ehrenberg 所作的第二部分从 1800 年延续至今。关于区域地图学史的优秀著作很多，例如 William P. Cumming, *The Southeast in Early Maps*（Princeton: Princeton University Press, 1958），以及该作者在这一主题

上的其他成果。另见 Jeannette D. Black,"Mapping the English Colonies: The Beginnings," 出自 Thrower, *Compleat Plattmaker*, 101—127, 其中包含一张由英国哲学家约翰·洛克描绘的加利福尼亚海岸的开普菲尔河钢笔画地图；另见 *The Blathwayt Atlas: A Collection of Forty-eight Manuscript and Printed Maps of the Seventeenth Century*, Jeannette D. Black 编辑（Providence: Brown University Press, 1970）。

39. Louis de Vorsey, "Pioneer Charting of the Gulf Stream: The Contributions of Benjamin Franklin and William Gerard De Brahm," *Imago Mundi* 28（1976）: 105—120.

40. Coolie Verner,"Mr. Jefferson Makes a Map," *Imago Mundi* 14（1959）: 96—108. 杰弗逊声称这幅以弗里-杰弗逊地图为底图，并收录在他的 *Notes on the State of Virginia* 中的地图"比收录它的这本书更具价值"。

41. Herman R. Friis,"A Brief Review of the Development and Status of Geographical and Cartographical Activities of the United States Government: 1776—1818," *Imago Mundi* 19（1965）: 68—80; 以及 J. B. Harley, Barbara Bartz Petchenik 和 Lawrence W. Towner, *Mapping the American Revolutionary War*（Chicago: University of Chicago Press, 1978）.

42. 关于地图投影的信息，包括建构投影的方法都包含在前面列举的地图学标准教科书以及许多专门著作中。后者中出色的作品包括 Charles H. Deetz 和 Oscar S.Adams, *Elements of Map Projections*（Washington, D. C.: U. S. Coast and Geodetic Survey, 1934）; Irving Fisher 和 Osborn M. Miller, *World Maps and Globes*（New York: Essential Books, 1944）; 以及 James A.Steers, *An Introduction to the Study of Map Projections*, 第十三版（London: University of London Press, 1962）。另见 Snyder, *Flattening the Earth*, 特别是 55—94 页关于这一时期的内容。

43. Johann H. Lambert, *Beyträge zum Gebrauche der Mathematick und deren Anwendung*, 第五部分（Berlin: Reimer, 1765—1772）。

44. 人们通过一个国际性团体的名字表达对科罗内利的铭记：科罗内利——地球仪之友世界联盟。见 Helen Wallis,"Geographie Is Better Than Divinitie: Maps, Globes and Geographie in the Days of Samuel Pepys," 出自 Thrower, *Compleat Plattmaker*, 1—43。

45. 一种在当时并不罕见的情形，是许多女性在其夫亡故之后接续了他们的事业，其中包括约多库斯·洪第乌斯的遗孀科莱塔·范登凯尔，她得到了其子约多库斯二世 和亨里克斯的协助。一个有些不同的例子是弗吉尼亚·法勒（Farrer，或者拼写为 Farrar，Ferrar 等），她是 17 世纪中叶的地图学家及弗吉尼亚副财务主管约翰·法勒的女儿，她以自己的名字发行了其父的弗吉尼亚地图的后续版本。法勒的弗吉尼亚地图（伦敦，1651）显示，大西洋沿岸罗利的罗阿诺克殖民地（如今的北卡罗来纳）与太平洋沿岸德雷克的新阿尔比恩（加利福尼亚）之间只相隔十天的路程！见 Ronald V. Tooley，*Tooley's Dictionary of Map Makers*（Tring，England：Map Collector Publications，1979），203；以及 Helen Wallis，（附有该地图的复制图）出自 Norman J. W. Thrower，*Sir Francis Drake and the Famous Voyage*，157—158。传统女性的贡献主要在地图保管和图书馆学方面。关于一个实质上由女性垄断的地图学分支，见 Judith Tyner，"Geography throught he Needle's Eye：Embroidered Maps and Globes in the Eighteenth and Nineteenth Centuries，" *The Map Colledor* 66（spring 1994）：2—7，其中包含了插图，有一些为彩图。换个角度来说，这一次美国航天飞机与俄罗斯和平号空间站对接的行动（1995 年 2 月），是由 Eileen Collins 担任驾驶员。

第七章

1. William Petty，*Political Arithmetick*（London：R. Claveland Hortlock，1690）；Christian Huygens，*De ratiociniis in ludo aleae*（1657）；Edmond Halley，"Contemplation on the Mortality of Mankind，" *Philosophical Transactions*（1693），17：596ff.
2. Skelton，"Early Map Printer"：特别是 182—184 页，其中包括一张彩图，以及 L. Dudley Stamp 爵士，"Land Use Surveys with Special Reference to Britain，" 出自 *Geography in the Twentieth Century*，Griffith Taylor 编辑（London：Methuen，1951），372—392。
3. Kirtley F. Mather 和 Shirley L. Mason，*A Source Book in Geology*（New York：McGraw-Hill，1939），特别是 201—204 页。
4. 见 Josef Szaflarski，"A Map of the Tatra Mountains Drawn by George Wahlenberg in 1813 as a Prototype of the Contour-line Map，" *Geografiska Annaler* 41（1959）：74—82； 以 及 Ingrid Kretschmer，"The First and Second School of Layered Relief

Maps in the Nineteenth and Early Twentieth Centuries," *Imago Mundi* 40（1988）: 9—14，附有彩色卷首插图。

5. 见洪堡自己的长篇著述，特别是关于他在这一时期的生活，见其 *Political Essay on the Kingdom of New Spain*（1811；再版，New York：Knopf，1972），这是这一多次再版的经典英文著作中的一个版本。另见 Norman J. W. Thrower，"Humboldt's Mapping of New Spain（Mexico），" *The Map Collector* 53（winter1990）：30—35。洪堡在其 *Political Essay* 中写道："对于在山脉表现方面遇到的困难，只有那些制作地图的人才能体会。我选择了晕渲法，将其用在正射投影中以表现地形剖面。"

6. Arthur H. Robinson 和 Helen M.Wallis，"Humboldt's Map of Isothermal Lines：A Milestone in Thematic Cartography，" *The Cartographic Journal* 4，no.2（1967）：119—123；以及 Arthur H. Robinson，*Early Thematic Cartography in the History of Cartography*（Chicago：University of Chicago Press，1982），这是这项研究的开拓者对该主题的第一部综述。

7. Norman J. W. Thrower 编辑，*Man's Domain：A Thematic Atlas of the World.Mapping Man's Relationship with His Environment*，第三版（New York：McGraw-Hill，1975），4.

8. Herman R. Friis，"Highlights of the History of the Use of Conventionalized Symbols and Signs on Large-scale Nautical Charts of the United States Government，" *1st Congrès d'Histoire de l'Océanographie*，*Bulletin de l'Institute Océanographique*，numero special 2（Monaco，1968）：223—241；以及"Brief Review."

9. Szaflarski，"Tatra Mountains"：75；Owen 和 Pilbeam，*Ordnance Survey*，50.

10. Martha Coleman Bray，*Joseph Nicollet and His Map*（Philadelphia：The American Philosophical Society，1980）.

11. Norman J. W. Thrower，"William H. Emory and the Mapping of the American Southwest Borderlands，" *Terrae Incognitae*：*The Journal for the History of Discoveries* 22（1990）：41—91.

12. A. Philip Muntz，"Union Mapping in the American Civil War，" *Imago Mundi* 17（1963）：90—94，其中包括八幅美国内战时期的地图；以及 George B. Davis 等，*The Official Military Atlas of the Civil War*（New York：Arno Press，Inc.，1978），其中包含普通地图、照片（视图）和绘画。

13. William D. Pattison, *Beginnings of the American Rectangular Land Survey System, 1784—1800*, University of Chicago, Department of Geography Research Paper 50（Chicago, 1957），以及 Francis J. Marschner, *Boundaries and Records in the Territory of Early Settlement from Canada to Florida*（Washington, D. C.: U. S. D. A. Agricultural Research Service, 1960）.Ronald E. Grim,"Maps of the Township and Range System," 出自 *From Sea Charts to Satellite Images: Interpreting North American History through Maps*, David Buisseret 编辑（Chicago: University of Chicago Press, 1990），第四章。这些藏品从不同角度展现了几个世纪中众多官方机构以不同的载体对美国陆地景观所作的描绘。
14. Richard W. Stephenson, *Land Ownership Maps: A Checklist of Nineteenth Century United States County Maps in the Library of Congress*（Washington, D. C.: Library of Congress, 1967）. 此类地图文献目录研究对学者来说具有重要价值。有时候这种研究是专题性的，就像上面的例子；有时候是区域性的，例如 William Cumming, Carl Wheat, Henry Wagner 以及 Barbara McCorkle 所做的美国地图文献目录研究。
15. Clara E. LeGear,"United States Atlases: A List of National, State, County, City and Regional Atlases in the Library of Congress"（Washington, D. C.: Library of Congress, 1950），以及"United States Atlases: A Catalog of National, State, County and Regional Atlases in the Library of Congress and Cooperating Libraries"（Washington, D. C.:Library of Congress, 1953）。在这两本书中列举了美国约 4000 本不同的县域地图集。Norman J. W. Thrower,"The County Atlas of the United States," *Surveying and Mapping* 21, no.3（1961）: 365—372;Michael Conzen,"The County Landownership Map in America:Its Commercial Development and Social Transformation, 1814—1939," *Imago Mundi* 36（1984）: 9—31;John F. Rooney, Wilbur Zelinsky 和 Dean R.Louder 编辑, *This Remarkable Continent: An Atlas of United States and Canadian Society and Culture*（College Station, Tex.:Texas A & M University Press, 1982），特别是 Terry G. Jordan,"Division of Land," 54—69。
16. Norman J. W. Thrower,"Cadastral Surveys and County Atlases of the United States," *The Cartographic Journal* 9（1972）: 43—51. 在给本书作者许可引用其亡夫著作中的一大段话时，Vernice Lockridge Noyes 提到 *An Historical Atlas of Henry County, Indiana*（Chicago: Higgins Beldon and Co., 1875）

是《雨林县》中所提到的地图集原型。

17. 已故的 H. Clifford Darby 爵士，里程碑性著作 *Domesday Geography of England* 的编纂者，曾向本书作者提到这部著作，认为县域地图集在美国和部分加拿大的历史地理学研究领域的价值堪称“美国的《末日审判书》”。Norman J. W. Thrower, *Original Survey and Land Subdivision: A Comparative Study of the Form and Effect of Contrasting Cadastral Surveys* (Chicago: Association of American Geographers, 1966). 这是一项主要以县域地图集和土地册为基础的历史地理学与文化地理学研究，时间范围大约从 1875 年至 1955 年，覆盖了俄亥俄州两个一百平方英里的区域。另见 Hildegard Binder Johnson, *Order upon the Land: The U.S. Rectangular Land Survey in the Upper Mississippi* (New York: Oxford University Press, 1976)。

18. Walter W. Ristow, “United States Fire Insurance and Underwriters Maps: 1852—1968,” *The Quarterly Journal of the Library of Congress* 25, no.3 (July 1968): 194—218; 以及 *American Maps and Mapmakers: Commercial Cartography in the Nineteenth Century* (Detroit: Wayne State University Press, 1985)，这本书是一部极好的关于美国私人地图制作和地图制作师的全方位概览，作者曾是美国国会图书馆地理与地图部的主管。

19. James Elliot, *The City in Maps: Urban Mapping to 1900* (London: The British Library, 1987)，这是一部关于城市地图的精美图录，附有大量插图，其中许多为彩图。更早的对城市的描绘（特别是关于美国）则有摹本供人们利用，并被列入了 Ithaca, N. Y 每年出版一次的“Historic City Plans and Views”；以及 John R. Hébert 和 Patrick E. Demsey, *Panoramic Maps of Cities in the United States and Canada*, 第二版 (Washington, D.C.: Library of Congress, 1984)，它是此类地图的一份清单，附有黑白插图和文献目录。透视图是欧洲文艺复兴时期的一种特有的地图产品，这一特征在其他地区（如东方）的地图或艺术品中则十分缺乏。

20. Melville C. Branch, *Comparative Urban Design: Rare Engravings, 1830—1843* (New York: Arno Press, 1978). 这部作品复制了许多 SDUK 刻版并为它们提供了有价值的说明。另见 Mead T. Cain, “The Maps of the Society for the Diffusion of Useful Knowledge: A Publishing History,” *Imago Mundi* 46 (1994): 151—167。

21. Woodward, *Five Centuries*, 特别是 Walter W. Ristow, “Lithography and Maps,

1796—1850," 以及 Cornelis Koeman,"The Application of Photography to Map Printing and the Transition to Offset Lithography"。

22. Andrew M. Modelski, *Railroad Maps of North America:The First Hundred Years* (Washington, D. C.:Library of Congress, 1984). 另见 David Woodward, *The All-American Map:Wax Engraving and Its Influence on Cartography* (Chicago: University of Chicago Press, 1977)。

23. Howse, *Greenwich Time*, 特别是 116—171 页, 其中包含一张为美国和全世界设计全球时区系统及地图的美国人 Charles F.Dowd 的肖像。

24. Matthew Fontaine Maury, *Explanations and Sailing Directions to Accompany the Wind and Current Charts*, 第七版 (Philadelphia: E. C. and J. Biddle, 1855); Charles Lee Lewis, *Matthw Fontaine Maury:The Pathfinder of the Seas* (Annapolis:The United States Naval Institute, 1927).

25. Henry Stommel, *Lost Islands:The Story of Islands That Have Vanished from Nautical Charts* (Vancouver: University of British Columbia Press, 1984). 该书作者为伍兹·霍尔海洋研究所的一位高级研究员, 它可以看做是给那些对印刷品(无论书籍、地图还是海图)过于信任的人的一个警告。

26. Arthur H. Robinson,"The 1837 Maps of Henry Drury Harness," *The Geographicai Journal* 121 (1955): 440—450. 在这一开创性研究出现不久之后, 当时正担任大英博物馆地图室主管的已故的 R. A. Skelton, 向本书作者推荐了该文,"这篇文章显然让这里(英国)的一些人眼前一亮, 现在我们总是向那些来地图室参观的大学生群体展示哈尼斯的地图。" 实际上, Robinson 的文章开创了一个新的研究领域, 即专题地图研究。

27. 关于这一技术的讨论和图解见 John K Wright,"A Method of Mapping Densities of Population with Cape Cod as an Example," *The Geographical Review* 26 (1936): 103—110。

28. E. W. Gilbert,"Pioneer Maps of Health and Disease in England," *The Geographicai Journal* 124 (1958); 以及 Thrower,"Doctors and Maps." Elliot, *The City in Maps*, 80, 这是一幅关于斯诺医生地图一部分的大比例尺复制图, 展现了其最初的符号系统。

29. Arthur H. Robinson,"The Thematic Maps of Charles Joseph Minard," *Imago Mundi* 21 (1967): 95—108.

30. John K. Wright,"The Field of the Geographical Society," 出自 G. Taylor, *Geography*

in the Twentieth Century, 543—565. 这部普通作品包括关于地理学团体地图制作的参考文献，并在脚注中给出了关于许多此类团体各自历史的列表。它同样包括关于地图学各个方面（文化、社会、政治等）的文章，它们是19世纪的遗产，并在20世纪上半叶得到了实践。

31. John N. L. Baker, *A History of Geographical Discovery and Exploration*（Boston: Houghton Mifflin, 1931）. 尽管有一些过时，对大部分当代学者来说其观点过于"殖民化"，但这本书仍然是一部关于地理发现的不错的单卷本记述体概要，除海岸线外也包括对内陆地区的探险活动。另见 Delpar, *The Discoverers*。

32. Richard A. Bartlett, *Great Surveys of the American West*（Norman, Okla.: University of Oklahoma Press, 1962），以及 William H. Goetzmann, *Exploration and Empire: The Explorer and Scientist in the Winning of the American West*（New York: Knopf, 1966）.Robert H. Block, "The Whitney Survey of California, 1860—1874: A Study of Environmental Science and Exploration"（Ph. D. diss., University of California, LosAngeles, 1982），展现了惠特尼在美国西部科学勘测中的先锋角色。最近出版了两部关于密西西比河西部地区的附有丰富地图的著作，Frederick C. Luebke, Francis W.Kaye, 和 Gary E. Moulton 编辑，*Mapping the North American Plains: Essays in the History of Cartography*（Norman, Okla.: University of OklahomaPress, 1983），以及 Dennis Reinhartz 和 Charles C. Colley 编辑，*The Mapping of the American Southwest*（College Station, Tex.: Texas A & M University Press, 1987）。

33. 美国内战是第一场彻底为照片所呈现的战争，这方面的技术专家不久之后转而从事地形插图制作工作。然而，此后地形图画家仍然扮演了重要角色，例如1870年代的美国西部勘测活动的调查报告以他们精美的画作作为插图。

34. Snyder, *Flattening the Earth*，其中包括许多对投影做出贡献的学者的肖像复制图，以及关于他们成就的图解与讨论。

35. Armin K Lobeck, *Block Diagrams and Other Graphic Methods Used in Geology and Geography*，第二版（Amherst: Emerson-Trussel, 1958）; Norman J. W. Thrower, "Block Diagrams and Mediterranean Coastlands: A Study of the Block Diagram as a Technique for Illustrating the Progressive Development of Low to Moderately Sloping Coastlands of the Mediterranean Region"（B. A. thesis, University of Virginia, 1953）.

36. Wright,“Geographical Society.”

37. Friis,“Brief Review”: 78, 80.

38. 芝加哥纽贝里图书馆曾举办过一个名为“Monarchs, Ministers and Maps”的地图展览，以从 16 世纪到 19 世纪之间作为治国工具的地图为主题，并制作了一套有插图的目录（Chicago:Newberry Library, 1985），该目录由 James Akerman 和 David Buisseret 在 Arthur Holzheimer 的帮助下完成。

第八章

1. 可以理解的是，关于摄影术的文献数量庞大，Robert N. Colwell 编辑的 *Manual of Photographic Interpretation*（Washington, D. C.:American Society of Photogrammetry, 1960）是一本在地图制作方面具有特殊价值的著作，特别是其中的 1—18 页。Colwell 是环境遥感领域内的先导者之一，他的工作可参见两卷本 *Manual of Remote Sensing*，第二版（Falls Church, Va.: American Society of Photogrammetry, 1983），这部著作由 David Simonett 和 John Estes 分别担任一二卷的特约编辑，其中包含了这一领域中许多重要学者的贡献。

2. Beaumont Newhall, *Airborne Camera: The World from the Air and Outer Space*（New York and Rochester, N.Y: Hastings House Publishers in collaboration with the George Eastman House, 1969），其中包括一张乔治·卡特林的画作《尼亚加拉地形》的复制图，以及关于航空制图与遥感历史的标志性照片。人们创造遥感这个概念，是因为航空影像判读（API）并不包括更具独特性的成像步骤，以及诸如雷达微波、红外线、紫外线和无源微波在内的产品。

3. Federal Republic of Germany, *United Nations Technical Conference on the International Map of the World on the Millionth Scale*（Bonn:Institut für Angewandte Geödasie, 1962）;Hans-Peter Kosack,“Cartographic Problems of Representing the Polar Areas on the International Map of the World on the Scale 1: 1, 000, 000 and on Related Series,”它是为联合国所作的一篇背景论文，出自 *Technical Conference on the Internaional Map of the World on the Millionth Scale*（Bonn, 1962）。联合国同样对专题地图制作进行资助，例如 UNESCO 的《地中海地区物候图》，由植被图制作的佼佼者 Henri Gaussen 等人绘制。联合国在世界的许多不同地方主办关于地图制作问题的区域性会议，

并出版相应的报告，例如 “United Nations Regional Cartographic Conference for Asia and the Far East”（United Nations，Department of Economic and Social Affairs，1977），以及 “United Nations Regional Conference of the Americas”（United Nations，Department of Technical Cooperation for Development，1989）。Simon Winchester，“Taking the World's Measure” *Civilization*（1995）：56—59；以及 *The Map that Changed the World*（New York：Harper Collins，2000）。

4. United Nations，“First Progress Report on the International Map of the World on the Millionth Scale（1954）” *World Cartography* 4（1954）.
5. Richard A.Gardiner，“A Re-Appraisal of the International Map of the World（IMW）on the Millionth Scale，” *International Yearbook of Cartography*1（1961）：31—49.
6. International Civil Aviation Organization，*Aeronautical Information Provided by States*，第 22 版（Quebec：International Civil Aviation Organization，1968）.
7. 国际水道测量局出版 *The International Hydrographic Bulletin*，*The International Hydrographic Review*，*International Hydrographic Organization Yearbook* 以及其他定期出版的关于世界海图制作的有价值材料。另见 G. S. Ritchie，*No Day Too Long：An Hydrographer's Tale*（Durham：The Pentland Press，1992），这本书是海军少将 Ritchie 的自传，他是 19 世纪英国皇家海军的水道测量员，还曾在位于摩纳哥的国际水道测量局工作过十年。以及 *The Admiralty Chart：British Naval Hydrography in the Nineteenth Century*，修订版（Durham：The Pentland Press，1995）。
8. Thomas M.Lillesand 和 Ralph W.Kiefer，*Remote Sensing and Image Interpretation*，第三版（New York：Wiley，1993），这是一部极好的单卷本著作，其中涉及到这一章中的许多思想，包括摄影测量以及航空与卫星影像的解释和应用。George S. Whitmore，Morris M. Thompson，和 Julius L. Speert，“Modern Instruments for Surveying and Mapping，” *Science* 130（1959）：1059—1066；以及 Morris M. Thompson，*Maps for America：Cartographic Products of the United States Geological Survey and Others*，第二版（U. S. Department of the Interior，Geological Survey，1981）。这部作品包含 USGS 的简史，以及多种测量地图的样本，其中许多为彩图，并用一些仪器的图片举例说明了地图制作的主要现代方法。关于英国官方地图的图片和文本，见 J. B. Harley，*Ordnance Survey Maps：A Descriptive Manual*（Southampton：

Ordnance Survey，1975）；该作者同样描述了对具有历史价值的一英寸地形测量地图的重印。

9. Norman J. W. Thrower 和 JohnR. Jensen，"The Orthophoto and Orthophotomap: Characteristics, Development and Application," *The American Cartographer* 3（April 1976）：39—56；以及 C. D. Burnside，*Mapping from Aerial Photographs*，第二版（New York：Wiley，1985），这是关于此主题著作中的一本，内容包括正射影像地图的生产。1967 年在加拿大渥太华举办了一场关于"影像地图与正射影像地图"的研讨会，其会议记录出版在 *The Canadian Surveyor* 22，no.1（1968）：1—220。

10. Eduard Imhof，*Cartographic Relief Presentation*，H. J. Steward 编辑（Berlin and New York：Walter de Gruyter，1982）。这是一部关于地貌表示的经典著作的英文版，其中包括了主观方法，作者是该领域的一位瑞典籍大师，他也是国际地图学协会（ICA）的创立者。

11. United States Geological Survey，"Topographic Maps-Descriptive Folder"（Washington，D. C.：USGS，定期修订）。USGS 和世界其他大测量局一样，定期出版地形覆盖图、航片覆盖图、大地控制图等。

12. H. Arnold Karo，*World Mapping*，1954—1955（Washington，D.C.：Industrial College of the Armed Forces，1955）. 这本书包含了一个极好的三角测量世界"评价"地图系列，以及关于 20 世纪中叶的地形图、航海图、航空图等形式的覆盖图，尽管如今已过时。同一时期的著作包括 Everett C. Olson 和 Agnes Whitmarsh，*Foreign Maps*（New York：Harper，1944），它用小样本举例说明了主要的一些单幅世界地图，其中有一些是彩图。另见 C. B. Muriel Lock，*Modern Maps and Atlases: An Outline Guide to Twentieth Century Production*（Hamden，Conn.：Archon Books，1969）。这部著作与 Olson 和 Whitmarsh 的著作不同，除卷首插图外缺乏其他插图。以上这些著作有着重要的历史价值，但它们已被 R. B. Parry 和 C. R. Perkins 的 *World Mapping Today*（London：Butterworths，1987）以及 Rolf Bohme 等人的三卷本 *Inventory of World Topographic Mapping*（London and New York：International Cartographic Association，1991）中的现代全球地图学信息所取代。这些著作中都有黑白印刷的小地图样本，覆盖图等。国际地图学协会是主要的国际性专业团体，以及当代地图学思想和信息的交换中心，它在世界的不同地方举行每两年一届的大会。

13. 关于地图的阅读、测量、分析、理解等问题都有数量可观的文献，其中大部分将重点放在地形图上。其中有代表性的作品包括 *Department of the Army Field Manual 21—26* 以及 T. W. Birch, *Maps, Topographical and Statistical*, 第二版（Oxford: The Clarendon Press, 1964）。一个对这种地图的阅读手册传统的有趣背离是 Armin K. Lobeck, *Things Maps Don't Tell Us*（New York: Macmillan, 1956）；该书有一个重印本（Chicago:University of Chicago Press, 1990）。David Greenhood, *Mapping*（Chicago:University of Chicago Press, 1964）从局部观点出发对地图制作技术做了处理。另见 Norman J. W. Thrower 和 Ronald U.Cooke, "Scales for Determining Slope from Topographic Maps," *The Professional Geographer* 20, no.3（1968）, 181—186。其中为了阐明地形学的类型，挑选了 USGS 的 100 张 1: 62500 的覆盖美国的地形图梯形图幅。另见 *Rural Settlement Patterns in the United Statesas Illustrated on One Hundred Topographic Quadrangle Maps*, pub.380（National Academy of Sciences, National Research Council, 1956），以及 Tyner, *World of Maps*; Muehrcke 和 Muehrcke, *Map Use*; 及 Monmonier 和 Schnell, *Map Appreciation. Nouvel atlas des formes du relief*（Paris: Nathan, 1985）是一部展现照片与地图关系的出色作品，它是 M. Cholley 编辑，*Un atlas des formes du relief*（1956）的一个修订本。

14. Richard G.Ray, *Photogeologic Procedures in Geologic Interpretation and Mapping: Procedures and Studies in Photogeology*, Geological Survey Bulletin 1043-A（Washington, D. C.: United States Government Printing Office, 1956），以及一部较新的手册，John Barnes, *Basic Geological Mapping* 第二版（New York and Toronto: Halsted Press, 1991）。关于更普遍的问题见 Joseph McCall 和 Brian Marder 编辑，*Earth Science Mapping for Planning, Development and Conservation*（London: Graham and Trotman, 1989）。

15. L. Dudley Stamp 和 E.C.Willatts, *The Land Utilisation Survey of Britain*, 第二版（London: London School of Economics, 1935）。对这一计划的文字描述在 1937 至 1941 年间被分为 92 个部分出版。A.W.Kuchler 和 I. S. Zonneveld 编辑，*Vegetation Mapping*（Dordrecht, Boston, London: Kluwer Academic Publishers, 1988）是一部关于相关主题的著作。美国地质调查局出版了选中的土地利用和土地覆盖图，分为 9 个主要类别以及 38 个二级类别。

16. Norman J. W. Thrower, *Satellite Photography as a Geographic Tool for Land Use Mapping in the Southwestern United States*（Washington, D. C.:

United States Geological Survey，1970）；Norman J. W. Thrower 在 Leslie W. Senger 和 Robert H. Mullens 帮助下撰写，由 Carolyn Crawford 和 Keith Walton 制作地图，"Land Use in the Southwestern United States from Gemini and Apollo Imagery，" map supplement no.12，*Annals of the Association of American Geographers* 60，no.1（March 1970）。这一计划由 USGS 资助，制作出了最早的此类地图，近些年这种地图的数量增长迅速。用于制作这些地图的影像上叠加了一致的国际边界，而不像墨西哥和美国地图系列那样在年代、比例尺、符号体系甚至所用的测量系统方面存在差别。Norman J.W.Thrower，"How the West was Mapped：From Waldseemüller to Whitney"（Milwaukee：American Geographical Society Collections，2002）. 见 J.Denègre 编辑 *Thematic Mapping from Satellite Imagery*：*A Guidebook*（Tarrytown，N. Y：Elsevier for the International Cartographic Association，1994），该书还有一个法文版。关于用一致的地图覆盖世界上两个彼此遥远却地理环境相似的区域，见 Norman J. W. Thrower 和 David E. Bradbury 编辑，*Chile-California Mediterranean Scrub Atlas*：*A Comparative Analysis*（Stroudsburg，Pa.：Dowden，Hutchinson and Ross，Inc.，for the International Biological Program［IBP］，1977）。

17. 有大量关于遥感方面的学术性和普及性著作。后者包括影像地图集以及"空中俯瞰"的茶几书；而前者包括 Colwell 的 *Remote Sensing*，以及 John R. Jensen 的 *Introductory Digital Image Processing*（Englewood Cliffs，NJ.：Prentice-Hall，1986）。Floyd B. Sabins，Jr.，*Remote Sensing*：*Principles and Interpretation* 第二版（New York：W.H.Freeman，1987）是关于这一主题的一本有价值的教材，而 Nicholas M. Short，*The Landsat Tutorial Workbook*：*Basics of Remote Sensing*（Washington，D. C.：National Aeronautics and Space Administration，1982）是一本有益的延伸读物，并附有不错的文献目录。

18. Ronald J. Wasowski，"Some Ethical Aspects of International Satellite Remote Sensing，" *Photogrammetric Engineering and Remote Sensing* 57（1991）：41—48. 这本期刊是该领域信息的主要载体。

19. Denis Wood 和 John Fels，*The Power of Maps*（New York：The Guilford-Press，1992），特别是 48—61 页。人们已经对鸟类、动物和昆虫的迁徙和更多的地方性运动做了研究，这些研究说明了这些生物具有谜一般的复杂空间"本能"，对人类来说它们就像拥有了地图或遥感技术。

20. Mark Monmonier，"Telegraphy，Iconography，and the Weather Map：

Cartographic Reports by the U.S. Weather Bureau, 1870—1937," *Imago Mundi* 40 (1988): 15—31. 在这本书的这一部分中，作者受到了 UCLA 大气科学系 James K. Murakami 教授的极大帮助。

21. Oliver E. Baker, *Atlas of American Agriculture* (Washington, D. C.: United States Department of Agriculture, 1936)；以及 Marschner, *Boundaries and Records.*

22. 人口普查组织的工作以地理和地图方面为主，正如 *Census'90 Basics* (Washington, D. C.: Department of Commerce, Bureau of the Census, 1990) 一书所阐释的那样。

23. Joseph M.Dearborn, "The Co-ordination and Administration of City Surveying and Mapping Activities"（美国测绘大会在 1946 年于华盛顿特区召开的第六届年会报告论文）。Ronald Abler 和 John S.Adams 编辑, *A Comparative Atlas of America's Great Cities* (Minneapolis: Association of American Geographers and University of Minnesota Press, 1976) 以地图方式呈现了美国人口最多的 20 个都市区。其主题涵盖地点、房屋和人口特征，对其出版的年代做了极好的概览。

24. Francis A. Walker, *Statistical Atlas of the United States* (New York: J.Bien, 18, 74). 这部作品以 1870 年人口普查为基础，是普通地图集的先驱，但该项工作在此后并未延续下去，直到 Arch C. Gerlach 编辑的 *National Atlas Of the United States* (Washington, D. C.: United States Geological Survey, 1970) 的出版。由 D. P. Bickmore 和 M. A. Shaw 计划和指导的 *The Atlas of Britain* (Oxford: Clarendon Press, 1963) 包括大约五十套国家地图集（vii），自从这部著作出版后又增添了许多内容。

25. Le Gear, "Atlases: A List."

26. J. D. Chapman 和 D. B. Turner 编辑, A. L. Farley 和 R. I. Ruggles 编绘地图, *British Columbia Atlas of Resources* (Vancouver: British Columbia Natural Resources Conference, 1956)；以及 William G. Dean 编辑 G. J. Matthews 制图, *Economic Atlas of Ontario* (Toronto: University of Toronto Press and the Government of Ontario, 1969)。三卷本 *Historical Atlas of Canada* 是一套与后者同一来源的杰出的地图学成就，在许多年中有众多学者参与其中，并在加拿大社会科学和人文科学研究委员会的支持下完成。

27. Zink (Tyner), "Lunar Cartography" 及 "Early Lunar Cartography"。另见 W. F. Ryan, "John Russell, R. A., and Early Lunar Mapping," *The Smithsonian*

Journal of History 1（1966）：27—48。Russell（1745—1806）是一位著名艺术家，他用粉彩和其他媒介制作了极佳的晕渲法月面图（为此他通过严格的天文观测收集数据）。在他的时代，尚无适用的方法对这种色调连续变化的图画直接进行复制；实际上，在现代复制技术发明之前，艺术家与地图学家一样只能依靠雕刻工来制作他们作品的多重复本——当然除非他们自己就从事雕刻工作，在某些情况下确实如此。在望远镜发明之前，英国的威廉·吉尔伯特（1544—1603）曾尝试描绘月面的地貌；他的同胞哈里奥特在1609至1613年期间利用放大倍数为6至30倍的望远镜绘制了关于月球和其他天体的地图。

28. Leif Anderson 和 E. A. Whitaker, *NASA Catalogue of Lunar Nomenclature*, NASA Reference Publication 1097（Washington, D. C.:NASA, 1982）。

29. 国际天文学联合会（IAU）成立于1919年，它确立了对行星及其卫星上的地物进行命名的规则和惯例。地名学（地理命名法）在美国由美国内政部地名委员会正式负责。

第九章

1. 人们注意到，17世纪中，当数学在欧洲大陆取得进展的同时，对牛顿式微积分符号的盲从导致英国的数学仍然停留在一个世纪之前。可以说米开朗琪罗（1475—1564）在其死后的世纪中对意大利艺术的影响与此等同。

2. Michael Ward,"The Mapping of Everest," *The Map Collector* 64（autumn 1993）：10—15，包含了插图和文献目录。

3. Herbert George Fordham 爵士，*Studies in Carto-bibliography*（Oxford：Clarendon Press, 1914；再版，London:Dawson, 1969），讨论了地图文献目录的原则，这个概念及其变体是 Fordham 创造的，并被图书馆员、档案管理员、收藏家和其他人员沿用至今。Eric Wolf, *The History of Cartography*：*A Bibliography*, *1981—1992*（Falls Church, Va.：The Washington Map Society and FIATLUX, 1992）. 其他实例见前面提到过的 Black, T. Campbell, Cumming, Ehrenberg, Karrow, Le Gear, Nebenzahl, Ristow, Shirley, Skelton, R. Stephenson, Tyacke, Verner 和 Wallis，以及 Roy V. Boswell, Philip Lee Phillips 和 John Wolter 的英文著作，以及数量等同的采用其他语言的著作。计算机通过"元数据"为地图汇编提供了获取数据来源的新途径。

4. *National Geographic Index, 1947—1983*（Washington, D. C.: National Geographic Society, 1983），附有 1983 以来的年表。以及关于之前由 NGS 出版的每一幅地图的 *Index to Place Names*；这些地图可在这些著作索引的"地图活页"条目中找到。我们在前面（第八章）提到使用了 NASA（陆地卫星）影像并由 NGS 出版的《太空望美国》，同时使用了私人和政府的资源。这一团体同样出版了 *Historical Atlas of the United States*（1988），包含了具有很大创新性的地图、图表和照片，以及覆盖主题广泛的大量文本。
5. Jacques May, "Medical Geography: Its Methods and Objectives," *The Geographical Review* 40（1950）: 9—41; "Map of the World Distribution of Cholera," *The Geographical Review* 41（1951）: 272—273，是该作者一系列地图中的一幅，其中包含了套印小地图。以及 J. K Wright, "Cartographic Considerations: A Proposed Atlas of Diseases," *The Geographical Review* 34（1944）: 649—652。这一领域中更多最新作品见 Andre wD. Cliff 和 Peter Haggett, *Atlas of Disease Distribution: Analytic Approaches to Epidemiological Data*（Oxford: Blackwell, 1988），以及由 William Bowen 指导，由位于北岭的加州州立大学学生在 1988 年制作的众多分幅地图中的一幅"AIDS in LA"。
6. Executive Committee, Association of American Geographers, "Map Supplement to the Annals," *Annals of the Association of American Geographers* 48, no.1（March 1958）: 91.
7. W. William-Olsson, "Report of the I. G. U. Commission on a World Population Map," *Geografiska Annaler* 45, no.4（1963）: 243—291，包含一系列关于人口地图制作的不同方面的文章。这幅 Norman J. W. Thrower 制作的名为《1960 年加利福尼亚州人口分布图》的地图出自 *Annals of the Association of American Geographers* 56, no.2（1966）。
8. Gosta Ekman, Ralf Lindman, 和 W. William-Olsson, "A Psychophysical Study of Cartographic Symbols," 出自 William-Olsson, "Report" : 262—271.
9. 关于非文字符号主题最普通和重要的作品为 Henry Dreyfuss, *Symbol Sourcebook: An Authoritative Guide to International Graphic Symbols*（New York: McGraw-Hill Book Company, 1972），作者是一位顶尖的工业工程师，这本书的前言由 R. 巴克敏斯特 · 富勒撰写，并包含一个不错的文献目录。另见 Edward R. Tufte, *The Visual Display of Quantitative Information*（Cheshire, Conn.: Graphics Press, 1983）。关于专题地图制作中单个符号的早期研究包

括 Robert L. Williams,"Equal-Appearing Intervals for Printed Screens," *Annals of the Association of American Geographers* 48(1958): 132—139;George F. Jenks 和 Duane S. Knos,"The Use of Shaded Patterns in Graded Series," *Annals of the Association of American Geographers* 51(1961): 316—334;J.Ross MacKay,"Dotting the Dot Map," *Surveying and Mapping* 9(1949): 3—10;Richard E. Dahlberg,"Towards the Improvement of the Dot Map," *The International Yearbook of Cartography* 7(1967): 157—166;J. Ross MacKay,"Some Problems and Techniques of Isopleth Mapping," *Economic Geography* 27(1951): 1—9;Philip W. Porter,"Putting the Isopleth in Its Place," *Proceedings of the Minnesota Academy of Science* 25—26(1957—1958): 372—384;James J . Flannery,"The Graduated Circle: A Description, Analysis and Evaluation of a Quantitative Map Symbol"(Ph. D. diss., University of Wisconsin, 1956); 以及 Alan M. MacEachren 和 D. R. F(raser)Taylor 编辑, *Visualization in Modern Cartography*(Oxford:Pergamon, 1994)。某些主要的地图元素和符号也出现在其他一些著作中，包括 Arthur H. Robinson, *The Look of Maps: An Examination of Cartographic Design*(Madison: University of Wisconsin Press, 1952);Norman J. W.Thrower,"Relationship and Discordancy in Cartography," *The International Yearbook of Cartography* 6(1966): 13—24;Wallis 和 Robinson, *Cartographical Innovations*; 以及 Jacques Bertin, *Semiologie Geographique*(Paris: Mouton, 1967)，其英文版由 William J.Berg 翻译，书名改为 *Semiology of Graphics: Diagrams, Networks, Maps*(Madison: University of Wisconsin Press, 1983)。

10. John K.Wright 为地图符号做了一套实用的一般分类，分为点状符号、线状符号、面状符号以及体状符号，并逐一进行了细分，见"Atlas of Diseases"。
11. 关于地图生产的著作包括 Anson 和 Ormeling 的 *Basic Cartography*，以及关于早期生产规程的著作，J. S. Keates, *Cartographic Designand Production*(London: Longman Group Limited, 1978)，以及 A. G. Hodgkiss, *Maps for Books and Theses*(New York:Pica Press, 1970)。尽管地图制作技术日新月异，但其设计原则却相对持久，正如 D. W. Rhind 和 D. R. F(raser)Taylor 编辑的 *Cartography Past, Present, and Future:A Festschrift for F.J Ormeling*(London and New York:Elsevier, 1989)中所阐明的那样。这部著作向国际培训中心(ITC)的前主管致敬，这一机构成立于荷兰的恩斯赫德，旨在促进地图学教育，一些领导机构在其中做出了贡献。

12. Gerald L. Greenberg, “A Cartographic Analysis of Telecommunication Maps” (master 's thesis, University of California, Los Angeles, 1963) . 这部作品包括对使用在电信系统和服务部门中的四十多种地图类型的调查与分析；考察的内容包括这些地图的产生、来源、设计、比例尺、投影等。这部作品中讨论和列举的地图包括无线电图、电话图、通讯图、远距离无线电导航图、雷达图、网络图以及工程图。

13. 由 Paul E. Garbutt 设计的伦敦运输地图《地下伦敦》，被尊为此类地图中的杰作，并成为其他城市轨道交通系统图的典范。

14. James R. Akerman, “Blazing A Well-worn Path: Cartographic Commercialism, Highway Promotion, and Automobile Tourismin the United States, 1880—1930,” *Cartographica* 44 (1993)，附有关于这一主题的极好的文献目录。Otto G. Lindberg, *My Story* (Convent Station, N. J.: General Drafting Co., Inc., 1955)，这本书是关于美国公路地图产业的一则“霍拉肖·阿尔杰”式故事，由这种地图产品在美国的“三大”生产商之一的一位前首席执行官撰写。另见 Roderick C.McKenzie, “The Development of Automobile Road Guides in the United States” (M. A. thesis, University of California, Los Angeles, 1963)。“颠倒的”道路图同时拥有南北两个定位方向。

15.Kitirô Tanaka, “The Relief Contour Method of Representing Topography on Maps,” *The Geographical Review* 40 (1950): 444—456，以及“The Orthographical Relief Method of Representing Hill Features on a Topographic Map,” *Geographical Journal* 79 (1932: 213—219) .

16. *Technical Report EP-79: Environmental Handbook for the Camp Hale and Pike's Peak Areas, Colorado* (Natick, Mass.: Quartermaster Research and Engineering Center, Environmental Protection Research Division, 1958) . 这则报告中的图 2 用彩色印刷；图 11 叠印了地表类型，图 14 叠印了植被类型。另见 Arthur H. Robinson 和 Norman J. W. Thrower, “A New Method of Terrain Representation,” *Geographical Review* 47 (1957): 507—520; “On Surface Representation Using Traces of Parallel Inclined Planes,” *Annals of the Association of American Geographers* 59 (1969): 600—604；以及 Norman J. W. Thrower, “Extended Uses of the Method of Orthogonal Mapping of Traces of Parallel, Inclined Planes with a Surface, Especially Relief,” *International Yearbook of Cartography* 3 (1962): 26—39，其中包括图 9.5 的彩色版。

17. Richard E. Harrison, *Look at the World*: *The Fortune Atlas for World Strategy* (New York:Knopf, 1944).这套地图集运用了透视类型的地貌渲染，其中许多使用了正射投影，以不常见的方向对地球进行展示，该书以哈里森在第二次世界大战期间为《财富》杂志制作的作品为基础。哈里森晚年常常绘制俯视视角的晕渲地貌；关于哈里森这种形式的地貌渲染，最易得的来源是 Thrower 的 *Man's Domain*。图 9.6 就出自其中。

18. Eduard Imhof, *Schweizenscher Mittelschulatas* (Zurich: Konferenz der Kantonalen Erziehungsdirektoren, 1963).这套流行的欧洲地图集是作者毕生研究地貌表示法的结晶，其理论基础包含在他的 *Kartographische Geländedarstellung* (Berlin: Walter de Gruyter and Co., 1965)中。John S. Keates, "The Perception of Colour in Cartography," *Proceedings of the Cartographic Symposium* (Edinburgh, 1962): 19—28.

19. 见 Cholley。这套地图集此后的派生物不包括线状补色立体图和对其进行观察所用的特殊眼镜。

20. George F. Jenks 和 Fred C.Caspall, *Vertical Exaggeration in Three-Dimensional Mapping*, Technical Report 2 以及 George F. Jenks 和 Paul V. Crawford, *Viewing Points for Three-Dimensional Maps*, Technical Report 3 (Lawrence: Department of Geography, University of Kansas, 1967); George F.Jenks 和 Michael R. C. Coulson, "Class Intervals for Statistical Maps," *The International Yearbook of Cartography*3 (1963): 119—134. 从 1970 年代开始，詹克斯从前的研究生——其中较著名者为让-克劳德·马勒、帕特里夏·吉尔马丁、特里·斯洛克姆以及罗伯特·麦克马斯特——延续并扩展了其导师在定量地图上的旨趣。

21. John C. Sherman 和 Willis R. Heath, "Problems in Design and Production of Maps for the Blind," *Second International Cartographic Conference*, series 2, no.3 (1959): 52—59. "Large Print Map of Metropolitan Washington, D. C." 及其"指南"是在 John C. Sherman 指导下设计和生产的(Washington, D. C.: Department of the Interior, Defense Mapping Agency, 1976)。尽管这幅地图及其指南(用盲文点标注)由美国的政府机构出版，但它却是由 Sherman 及其学生在华盛顿大学的研究工作激发出的灵感，其中一些人仍在从事这项研究。

22. Arthur H.Robinson, "The Cartographic Representation of the Statistical Surface," *The International Yearbook of Cartography* 1 (1961): 53—63；以

及 Thrower 的 "Extended Uses."

23. Gillian Hill, *Cartographical Curiosities* (London: The British Library, British Museum Publications Ltd., 1978). 这一作品源自 1978 年 4 月在大英图书馆举办的同名展览。它的形象持续出现在 *The Map Collector* 及其后继著作 *Mercator's World* 中。

24. Mark Monmonier, *Maps with the News: The Development of American Journalistic Cartography* (Chicago: University of Chicago Press, 1979), 这本书对这一主题做了出色的处理及较好的记录与说明, 并附有一个不错的文献目录。Walter W. Ristow, "Journalistic Cartography," *Surveying and Mapping* 17, no.4 (1957): 369—390; James F. Horrabin, *An Atlas of Current Affairs* (London: Victor Gollancz Ltd., 1934). 最后一套地图集中的地图是简单新闻政治地图的较好实例, 作者是两次大战之间这种地图类型的一位大师。另见 Patricia A.Caldwell, "Television News Maps: An Examination of Their Utilization, Content and Design" (Ph.D. diss., University of California, Los Angeles, 1979), 以及 "Television News Maps and Desert Storm;" *Bulletin of the American Congresson Surveying and Mapping* 133 (August 1991): 30—33。

25. Judith Tyner, "Persuasive Cartography: An Examination of the Map as a Subjective Tool of Communication" (Ph. D. diss., University of California, Los Angeles, 1974), 以及 "Persuasive Cartography," *Journal of Geography* 81, no.4 (1982): 140—144Mark Monmonier, *How to Lie with Maps* (Chicago: University of Chicago Press, 1991); Louis O.Quam, "The Use of Maps in Propaganda," *The Journal of Geography* 42, no.1 (1943): 21—32.Aleksandr S.Sudakov, "A Bit off the Map," *Unesco Courier* (June1991): 39—40, 描述并举例说明了在官方使用更为精确的地图的同时, "低信息值" 的地图是如何对苏联普通公民和旅行者产生作用的。

26. Peter Gould 和 Rodney White, *Mental Maps* (Harmondsworth, England: Penguin Books, 1974); 这本书收录了这幅地图的复制图 (38) 以及其他一些心象地图。另见 J. Russell Smith 和 M. Ogden Phillips, *North America* (New York: Harcourt, Brace and Company, 1949), 169; 由 Daniel K.Wallingford 制作的地图较早的复制图 (169) 收录在了这一著名地理学著作中。Waldo R. Tobler, "Geographic Area and Map Projections," *The Geographical Review* 53 (1963): 59—78. 这篇文章将这幅图与其他几幅被修改的地图一起进行

了重印。另见 John E. Dornbach，"The Mental Map，" *Annals of the Associ-ation of American Geographers* 49（1959）：179—180（摘要）。

27. Pierre George, *Introdudion a l'etude geographique de la population du monde*（Paris：L'Institut National d'Etudes Demographiques，1951）. 另见 William Bunge, *T-heoretical Geography*（Lund，Sweden：Lund Studies in Geography，1966）。这本书批判地说明并讨论了统计图这种地图形式。

28. Lászlo Lackó，"The Form and Contents of Economic Maps，" *Tijdschrift Voor Econ.En Soc.Geografie* 58（1967）：324—330.

29. Bunge，*Theoretical Geography*，54；Tobler，"Geographic Area"：65.

30. Jean Dollfus, *Atlas of Western Europe*（Chicago：Rand McNally and Company，1963）.

31. *The International Atlas*（Chicago：Rand McNally and Company，1969）以及同一出版社出版的 *The New International Atlas*，周年纪念版（1991）。*Hammond Atlas of the World*（Maplewood，NJ.：Hammond Incorporated，1992）是现存的一套完全由计算机制作的商业地图集。私人制作的普通地图集数量庞大，其中的一个出色的例子是 *The Times Atlas of the World*：*Eighth Comprehensive Edition*（New York：Random House，distributor，1990），由著名的制图公司苏格兰爱丁堡的 Bartholomew 制作。

32. Norman J. W. Thrower，"The City Map and Guide Installation，" *Surveying and Mapping* 22，no.4（1962）：597—598.

33. 大部分地图投影最初都产生于桌面上，但它们可以通过光学、图形学或如今最常见也最迅捷的计算机方法从一种比例尺或形式变换为另一种。

34. 仅有某些形状的投影可能具有用处。除了与球体相切的常规图形（四面体、六面体、八面体、十二面体及二十面体），人们也用其他形状构造投影。其中包括螺旋管形体（甜甜圈形）、抛物线体、双曲面体、锥体以及不规则形状！

35. Max Eckert，*Die Kartenwissenschaft*，两卷本 .（Berlin and Leipzig：Walter de Gruyter，1921—1925），这是截至当时关于地图学最为全面的一般性研究。关于地图学理论的进一步思考，见 Arthur H. Robinson 和 Barbara Bartz Petchenik，*The Nature of Maps*：*Essays toward Understanding Maps and Mapping*（Chicago：University of Chicago Press，1976）。

36. Robert B. McMaster 和 Norman J. W. Thrower，"The EarlyYears of American Academic Cartography：1920—1945，" *Cartography and Geographic Information*

Systems 18, no.3（1991）: 154—155, 关于古德的贡献的重要性，大部分文章专注于古德、劳伊斯、盖伊–哈罗德·史密斯，以及1950至80年代美国“三大”地图教育家——罗宾逊、詹克斯和舍曼——的工作。这一状况在1980年代之后随着美国国家地理信息和分析中心及其几个分支机构的建立（这是舍曼的工作的产物）而发生了改变。

37. Richard E. Dahlberg, “Maps with out Projections,” *Journal of Geography* 60（1961）: 213—218, 以及“Evolution of Interrupted Map Projections,” *The International Yearbook of Cartography* 2（1962）: 36—54.

38. Fisher 和 Miller, *World Maps and Globes*, 特别是79页；以及 Osborn M.Miller, “Notes on Cylindrical World Map Projections,” *The Geographical Review* 32（1942）: 424—430.

39. Tau Rho Alpha, Scott W.Starratt, 和 Cecily C. Chang, “You 're your Own Earth and Tectonic Globes,” Open-File Report 93-380-A（U. S. Department of the Interior, U. S. Geological Survey）。这一USGS的扩展计划特别针对儿童。美国专业期刊中涉及地理教育问题的是 *Journal of Geography*, 它自从1897年起以不同的名称出版，间或刊登关于地图与地球仪的文章。见 Anne Geissman Canright, “Elementary Schoolbook Cartographics: The Creation, Use, and Status of Social Studies Textbook Maps”（Ph. D. diss., University of California, Los Angeles, 1987），该书是专为美国儿童（其中大部分尚未接触过地图集）通往地图学领域的“门票”。

40. Snyder, *Flattening the Earth*, 188—189.

41. Harry P. Bailey, “A Grid Formed of Meridians and Parallels for the Comparison and Measurement of Area,” *The Geographical Review* 46, no.2（1956）: 239—45, 以及“Two Grid Systems That Divide the Entire Surface of the Earth into Quadrilaterals of Equal Area,” *Transactions of the American Geophysical Union* 37, no.5（October1956）: 628—635.

42. 为了阐明这种变化的复杂性，美国在这一领域的主导专业期刊 *The American Cartographer* 于1990年改名为 *Cartography and Geographic Information Systems*（如今叫做 *Cartography and Geographic Information Science*）。与此同时，在过去两百年一直由军方或半军方控制的英国地形测量局，任命了一位GIS学术专家作为其新任主管。见 J. C. Muller 编辑，*Advances in Cartography*（London and New York: Elsevier for the International Cartographic Association,

1991），其中包括 13 位地图学和 GIS 从业者和教育工作者撰写的一系列短文，涵盖了数据库、设计等这一领域的新方向。对 GIS 简短历史的综述，从 1950 年代末的打孔卡和大型计算机到 1990 年代微机、工作站以及个人电脑的应用，见 J. T. Coppock 和 D. W. Rhind，"The History of GIS，" 出自两卷本 *Geographical Information Systems*，由 David J. Maguire，Michael F. Goodchild，和 David W.Rhind 编辑，（New York：Longman，1991），21—43。

43. 仅仅是最近关于 GIS 的著作也已经汗牛充栋，其中包括 P. A. Burrough，*Principles of Geographical Information Systems for Land Resource Assessment*（Oxford：Clarendon Press，1986）；James D. Carter，*Computer Mapping：Progress in the Eighties*，Resource Publications in Geography（Washington，D.C.：Association of American Geographers，1984）；Mark Monmonier，*Technological Transition in Cartography*（Madison：University of Wisconsin Press，1985）；David Rhind 和 Tim Adams，*Computers in Cartography*（London：British Cartographic Society，1982）；D. R. F（raser）Taylor 编辑，*The Computer in Contemporary Cartography*（Chichester，England：John Wiley and Sons，1980）；Graeme F. Bonham-Carter，*Geographic Information Systems for Geoscientists*（Kidlington：Pergamon，1994）；以及更为专业和基础性的著作，Robert B. McMaster 和 K. Stuart Shea，*Generalization in Digital Cartography*（Washington，D. C.：Association of American Geographers，1992）。

44. Joan Baum，*The Calculating Passion of Ada Byron*（Hamden，Conn.：Archon Books，1986）. 洛韦拉塞夫人是妇女运动的一个主要偶像，但她的贡献却并不为一般著作所重视。根据这项研究的引证显示，女性在地图制作中做出了杰出贡献，特别是在现代时期，且如今接受培训计划的女性数量已经与男性等同。

45. 关于计算机在地图制作中的早期应用，见 Waldo R. Tobler，"Automation and Cartography，" *The Geographical Review* 49（1959）：526—534；以及 William Warntz，"A New Map of the Surface of Population Potentials for the United States，1960，" *The Geographical Review* 54（1964）：170—184。SYMAP 计划是由哈佛大学的计算机制图实验室管理，与此同时，W. G. V. Balchin 和 Alice M. Coleman 在"Cartography and Computers，" *The Cartographer* 4，no.2（1967）：120—127 中对英国的 Oxford Mark I 系统做了描述。关于主要由计算机制作的专题地图集中的一部，见 James Paul Allen 和 Eugene James Turner，

We the People：*An Atlas of America's Ethnic Diversity*（New York：Macmillan，1988），其中包含一些精心设计的图表。

46. "Northridge Earthquake Epicenters as of January 24，1994，" 是由位于加利福尼亚州雷德兰兹的环境系统研究所（ESRI）出版，以及同一来源的 ARC/INFO MAPS（1988）包含了很多实例。Matthew McGrath，"Methods of Terrain Representation Using Digital Elevation Data"（M. A. thesis，University of California，Los Angeles，1990）.

47. Norman J. W. Thrower，"Animated Cartography，" *The Professional Geographer* 11，no.6（1959）：9—12；以及 "Animated Cartography in the United States，" *International Yearbook of Cartography* 1（1961）：20—30. 当 R. A. Skelton（后来成为大英博物馆地图室的主管）看到这些关于动画地图制作的第一批文章时，向作者谈论到这一进步将会导致此类机构对新显示设备的需求，如今它们已安装了此类设备。另见 Waldo R.Tobler，"A Computer Movie Simulating Urban Growth in the Detroit Region，" *Economic Geography* 46，no.2（1970）：234—240。 在这三篇文章之后，对这一主题的兴趣出现了间断，但最近出现了许多对动画制作的研究，例如 Alan M.MacEachren 和 David Di Biase，"Animated Maps and Aggregate Data：Conceptual and Practical Problems，" *Cartography and Geographic Information Systems* 18，no.4（1991）：221—229；Christopher R.Weber 和 Barbara P.Buttenfield，"A Cartographic Animation of Average Yearly Surface Temperature for the Forty-Eight Contiguous United States，1897—1986；*Cartography and Geographic Information Systems* 20，no.3（1993）：141—150；Michael P. Peterson，*Interactive and Animated Cartography*（Englewood Cliffs，NJ.：Prentice-Hall，Inc.，1995），viii，and257；" Active Legends for Interactive Cartographic Animation，" *Geographical Information Science* 13，no.4（1999）：375—383.Peteson 在其著作中承认在几年间 Norman Thrower 的著作在动画地图制作中的领先地位。Amy L. Griffin，Alan M. MacEachren，Frank Hardisty，Erik Steiner，和 Bonan Li，" A Comparison of Animated Maps with Static Small-Multiple Maps for Visually Identifying Space-Time Clusters，" *Annals of the Association of American Geographers"* 96，no.4（2006）。关于这一领域的其他成就和评论，见下面的注释 48 和 50。

48. H. Clifford Darby 爵士，"Historical Geography，" 出自 *Approaches to History*，H. P. R. Finberg 编辑（London：Routledge and Kegan Paul，1962），127—156，特

别是 139 页。在评论动画地图制作在历史地理学研究领域的益处时，Darby 教授指出了在获取数据和缺乏说明方面的问题。后一项缺陷无法通过"卷入"文本的方式或其他交互视频技术克服。

49. Norman J. W. Thrower 和 Helen M. Wallis, "Columbus: The Face of the Earth in the Age of Discovery," 这一程序包可向 UCLA 中世纪与文艺复兴研究中心购买，其中包含 Micro Floppy Disk Columbus Docs MacWrite 软件，*Columbus' First Voyage* 文件资料（由 Lisa L.Spangenberg 制作的超卡版）以及 1992 年制作的 *diario* 转录和转译文件。

50. 这样一套运转时间超过 100 小时的系统，由电影制作人 Robert Abel 位于洛杉矶的公司 Synapse Corporation 以及 IBM 公司共同为哥伦布五百周年纪念活动制作。当 Thrower 作为 UCLA 的五百周年计划主管时担任了前者的顾问。

等值线简表

1. John K. Wright, "The Terminology of Certain Map Symbols," *Geographical Review* 34 (1944): 653—654.

2. Werner Horn, "Die Geschichte der Isarithmenkarten"; J. L. M. Gulley 和 K. A. Sinnhuber, "Isokartographie: Eine Terminological Studie," *Kartographische Nachrichten* 4 (1961): 89—99; The Royal Society, *Glossary of Technical Terms in Cartography* (London: The Royal Society, 1966); 以及一本针对普通读者的初级读物, ErwinRaisz, *Principles of Cartography* (New York: McGraw-Hill, 1962), 292—296。

图片来源

图 1.1：Walter Blumer，“The Oldest Known Plan of an Inhabited Site Dating from the Bronze Age，” *Imago Mundi* 18（1964）：8 页与 9 页之间。在 Imago Mundi 公司编者授权下使用。

图 1.2：Henry Lyons 爵士：“The Sailing Charts of the Marshall Islanders，” *Geographical Journal* 72（1928）：327 页。在皇家地理学会授权下使用。

图 1.3：牛津大学博德莱安图书馆。在授权下使用。

图 1.4：G. Malcolm Lewis，“The Indigenous Maps and Mapping of North Amer-ican Indians，” *The Map Collector* 9（1979）：27. 在 Map Collector Public-ation 公司授权下使用。

图 1.5：迪金大学藏品。在澳大利亚北部地区伊尔卡拉土著部落的 Galarrwuy 先生授权下使用。

图 2.1：UCLA 学术图书馆特色馆藏部 Prince Youssouf Kamal，*Monumenta cartographica Africae et Aegypti*，第 1 册 1.6 分册（1926）。在授权下使用。

图 2.2 和 2.4：Eckhard Unger，“Ancient Babylonian Maps and Plans，” *Antiquity* 9（1935）：315 和 312 页。在出版社授权下使用。图 2.3：Theophile J.Meek，“The

Orientation Of Babylonian Maps," *Antiquity* 10（1936）：图 8，225 页。在出版社授权下使用。

图 3.1、3.3 和 3.4：Joseph Needham 和 Wang Ling，*Science and Civilisation in China*（Cambridge：Cambridge University Press，1959），3：548、552 页，以及图 227。在出版社授权下使用。

图 3.5：承蒙 George Kish 提供。

图 3.6：Reginald H. Phillimore，"Three Indian Maps，" *Imago Mundi* 9（1952）：112 页与 113 页之间。在 Imago Mundi 公司编者授权下使用。

图 4.6：Cotton MS，Claudius DVI. 在大英图书馆授权下使用。

图 4.7、4.8 和 4.9：UCLA 学术图书馆特色馆藏部，Prince Youssouf Kamal，*Monumenta cartographica Africae et Aegypti*，第 3 册 4 分册（1934），864，858，和 867 页。在授权下使用。

图 4.12：Kenneth Nebenzahl，*Atlas of Columbus and the Great Discoveries*（Chicago：Rand McNally，1990），6. 在授权下使用。

图 5.1：大英图书馆。在授权下使用。

图 5.2：纽约公共图书馆。

图 5.4：E. G. Ravenstein，*Behaim's Globe*（London：George Philip&Son，Ltd.，1908）. 在授权下使用。

图 5.5：Norman J. W. Thrower，"New Geographical Horizons：Maps，" 出自 *First Images of America*：*The Impact of the New World on the Old*，Fredi Chiappelli 编辑（Berkeley and LosAngeles：University of California Press，1976）。在出版社授权下使用。

图 5.10：UCLA 学术图书馆特色馆藏部，在授权下使用。

图 5.12：UCLA 学术图书馆特色馆藏部，在授权下使用。

图 6.2：在位于伦敦的皇家学会授权下使用。

图 6.3 和 6.4：在位于伦敦的皇家地理学会授权下使用。

图 6.5：Sybrandus Johannes，Fockema Andreae， 和 B.van 't Hoff，Geschiendeuis der Kartografie van Nederland（'s-Gravenhage：Martinus Nijhoff，1947）在出版社授权下使用。

图 6.6：Charles J. Singer 编辑，*A History of Technology*（Oxford：Clarendon Press，1954—1958），4：606. 在出版社授权下使用。

图 6.7：Add.MS 7085. 在大英图书馆授权下使用。

图 6.8 和 6.9:UCLA 学术图书馆特色馆藏部。在授权下使用。

图 6.10: 美国国会图书馆。在授权下使用。

图 7.1 和 7.2:R. A. Skelton,“The Early Map Printer and His Problems”, *The Penrose Annual* 57（1964）: 185, 184. 在授权下使用。

图 7.3 和 7.9: 承蒙位于华盛顿特区的美国国家档案馆的 Herman Friis 提供。

图 7.4: 位于华盛顿特区的美国国家档案馆。

图 7.5 和 7.6:Norman J. W. Thrower, *Original Survey and Land Subdivision: A Comparative Study of the Form and Effect of Contrasting Cadastral Surveys*（Chicago: Association of American Geographers, 1966）, 40, 6—7. 在出版社授权下使用。

图 7.7:Norman J. W. Thrower,“The County Atlas of the United States,” *Surveying and Mapping* 21（1961）: 336. 在位于华盛顿特区的美国测绘大会授权下使用。

图 7.10 和 7.11:Arthur H. Robinson,“The 1837 Maps of Henry Drury Harness,” *The Geographical Journal* 121（1955）: 448、441 页。在该文作者与位于伦敦的皇家地理学会授权下使用。

图 7.12:E.W.Gilbert,“Pioneer Maps of Health and Disease in England,” *The Geographical Journal* 124（1958）. 在该文作者与位于伦敦的皇家地理学会授权下使用。

图 7.13:Norman J. W. Thrower,“Relationship and Discordancy in Cartography,” *International Yearbook of Cartography* 6（1966）: 21. 在 C.Bertelsmann Verlag 授权下使用。

图 7.14:UCLA 学术图书馆特色馆藏部, 在授权下使用。

图 7.15:William M. Davis, 由 William H. Snyder 协助, *Physical Geography*（New York: Ginnand Company, 1989）, 170。

图 8.2:Richard A. Gardiner,“A Re-Appraisal of the International Map of the World（IMW）on the Millionth Scale,” *International Yearbook of Cartography* 1（1961）: 32 页与 33 页之间。在 C.Bertelsmann Verlag 授权下使用。

图 8.8: 杜梅点梯形图幅（复制图）制作者为 Thomas W.Dibblee Jr., Dibblee Geological Foundation, P.O.Bo × 60560, Santa Barbara, CA 93106。在授权下使用。

图 8.9:L. Dudley Stamp 和 E. C. Willatts, *The Land Utilisation Survey of Britain: An Outline Description of the First Twelve One-Inch Maps*（London: London

School of Economics, 1935），卷首插图。在英国伯克姆斯特德 Geogra-phical Publication 出版社授权下使用。

图 8.11：*Daily Weather Maps*，1995 年 1 月 15 日星期天。

图 8.12："Mare Nectaris-Mare Imbrium，"由美国陆军制图局提供。

图 9.1：Norman J. W.Thrower，"California Population Distribution in 1960，" *Annals of the Association of American Geographers* 56，no.2（June 1966）. 在出版社授权下使用。

图 9.4：Arthur H. Robinson 和 Norman J. W. Thrower，"A New Method of Terrain Representation，" *The Geographical Review* 47（1957）. 在出版社授权下使用。

图 9.5：Norman J. W. Thrower，"Extended Uses of the Method of Orthogonal Mapping of Traces of Parallel, Inclined Planes with a Surface, Especially Terrain，" *International Yearbook of Cartography* 3（1963）：图 4，32 页与 33 页之间。在 C. Bertelsmann Verlag 授权下使用。

图 9.7：Hermann Bollmann，"New York Picture Map，"纽约沃伦街写景地图。在出版社授权下使用。

图 9.8：在 Paul Hughes 授权下使用。

图 9.9：改编自 Lászlo Lackó，"The Form and Contents of Economic Maps，" *Tijdschrift Voor Econ.En Soc. Geografie* 58（1967）：327—328。

图 9.12：加州大学洛杉矶分校校园网（UCLA-CCN）。在授权下使用。

图 9.13：承蒙环境系统研究所以及帕萨迪纳的加州理工学院地震实验室提供。这张图的部分版权由 Thomas Bros 所有。这些地图在 Thomas Bros 授权，并在 Jack Dangermond 许可下使用。

图 9.14：承蒙 UCLA 中世纪与文艺复兴研究中心提供。

参考文献

这是本书英文版第三版中涉及的出版物列表，按字母顺序排列。

此文献目录是这一版的一个新特色，它是在广大图书管理员、评论家、学术同仁、在校学生以及其他读者的要求下增加的，内容包含书中涉及的已出版著作，按字母顺序排列。

Abler, Ronald, and John S. Adams, eds. *A Comparative Atlas of America's Great Cities*.Minneapolis: Association of American Geographers and University of Minnesota Press, 1976.

Adams, Thomas R. "Mount and Page: Publishers of Eighteenth-Century Maritime Books." In *A Potencie of Life: Books in Society*, edited by Nicolas Barker.London: British Library, 1993.

Adler, B. F. *Maps of Primitive Peoples*. St. Petersburg: Karty Piervobytnyh Narodov, 1910.

Akerman, James R. "Blazing a Well-worn Path: Cartographic Commercialism, Highway Promotion, and Automobile Tourism in the United States, 1880—1930." *Cartographia* 44 (1993) .

Akerman, James R., and David Buisseret. *Monarchs, Ministers and Maps.* With the assistance of Arthur Holzheimer. Chicago: Newberry Library, 1985.

Allen, James Paul, and Eugene James Turner. *We the People: An Atlas of America's Ethnic Diversity.* New York: Macmillan, 1988.

Alpha, Tau Rho, Scott W. Starratt, and Cecily C. Chang. "Make Your Own Earth And Tectonic Globes." Open-File Report 93—380-A. U. S. Department of the Interior, U. S. Geological Survey, with Johannes Sybrandus.

Anderson, Leif, and E. A. Whitaker. *NASA Catalogue of Lunar Nomenclature.* NASA Reference Publication 1097. Washington, D.C.: NASA, 1982.

Andreae, S. J. Fockema, and B. van 't Hoff. *Geschiedenis der Kartografie van Nederland.* 's-Gravenhage: Martinus Nijhoff, 1947.

Andrewes, William J. H., ed. *The Quest for Longitude.* Cambridge, Mass: Collection of Scientific Instruments, Harvard University, 1996.

Anson, R. W., and F. J. Ormeling. *Basic Cartography for Students and Technicians*, 2d ed., vol. 1. Oxford: Elsevier, 1994.

Association of American Geographers Executive Committee. "Map Supplement to the Annals." *Annals of the Association of American Geographers* 48, no.1 (March 1958) : 91.

Austin, K. A. *The Voyage of the "Investigator" 1801—1803: Commander Matthew Flinders*, R. N. Adelaide: Rigby, Ltd., 1964.

Avi-Yonah, Michael. "The Madaba Mosaic Map." *A Collection of Papers Complementary to the Course: Jerusalem through the Ages, comp*, with Yehoshua Ben-Arieh and Shaul Sapir. Jerusalem: The Hebrew University of Jerusalem, 1984.

——. *The Madaba Mosaic Map.* Jerusalem: Israel Exploration Society, 1954.

Bagrow, Leo. *A History of the Cartography of Russia.* Edited by Henry W. Castner. 2 vols. Wolfe Island, Ont.: The Walker Press, 1975.

——.ed. *Imago Mundi: A Periodic Review of Early Cartography*, 1935— (published in various places under different editors, and now with the subtitle,

The International Journal for the History of Cartography, presently published in London.)

——. *Geschichte der Kartographie*. Berlin: Safari Verlag, 1943.

——. *Meister der Kartographie*. Berlin: Safari Verlag, 1943.

——. *History of Cartography*. Revised and enlarged by R. A. Skelton. Cambridge, Mass.: Harvard University Press, 1964.

——. "The Origin of Ptolemy 's Geographia." *Geografiska Annaler* 27, 3—4 (1945): 318—387.

Bailey, Harry P. "A Grid Formed of Meridians and Parallels for the Comparison And Measurements of Area." *The Geographical Review* 46, no. 2. (1956): 239—245.

——. "Two Grid Systems That Divide the Entire Surface on the Earth into Quadrilaterals of Equal Area." *Transactions of the American Geophysical Union* 37, no. 5. (October 1956): 628—635.

Baker, John N. L. A *History of Geographical Discovery and Exploration*.Boston: Houghton Mifflin, 1931.

Baker, Oliver E. *Atlas of American Agriculture*. Washington, D. C.: United States Department of Agriculture, 1936.

Balchin, W. G. V., and Alice M. Coleman. "Cartography and Computers." *The Cartographer* 4, no. 2. (1967): 120—127.

Barker, Nicolas, ed. *A Potencie of Life: Books in Society*. London: British Library, 1993.

Barnes, John. *Basic Geological Mapping*, 2d ed. New York and Toronto: Halsted Press, 1991.

Bartholomew. *"The Times" Atlas of the World: Eighth Comprehensive Edition*. New York: Times Books, 1990.

Bartlett, Richard A. *Great Surveys of the American West*. Norman, Okla.: University of Oklahoma Press, 1962.

Baum, Joan. *The Calculating Passion of Ada Byron*. Hamden, Conn.: Archon Books, 1986.

Bean, George H. *A List of Japanese Maps of the Tokugawa Era*. Jenkintown, Pa.: Tall Tree Library, 1951, supplements 1955, 1958, 1963.

Beazley, Charles R., and Edgar Prestage, eds. "G. Eannes de Azurara: The Discovery and Conquest of Guinea." Hakluyt Society Publications, series 1 vols. 95 and 100. London: Hakluyt Society, 1896—1899.

Berdan, Frances F., and Patricia Rieff Anawalt, eds. *The Codex Mendoza*, 4 vols. Berkeley and Los Angeles: University of California Press, 1992.

Bertin, Jacques. *Semiologie Geographique*. Paris: Mouton, 1967.Translated by William J. Berg, and published in English as *Semiology of Graphics: Diagrams, Networks, Maps*. Madison: University of Wisconsin Press, 1983.

Bickmore, D., and M. A. Shaw. *The Atlas of Britain*. Oxford: Clarendon Press, 1963.

Birch, T. W. *Maps, Topographical and Statistical*, 2d ed. Oxford: Clarendon Press, 1964.

Black, Jeannette D. "Mapping the English Colonies: The Beginnings." In *The Compleat Plattmaker*, edited by Norman J. W. Thrower, 101—127. Berkeley and Los Angeles: The University of California Press, 1978.

——.ed. *The Blathwayt Atlas: A Collection of Forty-eight Manuscripts and Printed Maps of the Seventeenth Century*. Providence: Brown University Press, 1970.

Blakemore, M. J., and J. B. Harley. "Concepts in the History of Cartography: A Review And Perspective." *Cartographica*, monograph 17. Toronto: University of Toronto Press, 1980.

Blumer, Walter. "The Oldest Known Plan of an Inhabited Site Dating from the Bronze Age." *Imago Mundi* 18 (1964): 9—11.

Blundeville, Thomas. *A Brief Description of Universal Mappes and Cardes and Their Use*. London, 1589.

Böhme, Rolf, comp. *Inventory of World Topographic Mapping*, 3 vols. London and New York: International Cartographic Association, 1991.

Bonacker, Wilhelm. "The Egyptian 'Book of the Two Ways.'" *Imago Mundi* 7 (1965): 5—17.

Bonham-Carter, Graeme F. *Geographic Information Systems for Geoscientists*. Kidlington: Pergamon, 1994.

Bradford, John. *Ancient Landscapes*. London: G. Bell, 1957.

Branch, Melville C. *Comparative Urban Design: Rare Engravings*, 1830—1843. New York: Arno Press, 1978.

Braun, G., and F. Hogenberg. *Civitates orbis terrarum 1572—1618*. Amsterdam: Theatrum Orbis Terrarum Ltd., 1965, reprint.

Bray, Martha Coleman. *Joseph Nicollet and His Map*. Philadelphia: The American Philosophical Society, 1980.

Brod, Walter M. "Sebastian von Rotenhan, the Founder of Franconian Cartography, and a Contemporary of Nicholas Copernicus." *Imago Mundi* 27 (1975): 9—12.

Brown, Lloyd A. *Jean Dominique Cassini and His World Map of* 1696. Ann Arbor: University of Michigan Press, 1941.

——. *The Story of Maps*. Boston: Little Brown and Company, 1947.

Buisseret, David, ed. *From Sea Chart to Satellite Images: Interpreting North American History Through Maps*. Chicago: University of Chicago Press, 1990.

Bullard, F. R. S. Sir Edward. "Edmond Halley.1656—1741." *Endeavour* (1956): 891—892.

Bunbury, Sir Edward Herbert. *A History of Ancient Geography*, 2 vols. London: John Murray, 1883.

Bunge, William. *Theoretical Geography*. Lund, Sweden: Lund Studies in Geography, 1966.

Burnside, C. D. *Mapping from Aerial Photographs*, 2d ed. New York: Wiley, 1985.

Burrough, P. A. *Principles of Geographical Information Systems for Land Resource Assessment*. Oxford: Clarendon Press, 1986.

Caetini, Don Gelasio. "The 'Groma' or Cross Bar of the Roman Surveyor," *Engineering and Mining Journal Press* 29 (November 1924): 855.

Cain, Mead T., "The Maps of the Society for the Diffusion of Useful Knowledge: A Publishing History." *Imago Mundi* 46 (1994): 151—167.

Caldwell, Patricia A. "Television News Maps and Desert Storm." *Bulletin of the American Congress on Surveying and Mapping* 133 (August 1991): 30—33.

Campbell, Eila M. J. "An English Philosophico-Chorological Chart." *Imago Mundi* 6 (1950): 79—84.

Campbell, John. *Introductory Cartography*. Englewood Cliffs, N.J.: Prentice-Hall, 1984.

Campbell, Tony. "Census of Pre-Sixteenth Century Portolan Charts." *Imago Mundi* 38 (1986) : 67—94.

——. "The Drapers 'Company and Its School of Seventeenth Century Chart Makers." In *My Head Is a Map: A Festchrift for R. V. Tooley*, edited by Helen Wallis and Sarah Tyacke, 81—106. London: Francis Edwards and Carta Press, 1973.

——. *The Earliest Printed Maps*, 1472—1500. Berkeley and Los Angeles: The University of California Press, 1978.

——. "The Woodcut Map Considered as a Physical Object: A New Look at Erhard Eztlaub 's *Rom Weg* Map of c. 1500." *Imago Mundi* 30 (1978) : 79—91.

Cartart, Fac T. Budapest, Hungary. A company specializing in map reproductions.

Carter, James D. *Computer Mapping: Progress in the Eighties*, Resource Publications in Geography. Washington, D. C.: Association of American Geographers, 1984.

Chang, Kuei-Sheng. "The Han Maps: New Light on Cartography in Classical China." *Imago Mundi* 31 (1979) : 9—17.

Chapman, J. D., and D. B. Turner, eds., and A. L. Farley and R. I. Ruggles, cartographic eds. *British Columbia Atlas of Resources*. Vancouver: British Columbia Natural Resources Conference, 1956.

Chapman, Sydney. "Edmond Halley as Physical Geographer and the Story of his Charts." *Occasional Notes of the Royal Astronomical Society*.London, 1941.

Chavannes, E. "Les deux plus ancient specimens de la cartographie chinoise, " *Bulletin del'Ecole Francoise d'Extreme Orient* (1903) .

Cholley, M., ed. *Atlas des formes du relief*.Paris: Nathan, 1956. Revised as *Nouvel atlas des formes du Relief*, 1985.

Clark, James Cooper, ed. and trans. *Codex Mendoza*. London: Waterlow and Sons, Ltd., 1938.

Cliff, Andrew D., and Peter Haggett. *Atlas of Disease Distribution: Analytic Approaches to Epidemiological Data*. Oxford: Blackwell, 1988.

Colwell, Robert N., ed. *Manual of Photographic Interpretation*. Washington,

D.C.: American Society of Photogrammetry, 1960.

——. *Manual of Remote Sensing*, 2d ed., 2 vols. With David Simonett and John Estes as editors of the respective volumes. Falls Church, Va.: American Society of Photogrammetry, 1983.

Conzen, Michael. "The County Landownership Map in America: Its Commercial Development and Social Transformation, 1814—1939." *Imago Mundi* 36 (1984): 9—31.

Cook, F. R. S. Sir Alan H. *Edmond Halley: Charting the Heavens and the Seas* Oxford: Clarendon Press, 1998.

Coppock, J. T., and D. W. Rhind. "The History of GIS." In *Geographical Information Systems*, edited by David J. Maguire, Michael F. Goodchild, and David W. Rhind, 21—43. 2 vols. New York: Longman, 1991.

Cortazzi, Hugh. *Isles of Gold: Antique Maps of Japan*. New York and Tokyo: Weatherhill, 1983.

Cortesão, Armando, and Avelino Teixeira da Mota. *Portugaliae monumenta Cartographica*. Lisbon: Comissao Executiva das Comemracões do V Centenario da Morte do Infante D. Henrique, 1960.

Cosgrove, Denis. *Apollo's Eye: A Cartographic Genealogy of the Earth in the Western Imagination*. Baltimore and London: Johns Hopkins University Press, 2001.

Crone, Gerald R. *Maps and Their Makers: An Introduction to the History of Cartography*, 5th ed. Hamden, Conn.: Archon Books, 1978.

——. "New Light on the Hereford Map." *Geographical Journal* 131 (1965): 447—462.

——. *The World Map of Richard of Haldingham in Hereford Cathedral*. London: Royal Geographical Society, 1954.

Cumming, William P. *The Southeast in Early Maps*. Princeton: Princeton University Press, 1958.

Dahlberg, Richard E. "Evolution of Interrupted Map Projections." *The International Yearbook of Cartography* 2 (1962): 36—54.

——. "Maps without Projections." *Journal of Geography* 60 (1961): 213—218.

——. "Towards the Improvement of the Dot Map." *The International Yearbook of*

Cartography 7 (1967) : 157—166.

Dainville, François de. "De la profondeur a l 'altitude." *The International Yearbook of Cartography* 2 (1962) : 151—162.Translated into English as "From the Depths to the Heights." *Surveying and Mapping* 30 (1970) : 389—403.

Darby, Sir H. Clifford. "Historical Geography." In *Approaches to History*, edited by H. P. R. Finberg, 127—56. London: Routledge and Kegan Paul, 1962.

Davenport, William. "Marshall Island Navigation Charts." *Imago Mundi* 15 (1960) : 19—26.

David, Andrew, ed. *The Charts and Coastal Views of Captain Cook's Voyages.* Vol. 1, *The Voyage of the "Endeavour," 1768—1771*, vol. 2, *The Voyage of the "Resolution" and "Adventure,"* 1772—1775, and vol. 3, *The Voyage of The "Resolution" and "Discovery" 1776—1780.* Hakluyt Society Extra Series, nos. 43, 44, and 45. London, 1988, 1992, 1997.

Davis, George B., et al. *The Official Military Atlas of the Civil War.* New York: Arno Press, Inc., 1978.

Davis, William Morris, assisted by William H. Snyder. *Physical Geography.* New York: Ginn and Company, 1989.

De Hutorowicz, H. "Maps of Primitive Peoples." *Bulletin of the American Geographical Society* 43 (1911) : 669—679.

De Vorsey, Louis, Jr. "Pioneer Charting of the Gulf Stream: The Contributions of Benjamin Franklin and William Gerard De Brahm." *Imago Mundi* 28 (1976) : 105—120.

——. "Worlds Apart: Native American World Views in the Age of Discovery." *Meridian*, Map and Geography Round Table of the American Library Association 9 (1993) : 5—26.

Dean, William G., ed., and G. J. Matthews, cartographer. *Economic Atlas of Ontario* Toronto: University of Toronto Press and the Government of Ontario, 1969.

Deetz, Charles H., and Oscar S. Adams. *Elements of Map Projections.* Washington D. C.: U. S. Coast and Geodetic Survey, 1934.

Delpar, Helen, ed. *The Discoverers: An Encyclopedia of Explorers and Exploration*. New York: McGraw Hill, 1980.

Denègre, J., ed. *Thematic Mapping from Satellite Imagery: A Guidebook.* Tarrytown, N.Y.: Elsevier for the International Cartographic Association, 1994.

Denholm-Young, Nöel. "*The Mappa Mundi* of Richard of Haldingham at Hereford." *Speculum* 32 (1957): 307—314.

Dent, Borden. *Principles of Thematic Map Design. Reading*, Mass.: Addison-Wesley, 1985.

Dilke, O. A. W. *Greek and Roman Maps*. Ithaca: Cornell University Press, 1985.

——. "Illustrations from Roman Surveyors' Manuals." *Imago Mundi* 21 (1967): 1—29.

Dollfus, Jean. *Atlas of Western Europe*. Chicago: Rand McNally and Company, 1963.

Donner, Herbert, and Heinz Cuppers. *Die Mosaikkarte von Madaba*. Wiesbaden: Otto Harrossowitz, 1977.

Dornbach, John E. "The Mental Map." *Annals of the Association of American Geographers* 49 (1959): 179—180.

Dreyfuss, Henry. *Symbol Sourcebook: An Authoritative Guide to International Graphic Symbols*. New York: McGraw-Hill Book Company, 1972.

Eckert, Max. *Die Kartenwissenshaft*, 2 vols. Berlin and Leipzig: Walter de Gruyter, 1921—1925.

Edgell, Sir John. *Sea Surveys.* London: H. M. Stationary Office, 1965.

Edgerton, Jr., Samuel Y. "From Mental Matrix to *Mappamundi* to Christian Empire: The Heritage of Ptolemaic Cartography in the Renaissance." In *Art and Cartography: Six Historical Essays*, edited by David Woodward, 10—50. Chicago: University of Chicago Press, 1987.

Edney, Matthew H. *Mapping an Empire: The Geographical Construction of British India, 1765—1843.* Chicago: University of Chicago Press, 1998.

——. "The Patronage of Science and the Creation of Imperial Space: The British Mapping of India, 1799—1843." *Cartographica* (1993): 61—67.

Ekman, Gösta, Ralf Lindman, and W. William-Olsson. "A Psychophysical Study of Cartographic Symbols." In "Report of the I. G. U. Commission on a World Population Map," *Geographiska Annaler* 45, no. 4 (1963): 243—291.

Elliot, James. *The City in Maps: Urban Mapping to 1900.* London: The British

Library, 1987.

Enterline, James. *Viking America: The Norse Crossings and Their Legacy.* Garden City, N. Y.: Doubleday, 1972.

Fell, R. T. *Early Maps of South-East Asia*, 2d ed. Oxford: Oxford University Press, 1991.

Fisher, Irving, and Osborn M. Miller. *World Maps and Globes*. New York: Essential Books, 1944.

Fisher, Robin. *Vancouver's Voyage: Charting the Northwest Coast, 1791—1795.* Seattle: University of Washington Press, 1992.

Fisher, Robin, and Hugh Johnston, eds. *From Maps to Metaphors: The Pacific World of George Vancouver*. Vancouver: University of British Columbia Press, 1993.

Fite, Emerson D., and Archibald Freeman. *A Book of Old Maps, Delineating American History from the Earliest Days Down to the Close of the Revolutionary War*. Cambridge, Mass.: Harvard University Press, 1926.

Fitzpatrick, Gary L. *Palapala'aina': The Early Mapping of Hawaii.* Honolulu: Editions Limited, 1980.

Flaherty, Robert J. "The Belcher Islands of Hudson Bay: Their Discovery and Exploration." *Geographical Review* 5, no. 6 (June 1918): 433—443.

Flint, Valerie I. J. *The Imaginative Landscape of Christopher Columbus*, plate 40.Princeton: Princeton University Press, 1992.

Foncin, M. "Dupin-Triel and the First Use of Contours." *The Geographical Journal* 127 (1961): 553—554.

Fordham, Sir Herbert George. *Some Notable Surveyors and Map-Makers of the Sixteenth, Seventeenth, and Eighteenth Centuries and Their Work.* Cambridge: Cambridge University Press, 1929.

——. *Studies in Carto-bibliography*. Oxford: Clarendon Press, 1914. Reprint, London: Dawson, 1969.

Friis, Herman R. "A Brief Review of the Development and Status of Geographical And Cartographical Activities of the United States Government: 1776—1818." *Imago Mundi* 19 (1965): 68—80.

——. "Highlights of the History of the Use of Conventional Symbols and Signs on Large-Scale Nautical Charts of the United States Government." In *Congrès d'Histoire de l'Océanographique*, numero special 2, 223—241.Monaco, 1968.

——.ed. *The Pacific Basin: A History of its Geographical Discovery.* New York: American Geographical Society, 1967.

Galilei, Galileo. *Sidereus nuncius*. Venetiis: Apud Thoman Baglionum, 1610.

Gardiner, Richard A. "A Re-Appraisal of the International Map of the World (IMW) on the Millionth Scale." *The International Yearbook of Cartography* 1 (1961): 31—49.

George, Pierre. *Introduction a l'etude géographique de la population du monde.* Paris: L'Institut National d'Etudes Demographiques, 1951.

George, Wilma. *Animals and Maps*. Berkeley and Los Angeles: University of California Press, 1969.

Gerlach, Arch C., ed. *National Atlas of the United States*. Washington, D. C.: United States Geological Survey, 1970.

Gernez, D. *Lucas Janszoon Waghenaer, Spieghel der Zeevaert, Leyden, 1584—1585.* Amsterdam: Theatrum Orbis Terrarum, 1964.

——. "The Works of Lucas Janszoon Wagenaer [sic]." *The Mariner's Mirror* 23 (1937): 332—350.

Gilbert, E. W. "Pioneer Maps of Health and Disease in England." *The Geographical Journal* 124 (1958).

Goetzmann, William H. *Exploration and Empire: The Explorer and Scientist in the Winning of the American West*. New York: Knopf, 1966.

Goldstein, Thomas. "Geography in Fifteenth-Century Florence." In *Merchants and Scholars*, edited by John Parker, 11—32. Minneapolis: University of Minnesota Press, 1965.

Gole, Susan. *A Series of Early Printed Maps of India in Facsimile*. New Delhi: Jayaprints, 1981.

——. *Early Maps of India*. New Delhi: Sanscriti; Heineman, 1976.

——. *Indian Maps and Plans from Earliest Times to the Advent of European Surveys*, Tring, Herts, England: The Map Collector Publications, 1994.

——. *India within the Ganges*. New Delhi: Jayaprints, 1983.

——. ed. *Maps of Mughul India, Drawn by Colonel Jean-Baptiste Gentil for the French Government to the Court of Shuja-ud-Daula of Faizabad, in 1770*. New

Delhi: Manohar Publications, 1988.

Gould, Peter, and Rodney White. *Mental Maps*. Harmondsworth, England: Penguin Books, 1974.

Greenhood, David. *Mapping*. Chicago: University of Chicago Press, 1964.

Griffin, Amy L., Alan MacEachren, Frank Hardisty, Erik Steiner, and Bonan Li. "A Comparison of Animated Maps with Static Small-Multiple Maps for Visually Identifying Space-Time Clusters." *Annals of the Association of American Geographers* 96, no. 4 (2006): 740—753.

Grim, Ronald E. "Maps of the Township and Range System." In *From Sea Charts to Satellite Images: Interpreting North American History through Maps*, edited by David Buisseret, 89—109. Chicago: University of Chicago Press, 1990.

Gulley, J. L. M., and K. A. Sinnhuber. "Isokartographie: Eine Terminological Studie." *Kartographische Nackrichten* 4 (1961): 88—89.

Hair, P. E. H. "A Note on Thevet's Unpublished Maps of Overseas Islands." *Terrae Incognitae* 14 (1982): 105—116.

Hakim, Sabhi Abdel. "Atlases, Ways and Provinces," *Unesco Courier* 4 (1991): 20—23.

Hale, Elizabeth, ed. *The Discovery of the World: Maps of the Earth and the Cosmos*, from the David M. Stewart Collection. Chicago: University of Chicago Press, 1985.

Hall, A. R. *The Scientific Revolution 1500—1800*. London: Longmans, Green and Co., 1954.

Halley, Edmond. "Contemplations on the Mortality of Mankind." *Philosophical Transactions* 17 (1693): 596.

Hammond Incorporated. *Hammond Atlas of the World*. Maplewood, NJ., 1992.

Harley, J. B. *Maps and the Columbian Encounter*. Milwaukee: The Golda Meir Library of the University of Wisconsin, Milwaukee, 1990.

——. *Ordnance Survey Maps: A Descriptive Manual*. Southampton: Ordnance Survey, 1975.

——. "Rereading the Maps of the Columbian Encounter." *The Americas before and after 1942: Current Geographical Research*, *Annals of the Association of American Geographers* 82, no.3 (September 1992): 522—542.

Harley, J. B., Barbara Bartz Petchenik, and Lawrence W.Towner.*Mapping the American Revolutionary War*. Chicago: University of Chicago Press, 1978.

Harley, .B., and David Woodward, eds.*The History of Cartography*, vol.1. Chicago:University of Chicago Press, 1987 and vol.2, 1999.These are the first two volurnes of an ongoing multi-volume project which, at this time (2007) is now halfway to completion.Both of the original principal editors, Harley and Woodward, are deceased.

Harris, Chauncy D. *Annotated World List of Selected Current Geographical Serials*.University of Chicago, Department of Geography Research Paper 96.Chicago, 1964.

Harris, Chauncy D., and Jerome D. Fellman.*International List of Geographical Serials*. University of Chicago, Department of Geography Research Paper 93.Chicago, 1960.

Harrison, Richard E. *Look at the World: The Fortune Atlas for World Strategy*. New York: Knopf, 1944.

Hartshorne, Richard.*The Nature of Geography*, 247—248. Lancaster, Pa.: Association of American Geographers, 1967.

Harvey, P. D. A. *Mappa Mundi The Hereford World Map*.London:Hereford Cathedral and the British Library, 1996.

——.*The History of Topographical Maps: Symbols, Pictures, and Surveys*, 127. London;Thames and Hudson, 1980.

Heawood, Edward. "The Waldseemüller Facsimiles." *Geographical Journal* 23 (1904): 760—770.

Heberman, Charles G., ed.*The Cosmographiae Introduction of Martin Waldseemüller in Facsimile*. New York: The United States Catholic Historical Society, 1907.

Hébert, John R., and Patrick E. Demsey.*Panoramic Maps of Cities in the United States and Canada*, 2d ed.Washington D. C.:Library of Congress, 1984.

Higgins Beldon and Co.*An Historical Atlas of Henry County, Indiana*. Chicago: 1875.

Hill, Gillian. *Cartographical Curiosities*.London: The British Library, British Museum Publications Ltd., 1978.

Hodgkiss, A. G. *Maps for Books and Theses*. New York: Pica Press, 1970.

Horn, Walter, and Ernest Born. *The Plan of St. Gall: A Study of the Architecture, Economy, and Life in a Paradigmatic Carolingian Monastery*, 3 vols. Berkeley and Los Angeles: University of California Press, 1979.

Horn, Werner. "Die Geschichte der Isarithmenkarten." *Petermanns Geographische Mitteilungen* 53 (1959): 225—232.

——. "Die Geschichte der Isarithmenkarten"; J. L. M. Gulley and K. A. Sinnhuber. "Isokartographie: Eine Terminological Studie." *Kartographische Nackrichten* 4 (1961): 88—89.

Horrabin, James F. *An Atlas of Current Affairs*. London: Victor Gollancz Ltd., 1934.

Howse, Derek. *Greenwich Time and the Discovery of the Longitude*. Oxford: Oxford University Press, 1980, revised 1997.

——, ed. *Brouscon's Tidal Almanac 1546*, foreword by Sir Alec Rose. Nottingham Court Press in association with Magdalene College, Cambridge, 1980.

Howse, Derek, and Michael Sanderson. *The Sea Chart*. Newton Abbot, England: David and Charles, 1973.

Howse, Derek, and Norman J. W. Thrower, eds. *A Buccaneer's Atlas: Basil Ringrose's South Sea Waggoner*, with special contributions by Tony A. Cimolino. Berkeley and Los Angeles: University of California Press, 1992.

Hulbert, H. B. "An Ancient Map of the World." *Bulletin of the American Geographical Society* 36, no. 9 (1904): 600—605.

Hulton, John P. H., and David B. Quinn. *The American Drawings of John White, 1577—1590*. London and Chapel Hill: The British Museum and The University of North Carolina Press, 1964.

Humboldt, Alexander von, Freiherr. *Political Essay on the Kingdom of New Spain, 1811*, reprint. New York: Knopf, 1972.

Humphreys, Arthur L. *Old Decorative Maps and Charts*. London: Halton & Truscott Smith, 1926.

Huygens, Christian. *De ratiociniis in ludo aleae*. 1657.

Hyde, Walter W. *Ancient Greek Mariners*. New York: Oxford University Press, 1947. Hydrographic Bureau, *The International Hydrographic Bulletin*, *The International Hydrographic Review*, *International Hydrographic Organization*

Yearbook.

Imhof, Eduard. *Cartographic Relief Presentation*. Edited by H. J. Steward. Berlin and New York: Walter de Gruyter, 1982.

——. *Die Altesten Schweizerkarten.* Zurich and Leipzig: Orell Füssli Verlag, 1939.

——. *Kartographische Gelandedarstellung.* Berlin: Walter de Gruyter and Co., 1965.

——. *Schweizerischer Mittelshulatlas.* Zürich: Konferenz der Kantonalen Erziehungsdirektoren, 1963.

——. ed. *International Yearbook of Cartography.* Gütersloh: Bertelsmann Verlag, 1961—.

International Civil Aviation Organization, *Aeronautical Information Provided by States*, 22d ed. Quebec: International Civil Aviation Organization, 1968.

International Hydrographic Bureau, Monaco.*Bulletin*, *Review*, *Yearbook*, and other publications.

Isida, Ryuziro. *Geography of Japan*, 5—7. Tokyo:Society for International Cultural Relations, 1961.

Jenks, George F., and Duane S. Knos. "The Use of Shaded Patterns in Graded Series." *Annals of the Association of American Geographers* 51 (1961): 316—334.

Jenks, George F., and Fred C. Caspall. *Vertical Exaggeration in Three-Dimensional Mapping*. Technical Report 2, NR 389—146.

Jenks, George F., and Michael R. C. Coulson. "Class Intervals for Statistical Maps." *The International Yearbook of Cartography* 3 (1963): 119—134.

Jenks, George F., and Paul V. Crawford. *Viewing Points for Three-Dimensional Maps*. Technical Report 3, NR 389—146.Lawrence:Department of Geography, University of Kansas, 1967.

Jensen, John R. *Introductory Digital Image Processing*. Englewood Cliffs, N.J.: Prentice-Hall, 1986.

Johnson, Hildegard Binder. *Order Upon the Land: The U. S. Rectangular Land Survey in the Upper Mississippi*. New York: Oxford University Press, 1976.

Johnston, A. E. M. "The Earliest Preserved Greek Maps:A New Ionian Coin Type." *Journal of Hellenic Studies* 87 (1967): 86—94.

Kain, Roger J. P., and Elizabeth Baigent. *The Cadastral Map in the Service of the State*.Chicago: University of Chicago Press, 1992.

Kamal, Youssouf (Yusūf) Prince. *Monumenta cartographica Africae et Aegypti*, 5 vols, 15 fascicules. Cairo, 1926—1951.

Karo, H. Arnold. *World Mapping, 1954—1955*. Washington, D. C.:Industrial College of the Armed Forces, 1955.

Karrow, Robert W., Jr. *Mapmakers of the Sixteenth Century and Their Maps Biobibliographies of the Cartographers of Abraham Ortelius, 1570*.Chicago: Speculum Orbis Press for the Newberry Library, 1993.

Keates, John S. *Cartographic Design and Production*. London: Longman Group Limited, 1978.

——. "The Perception of Colour in Cartography." *Proceedings of the Cartographic Symposium*, 19—28. Edinburgh, 1962.

Kelley, James E., Jr. "Non-Mediterranean Influences That Shaped the Atlantic in the Early, Portolan Charts." *Imago Mundi* 31 (1979): 18—35, esp. 9n4.

——. "The Oldest Portolan Chart in the New World." *Terrae Incognitae* 9 (1977): 23—48.

Keuning, Johannes. *Mercator-Hondius-Janssonius, Atlas, or Geographic Description of the World*, 2 vols. Edited by R. A. Skelton. Amsterdam: Theatrum Orbis Terrarum, 1968.

——. "The History of an Atlas: Mercator-Hondius." *Imago Mundi* 4 (1947) .

——. "The History of Geographical Map Projections until 1600." *Imago Mundi* 12 (1955): 1—24.

Kimble, George H. T., *Geography in the Middle Ages*. London: Metheun, 1938.

Kircher, Athanasius. *Magnes sive de arte magnetica opus tripartium*.Rome, 1643.

Kish, George. "Centuriatio: The Roman Rectangular Land Survey." *Surveying and Mapping* 22, no.2 (1962): 233—244.

——. "Early Thematic Mapping:The Work of Philippe Buache." *Imago Mundi* 28 (1976): 129—136.

——.*History of Cartography*.New York: Harper and Row, 1972.A text accompanying a collection of 220 slides of historical maps.

——. "The Cosmographic Heart: Cordiform Maps of the Sixteenth Century." *Imago*

Mundi 19 (1965): 13—21.

Koch, Tom.*Cartographies of Disease*: *Maps*, *Mapping and Medicine*, Redlands, Calif.: ESRI Press, 2005.

Koeman, Cornelis, *Atlantes Neerlandici*, 5vols.Amsterdam: Theatrum Orbis Terrarum, 1967—1971.

——.*Collections of Maps and Atlases in the Netherlands*.Leiden: EJ. Brill, 1961.

——.*Geshiedenis van de Kartografie van Nederland*.Alphen, Netherlands: Canaletto, 1983.

Konvitz, josef. *Cartography in France*, *1660—1848*: *Science*, *Engineering*, *and Statecraft*.Chicago: University of Chicago Press, 1987. 见 276 注 18。

Kretschmer, Ingrid. "The First and Second School of Layered Relief Maps in the Nineteenth and Early Twentieth Centuries." *Imago Mundi* 40 (1988): 9—14.

Kretschmer, Konrad.*Die Italienishen Portolane des Mittlealters*: *Ein Beitrag zur Geschichte der Kartographie und Nautik*, vol 13.Berlin: Veroffertlichungen des Instituts fur Meereskunde und des Geographischen Instituts an der Universität Berlin, 1909.

Krogt, P.van der, M.Hameleers, and P.vandenBrink.*Bibliography of the History of Cartography in the Netherlands*.Utrecht:H. E. S. Publications, 1993.

Küchler, A.W., and I. S. Zonneveld, eds.*Vegetation Mapping*. Dordrecht, Boston, London: Kluwer Academic Publishers, 1988.

Lackó, Lászlo. "The Form and Contents of Economic Maps." *Tijdschrift Voor Econ. En Soc. Geografie* 58 (1967): 324—330.

Lambert, johann H. *Bertrage zum Gebrauche der Mathematick und deren Anwendung*, 5 pts.Berlin:Reimer, 1765—1772.

Lanman, Jonathan T. "The Portolan Charts." *Glimpses of History from Old Maps* Tring, England:The Map Collector Publications, 1989.

Laor, Eran. *Maps of the Holy Land*: *Cartobibliography of Printed Maps*, *1475—1900* New York:Alan R.Liss, Inc., 1986.

Le Gear, Clara E. "Map Making by Primitive Peoples." *Special Libraries* 35, no. 3 (March 1944): 79—83.

——. "United States Atlases: A Catalog of National, State, County, and Regional Atlases in the Library of Congress, 1950." Washington, D.C.: Library of

Congress, and Cooperating Libraries, 1953.

——. "United States Atlases: A List of National, State, County, City, and Regional Atlases in the Library of Congress." Washington, D. C.: Library of Congress, 1950.

Lehner, Ernst, and Johanna Lehner.*How They Saw the New World*. Edited by Gerald L.Alexander, 48—49.New York: Tudor Publishing Co., 1966.

Léon-Portilla, Miguel. "The Treasures of Montezuma." In "Maps and Map Makers." Special issue devoted to cartography, *The Unesco Courier* (June 1991).

Lewis, Charles Lee. *Matthew Fontaine Maury: The Pathfinder of the Seas*. Annapolis: The United States Naval Institute, 1927.

Lewis, G. Malcolm. "The Indigenous Maps and Mapping of North American Indians." The Map Collector9 (December 1979): 25—32.

Lillesand, Thomas M., and Ralph W. Kiefer. *Remote Sensing and Image Interpretation*, 3d ed. New York: Wiley, 1993.

Lindberg, Otto G. *My Story*. Convent Station, N.J.:General Drafting Co., Inc., 1955.

Lobeck, Armin K. *Block Diagrams and Other Graphic Methods Used in Geology and Geography*, 2d ed. Amherst: Emerson-Trussel, 1958.

——. *Things Maps Don't Tell Us*. New York: Macmillan, 1956. Reprint, Chicago: University of Chicago Press, 1990.

Lock, C. B. Muriel. *Modern Maps and Atlases: An Outline Guide to Twentieth Century Production*. Hamden, Conn.: Archon Books, 1969.

Lockridge, Jr., Ross. *Raintree County*. New York:Houghton Mifflin, 1946. The model for this novel was Higgins Beldon *Historical Atlas*, see above.

Luebke, Frederick C., Francis W. Kaye, and Gary E. Moulton, eds. *Mapping the North American Plains:Essays in the History of Cartography*. Norman, Okla.: University of Oklahoma Press, 1983.

Lyons, Sir Henry. "The Sailing Charts of the Marshall Islanders." *Geographical Journal* 72, no. 4 (October 1928): 325—328.

——. "Two Notes on Land Measurement in Egypt." *Journal of Egyptian Archaeology* 12 (1926): 242—244.

MacEachern, Alan M., and David Di Biase. "Animated Maps and Aggregate Data: Conceptual and Practical Problems." *Cartography and Geographic Information Systems* 18, no. 4 (1991): 221—229.

MacEachern, Alan M., and D. R. F (raser) Taylor, eds. *Visualization in Modern Cartography*. Oxford: Pergamon, 1994.

MacKay, J. Ross. "Dotting the Dot Map." *Surveying and Mapping* 9 (1949): 3—10.

——. "Some Problems and Techniques of Isopleth Mapping." *Economic Geography* 27 (1951): 1—9.

Major, Richard H. *The Life of Prince Henry of Portugal, Surnamed the "Navigator."* London: Asher, 1868.

Marques, Alfredo Pinheiro. *A Maldiçâo da Memória Do Infante Dom Pedro*. Lisbon: Figueiro da Foz, 1994.

Marschner, Francis J. *Boundaries and Records in the Territory of Early Settlement From Canada to Florida*. Washington, D. C.: U. S. D. A. Agricultural Research Service, 1960.

Marshall, Sir John H. *Taxila: An Illustrated Account of Archeological Excavations Carried out at Taxila under Orders of the Government of India between the Years 1913 and 1934*, 3 vols. Cambridge: Cambridge University Press, 1951.

Martinez, Ricardo Cerezo. "Aporción al estudio de la carta de Juan de la Cosa." In *Geographie du monde au moyen age et à la renaissance*, edited by Monique Pelletier. Paris: Editions C. T. H. S., 1989.

Mather, Kirtley F., and Shirley L. Mason. *A Source Book in Geology*. See esp. 201—204.New York: McGraw-Hill, 1939.

Maury, Matthew Fontaine. *Explanations and Sailing Directions to Accompany the Wind and Current Charts*, 7th ed. Philadelphia: E. C. and J. Biddle, 1855.

May, Jacques. "Medical Geography: Its Methods and Objectives." *The Geographical Review* 40 (1950): 9—41.

McCall, Joseph, and Brian Marder, eds. *Earth Science Mapping for Planning, Development and Conservation*. London: Graham and Trotman, 1989.

McCune, Shannon. "Maps of Korea." *The Far Easterly Quarterly* 4 (1948): 326—329.

McGuirk, Donald, Jr. "Ruysch World Map: Census and Commentary." *Imago Mundi* 41 (1989): 133—141.

McIntosh, Gregory C. "Christopher Columbus and the Pirî Reis Map of 1513." *The American Neptune* 53, no. 4 (Fall 1993): 280—294.

——. The *Pirî Reis Map of 1513*. Athens, Georgia: University of Georgia Press, 2000.

McLaughlin, Glen, and Nancy Mayo. *The Mapping of California as an Island*. California Map Society, 1995.

McLuhan, H. Marshall. *Understanding Media*. New York: McGraw-Hill, 1964.

McMaster, Robert B., and K. Stuart Shea. *Generalization in Digital Cartography* Washington, D. C.: Association of American Geographers, 1992.

McMaster, Robert B., and Norman J. W. Thrower. "The Early Years of American Academic Cartography: 1920—1945." *Cartography and Geographic Information Systems* 18, no. 3 (1991): 154—155.

Meek, Theophile J. "The Orientation of Babylonian Maps." *Antiquity* 10 (1936): 223—226.

Mercator, Gerardus. *Atlas sive cosmographicae meditationes de fabrica mundi et fabricati figura* (Atlas, or cosmographical meditations upon the creation of the universe as created), 3 vols. Düsseldorf: A. Brusius, 1595.

Mercator-Hondius-Janssonious. *Atlas, or Description of the World*. Reprinted with an introduction by R. A. Skelton, 2 vols. Amsterdam: Theatrum Orbis Terrarum, 1968.

Miller, Konrad. *Die Peutingerische Tafel*. Stuttgart: Brockhaus, 1962.

——. *Mappae Arabicae: Arabische Welt-und Ländeskarten der 9—13, Jarhunderts*. 6 vols. Stuttgart: Selbstverlag der Herausgebers, 1926—1931.

——. *Weltkarte des Arabers Idrisi vom Jahr 1154*. Stuttgart: Brockhaus/Antiquarium, 1981.

Miller, Osborn M. "Notes on Cylindrical World Map Projections." *The Geographical Review* 32 (1942): 424—430.

Modelski, Andrew M. *Railroad Maps of North America: The First Hundred Years* Washington, D. C.: Library of Congress, 1984.

Monkhouse, F. J., and H. R. Wilkinson. *Maps and Diagrams*, 2d. ed. London:

Methuen, 1963.

Monmonier, Mark. *How to Lie with Maps*. Chicago: University of Chicago Press, 1991.

——. Maps with the News: The *Development of American Journalistic Cartography*. Chicago: University of Chicago Press, 1979.

——. *Rhumb Lines and Map Wars: A Short History of the Mercator Projection*. Chicago: University of Chicago Press, 2004.

——. *Technological Transition in Cartography*. Madison: University of Wisconsin Press, 1985.

——. "Telegraphy, Iconography, and the Weather Map: Cartographic Reports by the U. S. Weather Bureau, 1870—1937." *Imago Mundi* 40 (1988): 15—31.

Monmonier, Mark, and George A. Schnell, *Map Appreciation*. Englewood Cliffs, N. J.: Prentice-Hall, 1984.

Muehrcke, Philip C., and Juliana O. Muehrcke. *Map Use: Reading, Analysis, Interpretation*, 3d. ed. Madison: J. P. Publications, 1992.

Muller, J. C., ed. *Advances in Cartography.* London and New York: Elsevier for the International Cartographic Association, 1991.

Muntz, A. Philip. "Union Mapping in the American Civil War." *Imago Mundi* 17 (1963): 90—94.

Murray, G. W. "The Gold-Mine of the Turin Papyrus." *Bulletin de l'Institute d'Egypte* 24 (1941—42): 81—86.

Nakamura, Hiroshi. *East Asia in Old Maps*. Tokyo: Kasai, 1964.

National Academy of Sciences, National Research Council, U. S. *Rural Settlement Patterns in the United States as Illustrated by One Hundred Topographic Quadrangle Maps*. National Research Council Publication, 1956.

National Geographic Society. *Historical Atlas of the United States*. Washington, D.C., 1988.

——. *Index to Place Names*, 1983.Updated annually.

Nebenzahl, Kenneth. *Atlas of Columbus and the Great Discoveries*. Chicago: RandMcNally, 1990.

——. *Mapping the Silk Road and Beyond: 2000 Years of Exploring the East*. Phaidon, 2004.

——. *Maps of the Holy Land: Images of Terra Sancta through Two Millennia*. New York: Abbeville, 1986.

Needham, Joseph, and Wang Ling. *Mathematics and the Sciences of the Heavens and the Earth*. Vol. 3, *Science and Civilization in China*. Cambridge: Cambridge University Press, 1959.

Nemeth, David J. "A Cross-Cultural Cosmographic Interpretation of Some Korean Geomancy Maps." *Introducing Cultural and Social Cartography*, Cartographica, Monographi 44, ed. Robert A. Rundstrom. Toronto: University of Toronto Press, 1993.

Newhall, Beaumont. *Airborne Camera: The World from the Air and Outer Space*. New York and Rochester, N. Y.: Hastings House Publishers in collaboration with the George Eastman House, 1969.

Nordenskiöld, Baron Nils Adolf Erik. *Periplus: An Essay on the Early History of Charts and Sailing Directions*. Stockholm: P. A. Norstedt & Soner, 1897.

Novak, Maximillian E., and Norman J. W. Thrower. "Defoe and the Atlas Maritimus." *UCLA Librarian* 26 (1973).

Olson, Everett C., and Agnes Whitmarsh. *Foreign Maps*. New York: Harper, 1944.

Ortroy, F. Van. "Bibliographic sommaire de l'oeuvre Mercatorienne." *Revue des bibliothèques* 24 (1914): 113—148.

Osley, A. S. *Mercator: A Monograph on the Lettering on Maps, etc., in the SixteenthCentury Netherlands*. New York: Watson Guptill Publications, 1969.

Outhwaite, Leonard. *Unrolling the Map*. New York: John Day, 1939.

Owen, Tim, and Elaine Pilbeam. *Ordnance Survey: Map Makers to Britain Since 1791*. London: H. M. Stationary Office for the Ordnance Survey, 1992.

Parry, R. B., and C. R. Perkins. *World Mapping Today*. London: Butterworths, 1987.

Pattison, William D. *Beginnings of the American Rectangular Land Survey System, 1784—1800*. University of Chicago, Department of Geography Research Paper 50. Chicago: University of Chicago Press, 1957.

Pedley, Mary Sponberg. *Bel et Utile: The Work of the Robert de Vaugondy Family of Mapmakers*. Tring, England: Map Collector Publications, 1992.

——. *The Commerce of Cartography: Making and Marketing of Maps in*

EighteenthCentury France and England. Chicago:University of Chicago Press, 2000.

Peterson, Michael P. "Active Legends for Interactive Cartographic Animation." *Geographical Information Science* 13, no. 4 (1999).

——. *Interactive and Animated Cartography*. Prentice-Hall, Inc., 1995.

Petty, William. *Hiberniae delineatio. Amsterdam*, 1685. Reprint, Shannon:Irish University Press, 1969.

——. *Political Arithmetick*. London: R. Clavel and Hortlock, 1690.

Phillimore, Reginald H. "Early East Indian Maps." *Imago Mundi* 7 (1950): 73—74.

——. "Three Indian Maps." *Imago Mundi* 9 (1952): 111—114.

Polk, Dora Beale. *The Island of California: A History of a Myth*. Spokane, Wash.: Arthur H. Clark Company, 1991.

Porter, Philip W. "Putting the Isopleth in Its Place." *Proceedings of the Minnesota Academy of Science* 25—26 (1957—58): 372—384.

Post, J. B. *An Atlas of Fantasy*, revised ed. New York: Ballantine Books, 1979.

"Photo Maps and Orthophotomaps." *The Canadian Surveyor* 22, no. 1 (1968): 1—220. Proceedings of a symposium held in 1967.

Quam, Louis O. "The Use of Maps in Propaganda." *The Journal of Geography* 42, no. 1 (1943): 21—32.

Raisz, Erwin J. *General Cartography*, 2d ed. New York: McGraw-Hill, 1948.

——. *Principles of Cartography*. New York: McGraw-Hill, 1962.

Rand McNally, "Measuring India." *The Shape of the World*. Chicago, New York, San Francisco:Rand McNally and Company, 1991.

——. *The International Atlas*. Chicago, New York, San Francisco, 1969. Revised as *The New International Atlas*, 1991.

Ravenhill, William. *Christopher Saxton's Surveying:An Enigma, in English MapMaking, 1500—1560*. Edited by Sarah Tyacke. London:British Library, 1983.

Ravenstein, E. G. *Martin Behaim: His Life and His Globe*. London: George Philip & Son, 1908.

Ray, Richard G. *Photogeologic Procedures in Geologic Interpretation and*

Mapping: Procedures and Studies in Photogeology. Geological Survey Bulletin 1043-A. Washington, D.C.: United States Government Printing Office, 1956.

Reinhartz, Dennis, and Charles C. Colley, eds. *The Mapping of the American Southwest*. College Station, Texas: Texas A & M University Press, 1987.

Reis, Pirî. *Kitab-I Bahriye*. 4 vols. Istanbul: The Historical Research Foundation, Istanbul Research Center, 1988.

Rhind, D. W., and Tim Adams. *Computers in Cartography*. London: British Cartographic Society, 1982.

Rhind, D. W., and D. R. F (raser) Taylor, eds. *Cartography Past, Present and Future: A Festchrift for F. J. Ormeling*. London and New York: Elsevier, 1989.

Ristow, Walter W. *American Maps and Mapmakers: Commercial Cartography in the Nineteenth Century*. Detroit: Wayne State University Press, 1985.

——. "Augustine Hermann's Map of Virginia and Maryland." *Library of Congress Quarterly Journal of Acquisitions* (August 1960): 221—226.

——. "Journalistic Cartography." *Surveying and Mapping* 17, no. 4 (1957): 369—390.

——. "Recent Facsimile Maps and Atlases." *The Quarterly Journal of the Library of Congress* (July 1967): 213—299.

——. "The Emergence of Maps in Libraries." *Special Libraries* 58, no. 6 (July-August 1967): 400—419.

——. "United States Fire Insurance and Underwriters Maps: 1852—1968." *The Quarterly Journal of the Library of Congress* 25, no. 3 (July 1968): 194—218.

Ritchie, G. S. *No Day Too Long: An Hydrographer's Tale*. Durham: The Pentland Press, 1992.

——. *The Admiralty Chart: British Hydrography in the Nineteenth Century*. Durham: The Pentland Press, 1995.

Robinson, Adrian H. W. *Marine Cartography in Britain*. Leicester: Leicester University Press, 1962.

Robinson, Arthur H. *Early Thematic Cartography in the History of Cartography*. Chicago: University of Chicago Press, 1982.

——. "The Cartographic Representation of the Statistical Surface." *The International Yearbook of Cartography* 1 (1961): 53—63.

——. “The Geneology of the Isopleth.” *Cartographic Journal* 8（1971）: 49—53.

——. “The 1837 Maps of Henry Drury Harness.” *The Geographical Journal* 121（1955）: 440—450.

——. *The Look of Maps: An Examination of Cartographic Design*. Madison: University of Wisconsin Press, 1952.

——. “The Potential Contribution of Cartography in Liberal Education.” In *Geography in Undergraduate Liberal Education*, 34—47. Washington, D.C.: Association of American Geographers, 1965.

——. “The Thematic Maps of Charles Joseph Minard.” *Imago Mundi* 21（1967）: 95—108.

Robinson, Arthur H., and Barbara Bartz Petchenik. *The Nature of Maps: Essays toward Understanding Maps and Mapping*. Chicago: University of Chicago Press, 1976.

Robinson, Arthur H., et al. *Elements of Cartography*, 5th ed. New York: John Wiley, 1984.

Robinson, Arthur H., and Norman J. W. Thrower. “On Surface Representation Using Traces of Parallel Inclined Planes.” *Annals of the Association of American Geographers* 59（1969）: 600—604.

Robinson, Arthur H., and Norman J. W. Thrower. “A New Method of Terrain Representation.” *Geographical Review* 47（1957）: 507—520.

Robinson, Arthur H., and Helen M. Wallis. “Humboldt's Map of Isothermal Lines: A Milestone In Thematic Cartography.” *The Cartographic Journal* 4, no.2（1967）: 119—123.

Rooney, John F., Wilbur Zelinsky, and Dean R. Louder, eds. *This Remarkable Continent: An Atlas of United States and Canadian Society and Culture. See esp.* Terry G. Jordan, “Division of Land,” 54—69. College Station, Texas: Texas A & M University Press, 1982.

Royal Society, *The. Glossary of Technical Terms in Cartography*. London: The Royal Society, 1966.

Ryan, W. F. “John Russell, R. A., and Early Lunar Mapping.” *The Smithsonian Journal of History* 1（1966）: 27—48.

Sabins, Jr., Floyd B. *Remote Sensing: Principles and Interpretation*, 2d ed. New

York: W. H. Freeman, 1987.

Schilder, Günther. "Willem Janszoon Blaeu's Map of Europe (1606), A Recent Discovery in England." *Imago Mundi* 28 (1976): 9—20.

——. *Monumenta cartographica Neerlandica*. 2 vols., and 2 portfolios. Alphen, Netherlands: Canaletto, 1986—1988.

Schoy, Carl. "The Geography of the Moslems of the Middle Ages." *Geographical Review* 14 (1924): 257—269.

Schwartz, Seymour J., and Ralph E. Ehrenberg. *The Mapping of America*. New York: Harry N. Abrams, Inc., 1980.

Schwartzberg, Joseph E. "A Nineteenth Century Burmese Map Relating to the French Colonial Expansion in Southeast Asia." *Imago Mundi* 46 (1994): 117—127.

——, ed. *A Historical Atlas of South Asia*. Chicago: University of Chicago Press, 1978.

Sherman, John C. "Large Print Map of Metropolitan Washington D.C." Department of the Interior, Defense Mapping Agency, 1976.

Sherman, John C., and Willis R. Heath. "Problems in Design and Production of Maps for the Blind." *Second International Cartographic Conference* 2, no. 3 (1959): 52—59.

Shirley, Rodney W. *The Mapping of the World, Early Printed World Maps, 1472—1700*, 4th ed. Riverside, Conn.: Early World Press, 2001.

Short, Nicholas M. *The Landsat Tutorial Workbook: Basics of Remote Sensing*. Washington, D.C.: National Aeronautics and Space Administration, 1982.

Singer, Charles J., ed. *A History of Technology*. Oxford: Clarendon Press, 1954—1958.

Skelton, R. A. "Cartography." *In A History of Technology*, vol.4, edited by Charles J. Singer, 596—628. Oxford: Clarendon Press, 1954—1958.

——. *Decorative Printed Maps of the Fifteenth to Eighteenth Centuries*. London: Staples Press, 1952. A revision of Arthur L. Humphreys *Old Decorative Maps and Charts*, 1926.

——. *Explorers' Maps*. London: Routledge and Kegan Paul, 1958.

——. "Hakluyt's Maps." In *The Hakluyt Handbook*, edited by D. B. Quinn, 48—69. London: Hakluyt Society, 1974.

——. "Map Compilation, Production and Research in Relation to Geographical

Exploration." In *The Pacific Basin*, edited by Herman Friis, 40—56, 344—346. New York: American Geographical Society, 1967.

——. *Maps: A Historical Survey of Their Study and Collecting*. Chicago: University of Chicago Press, 1972.

——. "The Early Map Printer and His Problems." *The Penrose Annual* 57 (1964): 171—186.

——. "The Origins of the Ordnance Survey of Great Britain." Pt. 3 of "Landmarks in British Cartography," *The Geographical Journal* 78 (1962): 406—430.

Skelton, R. A., and Helen Wallis. "Appendix: Edward Wright and the 1599 World Map." In *The Hakluyt Handbook*, edited by D. B. Quinn, 69—73. London: Hakluyt Society, 1974.

Skelton, R. A., Thomas E. Marston, and George D. Painter. *The Vinland Map and the Tartar Relation*. New Haven: Yale University Press, 1965.

Skop, Jacob. "The Stade of the Ancient Greeks." *Surveying and Mapping* 10, 1v (1950): 50—55.

Smith, Catherine Delano. "The Emergence of 'Maps' in European Rock Art: A Prehistoric Preoccupation with Space." *Imago Mundi* 34 (1982): 9—25.

Smith, J. Russell, and M. Ogden Phillips. *North America*. New York: Harcourt, Brace and Company, 1949.

Smith, Thomas R. "Manuscript and Printed Sea Charts in Seventeenth-Century London: The Case of the Thames School." In *The Compleat Plattmaker: Essays on Chart, Map, and Globe Making in England in the Seventeenth and Eighteenth Centuries*, edited by Norman J. W. Thrower. Berkeley and Los Angeles: University of California Press, 1978.

Snyder, John P. *Flattening the Earth: Two Thousand Years of Map Projections*. Chicago: University of Chicago Press, 1993.

Sobel, Dava. *Longitude*. New York: Walker, 1995.

Stamp, Sir L. Dudley. "Land Use Surveys with Special Reference to Britain." In *Geography in the Twentieth Century*, edited by Griffith Taylor, 372—392. London: Methuen, 1951.

Stamp, Sir L. Dudley, and E. C. Willatts. *The Land Utilisation Survey of Britain*, 2d ed. London School of Economics, 1935.

Steers, James A. *An Introduction to the Study of Map Projections*, 13th ed. London: University of London Press, 1962.

Stephenson, F. Richard. "The Ancient History of Halley's Comet." In *Standing on the Shoulders of Giants: A Longer View of Newton and Halley*, edited by Norman J. W. Thrower, 231—253. Berkeley and Los Angeles: University of California Press, 1990.

Stephenson, Richard W. *Land Ownership Maps: A Checklist of Nineteenth Century United States County Maps in the Library of Congress.* Washington, D.C.: Library of Congress, 1967.

Stevenson, Edward L. *Portolan Charts, Their Origin and Characteristics.* New York: The Knickerbocker Press, 1911.

Stommel, Henry. *Lost Islands: The Story of Islands That Have Vanished from Nautical Charts.* Vancouver: University of British Columbia Press, 1984.

Sudakov, Aleksandr S. "A Bit off the Map." *Unesco Courier* (June 1991): 39—40.

Swan, Bradford. "The Ruysch Map of the World. 1507—1508." In *Papers of the Bibliographical Society of America*, vol. 45, pp.219—236.New York, 1957.

Szaflarski, Josef. "A Map of the Tatra Mountains Drawn by George Wahlenberg in 1813 as a Prototype of the Contour-Line Map." *Geografiska Annaler* 41 (1959): 74—82.

Tanaka, Kitiró. "The Orthographical Relief Method of Representing Hill Features on a Topographic Map." *Geographical Journal* 79 (1932): 213—219.

——. "The Relief Contour Method of Representing Topography on Maps." *The Geographical Review* 40 (1950): 444—456.

Taviani, Paolo. *Christopher Columbus: The Grand Design.* London: Orbis, 1985.

Taylor, D. R. F (raser), ed. *The Computer in Contemporary Cartography.* Chichester, England: John Wiley and Sons, 1980.

Taylor, E. G. R. "The English Atlas of Moses Pitt, 1680—1683." *The Geographical Journal* 95, no. 4 (1940): 292—299.

Taylor, E. G. R., and M. W. Richey. *The Geometrical Seaman: A Book of Early Nautical Instruments.* London: Hollis and Carter for the Institute of Navigation, 1962.

Teleki, Pal (Paul), Graf. *Atlas zur Geshichte der Kartographie der Japanischen*

Inseln. Budapest, 1909.

Thompson, Morris M. *Maps for America: Cartographic Products of the United States Geological Survey and Others*, 2d ed. U. S. Department of the Interior, Geological Survey, 1981.

Thompson, Silvanus P. "The Rose of the Winds: The Origin and Development of the Compass-Card." In *British Academy Proceedings, 1913—1914*, pp.179—209.London, 1919.

Thomson, J. O. *Everyman's Classical Atlas*. London: J. M. Dent, 1961.

Thrower, Norman J. W. *A Leaf from Mercator-Hondius Atlas Edition of 1619*. Fullerton, Calif.: Stone and Lorson, Publishers, 1985.

——. "Animated Cartography." *Professional Geographer* 11, no. 6 (1959): 9—12.

——. "Animated Cartography in the United States." *International Yearbook of Cartography* 1 (1961): 20—30.

——. "Cadastral Surveys and County Atlases of the United States." *Cartographic Journal* 9 (1972): 43—51.

——. "Cartography." In *The Discoverers: An Encyclopedia of Explorers and Exploration*, edited by Helen Delpar, 103—10. New York: McGraw-Hill, 1980.

——. "Cartography in University Education." *AB Bookman* 5 (1976): 5—10.

——. "Doctors and Maps." *The Map Collector* 71 (Summer 1995): 10—14.

——. "Doctors and Maps Revisited." *Mercator's World* (forthcoming).

——. "Edmond Halley and Thematic Geo-Cartography." In *The Terraqueous Globe*, pp. 3—43. Los Angeles: William Andrews Clark Memorial Library, UCLA, 1969. Reprinted in *The Compleat Plattmaker: Essays on Chart, Map and Globe Making in England in the Seventeenth and Eighteenth Centuries*. Berkeley and Los Angeles: University of California Press, 1978.

——. "Extended Uses of the Method of Orthogonal Mapping of Traces of Parallel Inclined Planes with a Surface, Especially Relief." *International Yearbook of Cartography* 3 (1962): 26—39.

——. *How the West was Mapped: From Waldseemüller to Whitney*. Milwaukee: American Geographical Collections, 2000, monograph.

——. "Humboldt's Mapping of New Spain. Mexico." *The Map Collector* (Winter 1990): 30—35.

——. "Longitude in the Context of Cartography." In *The Quest for Longitude*, edited by William J. H. Andrewes, 49—62. Collection of Historical Scientific Instruments, Harvard University, Cambridge, Mass., 1996.

——.ed. *Man's Domain: A Thematic Atlas of the World: Mapping Man's Relationship with His Environment*, 3d ed. New York: McGraw-Hill, 1975.

——. *Maps and Man: An Examination of Cartography in Relation to Culture and Civilization. Englewood Cliffs*, N.J.: Prentice-Hall, 1972, and later printings. This work was expanded as *Maps and Civilization, Cartography in Culture and Society*, 3d. ed. Chicago and London: University of Chicago Press, 2007.

——. "Monumenta Cartographica Africae et Aegypti." *UCLA Librarian* 15 (1963): 121—126.

——. "New Geographical Horizons: Maps." In *First Images of America: The Impact of the New World on the Old*, edited by Fredi Chiappelli, 659—674. Berkeley and Los Angeles: University of California Press, 1976.

——. "New Light on the 1524 Voyage of Verrazzano." *Terrae Incognitae: The Journal of the Society for the History of Discoveries* 11 (1974): 59—65.

——. *Original Survey and Land Subdivision: A Comparative Study of the Form and Effect of Contrasting Cadastral Surveys*, A. A. G. Monograph no. 4. With an introduction by Clarence Glacken. Chicago: Rand McNally, and The Association of American Geographers, 1966.

——. "Prince Henry the Navigator." *Navigation* 7, nos. 2—3 (1960): 117—126.

——."Projections of Maps of Fifteenth and Sixteenth Century European Discoveries." In *Mundialización de la ciencia y cultura nacional*, pp. 81—87. Madrid: Doce Calles, 1993.

——. "Relationship and Discordancy in Cartography." *The International Yearbook of Cartography* 6 (1966): 13—24.

——. "Samuel Pepys F. R. S. (1633—1703) and the Royal Society." *Notes and Records of the Royal Society of London* 57, no. 1 (2003): 3—13. Introduction by Sir Alan Cook F. R. S.

——. *Satellite Photography as a Geographic Tool for Land Use Mapping in the Southwestern United States. Washington*, D. C.: United States Geological Survey, 1970.

——, ed. *Sir Francis Drake and the Famous Voyage, 1577—1580*. With color reproduction of the Drake-Mellon Map. The Official Report of the California Drake Commission. Berkeley and Los Angeles: University of California Press, 1984.

——, ed. *Standing on the Shoulders of Giants: A Longer View of Newton and Halley*. With an article by the author, "The Royal Patrons of Edmond Halley with Special Reference to His Maps," 203—219. Berkeley and Los Angeles: University of California Press, 1990.

——. "The Art and Science of Navigation in Relation to Geographical Exploration." In *The Pacific Basin*, edited by Herman Friis, 18—39, 339—343. New York: American Geographical Society, 1967.

——. "The City Map and Guide Installation." *Surveying and Mapping* 22, no. 4 (1962): 597—598.

——, ed. *The Compleat Plattmaker: Essays on Chart, Map, and Globe Making in England in the Seventeenth and Eighteenth Centuries*. Berkeley and Los Angeles: University of California Press, 1978.

——. "The County Atlas of the United States." *Surveying and Mapping* 21, no. 3 (1961): 365—372.

——. "The Discovery of the Longitude." *Navigation* 5, no. 8 (1957—58): 375—381.

——. "The English Atlas of Moses Pitt." *UCLA Librarian* 20 (1967).

——, ed. *The Three Voyages of Edmond Halley in the "Paramore," 1698—1701*, series 2, vols. 156 and 157. Vol. 156 text, vol. 157 a folio of maps arising from the voyage. London: Hakluyt Society, 1981.

——. "When Cartography Became a Science." *UNESCO Courier* 1 (June 1991): 25—28.

——. "William H. Emory and the Mapping of the American Southwest Borderlands." *Terrae Incognitae: The Journal of the Society for the History of Discoveries* 22 (1990): 41—96.

Thrower, Norman J. W., and David E. Bradbury, eds. *Chile-California Mediterranean Scrub Atlas: A Comparative Analysis*. Stroudsburg, Pa.: Dowden, Hutchinson and Ross, Inc. for the International Biological Program.

IBP, 1997.

Thrower, Norman J. W., and Helen M. Wallis. "Columbus: The Face of the Earth in the Age of Discovery." *Columbus' First Voyage* (Hyper Card version by Lisa L. Spangenberg) *Diario*, transcription and translation, UCLA Center for Medieval and Renaissance Studies, 1992.

Thrower, Norman J. W., and John R. Jensen. "The Orthophoto and Orthophotomap: Characteristics, Development and Application." *American Cartographer* 3 (April 1976): 39—56.

Thrower, Norman J. W., and Sir R.U. Cooke. "Scales for Determining Slope from Topographic Maps." *Professional Geographer* 20, no. 3 (1968): 181—186.

Thrower, Norman J. W., and Young Il Kim. "Dong-Kook-Yu-Ji-Do: A Recently Discovered Manuscript of a Map of Korea." *Imago Mundi* 21 (1967): 10—20.

Thrower, Norman J. W., assisted by Leslie W. Senger and Robert H. Mullens, cartography by Carolyn Crawford and Keith Walton. "Land Use in the Southwestern United States from Gemini and Apollo Imagery." Map supplement no.12, *Annals of the Association of American Geographers* 60, no. 1 (March 1970). With text, funded by the United States Geological Survey. USGS.

Tobler, Waldo R. "A Computer Movie Simulating Urban Growth in the Detroit Region." *Economic Geography* 46, no. 2 (1970): 234—240.

——. "Automation and Cartography." *The Geographical Review* 49 (1959): 526—534.

——. "Geographic Area and Map Projections." *The Geographical Review* 53 (1963): 59—78.

——. "Medieval Distortions: The Projections of Ancient Maps." A*nnals of the Association of American Geographers* 56 (1966): 351—360.

Tooley, Ronald V. "California as an Island." *Map Collectors' Circle* 8 (1964).

——, ed. *The Map Collector*. 1977— (now published under different editors).

——. *Tooley's Dictionary of Map Makers*. Tring, England: Map Collector Publications, 1979.

Tufte, Edward R. *The Visual Display of Quantitative Information*. Cheshire, Conn.: Graphics Press, 1983.

Turnbull, David. "Maps Are Territories: Science Is an Atlas." *Nature and Human Nature.* Geelong, Victoria, Australia: Deakin University Press, 1989. Reprinted by The University of Chicago Press, 1993.

Turner, Anthony John. "Astrolabes and Astrolabe Related Instruments." *Early Scientific Instruments: Europe, 1400—1800.* London: Sotheby's, 1989.

Tyacke, Sarah. "Map-Sellers and the London Map Trade, c. 1650—1710." In *My Head Is a Map: A Festschrift for R. V. Tooley*, edited by Helen Wallis and Sarah Tyacke, 33—89. London: Francis Edwards and Carta Press, 1973.

Tyacke, Sarah, and John Huddy. *Christopher Saxton and Tudor Map-Making.* London: The British Library, 1980.

Tyner, Judith. "Geography through the Needle's Eye: Embroidered Maps and Globes in the Eighteenth and Nineteenth Centuries." *The Map Collector* 66 (Spring 1994): 2—7. See Zink, Judith for an earlier publication.

——. *Introduction to Thematic Cartography.* Englewood Cliffs, N.J.: Prentice-Hall, 1992.

——. *The World of Maps and Mapping.* New York: McGraw-Hill, 1973.

——. "Persuasive Cartography." *Journal of Geography* 81, no. 4 (1982): 140—144.

Unger, Eckhard. "Ancient Babylonian Maps and Plans." *Antiquity* 9 (1935): 311—322.

——. "From Cosmos Picture to World Map." *Imago Mundi* 2 (1937): 1—7.

United Nations, "First Progress Report on the International Map of the World on the Millionth Scale." *World Cartography* 4. Bonn: 1954. This was followed by reports of other U. N. map conferences at various international venues.

United States, Department of Commerce, Bureau of the Census, Census '90 *Basics* Washington, D. C. 1990.

United States, Department of Defense, Department of the Army, Corps of Engineers. *Mapping, Charting, and Geodetic Terms*, 2d ed. Washington, D. C.: U. S. Army Topographic Command, 1969.

United States, Department of the Army. *Field Manual* 21—26. Washington, D. C.: Government Printing Office, 1965, and later editions.

United States, Geological Survey. "Topographic Maps-Descriptive Folder." Washington D. C.: USGS, regularly revised.

Van Helden, Albert. "The Dimensions of the Solar System." In *Standing on the Shoulders of Giants: A Longer View of Newton and Halley*, edited by Norman J. W. Thrower, 143—156. Berkeley and Los Angeles: University of California Press.

Verner, Coolie. "John Seller and the Chart Trade in Seventeenth Century England." In *The Compleat Plattmaker*, edited by Norman J. W. Thrower, 127—157. Berkeley and Los Angeles: University of California Press, 1978.

——. "Mr. Jefferson Makes a Map." *Imago Mundi* 14 (1959): 96—108.

——. *The Fry & Jefferson Map of Virginia and Maryland.* Charlottesville: University Press of Virginia, 1966.

Waghenaer, Lucas Janszoon. *Spieghel der Zeevaerdt, Leyden, 1584—1585.* Amsterdam: Theatrum Orbis Terrarum, 1964.

Walker, Francis A. *Statistical Atlas of the United States.* New York: J. Bien, 1874.

Wallis, Helen. "Geographie Is Better Than Divinitie: Maps, Globes and Geographie in the Days of Samuel Pepys." In *The Compleat Plattmaker*, edited by Norman J. W. Thrower, 1—43. Berkeley and Los Angeles: University of California Press, 1978.

——. "Raleigh's World." In *Raleigh and Quinn: The Explorer and His Boswell*, edited by H. G. Jones, 11—33. Chapel Hill: North Carolinian Society, Inc., and the North Carolina Collection, 1987.

——. "The Cartography of Drake's Voyage." In *Sir Francis Drake and the Famous Voyage, 1577—1580*, edited by Norman J. W. Thrower, 121—63. Berkeley and Los Angeles: The University of California Press, 1984.

——, ed. *The Maps and Text of the Boke of Idrography Presented by Jean Rotz to Henry VIII.* Oxford: Roxburghe Club, 1981.

Wallis, Helen, and Arthur H. Robinson, eds. *Cartographical Innovations: An International Handbook of Mapping Terms to 1900.* Tring, England: Map Collector Publications Ltd., in association with the International Cartographic Association, 1987.

Wallis, Helen, and Sarah Tyacke, eds. *My Head is a Map: A Festschrift for R. V. Tooley.* London: Francis Edwards and Carta Press, 1973.

Ward, Michael. "The Mapping of Everest." *The Map Collector* 64 (Autumn 1993): 10—15.

Warhus, Mark. "Cartographic Encounters: An Exhibition of Native American Maps from Central Mexico to the Arctic." In *Mapline*. Chicago: The Newberry Library, 1993.

Warntz, William. "A New Map of the Surface of Population Potentials for the United States, 1960." *The Geographical Review* 54 (1964): 170—184.

——. "Newton and the Newtonians, and the 'Geographia Generalis Varenii.'" *Annals of the Association of American Geographers* 79, no. 2 (June 1989): 165—191.

Washburn, Wilcomb E., ed. *The Vinland Map Conference Proceedings*. Chicago: University of Chicago Press for the Newberry Library, 1971.

Wasowski, Ronald J. "Some Ethical Aspects of International Satellite Remote Sensing." *Photogrammetric Engineering and Remote Sensing* 57 (1991): 41—48.

Waters, D. W. "Captain Edmond Halley, F. R. S., Royal Navy, and the Practice of Navigation." In *Standing on the Shoulders of Giants: A Longer View of Newton And Halley*, edited by Norman J. W. Thrower, 171—202. Berkeley and Los Angeles: University of California Press, 1990.

Weber, Christopher R., and Barbara P. Buttenfield. "A Cartographic Animation of Average Yearly Surface Temperatures for the Forty-eight Contiguous United States, 1897—1986." *Cartography and Geographic Information Systems* 20, no. 3 (1993): 141—150.

Webster, Roderick. *The Astrolabe: Some Notes on its History, Construction and Use*. Lake Bluff, Ill.: Privately printed, 1984.

Webster, Roderick, and Marjorie Webster. *Western Astrolabes*. With an introduction by Sara Genuth. Chicago: Adler Planetarium and Astronomy Museum, 1998.

White, Lynn T. *Medieval Technology and Social Change*. Oxford: Oxford University Press, 1962.

Whitfield, Peter. *The Image of the World: Twenty Centuries of World Maps*. London: The British Library, 1994.

Whitmore, George S., Morris M. Thompson, and Julius L. Speert. "Modern Instruments for Surveying and Mapping." *Science* 130 (1959): 1059—1066.

Wilford, John Noble. *The Mapmakers*. New York: Knopf, 1981. 2d ed., 1999.

William-Olsson, W. "Report of the I. G. U. Commission on a World Population Map." Including Gosta Ekman, Ralf Lindman, and W. William-Olsson, "A Psychophysical Study of Cartographic Symbols," 262—271.*Geografiska Annaler* 45, no. 4 (1963): 243—291.

Williams, Robert L. "Equal-Appearing Intervals for Printed Screens." *Annals of the Association of American Geographers* 48 (1958): 132—239.

Winchester, Simon. "Taking the World 's Measure." *Civilization* (1995): 56—59.

——. *The Map that Changed of the World: William Smith and the Birth of Modern Geology*. New York: Harper Collins, 2001.

Winter, Heinrich. "Catalan Portolan Maps and Their Place in the Total View of Cartographic Development." *Imago Mundi* 11 (1954): 1—12.

Wolf, Eric. *The History of Cartography: A Bibliography, 1981—1992*. Falls Church, Va.: The Washington Map Society and FIAT LUX, 1992.

Wood, Denis, with John Fels. *The Power of Maps*. New York: The Guilford Press, 1992.

Woodward, David. "English Cartography, 1650—1750: A Summary." In *The Compleat Plattmaker*, edited by Norman J. W. Thrower, 159—193. Berkeley and Los Angeles: The University of California Press, 1978.

——, ed. *Five Centuries of Map Printing*. Chicago: University of Chicago Press, 1976.

——. "Reality, Symbolism, Time and Space in Medieval World Maps." *Annals of the Association of American Geographers* 75, no. 4 (1985): 510—521.

——. *The All-American Map: Wax Engraving and Its Influences on Cartography*. Chicago: University of Chicago Press, 1977.

Wright, J. K. "A Method of Mapping Densities of Population with Cape Cod as an Example." *The Geographical Review* 26 (1936): 103—110.

——. "Cartographic Considerations: A Proposed Atlas of Diseases." *The Geographic Review* 34 (1944): 649—652.

——. *Geographical Lore at the Time of the Crusades*.New York: Dover, 1965.

——. "The Field of the Society." In *Geography in the Twentieth Century*, edited by G. Taylor, 543—565.

——. "The Terminology of Certain Map Symbols." *Geography Review* (1944):

653—654.

Wroth, Lawrence C.*The Voyages of Giovanni da Verrazzano, 1524—1528*. New Haven: Yale University Press, 1970.

Yamashita, Kazumasa.*Japanese Maps of the Edo Period*. Tokyo: 1998.

Zink, (Tyner), Judith A. "Early Lunar Cartography." *Surveying and Mapping* 29, no.4 (1969): 583—596.See Tyner, Judith for other titles by this author.

本书的西班牙文版（*Mapas y civilizacion*, 2002）附有关于地图学史著作的普通文献目录，以及针对西班牙语世界的专门参考目录，由巴塞罗那大学的 Fancesc Nadal 教授整理。本书日文版的章节注释中包含关于地图的文章（特别是关于该地区的重要文章）的额外参考目录，由该书主要的日文译者，日本英文代理公司的金泽敬教授制作。

当本书第三版出版时，两部非常重要的地图学文献得到了修订出版：*The History of Cartography*，第三卷，David Woodward 编辑，见 309 页 Harley 和 Woodward，以及 *Star Maps: History, Artistry, and Cartography*，Nick Kanas 编辑，Springer Verlag，本书作者为该书撰写了前言。

索引

（数字系英文原版页码，在本书中为边码）

artistic,1,233；商业性地图制作 commercial,198,200；计算机制图 computer,226,227,228；当代地图学 contemporary,3；地图学传统 conventions of,129；地图学大众化 democratization of,161；地图学的发展 development of,116,233；地图学的中庸本质 eclectic nature of,233；欧洲地图学 European,39；实验性地图制作 experimental,201；政府制图 governmental,162,199,200,201；地图的最高用途 highest use of,152；地图学史 history of,63,71,89；具有虚构内容的地图 imaginary,110；地图学的革新 innovation in,145,220；地图制作机构 institutional,162,198；国际化的地图制作 internationalization of,171；伊斯兰地图学 Islamic,39；报章中的地图 journalistic,213；月面图制作 lunar,95,193,194,195,196,197；海图制作 marine,100；医学地图制作 medical,200；地图学方法论 methodology in,64,203,233；现代地图学modern,162—236；原生地图学 native,3,5；地图命名法 nomenclature in,67；官方地图制作 official,162—97,199；原创性的地图 original,75；劝诱性地图 persuasive,213,217；原始地图学 primitive,3；地图制作的欠佳例子 poor examples of,232；私人地图制作 private,162,198—236；定量地图 quantitative,97,152；作为贵族的科学的地图学 science of princes,161；地图的科学性 scientific,1,28；静态地图 static,232；地图的构架 structure of,90；专题地图制作 thematic,152；地图学传统 traditions in,236；地图学的普遍性 universality of,233.另见制图 Map making，绘图 mapping

漫画 Cartoon,232

地图统计方法 Cartostatistical methods,152

椭圆形轮廓 Cartouche,81,100

（西班牙）西印度群岛通商院 Casa de la Contratación de la Indias,75,110

卡西基亚雷运河 Casiquiare Channel,129

卡西尼家族 Cassini family；塞萨尔-弗朗索瓦·卡西尼，又称蒂里的卡西尼César,François de Thury,111,120；乔瓦尼·多梅尼科（让-多米尼克）·卡西尼 Giovanni Domenico（Jean-Dominique）,95,108,110,111,123,194；雅克·卡西尼Jacques,111,112；让·卡西尼 Jean,111；卡西尼家族领导下的测量活动 surveys,111,112,113,115

卡斯蒂利亚 Castile,71

城堡 Castle,185

加泰罗尼亚地图 Catalan Map,55,56

加泰罗尼亚 Catalonia,57,63

疾病 Disease,150,152
距离 Distance,218,228
地图变形 Distortion,in maps,159,160,175,194,221,223,224
“迪克西”“Dixie,”120
杰里迈亚·狄克逊 Dixon,Jeremiah,120
让·多尔菲斯 Dollfus,Jean,220
顿河(塔那斯河)Don(Tanais)River,42
点值法地图Dot map,151. 另见符号,符号表现 Symbols,symbolization
制图调查 Down Survey,94
弗朗西斯·德雷克爵士 Drake,Sir Francis,77,81
素描 Drawing,line,213
罗伯特·达德利爵士 Dudley,Sir Robert,85
纪尧姆-亨利·迪富尔 Dufour,Guillaume-Henri,113
杜伊斯堡 Duisburg,77,85
让·路易·迪潘-特里尔 Dupain-Triel,Jean Louis,114,129,133
阿尔布雷希特·丢勒 Dürer,Albrecht,76
朱尔-塞巴斯蒂安-塞萨尔·迪蒙·迪维尔 d'Urville,J.-S.-C. Dumont,155
荷兰人、荷兰的 Dutch,71,85,95,101,107;荷兰人的探险活动explorations of,97;荷兰语 language,80,84
达维德·迪维维耶 Du Vivier;David,111
住宅 Dwellings,138,203
戴马克松空海一体世界地图(富勒)Dyaxion Airocean World Map (Fuller),226
大地、地球 Earth:地球周长 circumference of,19,20,21,23;大陆轮廓 continental outlines,226;对地球的连续监视 continuous surveillance of,186 地壳 crust,160,185, 地球大小 dimensions of,168;大地影像 imaging of,185,186;地磁 magnetism,114;测量地球 measurement of,20,21,24;大地本质nature of,233;大地覆盖层 overburden,183;作为行星的地球 planet,91;对地球的表现representation of,224;地球自转rotation,226;地球的形状和大小 shape and size of,168;球形大地 as spherical,19,20;地球表面 surface,173,205,226;地方时 time on,220. 另见世界 World
尘世之海“Earthly Ocean,”16
地震 Earthquakes,229,231
地球资源技术卫星(ERTS),后来更名为陆地卫星 Earth Resources Technology Satellite(ERTS),later Landsat,186
地球科学信息中心(ESIC)Earth Science Information Center(ESIC),182
东印度公司 East India Company,100,105
东印度群岛 East Indies,75
埃布斯托夫世界地图 Ebstorf World Map,42
回声探测 Echo sounding,172
菲利普·埃克布雷希特 Eckebreckt,Philipp,100

201,208；宗教地图 Biblical,85,95；自行车地图 bicycle,204；生物地理地图 biogeographical,201；生物地图 biological,200；鸟瞰图 bird's-eye view,212；供残障者使用的地图 for the blind or disabled,212；地图桌游 and boardgames,213；书籍中的地图 in books,208；宽幅地图 broadside,80；建筑地图 of buildings,140；公交地图 bus,203；电缆图 of cables,205；地籍图 cadastral,14,92,95,135,165,169,182；漫画地图 cartoon,213；天体图 celestial,4,13；基督教地图 Christian,39；圆形地图 circular,42,48；课堂中使用的地图 classroom,192；世俗地图 classical,85；气候图 climatic,185,187；印在布料上的地图 on cloth,220；地图上的杂乱状况 clutter on,232；地图上的海岸线 coastlines in,96,101,105；钱币上的地图 on coins,18；地图收藏 collecting,collections,63,81,141,155,183,192；地图上的颜色 color on,177,213；商业地图 commercial,125,204；地图编绘 compiled,141,155；计算机地图 computer,226,227,228,230；大陆地图continental,85；等高线图 contoured,177,179；地图的价格 cost of,175；国家地图 country,95,108,111；县域地图 county,95,126,138；犯罪地图crime,213；分区密度地图 dasymetric,145,148；图上数据 data on,71,95,97,228；地图制作年代 dating of,69；地图装饰decoration,97,100；人口统计地图demographic,201；地图设计design,204,228,229；地图的损毁 destruction of,13,18；示意图 diagrammatic,131,203；圆形地图 disc-shaped,47；疾病地图 of diseases,200；地图展示 display,220；图上距离 distance,95；分布图 distributional,123；地图变形（扭曲）distortion（deformation),80,160,221；点值法地图 dot,150,151,152；地图编辑 editing,228；生态地图ecological,158,185；经济地图 economic,218,220；电子地图electronic,204；作为徽章的地图 as emblems,223；刺绣地图 embroidered,30；工程地图 engineering,179,182；刻印地图 engraved,83,84,113,160；地图上的错误 errors on,217；地产图 estate,90,102,126；种族地图 ethnic,169,192；民族志地图 ethnographic,200,201；胶片上的地图 on film,191；火险地图 fire insurance,139,140；折叠地图 folded,226；森林地图 forest,forestry,185；普通地图 general,67,95,141,169,204；地质图 geological,126,127,128,169,

181,183,185,201；全球图 global,90；政府制作的地图governmental,125；向导地图 guide,125；手工上色地图 handcolored,83,84；卫生地图 health,191,213；历史地图 historical,85,200,201；人类形象的地图 in human form,213；水道测量图 hydrographic,92；地势图 hypsometric,114,129；作为插画的地图 as ilustrations,67；图上信息 information on,182,192,205,210；套印小地图 inset,205；等深线图 isobath,101；等偏线图 isogone,99；等值线图isoline,101；等值线（等量线）图isometric,213；土地覆盖图 land cover,183；地貌图 landform,95,108,208；具有里程碑意义的地图 landmark,1；土地利用图 land use,126,183,184；大比例尺地图 large scale,108,168,173；图上文字 lettering,40；线状地图 line, linear,205；语言地图linguistic,201；文化水平图 of literacy,192；岩性图 lithologic,183；地方地图 local,204；月面图 lunar,92,93,193,194,196；杂志中的地图 in magazines,213；磁偏角地图 of magnetic declination,variation,97；地图制作 makers of,194,233；手绘地图 manuscript,8,10,34,39,42,45,46,64,65,66,67,68,192；原始资料图 master,75,110；制作地图的材料 materials used for,13,220；图上测量 measurement,133；医学地图 medical,200,201；军事地图 military,47,134；矿业地图 mining,179；安装地图 mounted,192,220；分为多幅的地图 multiple-sheet,110,195；天然色地图 natural color,205；报章中的地图 in newspapers,213；斜视图 oblique view,212；海洋图 oceanographic,144,200；过时的地图 out-of-date,95；地图模式 patterns on,191；教区地图 parish,95；形象化地图 pictorial,14,220；朝圣地图 pilgrimage,95；管线图 of pipelines,205；光电地图 photoelectric,191；自然地图 physical,18,192；图上地名 place names on,220；规划地图 planning,169；地图刻版plates,95；地图扑克 as playing cards,213；政治地图 political,120,141,213,217；人口地图 population,148,150,152,169,192,201,202；贫困地图of poverty,213；前文字时代人类的地图 of pre-literate peoples,13；印刷地图 printed,30,31,69,73,74,84,85,90,120,171,220,229；私人地图 private,192；地图投影 projections（见地图投影 Projections,map）；宣传地图 promotional,158,217；地图的性质 of properties,77；出版地图 published,and publishing,

125,204,205；铁路地图 railroad,141,143,203；阅读地图 reading,65,134,203,217,220；勘测图 reconnaissance,134,154,155；休闲地图 recreational,158,213；参照地图 reference,192,205；区域地图 regional,47,95,108,185；地势图 relief,211；地图复制reproduction of,60,138,160,177,191,212,213；地图修订 revision of,175,186,192；道路图 road,45,94,141,204,205,207；路线图 route,92,155,208；地图比例尺 scale（见scale主条目）；地图的科学性 scientific,1,58；分幅地图 sectional,23；地图系列 series of,179,180,181,191,229；晕渲法地图 shaded relief,140；单张地图 sheet,80,164,165,169,177,184,190,192,195,204；略图 sketch,64,90,92,154；小比例尺地图 small scale,168；土壤地图 soils,169,183,185；地图资料 source,97,136,165；星图 star,30；统计地图 statistical,123；带状地图 strip,45,94,205；专题地图 thematic,92,95,123,191,200,204；神学地图 theological,213；图名title,97；时区地图time zones,141；地形图 topographic,92,110,111,114,115,116,126,134,159,160,178,180；旅游地图 tourist,220；镇域地图 of townships,138,139；地图贸易 trade,124；交通流量图 traffic flow,148,149；运输地图 transportation,95,203；地下设施图 underground,203；非官方地图 unofficial,138；未出版地图 unpublished,138；城市图 urban,140,179,185；植被图 vegetation,169；挂图 wall,84,125；战争地图 war,213；水资源地图 water resources,185；财富地图 of wealth,213；天气图 weather,145,185,187,190,191,213；野生动物地图 wildlife,185；世界地图 world,38,47,48,49,56,57,64,70,71,73,77,90,97,110,165,223,224；木刻地图 woodcut,59,117；林地图 woodlot,140；区域地图 zonal,41,42,49. 另见海图 Charts；

制图 Map making

制图，绘图 Map making,mapping,51,96,108,117,125,162,173,182,195,201,205,228,229；制图精度 accuracy of,173；制图机构 agencies,194,203；地籍图制作 cadastral,92,96,136,192；等值区域图 choropleth,150；制图公司 companies,226—29；计算机制图 computer,3,22,226—29,230,231；涉及文化特征的地图制作 of cultural features,203；制图数据收集 data collection for,205；人口统计地图制作 demographic,201；重复的制图工作 duplication of effort in,192；经

约瑟夫·尼塞福尔·涅普斯 Niepce, J.-N.,162
尼罗河 Nile River,14,39,42,47,155
尼普尔地区,巴比伦 Nippur District, Babylonia,14
挪亚 Noah,42,63
阿尔弗雷德·诺贝尔 Nobel,Alfred,185
游牧民族、游动部落 Nomadic people,124
诺奇宁加(艾奥瓦族酋长)Non chi ning ga(Iowa Chief),9
平面不正确 Nonplanimetrically correct,208
约翰·诺登 Norden,John,94,108
尼尔斯·阿道夫·埃里克·努登舍尔德男爵 Nordenskiöld,Nils A. E., Baron,155
夏尔巴人丹增·诺尔盖 Norgay,Sherpa Tensing,199
诺曼人 Normans,48
挪威人 Norse,64
北 North,97,130;地理(天文)北向 geographical(astronomical),97;地磁北向 magnetic,51,97;北方 orientation,31,137.另见基本方向 Directions,cardinal
北美 North America,64,80,105,107, 117,119,130,153,154,164,198
"亚洲北角""North Cape of Asia,"69, 70,75
东北航路 Northeast Passage,90,155
北半球 Northern Hemisphere,22,65, 75,130,131
北极 North Pole. 见极点 Poles
北岭,加利福尼亚州 Northridge,California, 229,231;北岭地震 earthquake,229,231
西北航路 Northwest Passage,90,107,198
新法兰西 Nouvelle France,117
新大陆 Novus Orbis,71
努比亚 Nubia,13
制作数字表格 Numbers,tabulation of, 227,228
纽伦堡 Nürnberg(Nuremberg),63,65, 67,77,85,100
努济(阿卡德)Nuzi(Akkadia),14
斜视图 Oblique view,113,140,160,212
观测 Observation,91
海洋 Ocean,oceans,144;洋盆 basins, 172;大洋环流 circumfluent,19, 42;海底 floor,172;海流 stream, 19;表面洋流 surface currents,132
海洋学 Oceanography,124,144
海洋 Oceanus,22,173
里程计 Odometer,34,92
约翰·奥格尔比 Ogilby,John,94
俄亥俄州 Ohio,135,137,139
有人居住的世界 Oikoumene(ecumene), 19,42
旧世界 Old World,19,56,60,69,70,71, 75,168
作战领航图(ONC)Operational Navigation Chart(ONC),169
光学仪器 Optical equipment,163
奥朗日(阿劳西奥),法国 Orange (Arausio),France,25
奥比索尼亚,宾夕法尼亚州 Orbisonia,

形（等角）投影 conformal,correct shape,159,160,224,226；等角圆锥投影 Conic Conformal,123；等积圆锥投影 Conic Equal-Area,123；双标准纬线圆锥投影 conical,with two standard parallels,123,223,224；类圆锥投影 conic-like,23,60,62,159,193；孔塔里尼投影 Contarini,71；心形投影 cordiform,74,120；圆柱投影 cylindrical,30,159,221,224；等级圆柱投影 Cylindrical Equal-Area,123,224；装饰性投影 decorative,160；双心投影 Double Cordiform,76,223；双半球投影 double hemispheric,81；埃克特I、II、III、IV投影 Eckert I,II,III,IV,223；椭圆形横轴墨卡托投影 Ellipsoid Transverse Mercator,159；横轴等积方位投影 Equatorial Azimuthal Equal-Area,123；正轴形式的投影 equatorial case,80；等积投影 equal area,equivalent,158,159,160,223；埃茨劳布投影 Etzlaub,77；欧洲中心的投影Eurocentric,224；“四极”投影 “Four polar,” 217；加尔正方形投影 Gall Equirectangular,159；加尔正射投影 Gall Orthographic,159；加尔立体投影 Gall Stereographic,159,224；高斯等角投影 Gauss Conformal,123；投影几何图形 geometrical shapes of,221；球形投影 globular,51,71,123；日晷投影 Gnomonic,158；半球投影 hemispheric,71；摩尔威特等积投影 Homolographic,Mollweide,223,224；等积投影Homolosine,223；分瓣投影 interrupted,223,224；兰伯特投影 Lambert,122,123；兰伯特等角圆锥投影 Lambert Conformal Conic,123,169；兰伯特等积圆锥投影 Lambert Conic Equal-Area,123；兰伯特等积圆柱投影 Lambert Cylindrical Equal-Area,123；兰伯特等积极方位投影 Lambert Polar Azimuthal Equal-Area,123；兰伯特横轴等积圆柱投影 Lambert Transverse Cylindrical Equal-Area,123；兰伯特横轴墨卡托投影 Lambert Transverse Mercator,123；马焦利投影 Maggioli,75；马里诺斯投影 Marinus,Marinos,66；墨卡托投影 Mercator,30,77,80,85,120,217,220,221,224；米勒圆柱投影 Miller Cylindrical,224；投影的滥用 misuse of,217,224；摩尔威特等积投影 Mollweide,Homolographic,223,225；新投影 new,novel,75,221,226；正轴投影 normal case,159,224；斜轴投影 oblique case,224；投影原型 original,221；正射投影 Orthographic,23,120,159,193,195,221,226；等角投影 Orthomorphic,168；椭圆型投影 oval,ovoid,74,76,128,217；修正前的投影 parent,168；“彼得斯”

图书在版编目(CIP)数据

地图的文明史/(美)诺曼·思罗尔著;陈丹阳,张佳静译.—北京:商务印书馆,2016(2022.8重印)
(科学新视野)
ISBN 978-7-100-12500-0

Ⅰ.①地… Ⅱ.①诺… ②陈… ③张… Ⅲ.①地图—历史—世界—少年读物 Ⅳ.①P28-091

中国版本图书馆CIP数据核字(2016)第196820号

科学新视野
地图的文明史
〔美〕诺曼·思罗尔 著
陈丹阳 张佳静 译

商 务 印 书 馆 出 版
(北京王府井大街36号 邮政编码100710)
商 务 印 书 馆 发 行
北 京 冠 中 印 刷 厂 印 刷
ISBN 978-7-100-12500-0

2016年10月第1版 开本880×1230 1/32
2022年8月北京第3次印刷 印张14½

定价:68.00元